工事担任者

2024年版

総合通信

実戦問題

電気通信工事担任者の会 監修

リックテレコム

は し が き

　電気通信事業法第71条により、電気通信役務の利用者は、端末設備等を電気通信事業者の電気通信設備に接続するときは、工事担任者に、その工事担任者資格者証の種類に応じ、これに係る工事を行わせ、または実地に監督させなければならないとされています。

　工事担任者資格には、第1級アナログ通信、第2級アナログ通信、第1級デジタル通信、第2級デジタル通信、総合通信の5つの種別があります。本書は、「総合通信」の資格取得を目指す受験者のための書籍です。

　「総合通信」の試験は、毎年2回(通常、5月と11月)実施される定期試験となっています。最新の試験(令和5年度第2回)は2023年11月26日(日)に行われました。本書では、この最新試験を含めて過去5回分の問題を掲載しています。

　本書は、工事担任者資格を目指す方々に、これをもとにどのような学習をすればよいか、特に何が重点かを理解していただくことを目的として解説し、解答例を付して編集したものです。

　なお、本書の内容に関しては、電気通信工事担任者の会に監修のご協力をいただきました。

　本書の活用により、工事担任者資格の取得を目指す方々が一人でも多く合格し、新しい時代の担い手として活躍されることを願ってやみません。

編者しるす

- -

【読者特典について】

模擬試験問題および解説・解答(PDFファイル)を無料でダウンロード頂けます。
ダウンロード方法等につきましては、本書の76頁をご参照ください。

工事担任者について

1. 工事担任者とは

　工事担任者国家資格は、電気通信事業者が設置する電気通信回線設備に利用者の端末設備または自営電気通信設備を接続するための工事を行い、または監督する者に必要な資格です。電気通信サービスの利用者は、サービスを提供する電気通信事業者の電気通信回線設備に端末設備または自営電気通信設備を接続するときは、総務大臣から工事担任者資格者証の交付を受けている者にその工事を行わせ、または実地に監督させなければなりません。「工事担任者」とは、この工事担任者資格者証の交付を受けている者をいいます。

　工事担任者資格者証の種類は、端末設備等を接続する電気通信回線の種類や端末設備等の規模などに応じて、表1に示す5種類が規定されています。

　工事担任者資格者証は、工事担任者試験に合格した者、総務省令で定める基準に適合していると総務大臣が認定した養成課程を修了した者、これらの者と同等以上の知識および技能を有すると総務大臣が認定した者に交付されます。

表1　資格者証の種類と工事の範囲

資格者証の種類	工事の範囲	
	総務省令の規定	工事の例
第1級アナログ通信	アナログ伝送路設備(アナログ信号を入出力とする電気通信回線設備をいう。以下同じ。)に端末設備等を接続するための工事および総合デジタル通信用設備に端末設備等を接続するための工事	PBX、ボタン電話装置、I-1500DSUの取付けおよび構内・オフィス配線
第2級アナログ通信	アナログ伝送路設備に端末設備を接続するための工事(端末設備に収容される電気通信回線の数が1のものに限る。)および総合デジタル通信用設備に端末設備を接続するための工事(総合デジタル通信回線の数が基本インタフェースで1のものに限る。)	一般電話機、ホームテレホン、I-64DSUの取付けおよび宅内配線
第1級デジタル通信	デジタル伝送路設備(デジタル信号を入出力とする電気通信回線設備をいう。以下同じ。)に端末設備等を接続するための工事。ただし、総合デジタル通信用設備に端末設備等を接続するための工事を除く。	ルータ、SIPゲートウェイ、IP－PBXの取付けおよび構内・オフィス配線
第2級デジタル通信	デジタル伝送路設備に端末設備等を接続するための工事(接続点におけるデジタル信号の入出力速度が毎秒1ギガビット以下であって、主としてインターネットに接続するための回線に係るものに限る。)。ただし、総合デジタル通信用設備に端末設備等を接続するための工事を除く。	家庭向けONU、ブロードバンドルータの取付けおよび宅内配線
総合通信	アナログ伝送路設備またはデジタル伝送路設備に端末設備等を接続するための工事	すべての接続工事

2. 工事担任者試験について

工事担任者試験は、電気通信事業法第73条に基づく国家試験であり、一般財団法人日本データ通信協会が試験事務を実施しています。

2.1 試験実施の公示

試験は毎年少なくとも1回は行われることが総務省令(工事担任者規則第12条)で定められています。試験は、実施方法により、「定期試験」と「CBT方式の試験」に分かれます。定期試験は、マークシート方式の筆記により行われる試験で、受験者があらかじめ公示された日時(通常は5月と11月)に各試験地に集合し、全国一斉に行います。また、CBT方式の試験はコンピュータを操作して解答する試験で、通年で行われ、受験者はテストセンターの空き状況を確認し、その中から都合の良い日時を選択して受験することができます。

総合通信の試験は、現在、定期試験により行われています。試験の実施日、試験地、申請の手続方法・受付期間等は、一般財団法人日本データ通信協会電気通信国家試験センターのホームページ(https://www.dekyo.or.jp/shiken/)により公示されます。

2024(令和6)年度における定期試験の概要は、以下のようになります。

● **2024年度試験概要**

試験手数料　8,700円(全科目免除の場合は5,600円)

実施試験種別　第1級アナログ通信、第2級アナログ通信[※]、第1級デジタル通信、第2級デジタル通信[※]、総合通信

> ※第2級アナログ通信および第2級デジタル通信の試験は、原則としてCBT方式で行われる。ただし、身体に障害があるなどの事情によりCBT方式を受けられない場合に限り、定期試験での受験が可能になる。

第1回試験日　2024年5月19日(日)

第2回試験日　2024年11月24日(日)

試験実施地　札幌、青森、仙台、さいたま、東京、横浜、長野(第1回のみ)、新潟(第2回のみ)、金沢、名古屋、大阪、広島、高松、福岡、鹿児島、那覇。近郊都市を含む。

試験申請方法　原則としてインターネットによる申請のみ。

試験申請期間　次表のとおり。

試験回	試験申請受付期間	試験手数料払込期限
第1回 (2024年5月19日)	2024年2月1日(木)から2月21日(水)まで	試験申請後3日以内
第2回 (2024年11月24日)	2024年8月1日(木)から8月21日(水)まで	試験申請後3日以内

(注1)申請受付時間は、試験申請受付期間内の終日(0:00〜23:59)です。
(注2)実務経歴による科目免除申請の有無にかかわらず、試験申請受付期間は同一です。
(注3)全科目免除申請の場合も、試験手数料払込期限は申請後3日以内となります。

2.2 試験申請

試験申請の手続は、インターネットにより行います。申請に要する各種手数料は、申請者が負担します。

●申請手続の流れ

本書は総合通信の受験対策書なので、ここでは定期試験の申請手続についてのみ記述し、CBT方式の試験については割愛します。

① 電気通信国家試験センターのホームページにアクセスする。

② 「電気通信の工事担任者」のボタン(「詳しくはこちら」と書かれた右側の円)を選び、工事担任者試験の案内サイトにアクセスする。

③ 「工事担任者定期試験」のメニューから「試験申請」を選び、定期試験申請サイトにアクセスする。

④ マイページにログインする。マイページを作成したことがない場合は、指示に従ってマイページアカウントを登録し、所定の情報を設定する。1つのアカウントでCBT試験、定期試験、全科目免除の各申請が行えるので、以降は、試験の種別や方法等にかかわらずこのアカウントを使用する。

⑤ マイページ上で指示に従い試験を申し込む。顔写真ファイルをアップロードする必要があるので、事前に用意しておく。顔写真は、申請者本人のみがはっきり写っているもので、申込前6か月以内に撮影、白枠なし、無帽、正面、上三分身、無背景、JPEG形式(容量2Mバイト以下)などの要件を満たしたものとする。また、科目免除申請では免除根拠書類の提出が必要になることがある。免除根拠書類は、経歴証明書はワード、エクセル等で作成してPDF形式で保存したものまたはスキャナーで読み込んでPDF化したものを用意し、認定学校の修了証明書および電気通信工事施工管理技術検定の合格証明書はスキャナーで読み込んでPDF化(文字等が鮮明ならJPEGファイルも可)しておく。なお、既に所有している資格者証と同等または下位の資格種別の申込みはできない。

⑥ 所定の払込期限まで(試験申込みから3日以内)に、試験手数料をPay-easy(ペイジー)または指定されたコンビニエンスストアで払い込む。また、団体受験の場合は、事前にホームページで購入したバウチャー(受験チケット)での払込みが可能である。

2.3 受験票

定期試験では、受験票が試験実施日の2週間前までに発行され、マイページに掲載されます。受験票に記載された、試験種別、試験科目、試験日時および試験会場を確認したら、A4用紙に印刷(できるだけカラーで)し、黒色または青色のボールペンまたは万年筆で氏名および生年月日を記入して、試験当日には必ず携行してください。受験票がないと、試験会場に入場することができません。

2.4 試験時間

試験時間は、1科目につき原則として40分相当の時間が与えられます。3科目受験なら試験時間は120分、2科目受験なら80分となります。なお、総合通信の「端末設備の接続のための技術及び理論」科目のみ80分の時間が与えられ、たとえば総合通信を3科目で受験する場合の試験時間は160分にな

ります。

　試験時間内なら、各科目への時間配分は受験者が自由に決めることができます。たとえば、3科目受験で160分の試験時間が与えられている場合、「電気通信技術の基礎」科目に130分の時間を費やし、残りの30分を「端末設備の接続のための技術及び理論」と「端末設備の接続に関する法規」に充てることも可能です。

2.5 試験上の注意

　試験場では、受験票に記載されている事項および以下の注意事項を必ず守るようにしてください。なお、ここに列挙するのは、従来型のマークシート方式の試験の場合の注意事項です。CBT形式の試験では、各テストセンターの係員の指示に従ってください。

①　受験票を必ず携行し、試験室には受験票に印字されている集合時刻までに入ること。

②　受験番号で指定された座席に着席し、受験票を机上に置くこと。受験票は係員の指示に従って提出すること。

③　試験開始までに携帯電話、スマートフォンなどの電源は必ず切り、鞄などに収納すること。

④　鉛筆、シャープペンシル、消しゴム、アナログ式時計(液晶表示のあるものは認めない)、以外の物は机の上に置かないこと。

⑤　試験はマークシート方式で実施されるので、筆記具には、鉛筆またはシャープペンシル、プラスチック消しゴムを使用すること。ボールペンや万年筆で記入した答案は機械で読み取ることができないので採点されない。

⑥　不正行為が発見された場合または係員の指示に従わない場合は退室を命じられ、この場合は採点から除外され、受験が無効になる。

⑦　試験問題の内容についての質問は一切受け付けられない。試験問題またはマークシートの印刷が不鮮明な場合には、挙手して係員に申し出ること。

⑧　試験室から退室する場合は、係員の指示によりマークシートを提出すること。

2.6 合格基準

　合否判定は科目ごとに行い、100点満点で60点以上(配点は各問題の末尾に記載されています)であればその科目は合格です。ただし、3科目の得点の合計が6割に達していたとしても、60点に満たない科目は不合格になるので、ご注意ください。

　なお、科目合格は合格の日の翌月の初めから3年以内に行われる試験で有効であり、申請によりその科目の受験は免除されます。

2.7 結果の通知

　定期試験の試験結果(合否)は、試験の3週間後にマイページで確認することができます。郵送等による通知はされないので、ご注意ください。

3．資格者証の交付申請

　試験に合格したら、合格の日から3か月以内に資格者証の交付申請を行います。合格の日および交付申請書の提出先（総務省の地方総合通信局または沖縄総合通信事務所）は、マイページの試験結果通知に記載されています。この際、たとえば既にAI第1種または第1級アナログ通信の資格者証の交付を受けていて、今回は第1級デジタル通信の試験に合格した場合などには、資格の組み合せにより総合通信の資格者証の交付申請をすることも可能です。

　なお、既に資格者証の交付を受けている場合および今回合格した種別に代えて資格の組み合わせにより総合通信の交付申請をした場合、それと同一または下位の種別については、交付申請書類を提出しても資格者証の交付を受けることはできません。これらの対応関係を表2に示します。

表2　既に交付を受けている資格者証と新たに交付申請が可能な資格者証の対応関係

交付申請できる資格者証 ＼ 既に交付を受けている資格者証	総合通信（AI・DD総合種）	第1級アナログ通信（AI第1種）	AI第2種	第2級アナログ通信（AI第3種）	第1級デジタル通信（DD第1種）	DD第2種	第2級デジタル通信（DD第3種）
総合通信	×	◯	◯	◯	◯	◯	◯
第1級アナログ通信	×	×	◯	◯	◯	◯	◯
第2級アナログ通信	×	×	×	×	◯	◯	◯
第1級デジタル通信	×	◯	◯	◯	×	◯	◯
第2級デジタル通信	×	◯	◯	◯	×	×	×

（◯：交付申請可、×：交付申請不可）

目　　次

1

電気通信技術の基礎

基礎

技術・理論

法規

電気通信技術の基礎

出題分析と対策の指針

　総合通信における「基礎科目」は、第1問から第5問まであり、各問の配点は20点である。それぞれのテーマ、解答数、概要は以下のとおりである。

●第1問　電気回路
　解答数は4で、配点は解答1つにつき5点となっている。出題項目としては、次のようなものがある。
- 直流回路(抵抗回路、コンデンサのみの回路)の計算
- 交流回路(抵抗、コイル、コンデンサからなる直列・並列のもの)の計算
- 電気磁気現象(静電気、電磁気、その他電気現象)
- 正弦波交流(波形、電力など)

　計算問題は、基本的な解法や公式、考え方をマスターすれば確実な得点源となる。

●第2問　電子回路
　解答数は5で、配点は解答1つにつき4点となっている。出題項目としては、次のようなものがある。
- 原子の構造など
- 半導体(真性、p形、n形)の性質
- 各種半導体素子(ダイオード、トランジスタ、半導体集積回路など)の種類、動作、特性など

　問題のバリエーションはそれほど多くはないので、既出問題にあたっておけば、かなり得点できると思われる。

●第3問　論理回路
　解答数は4で、配点は解答1つにつき5点となっている。出題項目としては、次のようなものがある。
- 2進数の計算(加算、乗算)
- ベン図を使った論理和、論理積の表し方
- 入・出力レベルによる未知の論理素子の推定
- フリップフロップ回路(NANDゲート、NORゲート)
- ブール代数の公式等を用いた論理式の変形

　論理回路の計算は、一度コツを掴めば最も手堅い得点源になる。各論理素子の真理値表が書けるようにするとよい。

●第4問　伝送理論
　解答数は4で、配点は解答1つにつき5点となっている。出題項目としては、次のようなものがある。
- 線路の伝送量と伝送損失
- 漏話減衰量の計算
- 一様線路の性質
- ケーブル(平衡対、同軸)の漏話特性
- 通信品質の劣化要因(電力線からの誘導作用、ひずみ、通信線路の接続点における反射)
- 信号電力

　毎回、目新しい問題はみられないので、取りこぼしのないよう、既出問題をしっかり解けるようにしておくとよい。

●第5問　伝送技術
　解答数は5で、配点は解答1つにつき4点となっている。出題項目としては、次のようなものがある。
- デジタル変調方式
- 多元接続方式、多重アクセス制御方式
- PCM伝送方式
- デジタル伝送(伝送品質劣化要因、符号誤り評価尺度、誤り訂正方式)
- 光ファイバ通信(伝送路中継器、波形の劣化要因)

　新傾向の問題が最も出題されやすい分野である。近年はデジタル変調方式についての出題が多くなってきている。

●出題分析表
　次の表は、3年分の出題実績を示したものである。試験傾向をみるうえでの参考資料として是非活用していただきたい。

表　「電気通信技術の基礎」科目の出題分析

出題項目		23秋	23春	22秋	22春	21秋	21春	学習のポイント
第1問	抵抗回路	○		○	○	○		合成抵抗、オームの法則、キルヒホッフの法則
	コンデンサの回路		○				○	合成静電容量
	直列交流回路	○		○	○	○	○	合成インピーダンス、共振周波数
	並列交流回路		○		○			
	静電気		○		○			電荷、静電容量、静電誘導、静電遮蔽効果、平行板コンデンサ、容量性リアクタンス
	電磁気	○		○				磁界、磁束、磁束密度、磁気エネルギー、電磁誘導、レンツの法則、誘導性リアクタンス
	電気現象その他			○		○		過渡現象、時定数、抵抗率、導電率、誘電分極
	正弦波交流	○					○	実効値、位相差、力率、無効率

表 「電気通信技術の基礎」科目の出題分析(続き)

出題項目		出題実績						学習のポイント
		23秋	23春	22秋	22春	21秋	21春	
第2問	半導体の性質		○	○	○		○	p形半導体、n形半導体、拡散現象、ドリフト現象
	トランジスタの回路	○	○	○	○	○	○	バイアス回路、増幅回路、電流増幅率
	ダイオードの回路		○		○			波形整形回路、クリッパ、リミッタ、スライサ
	半導体回路素子	○		○	○	○		ツェナーダイオード、サイリスタ
	光半導体素子					○		フォトダイオード、フォトトランジスタ
	電界効果トランジスタ					○	○	ユニポーラ形、電圧制御形
	半導体集積回路		○					DRAM、マスクROM、EPROM、ASIC
	トランジスタ増幅回路の特性	○	○	○	○	○	○	ベース接地、エミッタ接地、静特性、電流増幅率
第3問	2進数、16進数の計算	○	○	○	○	○	○	2進数、16進数、加算、乗算
	ベン図	○	○	○	○	○	○	論理積、論理和
	未知の論理素子の推定			○				論理素子
	フリップフロップ回路	○	○		○	○	○	NANDゲート、NORゲート
	論理式の変形	○	○	○	○	○	○	ブール代数の公式
第4問	線路の伝送量と伝送損失	○		○	○		○	伝送損失、増幅器の利得、減衰器、変成器
	漏話減衰量の計算		○			○		遠端漏話減衰量、増幅器の利得
	一様線路の性質			○				一次定数、減衰定数
	ケーブルの伝送特性	○	○		○	○	○	平衡対ケーブル、同軸ケーブル、電磁的結合
	誘導作用	○			○			電磁誘導電圧、静電誘導電圧
	漏話、ひずみ	○	○	○				近端漏話、遠端漏話、非直線ひずみ、減衰ひずみ
	線路の接続点における反射		○	○	○	○	○	電圧反射係数、電流反射係数、変成器の巻線比
	信号電力					○		デシベル、相対レベル、絶対レベル、SN比
第5問	アナログ変調方式					○	○	AM、FM、PM
	デジタル変調方式	○	○		○			ASK、FSK、BPSK、QPSK、QAM、OFDM
	多重伝送方式			○	○			CWDM、DWDM
	多元接続方式など	○					○	CDMA、FDMA、TDMA、SDMA、CSMA
	PCM伝送方式		○	○	○		○	量子化、標本化、遮断周波数、量子化雑音
	デジタル伝送路の評価尺度		○			○	○	BER、$\%ES$、$\%SES$、$\%DM$
	ひずみと雑音	○			○	○		非直線ひずみ、減衰ひずみ
	光の変調方法			○				ポッケルス効果、光カー効果
	光ファイバ伝送路の中継器	○	○			○	○	再生中継器、線形中継器、光ファイバ増幅器
	光信号波形の劣化要因	○	○	○	○	○		レイリー散乱、モード分散、波長分散

(凡例)「出題実績」欄の○印は、当該項目がいつ出題されたかを示しています。
　　　　23秋：2023年秋(11月)試験に出題　　　23春：2023年春(5月)試験に出題
　　　　22秋：2022年秋(11月)試験に出題　　　22春：2022年春(5月)試験に出題
　　　　21秋：2021年秋(11月)試験に出題　　　21春：2021年春(5月)試験に出題 z

基礎

直流回路

●オームの法則

電気回路に流れる電流Iは、回路に加えた電圧Vに比例し、抵抗Rに反比例する。これを**オームの法則**という。

$$I = \frac{V}{R} \text{〔A〕} \quad \text{または} \quad V = IR \text{〔V〕}, \quad R = \frac{V}{I} \text{〔Ω〕}$$

●合成抵抗

2つの抵抗(R_1、R_2)を直列接続したときの合成抵抗をR_S、並列接続したときの合成抵抗をR_Pとすれば、

$$R_S = R_1 + R_2 \qquad R_P = \frac{R_1 \cdot R_2}{R_1 + R_2}$$

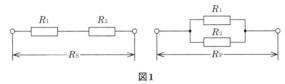

図1

●キルヒホッフの法則

・**第一法則**…回路網の任意の分岐点に流入する電流の和は、流出する電流の和に等しい。

・**第二法則**…回路網内の任意の閉回路について、一定の方向で計算した起電力の和は、それと同方向に計算した電圧降下の和に等しい。

例として、図2の回路において閉回路①と②にキルヒホッフの法則を適用すると、E点について第一法則により、

$$I_1 + I_2 + I_3 = 0$$

①の閉回路について第二法則を適用。

$$E_1 - E_2 = R_1 I_1 - R_2 I_2$$

②の閉回路について第二法則を適用。

$$E_2 = R_2 I_2 - R_3 I_3$$

以上の3つの式より、I_1、I_2、I_3を求めることができる。

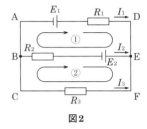

図2

●電力と電力量

抵抗に流れる電流をI、抵抗の両端の電圧をV、抵抗で消費する電力をP〔W〕とすれば、

$$P = VI = I^2 R = \frac{V^2}{R} \text{〔W〕}$$

また、電力と時間t〔秒〕の積を**電力量**という。

電力量 $\quad W = Pt$ 〔J：ジュール〕

なお、実用上は、時間の単位として〔h〕（時間）を用い、ワット時〔Wh〕、キロワット時〔kWh〕と表す。

静電容量とコンデンサ

●静電容量と電荷

コンデンサに蓄えられる電荷をQ〔C：クーロン〕、2つの電極間の電位差をE〔V〕とすれば、静電容量Cは、

$$C = \frac{Q}{E} \text{〔F：ファラド〕}$$

●平行板コンデンサの静電容量

極板の面積S〔m^2〕、極板間の距離d〔m〕、2つの極板間の誘電体の誘電率をε、真空中の誘電率をε_0、比誘電率をε_Sとすれば、静電容量Cは、

$$C = \varepsilon \frac{S}{d} = \varepsilon_0 \varepsilon_S \frac{S}{d} \text{〔F〕}$$

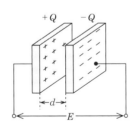

図3

●コンデンサに蓄えられるエネルギー

コンデンサの極板間の電位差をE〔V〕、蓄えられた電荷をQ〔C〕とすれば、静電エネルギーU〔J〕は、

$$U = \frac{1}{2} QE = \frac{1}{2} CE^2 \text{〔J〕}$$

●合成静電容量

2つのコンデンサ(C_1、C_2)を並列接続したときの合成静電容量をC_P、および直列接続したときの合成静電容量をC_Sとすれば、

$$C_P = C_1 + C_2 \qquad C_S = \frac{C_1 \cdot C_2}{C_1 + C_2}$$

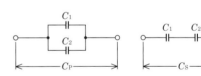

図4

●コンデンサの過渡現象

・**過渡現象**…回路の定数を変化させると回路内の電流や電圧が変化し、落ち着いた状態（定常状態）になるまでに時間がかかる。この現象を過渡現象という。図5のようにCおよびRの値が大きいほど定常状態に達するまでの時間が長くなる。なお、次式のτ（タウ）を**時定数**という。

$$\tau = C \cdot R \text{〔秒〕}$$

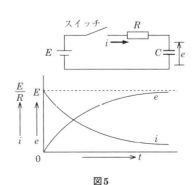

図5

磁界と磁気回路

●磁界と右ねじの法則

磁気力が働く空間を**磁界**という。直線状の導体に電流を流すと、電流に垂直な平面内に、電流を中心とする磁界が同心円状にできる。右ねじを締めつけるときのねじの進む方向に電流が流れているとすると、磁界の方向はその回転方向になる。これを**アンペアの右ねじの法則**という。磁界の強さはH〔A/m〕で表される。

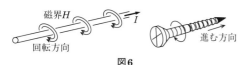

図6

●磁力線、磁束、透磁率

磁力線は磁石の外部をN極を出てS極に入ると考える。単位面積当たりの磁束の数は**磁束密度**B〔T：テスラ：Wb/m^2〕を用いて表す。また、$B = \mu H$であり、μは物質の磁束の通りやすさを表す比例定数である。**比透磁率**μ_sは、真空の透磁率μ_0との比をとったものであり、$\mu_s = \mu / \mu_0$となる。

●磁気回路

鉄心にコイルをN回巻き、電流I〔A〕を流すと鉄心の中に$N \times I$に比例した磁束が発生する。これを起磁力$F = NI$〔A：アンペア〕という。鉄心は磁気の通路（磁路）と考えられ、磁束はほとんど鉄心の中を通って閉回路を作っており、これを**磁気回路**という。

鉄心の一部に隙間があると磁束が通りにくくなり、磁気抵抗（R_m）となる。これらの関係を電気回路のオームの法則に当てはめて**磁気回路のオームの法則**という。

$$\varPhi(磁束〔Wb〕) = \frac{NI(起磁力〔A〕)}{R_m(磁気抵抗〔A/Wb〕)} = \frac{\mu NIS}{\ell}$$

$$\therefore \quad R_m = \frac{\ell}{\mu S}$$

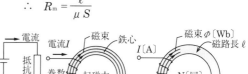
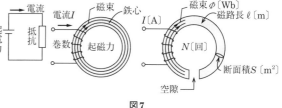

図7

●磁化曲線

磁化力Hと磁束密度Bの関係をグラフに描き、原点0からHを次第に増加していくと飽和点（図中のa点）に到達する。

次にHを負の方向に下げていくとb点を経てc点で再び飽和する。

このような環状の経路を**ヒステリシスループ**という。図8の0〜fおよび0〜cの磁化力の大きさを**保磁力**、0〜bおよび0〜eの大きさを**残留磁気**という。

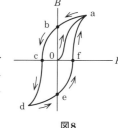

図8

電磁誘導

●電磁誘導

磁束中にある導体を移動させ磁束を横切ると、誘導起電力が発生する。この現象を**電磁誘導**という。

●レンツの法則

コイル中に磁極を出し入れするとコイルに誘導起電力が発生する。発生する電流の方向は、コイルによって発生する磁束の変化を妨げる方向となる。

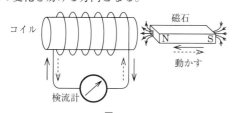

図9

●ファラデーの電磁誘導の法則

巻数nのコイルの磁束が$\varDelta t$〔秒〕間に$\varDelta \phi$〔Wb〕変化したとするとコイルに発生する起電力eは次式のようになる。

$$e = n \times \frac{\varDelta \phi}{\varDelta t}〔V〕$$

●自己インダクタンス

コイルに流れる電流が$\varDelta t$〔秒〕間に$\varDelta I$〔A〕変化したとき、**自己誘導**によって起電力（e）が生じる。これを逆起電力といい、その大きさは、定数Lに比例する。このLを自己インダクタンス〔H：ヘンリー〕という。

$$e = -L \times \frac{\varDelta I}{\varDelta t}〔V〕$$

●相互インダクタンス

A、Bの2つのコイルを接近して置き、コイルAの電流を変化させるとコイルBに誘導起電力が発生する。この現象を**相互誘導**といい、誘導起電力の方向はコイルAの電流の変化を妨げる方向となり、誘導起電力（e）の大きさは、比例定数M（相互インダクタンス〔H〕）により決まる。

$$e = -M \times \frac{\varDelta I}{\varDelta t}〔V〕$$

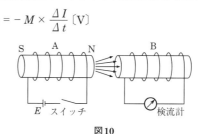

図10

●電流と導体に作用する力

・フレミング左手の法則

磁界に導線を置き、電流を流すと電流は磁界から力を受ける。左手の親指、人差し指、中指を直角に開き、人差し指を磁界の方向、中指を電流の方向とすれば、力が作用する方向は左手の親指が指す方向となる。

・フレミング右手の法則

導線が磁力線を横切るように移動すると、導線に誘導電流が流れる。右手の親指、人差し指、中指を直角に開き、人差し指を磁力線の方向、親指を導線が動く方向とすると、電流が流れる方向は中指が指す方向となる。

基礎

1

電気回路

交流の波形

●正弦波交流の性質

電流の最大値をI_{m}、電圧の最大値をE_{m}とすると、

$$実効値 = \frac{1}{\sqrt{2}}I_{\mathrm{m}} \fallingdotseq 0.707I_{\mathrm{m}}〔A〕 \quad または \quad 0.707E_{\mathrm{m}}〔V〕$$

$$平均値 = \frac{2}{\pi}I_{\mathrm{m}} \fallingdotseq 0.637I_{\mathrm{m}}〔A〕 \quad または \quad 0.637E_{\mathrm{m}}〔V〕$$

●ひずみ波交流の性質

・**ひずみ波**…正弦波以外の波形をひずみ波といい、基本波

と、その2倍、3倍、…、n倍の周波数を含んだ波とに分解できる。このn倍の波を高調波という。

・**波形のひずみ**…ひずみの度合いを表す指数として波高率、波形率を用いる。正弦波なら右辺の値となる。

$$波高率 = \frac{最大値}{実効値} = \sqrt{2} \fallingdotseq 1.414$$

$$波形率 = \frac{実効値}{平均値} = \frac{\pi}{2\sqrt{2}} \fallingdotseq 1.11$$

交流回路

●交流回路の抵抗要素

交流回路において電流を妨げる抵抗要素には、抵抗R、インダクタンスL、コンデンサCがある。

・**誘導性リアクタンス**…インダクタンスLが交流電流を妨げる抵抗は、Lだけでなく周波数fに比例する。この抵抗力を誘導性リアクタンスX_{L}といい、次のようになる。

$$X_{\mathrm{L}} = \omega L = 2\pi fL〔\Omega〕$$

このとき、X_{L}は交流抵抗を示すだけでなく、加えられた電圧に比べ、電流の位相を$\frac{\pi}{2}$遅らせる作用がある。

・**容量性リアクタンス**…コンデンサCが交流電流を妨げる抵抗は、Cおよび周波数fに反比例する。この抵抗を容量性リアクタンスX_{C}といい、次のようになる。

$$X_{\mathrm{C}} = \frac{1}{\omega C} = \frac{1}{2\pi fC}〔\Omega〕$$

このとき、X_{C}は交流抵抗を示すだけでなく、加えられた電圧に比べ、電流の位相を$\frac{\pi}{2}$進ませる作用がある。

・**インピーダンス**…R、L、Cの複数の要素でできた交流回路全体が、電流の流れを妨げる抵抗をインピーダンスZ〔Ω〕という。このうちX_{L}とX_{C}は、図11に示すように逆位相であるから、相殺されリアクタンスXとなる。

インピーダンスZは、抵抗軸上のRとリアクタンス軸上のXとからなる直角三角形の斜辺の長さで表され、次のようになる。

$$X_{\mathrm{L}} = \omega L, \quad X_{\mathrm{C}} = \frac{1}{\omega C}$$
$$X = X_{\mathrm{L}} - X_{\mathrm{C}}$$
$$Z = \sqrt{R^2 + (X_{\mathrm{L}} - X_{\mathrm{C}})^2}$$

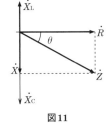

図11

交流回路の計算

●RLCの直列回路

・**RL直列回路**…抵抗Rと、インダクタンスLの直列回路において、R、Lの各両端の電圧V_{R}、V_{L}は、

$V_{\mathrm{R}} = RI$、V_{R}の位相はIと同相。

$V_{\mathrm{L}} = X_{\mathrm{L}}I$、$V_{\mathrm{L}}$の位相は$I$より$\frac{\pi}{2}$進む。

回路全体の電圧Vと電流Iの関係は次のようになる。

$$V = IZ = I\sqrt{R^2 + X_{\mathrm{L}}^2}$$

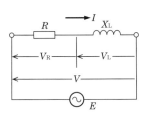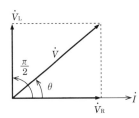

図12

・**RC直列回路**…抵抗Rと、コンデンサCの直列回路において、R、Cの各両端の電圧V_{R}、V_{C}は、

$V_{\mathrm{R}} = RI$、V_{R}の位相はIと同相。

$V_{\mathrm{C}} = X_{\mathrm{C}}I$、$V_{\mathrm{C}}$の位相は$I$より$\frac{\pi}{2}$遅れる。

回路全体の電圧Vと電流Iの関係は次のようになる。

$$V = IZ = I\sqrt{R^2 + X_{\mathrm{C}}^2}$$

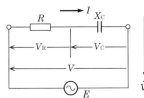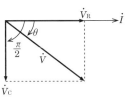

図13

・**RLC直列回路**…R、L、Cの各両端の電圧をV_{R}、V_{L}、V_{C}とすると、回路全体の電圧Vと電流Iの関係は次のようになる。

$$V = IZ = I\sqrt{R^2 + (X_{\mathrm{L}} - X_{\mathrm{C}})^2}$$

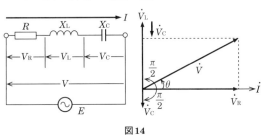

図14

基礎

1

電気回路

●**RLCの並列回路**

・**RL並列回路**…RとLの並列回路では、RとLにかかる電圧Vは一定(どちらも同じ)であるから、Vを基準にとると、RおよびLに流れる各電流I_R、I_Lは図15のようになる。

$$I_R = \frac{V}{R}、I_R の位相はVと同相。$$

$$I_L = \frac{V}{X_L}、I_L の位相はVより\frac{\pi}{2}遅れる。$$

したがって、回路全体の電流Iは次のようになる。

$$I = \sqrt{I_R^2 + I_L^2} = \sqrt{\left(\frac{1}{R}\right)^2 + \left(\frac{1}{X_L}\right)^2}\cdot V$$

よって、回路の合成インピーダンスZは、

$$Z = \frac{V}{I} = \frac{1}{\sqrt{\left(\frac{1}{R}\right)^2 + \left(\frac{1}{X_L}\right)^2}}$$

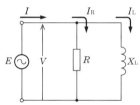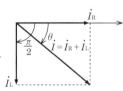

図15

・**RC並列回路**…電圧Vを基準にとると、RおよびCに流れる各電流I_R、I_Cは図16のようになる。

$$I_R = \frac{V}{R}、I_R の位相はVと同相。$$

$$I_C = \frac{V}{X_C}、I_C の位相はVより\frac{\pi}{2}進む。$$

したがって回路全体の電流Iは次のようになる。

$$I = \sqrt{I_R^2 + I_C^2} = \sqrt{\left(\frac{1}{R}\right)^2 + \left(\frac{1}{X_C}\right)^2}\cdot V$$

よって、回路の合成インピーダンスZは、

$$Z = \frac{V}{I} = \frac{1}{\sqrt{\left(\frac{1}{R}\right)^2 + \left(\frac{1}{X_C}\right)^2}}$$

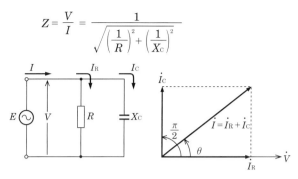

図16

・**RLC並列回路**…電圧Vを基準とすると、R、LおよびCに流れる各電流I_R、I_L、I_Cは図17のようになる。

$$I_R = \frac{V}{R}、I_R の位相はVと同位相。$$

$$I_L = \frac{V}{X_L}、I_L の位相はVより\frac{\pi}{2}遅れる。$$

$$I_C = \frac{V}{X_C}、I_C の位相はVより\frac{\pi}{2}進む。$$

I_LとI_Cは逆位相となり、互いに打ち消し合うから、

$$I = \sqrt{I_R^2 + (I_L - I_C)^2} = \sqrt{\left(\frac{1}{R}\right)^2 + \left(\frac{1}{X_L} - \frac{1}{X_C}\right)^2}\cdot V$$

よって回路の合成インピーダンスZは、

$$Z = \frac{V}{I} = \frac{1}{\sqrt{\left(\frac{1}{R}\right)^2 + \left(\frac{1}{X_L} - \frac{1}{X_C}\right)^2}}$$

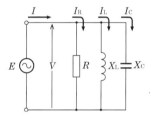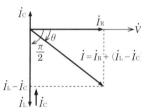

図17

交流電力

●**有効電力・無効電力・皮相電力**

交流をコイルやコンデンサの回路に加えると電圧と電流との間に位相差が生ずる。この電力には、実際に仕事をする**有効電力**と、負荷で消費されない**無効電力**とがある。

図18のように電圧に対して電流が遅れている場合を例にとると、電圧Vと同方向成分の電流$I\cos\theta$を有効電流といい、この電流のみが有効に仕事をする。

これに対して垂直な成分の電流$I\sin\theta$は電力が消費されないので無効電流という。また、電圧の実効値Vと電流の実効値Iの積を**皮相電力**という。

これらの電力をベクトルの関係で表すと、図19に示すようになる。

皮相電力$S = V\cdot I$〔$V\cdot A$:ボルトアンペア〕
有効電力$P = V\cdot I\cos\theta$〔W:ワット〕
無効電力$Q = V\cdot I\sin\theta$〔var:バール〕

●**力率**

交流の電力は、電圧の実効値と電流の実効値の積だけでなく、電圧と電流の位相差が関係する。有効電力Pの式の$\cos\theta$は、電圧と電流の積のうちで、電力として消費される割合を示している。これを**力率**といい、その位相差θを力率角という。

$$力率:\cos\theta = \frac{P}{V\cdot I} = \frac{P}{S}$$

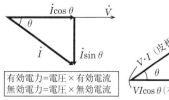

有効電力=電圧×有効電流
無効電力=電圧×無効電流

図18

図19

次の各文章の □□□□□ 内に、それぞれの[　　]の解答群の中から最も適したものを選び、その番号を記せ。　　　　　　　　　　　　　　　　　　　　　　　　　　　　　　　　　　　　　（小計20点）

(1) 図1に示す回路において、抵抗R_4に流れる電流Iは、　(ア)　アンペアである。ただし、電池の内部抵抗は無視するものとする。　　　　　　　　　　　　　　　　　　　　　　　　　　　　（5点）

[① 5　　② 6　　③ 9　　④ 10　　⑤ 15]

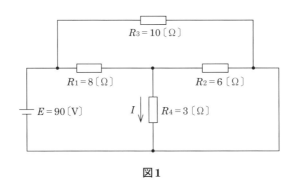

$R_3 = 10〔Ω〕$
$R_1 = 8〔Ω〕$　　$R_2 = 6〔Ω〕$
$E = 90〔V〕$　　I　$R_4 = 3〔Ω〕$

図1

(2) 図2に示す回路において、端子a－c間の電圧が12ボルト、端子c－b間の電圧が9ボルトであった。このとき、端子a－b間に加えた交流電圧は、　(イ)　ボルトである。　　　　　　　　　　　（5点）

[① 9　　② 10　　③ 12　　④ 15　　⑤ 21]

a　　　R　　c　　　X_L　　　b

図2

(3) 平行に置かれた2本の電線に、互いに反対方向の直流電流を流すと、電線間において相互に　(ウ)　する電磁力が発生する。　　　　　　　　　　　　　　　　　　　　　　　　　　　（5点）

[① 反　発　　② 交　差　　③ 回　転　　④ 振　動　　⑤ 吸　引]

(4) 正弦波交流回路において、電圧の実効値をEボルト、電流の実効値をIアンペア、電圧と電流の位相差をθラジアンとすると、この回路の無効電力は、　(エ)　バールである。　　　　　　　（5点）

[① EI　　② $EI\tan\theta$　　③ $EI(1-\cos\theta)$　　④ $EI\cos\theta$　　⑤ $EI\sin\theta$]

解 説

(1) 図1の回路図は、このままではわかりにくいので、まず、図3のように形を整えて考える。

図3において、抵抗R_2とR_4の並列部分の合成抵抗をR_{24}〔Ω〕とすれば、$R_{24} = \dfrac{R_2 \cdot R_4}{R_2 + R_4} = \dfrac{6 \times 3}{6 + 3} = \dfrac{18}{9} = 2$〔Ω〕となる。

また、a－b間にあるR_1とR_{24}の合成抵抗をR_{ab}〔Ω〕とすれば、$R_{ab} = R_1 + R_{24} = 8 + 2 = 10$〔Ω〕となる。

そして、回路全体の合成抵抗R〔Ω〕は、$R = \dfrac{R_3 \cdot R_{ab}}{R_3 + R_{ab}} = \dfrac{10 \times 10}{10 + 10} = \dfrac{100}{20} = 5$〔Ω〕となる。

さらに図5より、回路全体を流れる電流I_0〔A〕は、$I_0 = \dfrac{E}{R} = \dfrac{90}{5} = 18$〔A〕となる。図4において、a－b間の抵抗の大きさとc－d間の抵抗の大きさは等しいから、$I_{ab} = I_3 = \dfrac{I_0}{2} = \dfrac{18}{2} = 9$〔A〕となる。抵抗の並列回路では、各抵抗を流れる電流の大きさは抵抗の大きさに反比例するから、抵抗R_4を流れる電流I〔A〕は、$I = \dfrac{R_2}{R_2 + R_4} \cdot I_{ab} = \dfrac{6}{6 + 3} \times 9 = \textbf{6}$〔A〕となる。

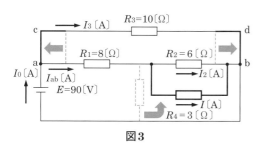
図3

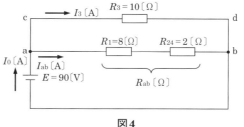
図4

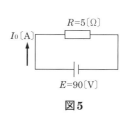
図5

(2) 図2の回路を流れる電流の大きさは、端子a－c間も端子c－b間も同じである。いま、図6のように回路を流れる電流を$\dot{I}$〔A〕、抵抗Rに加わる電圧を$\dot{V}_R$〔V〕、リアクタンスX_Lに加わる電圧を$\dot{V}_L$〔V〕とすると、$\dot{V}_R$は$\dot{I}$と同相であるが、$\dot{V}_L$は$\dot{I}$に対して位相が90°進む。これらの関係は、ベクトルを用いて図7のように表され、端子a－b間に加わる交流電圧の大きさE〔V〕は、次式で求められる。

$$E = |\dot{E}| = |\dot{V}_R + \dot{V}_L| = \sqrt{V_R^2 + V_L^2} = \sqrt{12^2 + 9^2} = \sqrt{144 + 81} = \sqrt{225} = \sqrt{3 \times 3 \times 5 \times 5} = \sqrt{(3 \times 5) \times (3 \times 5)}$$
$$= \sqrt{15 \times 15} = \sqrt{15^2} = \textbf{15}\ 〔V〕$$

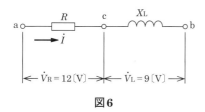
図6

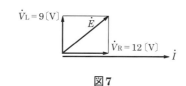
図7

(3) 電線に電流を流すと、電線の周囲に磁界が生じる。電流の向きとその電流により発生する磁界の向きの関係はしばしばねじにたとえられ、右ねじを締めるときにねじの進む向きを電流の向きとすれば、右ねじを回す方向が磁界の向きとなる。2本の電線に流れる電流をi_1、i_2とすると、i_1がi_2の位置につくる磁界の向きは電線に垂直で、フレミングの左手の法則の示す向きの力(左手の3本の指を直角に開き、中指を電流の向き、人さし指を磁界の向きとしたときに親指方向に生じる力)がi_2に働く。同様に、i_2がi_1の位置につくる磁界によってi_1にも逆向きの力が働く。

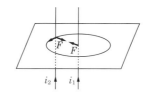
図8　同方向

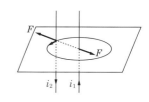
図9　反対方向

2本の電線に流れる電流が同方向のときは図8のように電線間に吸収し合う力が、電流が互いに反対方向のときは図9のように電線間に**反発**する力が働く。

(4) 交流回路において、電圧$\dot{E}$の実効値がE〔V〕、電流$\dot{I}$の実効値がI〔V〕、$\dot{E}$と$\dot{I}$の位相差がθ〔rad〕であるとき、皮相電力S〔V・A〕、有効電力P〔W〕、無効電力Q〔var〕は、それぞれ次式で表される。

皮相電力$S = EI$〔V・A〕　　　有効電力$P = EI\cos\theta$〔W〕　　　無効電力$Q = \textbf{\textit{EI}}\sin\textbf{\textit{θ}}$〔var〕

ここで、$\cos\theta$を力率といい、負荷に供給される有効電力の大きさの皮相電力の大きさに対する割合で表される。また、$\sin\theta$を無効率といい、無効電力の大きさの皮相電力の大きさに対する割合で表される。

答	
(ア)	②
(イ)	④
(ウ)	①
(エ)	⑤

次の各文章の ⬜⬜⬜⬜ 内に、それぞれの[　　　]の解答群の中から最も適したものを選び、その番号を記せ。　　　　　　　　　　　　　　　　　　　　　　　　　　　　　　　　　　　　　　　（小計20点）

(1) 図1に示す回路において、端子b－c間に蓄えられる電荷は、⬜ (ア) ⬜ マイクロクーロンである。（5点）
　　　[① 60　② 75　③ 90　④ 135　⑤ 405]

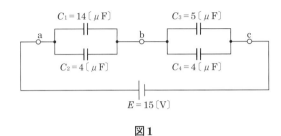

図1

(2) 図2に示す回路において、端子a－b間に正弦波の交流電圧144ボルトを加えた場合、力率（抵抗Rに流れる電流I_Rと回路に流れる全電流Iとの比）が0.8であるとき、容量性リアクタンスX_Cは、⬜ (イ) ⬜ オームである。　　　　　　　　　　　　　　　　　　　　　　　　　　　　　　　　　　　（5点）
　　　[① 15　② 18　③ 21　④ 24　⑤ 27]

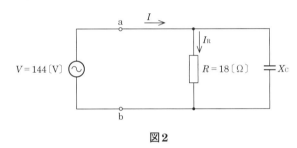

図2

(3) 帯電体Aの周囲を中空導体Bで覆い、Bを接地すると、Bの外部はAの電荷の影響を受けない。これは、一般に、⬜ (ウ) ⬜ 効果といわれる。　　　　　　　　　　　　　　　　　　　　　　　　　　　　（5点）
　　　[① 電気分極　② 静電遮蔽　③ 静電誘導　④ 電磁遮蔽　⑤ 電磁誘導]

(4) 2枚の平板導体を平行に向かい合わせたコンデンサにおいて、各平板導体の面積を2倍、平板導体間の距離を3倍にすると、静電容量は、⬜ (エ) ⬜ 倍になる。　　　　　　　　　　　　　　　（5点）
　　　[① $\dfrac{2}{9}$　② $\dfrac{4}{9}$　③ $\dfrac{2}{3}$　④ $\dfrac{9}{4}$　⑤ $\dfrac{9}{2}$]

解 説

(1) 図1の回路において、端子a−b間の合成静電容量C_{ab}〔μF〕は、C_1とC_2が並列に接続されているから、

$$C_{ab} = C_1 + C_2 = 14 + 4 = 18〔μF〕$$

である。同様に、端子b−c間の合成静電容量C_{bc}〔μF〕は、C_3とC_4が並列に接続されているから、

$$C_{bc} = C_3 + C_4 = 5 + 4 = 9〔μF〕$$

となる。また、端子a−c間はC_{ab}とC_{bc}の2つのコンデンサが直列に接続されていると考えることができ、その合成静電容量C_{ac}〔μF〕は、

$$C_{ac} = \frac{1}{\dfrac{1}{C_{ab}} + \dfrac{1}{C_{bc}}} = \frac{C_{ab} \times C_{bc}}{C_{bc} + C_{ab}} = \frac{18 \times 9}{9 + 18} = \frac{162}{27} = 6〔μF〕$$

となる。ここで、図1の回路は、C_{ab}とC_{bc}の直列回路とみなすことができるので、端子a−c間に電圧E〔V〕を加えたときに端子a−b間に蓄えられる電荷をQ_{ab}〔μC〕、端子b−c間に蓄えられる電荷をQ_{bc}〔μC〕、端子a−c間に蓄えられる電荷をQ_{ac}〔μC〕とすれば、コンデンサの直列回路を構成する各コンデンサの端子間に蓄えられる電荷はすべて等しいから、

$$Q_{ab} = Q_{bc} = Q_{ac}$$

の関係が成り立つ。したがって、端子b−c間に蓄えられる電荷Q_{bc}は、次のようになる。

$$Q_{bc} = Q_{ac} = C_{ac}E = 6 \times 15 = \mathbf{90}〔μC〕$$

(2) 図2の回路において、端子a−b間に電圧$V = 144$〔V〕を加えたとき抵抗Rを流れる電流をI_R〔A〕とすれば、

$$I_R = \frac{V}{R} = \frac{144}{18} = 8〔A〕$$

となる。ここで、力率が$\cos\theta = 0.8$だから、端子a−b間を流れる電流I〔A〕は、$I_R = I\cos\theta$より

$$I = \frac{I_R}{\cos\theta} = \frac{8}{0.8} = 10〔A〕$$

である。さらに、X_Cを流れる電流をI_X〔A〕とすれば、

$$I_X = I\sin\theta = I \times \sqrt{1 - \cos^2\theta} = 10 \times \sqrt{1 - 0.8^2} = 10 \times \sqrt{1 - 0.64} = 10 \times \sqrt{0.36} = 10 \times 0.6 = 6〔A〕$$

となる。よって、X_C〔Ω〕は、$X_C = \dfrac{V}{I_X} = \dfrac{144}{6} = \mathbf{24}$〔Ω〕となる。

(3) 図3のように、$+Q$で帯電した物体Aを中空の導体Bで包むと、Bは静電誘導によって内面に$-Q$、外面に$+Q$の電荷が誘導され、Aの影響がBの外部に現れる。次に、図4のようにBを接地すると、Bの外面の電荷$+Q$は大地に逃げ、Bの表面の電位は大地と等しい0電位となり、Aの影響がBの表面に現れなくなる。

このことは、Bを接地することによってBの外部の電気的変化が内部にあるAに及ぶことを防止できることをも意味している。

このように中空導体Bでその内外を静電的に無関係な状態にすることを**静電遮蔽**という。

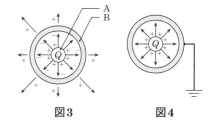

図3　　　　図4

(4) 平行に置かれた2枚の導体板の面積をS〔m²〕、導体板の間隔をd〔m〕、誘電率をε〔F／m〕とすれば、静電容量C〔F〕は、

$C = \varepsilon \cdot \dfrac{S}{d}$〔F〕の式で表される。したがって、導体板の面積を2倍にし、距離を3倍にすれば、静電容量C'〔F〕は、

$$C' = \varepsilon \cdot \frac{2S}{3d} = \frac{2}{3} \cdot \varepsilon \cdot \frac{S}{d} = \frac{2}{3}C〔F〕$$

となる。よって、静電容量は$\dfrac{2}{3}$倍になる。

基礎

1
電気回路

答	
㈎	③
㈑	④
㈒	②
㈓	③

次の各文章の 内に、それぞれの[ ]の解答群の中から最も適したものを選び、その番号を記せ。 (小計20点)

(1) 図1に示す回路において、端子a−b間の電圧は、 (ア) ボルトである。ただし、電池の内部抵抗は無視するものとする。 (5点)

[① 54 ② 55 ③ 56 ④ 57 ⑤ 58]

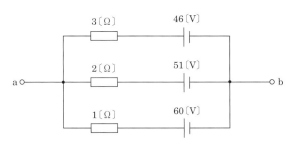

図1

(2) 図2に示す回路において、端子a−b間に52ボルトの交流電圧を加えたとき、抵抗Rに加わる電圧は、 (イ) ボルトである。 (5点)

[① 24 ② 30 ③ 36 ④ 42 ⑤ 48]

図2

(3) 抵抗とコンデンサの直列回路において、抵抗の値を2倍にし、コンデンサの静電容量の値を (ウ) 倍にすると、回路の時定数は6倍になる。 (5点)

[① $\dfrac{1}{12}$ ② $\dfrac{1}{3}$ ③ 3 ④ $\sqrt{12}$ ⑤ 12]

(4) 自己インダクタンスがLヘンリーのコイルの誘導性リアクタンスをX_Lオームとすると、X_Lの大きさは、コイルに流れる (エ) に比例する。 (5点)

[① 交流電流の実効値 ② 交流電流の波高値 ③ 交流電流の周波数
④ 直流電流の平均値 ⑤ 直流電流の最大値]

解 説

(1) 図1のような回路の問題は、キルヒホッフの法則を応用して解くことができるが、帆足・ミルマンの定理を用いると、計算がより簡単である。図3の回路において、端子a−b間の電圧V_{ab}〔V〕は、次式で求められる。

$$V_{ab} = \frac{\dfrac{E_1}{R_1} + \dfrac{E_2}{R_2} + \dfrac{E_3}{R_3}}{\dfrac{1}{R_1} + \dfrac{1}{R_2} + \dfrac{1}{R_3}} \text{〔V〕}$$

ここで、図1より、$R_1 = 3$、$R_2 = 2$、$R_3 = 1$、$E_1 = 46$、$E_2 = 51$、$E_3 = 60$として計算すると、

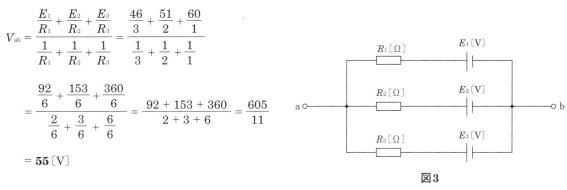

$$V_{ab} = \frac{\dfrac{E_1}{R_1} + \dfrac{E_2}{R_2} + \dfrac{E_3}{R_3}}{\dfrac{1}{R_1} + \dfrac{1}{R_2} + \dfrac{1}{R_3}} = \frac{\dfrac{46}{3} + \dfrac{51}{2} + \dfrac{60}{1}}{\dfrac{1}{3} + \dfrac{1}{2} + \dfrac{1}{1}}$$

$$= \frac{\dfrac{92}{6} + \dfrac{153}{6} + \dfrac{360}{6}}{\dfrac{2}{6} + \dfrac{3}{6} + \dfrac{6}{6}} = \frac{92 + 153 + 360}{2 + 3 + 6} = \frac{605}{11}$$

$$= \mathbf{55} \text{〔V〕}$$

となる。

図3

(2) 図2の回路は、$R-L-C$直列回路だから、端子a−b間の合成インピーダンスZ〔Ω〕は、

$$Z = \sqrt{R^2 + (X_L - X_C)^2} \text{〔Ω〕}$$

で表される。図2より、$R = 12$〔Ω〕、$X_L = 8$〔Ω〕、$X_C = 13$〔Ω〕だから、これらの値を上式に代入して、

$$Z = \sqrt{12^2 + (8-13)^2} = \sqrt{12^2 + (-5)^2} = \sqrt{12^2 + 5^2} = \sqrt{13^2} = 13 \text{〔Ω〕}$$

が端子a−b間の合成インピーダンスである。これに$V = 52$〔V〕の交流電圧を加えたとき回路に流れる電流I〔A〕は、

$$I = \frac{V}{Z} = \frac{52}{13} = 4 \text{〔A〕}$$

となる。よって、抵抗Rに加わる電圧V_R〔V〕は、

$$V_R = RI = 12 \times 4 = \mathbf{48} \text{〔V〕}$$

となる。

(3) 抵抗値がR〔Ω〕の抵抗、静電容量がC〔F〕のコンデンサの直列回路における時定数τ〔s〕は、$\tau = CR$〔s〕で求められる。いま、抵抗値を2倍（$2R$〔Ω〕）にし、静電容量をx倍（xC〔F〕）にしたところ、時定数が6倍（6τ〔s〕）になったとすると、

$$6\tau = xC \times 2R \text{〔s〕}$$

が成り立つ。次に、これをxについて解くと、

$$x = \frac{6\tau}{2CR} = \frac{6CR}{2CR} = 3$$

となる。よって、コンデンサの静電容量を**3倍**にしたことになる。

(4) 誘導性リアクタンスX_Lは、コイルのインダクタンスをL〔H〕、コイルを流れる交流電流の角周波数をω〔rad／s〕、交流電流の周波数をf〔Hz〕、円周率を$\pi = 3.14159\cdots$とすると、$X_L = \omega L = 2\pi f L$〔Ω〕の式で表すことができる。したがって、誘導性リアクタンスX_Lは**交流電流の周波数**fに比例することがわかる。

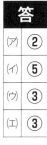

答

(ア)	②
(イ)	⑤
(ウ)	③
(エ)	③

　　　次の各文章の　　　　　内に、それぞれの[　　]の解答群の中から最も適したものを選び、その番号を記せ。　　　　　　　　　　　　　　　　　　　　　　　　　　　　　　　　　（小計20点）

(1)　図1に示す回路において、抵抗Rが4オームであるとき、端子a－b間の合成抵抗は、　（ア）　オームである。　　（5点）

　　　〔①　6　　②　8　　③　10　　④　12　　⑤　16〕

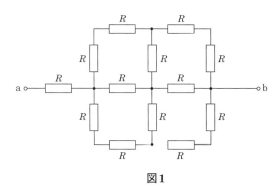

図1

(2)　図2に示す回路において、抵抗Rに流れる電流Iは、　（イ）　アンペアである。　　　　（5点）

　　　〔①　1　　②　2　　③　3　　④　4　　⑤　5〕

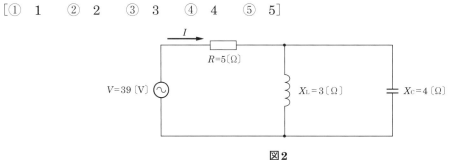

図2

(3)　誘電率がεの絶縁体を間に挟む、面積がS、間隔がdの平行な導体板の間に生ずる静電容量は、　（ウ）　に反比例する。　　　　　　　　　　　　　　　　　　　　　　　　　　　　　　　　　　　　　（5点）

　　　〔①　ε　　②　d　　③　d^2　　④　$\sqrt{S}$　　⑤　S〕

(4)　Rオームの抵抗、Lヘンリーのコイル及びCファラドのコンデンサを直列に接続した回路の共振周波数は、　（エ）　ヘルツである。　　　　　　　　　　　　　　　　　　　　　　　　　　　　　　　（5点）

　　　〔①　$\dfrac{1}{2\pi\sqrt{LC}}$　　②　$\dfrac{R}{2\pi\sqrt{LC}}$　　③　$\dfrac{1}{2\pi LC}$　　④　$\dfrac{R}{2\pi LC}$　　⑤　$\sqrt{\dfrac{1}{2\pi LC}}$〕

解　説

(1) 図3において、c−i間は上下対称だから、dとe、gとh、jとkはそれぞれ同電位である。電位が同じ箇所どうしを短絡しても、その間に電流が流れることはないため、回路を流れる電流に変化はなく、図3の回路は図4のように書き替えることができる。

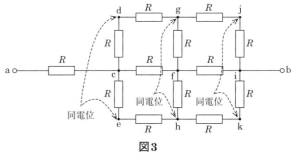

図3

ここで、c−d,e間、f−g,h間、i−j,k間、d,e−g,h間、g,h−j,k間はそれぞれR〔Ω〕の抵抗器2つからなる並列回路だから、合成抵抗はそれぞれ

$$\frac{R \times R}{R + R} = \frac{R^2}{2R} = \frac{R}{2}\ 〔Ω〕$$

で、図4は図5のようになり、さらに図6のように整理できる。

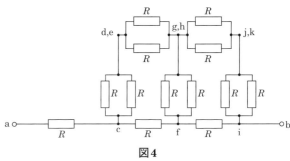

図4

図6において、c−i間がブリッジ回路であるが、

(c−g,h間の抵抗)×(f−i間の抵抗)
= (g,h−i間の抵抗)×(c−f間の抵抗)
= $R \times R$

より、このブリッジは平衡しており、g,h−f間の抵抗器は省略できるので、図6は図7のように書き替えられる。

図7より、a−b間の合成抵抗は、

$$R + \frac{(R+R)\times(R+R)}{(R+R)+(R+R)} = R + \frac{2R \times 2R}{2R+2R}$$

$$= R + \frac{4R^2}{4R} = R + R = 2R\ 〔Ω〕$$

となる。題意より、$R = 4$〔Ω〕だから、端子a−b間の合成抵抗は、$2R = 2 \times 4 = \mathbf{8}$〔Ω〕となる。

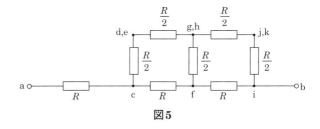

図5

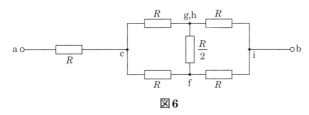

図6

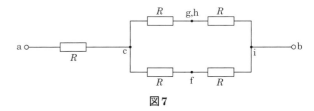

図7

(2) 抵抗R〔Ω〕を流れる電流I〔A〕は、図2の回路全体を流れる電流だから、次のように回路全体の合成インピーダンスの大きさZ〔Ω〕を求め、電源電圧の値$V = 39$〔V〕をZ〔Ω〕で割れば、電流の大きさI〔A〕が求められる。

$$Z = \left| R + j\frac{1}{\frac{1}{X_L}-\frac{1}{X_C}} \right| = \left| 5 + j\frac{1}{\frac{1}{3}-\frac{1}{4}} \right| = \left| 5 + j\frac{1}{\frac{1}{12}} \right| = |5 + j12| = \sqrt{5^2+12^2} = \sqrt{13^2} = 13\ 〔Ω〕$$

よって、抵抗R〔Ω〕を流れる電流の大きさI〔A〕は、$I = \dfrac{V}{Z} = \dfrac{39}{13} = \mathbf{3}$〔A〕となる。

(3) 静電容量の大きさC〔F〕は、極板の面積S〔m²〕に比例し、極板間の距離d〔m〕に反比例する。これを式で表すと、$C = \varepsilon\dfrac{S}{d}$〔F〕となる。ここで、$\varepsilon$を誘電率というが、これは極板間の絶縁物で決まる定数である。

(4) 抵抗R〔Ω〕、コイルL〔H〕、コンデンサC〔F〕を直列に接続した回路のインピーダンスZ〔Ω〕の大きさは、電源の周波数をf〔Hz〕とすれば、$Z = \sqrt{R^2 + \left(2\pi fL - \dfrac{1}{2\pi fC}\right)^2}$〔Ω〕で表される。この回路の共振周波数$f_0$〔Hz〕は、$Z$が最小となるときの周波数であるが、抵抗$R$は周波数にかかわらず一定であるから、$2\pi f_0 L - \dfrac{1}{2\pi f_0 C} = 0$が成立する。よって、共振周波数$f_0$〔Hz〕を表す式は、次のようになる。

$$\therefore\ 2\pi f_0 L \times 2\pi f_0 C - 1 = 0 \qquad \therefore\ 2^2\pi^2 f_0^2 LC = 1 \qquad \therefore\ f_0^2 = \frac{1}{2^2\pi^2 LC} \qquad \therefore\ f_0 = \frac{1}{2\pi\sqrt{LC}}\ 〔Hz〕$$

答	
㋐	②
㋑	③
㋒	②
㋓	①

次の各文章の 　　　　　 内に、それぞれの[　　]の解答群の中から最も適したものを選び、その番号を記せ。 　　（小計20点）

(1) 図1に示す回路において、矢印のように電流が流れているとき、抵抗 R_2 は、　（ア）　オームである。ただし、電池の内部抵抗は無視するものとする。 　　　　　　　　　　　　　　　　　　　（5点）

　　　[① 2 　② 4 　③ 6 　④ 8 　⑤ 12]

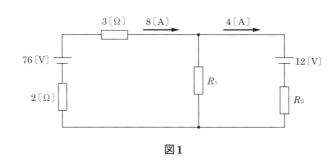

図1

(2) 図2に示す回路において、端子a－d間に 　（イ）　ボルトの交流電圧を加えると、端子a－b間には9ボルト、端子b－c間には10ボルト、端子c－d間には22ボルトの電圧が現れる。 　　　　　　　（5点）

　　　[① 10 　② 12 　③ 15 　④ 18 　⑤ 20]

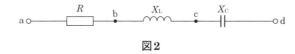

図2

(3) 抵抗とコンデンサの直列回路において、抵抗の値を2倍にし、コンデンサの静電容量の値を 　（ウ）　倍にすると、回路の時定数は6倍になる。 　　　　　　　　　　　　　　　　　　　（5点）

　　　[① $\dfrac{1}{12}$ 　② $\dfrac{1}{3}$ 　③ $\sqrt{3}$ 　④ 3 　⑤ 12]

(4) 中身がくり抜かれていない絶縁体に対し、正に帯電した導体を近づけたとき、絶縁体の表面において、この導体に近い側に負、遠い側に正の電荷が現れる現象は、 　（エ）　といわれる。 　　　　　　　（5点）

　　　[① 双極子 　② 誘電正接 　③ 電磁誘導 　④ 局所電池 　⑤ 誘電分極]

解　説

(1) 図1の回路内を電流I_1、I_2が図3のように流れているから、キルヒホッフの第二法則により次の@、ⓑ式が成り立つ。

$$(3 + 2) I_1 + R_1 (I_1 - I_2) = 76 \quad \cdots\cdots @$$
$$- R_2 I_2 + R_1 (I_1 - I_2) = 12 \quad \cdots\cdots ⓑ$$

ここで、$I_1 = 8$〔A〕、$I_2 = 4$〔A〕だから、@、ⓑ式はそれぞれ次の@'、ⓑ'式のようになる。

$$(3 + 2) \times 8 + R_1 \times (8 - 4) = 40 + 4R_1 = 76 \quad \cdots\cdots @'$$
$$- R_2 \times 4 + R_1 \times (8 - 4) = - 4R_2 + 4R_1 = 12 \quad \cdots\cdots ⓑ'$$

@'式より、$R_1 = 9$〔Ω〕となり、これをⓑ'式に代入して

$$- 4R_2 + 4 \times 9 = 12$$
$$\therefore \quad - 4R_2 = - 24$$
$$\therefore \quad R_2 = \boldsymbol{6}\,\text{〔Ω〕}$$

が求められる。

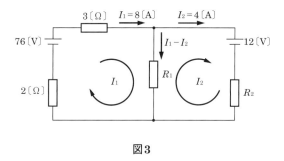

図3

(2) 図2において、端子a－b間を流れる電流、端子b－c間を流れる電流および端子c－d間を流れる電流は共通である。この電流をIとすると、端子a－b間にかかる電圧V_Rは電流Iと同相であるが、端子b－c間にかかる電圧V_Lは電流Iに対して90〔°〕の進み位相となり、端子c－d間にかかる電圧V_Cは電流Iに対して90〔°〕の遅れ位相となる。これをベクトル図で表すと、図4のようになる。

端子a－d間に加わる合成電圧$\dot{V}$は、$\dot{V}_R$、$\dot{V}_L$、$\dot{V}_C$のベクトルを合成したものとなるので、その大きさVは、以下のようにして求められる。

$$V = \sqrt{V_R^2 + (V_L - V_C)^2} = \sqrt{9^2 + (10 - 22)^2}$$
$$= \sqrt{9^2 + (- 12)^2} = \sqrt{9^2 + 12^2}$$
$$= \sqrt{3^2 \times (3^2 + 4^2)} = 3 \times \sqrt{3^2 + 4^2}$$
$$= 3 \times \sqrt{5^2} = 3 \times 5 = \boldsymbol{15}\,\text{〔V〕}$$

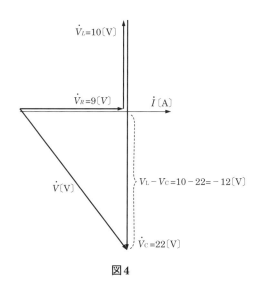

図4

(3) 抵抗値がR〔Ω〕の抵抗、静電容量がC〔F〕のコンデンサの直列回路における時定数τ〔s〕は、$\tau = CR$〔s〕で求められる。いま、抵抗値を2倍（$2R$〔Ω〕）にし、静電容量をx倍（xC〔F〕）にしたところ、時定数が6倍（6τ〔s〕）になったとすると、

$$6\tau = xC \times 2R \text{〔s〕}$$

が成り立つ。次に、これをxについて解くと、

$$x = \frac{6\tau}{2CR} = \frac{6CR}{2CR} = 3$$

となる。よって、コンデンサの静電容量を**3**倍にしたことになる。

(4) 絶縁された導体に帯電体を近づけると、導体の帯電体に近い側に帯電体と異種の電荷が現れ、遠い側（反対側）に同種の電荷が現れる。この現象は、静電誘導といわれ、帯電体の電場により導体内の自由電子がクーロン力を受けて移動することで起きる。

一方、不導体（絶縁体）は、電子が原子核に強く束縛されているため自由電子をほとんど持たず、静電誘導は生じない。しかし、不導体に帯電体を近づけた場合も、不導体の帯電体に近い側の表面に帯電体と異種の電荷が現れ、遠い側（反対側）の表面に同種の電荷が現れる。これは、不導体に近づけた帯電体の電場が作用して不導体の原子核にある陽子と軌道を回っている電子の平均的な位置関係が変位し、不導体の原子が見かけ上、正・負の電荷を持つ粒子（電気双極子）になる分極現象が起こるからである。電気双極子が持つ正・負の電荷を分極電荷というが、不導体の内部では隣り合う分極電荷どうしが打ち消し合って電気的に中性になり、結果的に電荷は不導体の表面にのみ現れる。この現象を**誘電分極**といい、不導体は誘電分極を生じることから、誘電体ともいわれる。

答	
㈦	③
㈣	③
㈢	④
㈡	⑤

半導体の原理と性質

●半導体の原理

あらゆる物質は、電流の通りやすさにより、導体、半導体、絶縁体に分類される。一般に、半導体を構成する物質として、価電子(最外殻電子)の数が4個(**4価**)のシリコン(Si)やゲルマニウム(Ge)などが使用されている。

これらの素子の真性半導体(不純物を含まない半導体)は絶縁体に近い性質をもつが、これに不純物を加えると、**自由電子**または**正孔**(ホール)を生じ、これがキャリアとなって電流を流す働きをする。この場合、自由電子を多数キャリアとする半導体を**n形半導体**、正孔を多数キャリアとする半導体を**p形半導体**という。

●半導体の性質

半導体は次のような性質をもっている。

・**負の温度係数** 金属等の導体は温度が上昇すると抵抗値も増加する。これに対し半導体は、温度が上昇すると抵抗値が減少する負の温度係数をもっている。

・**整流効果** 異種の半導体を接合すると、電圧のかけかたにより導通したり不導通になる。これを整流効果という。

・**光電効果** 光の変化に反応して抵抗値が変化する性質がある。これを光電効果という。

・**熱電効果** 異種の半導体を接合し、その接合面の温度が変化すると電気が発生する。この性質を熱電効果という。

ダイオードと波形整形回路

●pn接合と空乏層

p形とn形の半導体を接合させると、p形半導体の正孔とn形半導体の自由電子は接合面を越えて**拡散**し、正孔と自由電子が打ち消しあって消滅するので、接合面付近にはキャリアの存在しない領域ができる。これを**空乏層**といい絶縁体に近い状態になる。このときp形は正孔を失って負電位となり、n形は自由電子を失って正電位となるから、n形からp形に向かう電位差が生ずる。これを障壁電位といい、空乏層領域の拡大を防止する。

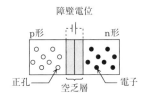

図1　pn接合

●ダイオードの整流作用

p形とn形の半導体を接合させた半導体をpn接合半導体といい、その両端に電極を接続した素子を**ダイオード**という。ダイオードではp形電極をアノード、n形電極をカソードといい、アノードに正電圧を加えると電流が流れるから、これを**順方向**という。逆にカソードに正電圧を加えると電流が流れないので、この向きを**逆方向**という。

・**順方向電圧をかけた場合**

障壁電位を上回る電圧を加えると、正孔は接合面を越えて電池の負電極へ流れ、自由電子は逆に正電圧に引かれて電池の正電極に流れるので、結果として電流が流れる。

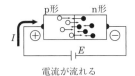

電流が流れる

図2　順方向電圧の場合

・**逆方向電圧をかけた場合**

p形内の正孔はp形に接続された負電極に引き寄せられ、n形内にある自由電子はn形に接続された正電極に引き寄せられて空乏層が拡大するから電流は流れない。

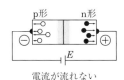

電流が流れない

図3　逆方向電圧の場合

●ダイオードの波形整形回路

ダイオードを利用した回路には、整流回路や波形整形回路などがある。整流回路は交流波形を直流波形に変換する回路であり、出力する波形の違いにより半波整流回路と全波整流回路がある。

波形整形回路は振幅操作回路ともよばれ、入力波形の一部を切り取り、違った波形の出力を得る回路である。代表的なものに**クリッパ**とよばれる回路がある。クリッパは入力波形に対し基準電圧以上または以下の部分を取り出す回路であり、回路構成と出力波形の例を表1に示す。

表1　波形整形回路(クリッパ)と出力波形

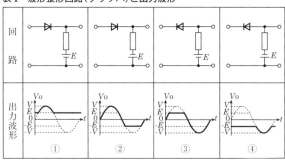

①アノード側の電圧がカソード側の電圧 + E を上回ったときのみ入力波形が出力側に現れる。

②アノード側の電圧がカソード側の電圧 - E を上回ったときのみ出力側に現れる。

③カソード側の電圧がアノード側の電圧 + E を下回ったときのみ出力側に現れる。

④カソード側の電圧がアノード側の電圧 - E を下回ったときのみ出力側に現れる。

基礎

各種半導体素子

●定電圧ダイオード
ツェナーダイオードともよばれ、逆方向の電圧に対して降伏現象といわれる定電圧特性を示す素子で、定電圧電源回路などに利用されている。

●サーミスタ
温度変化に対して著しくその抵抗値が変化する素子で、負の温度係数(温度が上昇すると抵抗値が減少するもの)を持つものがよく利用されている。用途としては温度センサや電子回路の温度補償に利用されている。

●発光ダイオード
pn接合部分に順方向電流を流すと接合面から光を発するダイオードで、電気エネルギーを光エネルギーに変換する発光素子である。

●可変容量ダイオード
可変容量ダイオードは、pn接合に加える逆方向電圧により空乏層の幅を変化させ、この空乏層が絶縁体となり可変コンデンサの働きをするものである。

表2 各種半導体素子の名称と図記号の例

①定電圧ダイオード（ツェナーダイオード）	②トンネルダイオード	③サーミスタ	④バリスタ	⑤3極逆阻止サイリスタ(pゲート)	⑥3極逆阻止サイリスタ(nゲート)
⑦トライアック	⑧発光ダイオード	⑨フォトダイオード	⑩可変容量ダイオード(バラクタ)	⑪pnp形フォトトランジスタ	⑫npn形アバランシトランジスタ

トランジスタ

●トランジスタと動作原理
エミッタ電流をI_E、ベース電流をI_B、コレクタ電流をI_Cとし、それらの電流方向を矢印で示すと、pnp形とnpn形とでは電流方向が異なるが、それらの間には次の関係がある。

$$I_E = I_B + I_C$$

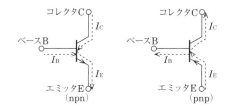

図4 トランジスタの各端子と電流の方向

●トランジスタの接地方式
・**ベース接地**…入力インピーダンスが低く、出力インピーダンスが高い特徴があり、周波数特性が最も良いので、高周波増幅回路として利用される。
・**エミッタ接地**…3つの接地方式の中で電力利得が最も大きく、入力インピーダンスも出力インピーダンスも同程度の値であるから、多段接続の際のインピーダンス整合の必要がないので低周波増幅回路として最も多く使用される。この回路は入力電圧と出力電圧の位相が逆位相となる。
・**コレクタ接地**…ベース接地とは逆に、入力インピーダンスが高く、出力インピーダンスが低いので、エミッタホロワ増幅器として使用される。エミッタホロワは電力利得は最も低いが、出力インピーダンスが低いので電圧よりも電流を必要とする回路に使用される。

表3 トランジスタの接地方式

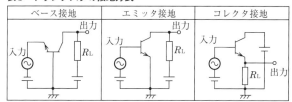

●電流増幅率
・**ベース接地の電流増幅率($α$またはh_{FB})**

$$\alpha = h_{FB} = \frac{I_C(\text{コレクタ電流})}{I_E(\text{エミッタ電流})}$$

・**エミッタ接地の電流増幅率($β$またはh_{FE})**

$$\beta = h_{FE} = \frac{I_C(\text{コレクタ電流})}{I_B(\text{ベース電流})}$$

FET（電界効果トランジスタ）

●FETの構造
トランジスタがベース電流によって出力電流を制御する素子であるのに対し、FETは**電圧**によって出力電流を制御する素子である。FETは**入力インピーダンスが高い**ので、高周波まで使用でき、雑音も少ない。

FETは電流の流れる通路(チャネル)を構成する半導体によりnチャネル形と、pチャネル形に分けられる。また、構造的には**接合型FET**と**MOS型FET**とがあり、電流の流れが異なるが、どちらもソースとゲート間の電圧V_{GS}を変化させることによりドレイン電流I_Dを制御することができる。

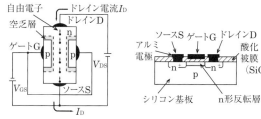

図5 接合型FET（nチャネル）　図6 MOS型FET（nチャネル）

2

電子回路

次の各文章の □□□□□ 内に、それぞれの［　　　］の解答群の中から最も適したものを選び、その番号を記せ。　　（小計20点）

(1) サイリスタは、p形とn形の半導体を交互に二つ重ねたpnpnの4層構造を基本とした半導体 □(ア)□ 素子であり、シリコン制御整流素子ともいわれる。　　　　　　　　　　　　　　　　　　（4点）
　　　［①　受　光　　　②　スイッチング　　　③　発　光　　　④　圧　電　　　⑤　フィルタリング］

(2) 図1に示すトランジスタ増幅回路においてベース－エミッタ間に正弦波の入力信号電圧V_Iを加えたとき、コレクタ電流I_Cが図2に示すように変化した。I_Cとコレクタ－エミッタ間の電圧V_{CE}との関係が図3に示すように表されるとき、V_Iの振幅を40ミリボルトとすれば、電圧増幅度は、□(イ)□ である。　　（4点）
　　　［①　20　　　②　30　　　③　40　　　④　50　　　⑤　60］

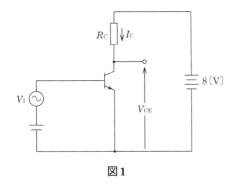
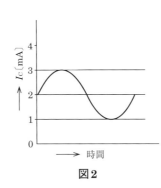
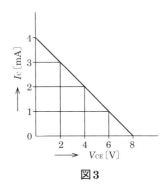

図1　　　　　　　　　　図2　　　　　　　　　　図3

(3) トランジスタ増幅回路において出力信号を取り出す場合、□(ウ)□ を通して直流分をカットし、交流分のみを取り出す方法がある。　　　　　　　　　　　　　　　　　　　　　　　　　　　　　　（4点）
　　　［①　コンデンサ　　　②　コイル　　　③　変調回路　　　④　抵　抗　　　⑤　平滑回路］

(4) トランジスタによる増幅回路を構成する場合のバイアス回路は、トランジスタの □(エ)□ の設定を行うのに必要な直流電流を供給するために用いられる。　　　　　　　　　　　　　　　　　　　　（4点）
　　　［①　発振周波数　　　②　遮断周波数　　　③　飽和点　　　④　動作点　　　⑤　降伏電圧］

(5) ベース接地トランジスタ回路において、コレクター－ベース間の電圧V_{CB}を一定にして、エミッタ電流を2ミリアンペア変化させたところ、コレクタ電流が1.96ミリアンペア変化した。このトランジスタ回路の電流増幅率は、□(オ)□ である。　　　　　　　　　　　　　　　　　　　　　　　　　　　　（4点）
　　　［①　0.06　　　②　0.97　　　③　0.98　　　④　1.02　　　⑤　1.04］

解　説

(1) サイリスタは、pnpn接合半導体により回路の導通／遮断を制御する**スイッチング**素子の総称である。その代表的なものにSCR(逆阻止三端子シリコン制御素子)やGTO(ゲートターンオフサイリスタ)、トライアックなどがある。

　SCRは、p形半導体とn形半導体を交互に2つ重ねて4層とし、外側のp層にアノード(A)、反対側のn層にカソード(K)、内側のp層またはn層のいずれかにゲート(G)の3つの電極を取り付けた構造になっている。アノード〜カソード間は初期状態では不導通で、電圧を加えても電流は流れないが、アノード側を＋、カソード側を－とした順方向電圧を印加しながらゲートに信号を加えると導通(オン)し、アノードからカソードに向かって電流が流れる。このようにスイッチング素子をオフ状態からオン状態にする動作は、一般に、ターンオンまたは点弧といわれ、SCRは、いったん点弧した後は、ゲート信号の有無や極性にかかわらず、アノード〜カソード間の電圧を0にするか電圧を逆方向に印加するまでは、導通状態が継続する。これに対して、GTOはゲート信号による点弧だけでなく、ゲートに逆方向電流を流すことでアノード〜カソード間の電流を遮断(消弧)できる自己消弧機能も持たせたものである。トライアックは、2個のSCRを逆方向に組み合わせたものと同じ動作をする素子であり、双方向サイリスタともいわれる。

(2) 図2により、コレクタ電流I_Cは、2〔mA〕を中心に振幅1〔mA〕で変化(1〔mA〕$\leq I_C \leq 3$〔mA〕)することがわかる。このとき、コレクタ〜エミッタ間電圧V_{CE}は4〔V〕を中心に振幅2〔V〕で変化(2〔V〕$\leq V_{CE} \leq 6$〔V〕)することが図3より読みとれる。ここで、電圧増幅度は、

$$電圧増幅度 = \frac{出力電圧(V_{CE}の振幅)}{入力電圧(V_Iの振幅)}$$

で表される。そして、この式に、出力電圧(V_{CE}の振幅)＝2〔V〕、入力電圧(V_Iの振幅)＝40〔mV〕＝40×10^{-3}〔V〕を代入すれば、

$$電圧増幅度 = \frac{2}{40 \times 10^{-3}} = \frac{2 \times 10^3}{40} = \frac{2,000}{40} = \mathbf{50}$$

が求められる。

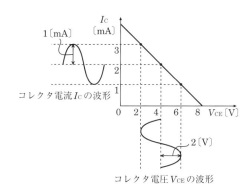

図4

(3) トランジスタ増幅回路を多段接続する場合、1段目のトランジスタにおいて温度等の影響により動作点が変動すると、次の段でさらにこの変動が増幅され、バイアス回路に影響を及ぼすことになる。この対策として、図5のように1段目と2段目の間を**コンデンサ**で結合することにより、1段目の出力の直流成分を取り除き、交流分のみを取り出す方法があり、これにより2段目の増幅回路のバイアスが安定する。

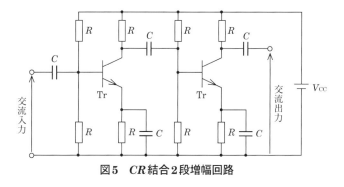

図5　*CR*結合2段増幅回路

(4) トランジスタ増幅回路では、ベースに適切な大きさの直流電圧を加えて一定の直流電流を流し、そこにさらに入力信号(交流)を加えることで増幅が可能となる。もし、入力が交流信号のみであったとすると、信号が負のときに逆方向電圧となりトランジスタは動作しなくなる。この対策として、あらかじめベースにある程度の大きさの直流電圧を加えておけば、入力信号が負になっても順方向電圧が加わるのでトランジスタは動作し続けて入力信号と相似の波形が出力される。この直流電圧をバイアス電圧というが、バイアスの大きさは、図6のようなトランジスタの特性曲線によって入力信号を直線的に増幅できる中心点(**動作点**という。)に設定する必要がある。

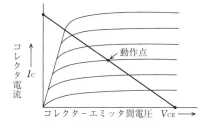

図6　特性曲線と動作点

(5) ベース接地形トランジスタは、図7のように各端子が接続され、コレクタ電流の変化を$\Delta I_C = 1.96$〔mA〕、エミッタ電流の変化を$\Delta I_E = 2$〔mA〕とすると、電流増幅率αは次のようになる。

$$\alpha = \frac{\Delta I_C}{\Delta I_E} = \frac{1.96}{2} = \mathbf{0.98}$$

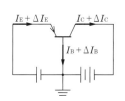

図7　ベース接地トランジスタ回路

答	
(ア)	②
(イ)	④
(ウ)	①
(エ)	④
(オ)	③

基礎

2 電子回路

次の各文章の 内に、それぞれの[ ]の解答群の中から最も適したものを選び、その番号を記せ。　　　　　　　　　　　　　　　　　　　　　　　　　　　　　　　　　　　（小計20点）

(1) 高純度のシリコンに、 （ア） のリンやアンチモンを微量に加えることにより、n形半導体が生成される。　　　　　　　　　　　　　　　　　　　　　　　　　　　　　　　　　　　　　（4点）

　　　[① 2価　　② 3価　　③ 4価　　④ 5価　　⑤ 6価]

(2) 図1に示すトランジスタ回路において、V_Bを2ボルト、V_Cを10ボルト、R_Bを50キロオーム、R_Cを2キロオーム、ベースとエミッタ間の電圧V_{BE}を1ボルトとするとき、コレクタ－エミッタ間の電圧V_{CE}は、 （イ） ボルトである。ただし、直流電流増幅率h_{FE}は100とする。　　　　　（4点）

　　　[① 2　　② 4　　③ 5　　④ 6　　⑤ 8]

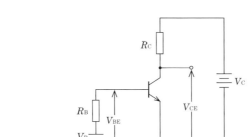

図1

(3) ダイオードを用いた波形整形回路において、入力信号波形から、上の基準電圧以上と下の基準電圧以下を切り取り、中央部（上下の基準電圧の間に入る部分）の信号波形だけを取り出す回路は、 （ウ） といわれる。　　　　　　　　　　　　　　　　　　　　　　　　　　　　　　　　　　　　　（4点）

　　　[① ドライバ　　　　　② スライサ　　　　　③ ベースクリッパ
　　　 ④ ピーククリッパ　　⑤ フリップフロップ]

(4) 記憶素子を構成する基本単位であるメモリセルが、MOSトランジスタ1個とコンデンサ1個から構成され、コンデンサに電荷があるときは1、電荷がないときは0として記憶される半導体メモリは、 （エ） といわれる。　　　　　　　　　　　　　　　　　　　　　　　　　　　　（4点）

　　　[① DRAM　　② MRAM　　③ ROM　　④ ASIC　　⑤ フラッシュメモリ]

(5) トランジスタ増幅回路を接地方式により分類したとき、入力インピーダンスが最も小さく、出力インピーダンスが最も大きいものは、 （オ） 接地の回路である。　　　　　　　　　（4点）

　　　[① コレクタ　　② エミッタ　　③ ベース　　④ カソード　　⑤ ソース]

解 説

(1) 4価のシリコン(Si)などの真性半導体(不純物を含まない半導体)結晶にごく微量の不純物を加えると、結晶中の電子に過不足を生じ、その結果キャリア(担体)が発生して、電気伝導に寄与する。不純物としてひ素(As)やリン(P)、アンチモン(Sb)などの**5価**(最外殻電子数が5個)の元素を加えた場合は自由電子の数が多いn形半導体になり、このとき加えた不純物をドナーという。また、インジウム(In)やガリウム(Ga)、ほう素(B)などの3価(最外殻電子数が3個)の元素を加えると正孔(ホール)の数が多いp形半導体となり、このとき加えた不純物をアクセプタという。

(2) 図2において、$V_{BE} = 1$〔V〕、$V_B = 2$〔V〕だから、R_Bの両端にかかる電圧V_{RB}〔V〕は、

$$V_{RB} = V_B - V_{BE} = 2 - 1 = 1〔V〕$$

である。したがって、$R_B = 50$〔kΩ〕$= 50 \times 10^3$〔Ω〕を流れる電流すなわちベース電流I_B〔A〕は、

$$I_B = \frac{V_{RB}}{R_B} = \frac{1}{50 \times 10^3} = 2 \times 10^{-5}〔A〕$$

となる。ここで、直流電流増幅率が$h_{FE} = \frac{I_C}{I_B} = 100$だから、

$$I_C = I_B \times 100 = 2 \times 10^{-5} \times 100 = 2 \times 10^{-3}〔A〕$$

となり、$R_C = 2$〔kΩ〕$= 2 \times 10^3$〔Ω〕の両端電圧V_{RC}〔V〕は、

$$V_{RC} = R_C I_C = 2 \times 10^3 \times 2 \times 10^{-3} = 4〔V〕$$

となる。そして、$V_C = V_{RC} + V_{CE} = 10$〔V〕より、$V_{CE}$は、

$$V_{CE} = V_C - V_{RC} = 10 - 4 = 6〔V〕$$

となる。

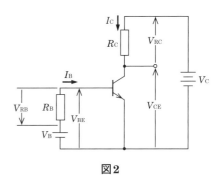

図2

(3) 任意の入力波形に対して、ある特定の基準電圧レベルの上か下の部分を取り出したり、取り除いたりする振幅操作回路を総称してクリッパという。クリッパには、図3のように設定値以上を取り出すベースクリッパと、図4のように設定値以下を取り出すピーククリッパとがある。また、ベースクリッパとピーククリッパを組み合わせて入力電圧の振幅をある範囲に抑えるような回路をリミッタといい、さらに図5のように中央部の信号波形だけを取り出す回路を**スライサ**(スライス回路)という。

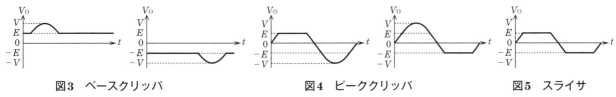

図3 ベースクリッパ　　図4 ピーククリッパ　　図5 スライサ

(4) **DRAM**(Dynamic Random Access Memory)の記憶素子は、多数のメモリセルにより構成されている。メモリセルは、図6のように1個のトランジスタと1個のキャパシタ(コンデンサに相当)が2本の信号線に接続された構成となっている。ワード線およびビット線の2本の信号線の電位の高低で制御することにより、1つのメモリセルで1ビットの情報を記憶する。メモリセルに"1"を記憶させるときは、ワード線の電位を"H"にしておき、ビット線の電位を"H"にする。この結果、キャパシタに電荷が蓄えられる。また、"0"を記憶させるときは、ワード線の電位を"H"にしておき、ビット線の電位を"L"にする。この結果、放電によりキャパシタの電荷がなくなる。そして、データを読み出す際には、ワード線の電位を"H"にして、キャパシタから放電がありビット線の電位が上昇すれば"1"が記憶されていたと判定し、キャパシタからの放電がなくビット線の電位が上昇しないときは"0"が記憶されていたと判定する。

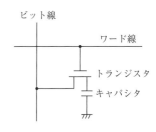

図6 メモリセルの構成

(5) トランジスタ回路の接地方式には、ベース接地方式、エミッタ接地方式、コレクタ接地方式の3種類があり、各接地方式にはそれぞれ表1のような特徴がある。表より、3種類の接地方式のうち、入力インピーダンスが最も小さく、出力インピーダンスが最も大きいのは、**ベース**接地方式である。

表1 各接地方式の特性

項目＼接地方式	ベース接地	エミッタ接地	コレクタ接地
入力インピーダンス	小	中	大
出力インピーダンス	大	中	小
電流利得	小(<1)	大	大
電圧利得	大*	中	小(ほぼ1)
電力利得	中	大	小
高周波特性	最も良い	悪い	良い
入・出力電圧位相	同相	逆相	同相
代表的な用途	高周波増幅	増幅(一般用)	インピーダンス変換

〔注〕*は負荷抵抗が大の場合

答	
(ア)	④
(イ)	④
(ウ)	②
(エ)	①
(オ)	③

次の各文章の 内に、それぞれの[ ]の解答群の中から最も適したものを選び、その番号を記せ。 (小計20点)

(1) 半導体について述べた次の二つの記述は、 (ア) 。 (4点)

A 正孔が多数キャリアであるp形半導体と、自由電子が多数キャリアであるn形半導体は、いずれも真性半導体に不純物を加えて作られる。

B p形半導体に含まれる不純物はドナーといわれ、n形半導体に含まれる不純物はアクセプタといわれる。

[① Aのみ正しい ② Bのみ正しい ③ AもBも正しい ④ AもBも正しくない]

(2) 図1に示すトランジスタ回路において、V_{CC}が10ボルト、R_Bが930キロオーム、R_Cが (イ) キロオームのとき、コレクタ－エミッタ間の電圧V_{CE}は、6ボルトである。ただし、直流電流増幅率h_{FE}を40、ベース－エミッタ間のバイアス電圧V_{BE}を0.7ボルトとする。 (4点)

[① 4 ② 6 ③ 8 ④ 10 ⑤ 12]

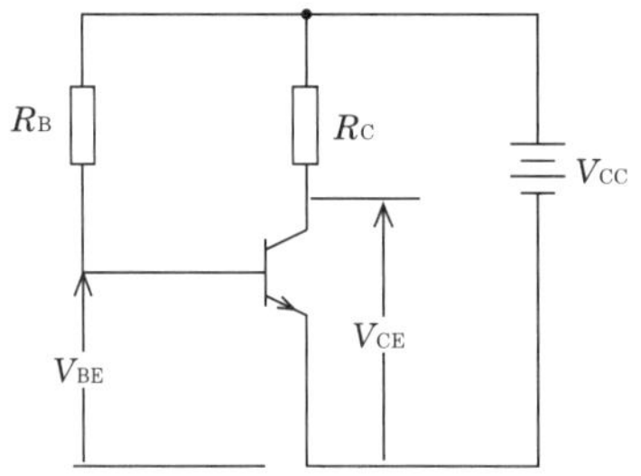

図1

(3) トランジスタ増幅回路で出力信号を取り出す場合には、バイアス回路への影響がないようにコンデンサを通して (ウ) のみを取り出す方法がある。 (4点)

[① 高周波成分 ② 雑音成分 ③ 漏話信号分 ④ 直流分 ⑤ 交流分]

(4) バリスタは、 (エ) 特性が非直線的な変化を示す半導体素子であり、過電圧の抑制、衝撃性雑音の吸収などに用いられる。 (4点)

[① 電圧－電流 ② 損失－位相 ③ 静電容量－温度 ④ 周波数－振幅]

(5) トランジスタの静特性の一つである電流伝達特性は、エミッタ接地方式において、コレクタ－エミッタ間の電圧V_{CE}を一定に保ったときのベース電流I_Bと (オ) との関係を示したものである。 (4点)

[① エミッタ電流I_B ② ベース電圧V_B
③ コレクタ電流I_C ④ ベース－エミッタ間の電圧V_{BE}]

解 説

(1) シリコン(Si)などの4価の元素からなる真性半導体結晶に不純物を加えると、結晶中の電子に過不足を生じ、その結果キャリアが発生し、電気伝導に寄与する。不純物としてひ素(As)などの5価の元素を加えた場合は自由電子の数が多い(自由電子が多数キャリアである)n形半導体になり、このとき加えた不純物をドナーという。また、インジウム(In)などの3価の元素を加えると正孔の数が多い(正孔が多数キャリアである)p形半導体となり、このとき加えた不純物をアクセプタという。よって、設問の記述は、**Aのみ正しい**。

(2) 図2において、$V_{CC} = V_B + V_{BE}$ が成り立ち、$V_{CC} = 10$〔V〕、$V_{BE} = 0.7$〔V〕だから、

$$V_B = V_{CC} - V_{BE} = 10 - 0.7 = 9.3 〔V〕$$

である。また、$R_B = 930 \times 10^3$〔Ω〕から、

$$I_B = \frac{V_B}{R_B} = \frac{9.3}{930 \times 10^3} = 1 \times 10^{-5} 〔A〕$$

である。ここで、$h_{FE} = \dfrac{I_C}{I_B} = 40$ より、コレクタ電流I_Cは、

$$I_C = h_{FE} \times I_B = 40 \times 1 \times 10^{-5} = 0.4 \times 10^{-3} 〔A〕$$

となり、これとR_Cによる電圧降下V_Cは

$$V_C = I_C R_C = 0.4 \times 10^{-3} \times R_C = V_{CC} - V_{CE} = 10 - 6 = 4 〔V〕$$

となる。したがって、R_Cの抵抗値は、

$$R_C = \frac{4}{0.4 \times 10^{-3}} = 10 \times 10^3 〔Ω〕$$

となり、答は**10**〔kΩ〕である。

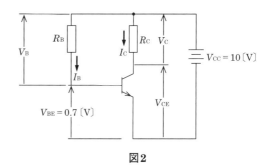

図2

(3) トランジスタ増幅回路を多段接続する場合、1段目のトランジスタにおいて温度等の影響により動作点が変動すると、次の段でさらにこの変動が増幅され、バイアス回路に影響を及ぼすことになる。この対策として、図3のように1段目と2段目の間をコンデンサで結合することにより、1段目の出力の直流成分を取り除き、**交流分**のみを取り出す方法があり、これにより2段目の増幅回路のバイアスが安定する。

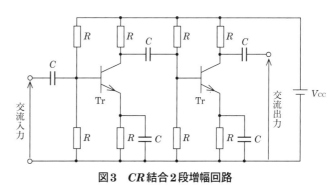

図3 _CR_結合2段増幅回路

(4) バリスタは、図4に示すように、**電圧－電流**特性が非直線的な変化を示す非直線抵抗素子であり、電圧がある一定値(バリスタ電圧)を超えると内部抵抗が低下し、電流が急激に増加する。バリスタの用途としては、過電圧からの保護(回路に設計値以上の電圧が加わったとき、その過電圧による電流をバリスタにバイパスさせる)や、回路の雑音の吸収、温度補償などが挙げられる。

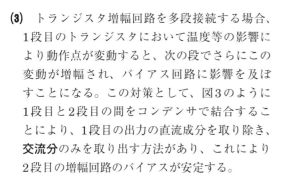

図4 バリスタの電圧－電流特性

(5) トランジスタ回路の特性評価をする場合、増幅特性、スイッチング等の特性を表す種々の特性図が参考にされ、エミッタ接地方式のトランジスタ回路の場合の代表的な静特性としては、入力特性($I_B - V_{BE}$)、出力特性($I_C - V_{CE}$)、電流伝達特性($I_C - I_B$)、電圧帰還特性($V_{BE} - V_{CE}$)の4つが挙げられる(図5)。これらのうち、電流伝達特性は、コレクタ－エミッタ間の電圧V_{CE}を一定に保ったときのベース電流I_Bと**コレクタ電流I_C**との関係を示したものである。

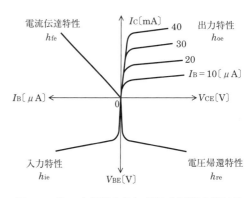

図5 エミッタ接地トランジスタ回路の静特性

答	
(ア)	①
(イ)	④
(ウ)	⑤
(エ)	①
(オ)	③

基礎

2

電子回路

次の各文章の □□□□ 内に、それぞれの[　　]の解答群の中から最も適したものを選び、その番号を記せ。　　　　　　　　　　　　　　　　　　　　　　　　　　　　　　　　　　　　　（小計20点）

(1) 半導体について述べた次の二つの記述は、　(ア)　。　　　　　　　　　　　　　　　　（4点）

A　4価のシリコン(Si)の真性半導体に、3価のインジウム(In)などの元素を微量に加えることにより、生成される自由電子が電気伝導の主たる担い手となる不純物半導体はn形半導体といわれる。

B　不純物半導体において、正孔を生ずる半導体はアクセプタといわれ、自由電子を生ずる不純物はドナーといわれる。

　　[①　Aのみ正しい　　②　Bのみ正しい　　③　AもBも正しい　　④　AもBも正しくない]

(2) 図1に示すトランジスタ回路において、V_{CC}を10ボルト、R_Cを3キロオームとするとき、コレクタ電流I_Cを2ミリアンペアとするには、ベースバイアス抵抗R_Bを　(イ)　キロオームにする必要がある。ただし、直流電流増幅率h_{FE}を100、ベース－エミッタ間の電圧V_{BE}を0.64ボルトとする。　　（4点）

　　[①　162　　②　165　　③　197　　④　232　　⑤　235]

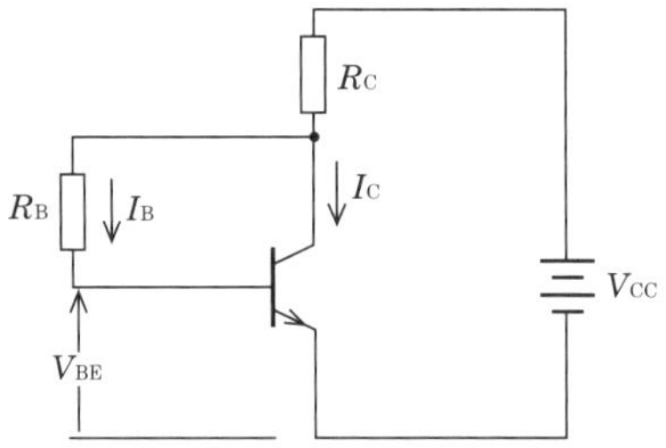

図1

(3) ダイオードを用いた波形整形回路において、入力信号波形から、上の基準電圧以上と下の基準電圧以下を切り取り、中央部(上下の基準電圧の間に入る部分)の信号波形だけを取り出す回路は、　(ウ)　といわれる。　　（4点）

　　[①　フリップフロップ　　②　ドライバ　　③　ベースクリッパ
　　④　ピーククリッパ　　⑤　スライサ]

(4) 定電圧ダイオードは、逆方向に加えた電圧がある値を超えると急激に電流が増加する　(エ)　現象を生じ、広い電流範囲で電圧を一定に保つ特性を有する。　　（4点）

　　[①　降伏　　②　ドリフト　　③　誘導　　④　漏話　　⑤　発振]

(5) ベース接地トランジスタ回路において、コレクタ－ベース間の電圧V_{CB}を一定にして、エミッタ電流を2ミリアンペア変化させたところ、コレクタ電流が1.94ミリアンペア変化した。このトランジスタ回路の電流増幅率は、　(オ)　である。　　（4点）

　　[①　0.06　　②　0.94　　③　0.96　　④　0.97　　⑤　1.06]

解説

(1) 設問の記述は、**Bのみ正しい**。4価のシリコン(Si)などの真性半導体(不純物を含まない半導体)結晶にごく微量の不純物(ドーパント)を加えると、結晶中の電子に過不足を生じ、その結果キャリア(担体)が発生して、電気伝導に寄与する。不純物としてひ素(As)やリン(P)などの**5価**(最外殻電子数が5個)の元素を加えた場合は自由電子の数が多い**n形半導体**になり、このとき加えた不純物をドナーという。また、インジウム(In)やガリウム(Ga)、ほう素(B)などの**3価**(最外殻電子数が3個)の元素を加えると正孔(ホール)の数が多いp形半導体となり、このとき加えた不純物をアクセプタという。

(2) 図1のトランジスタ回路を自己バイアス回路といい、図2のように、負荷抵抗R_Cにより降圧したコレクタ電圧を、さらにベースバイアス抵抗R_Bで降圧し、所要のバイアス電圧V_{BE}を得る回路である。この回路において、R_B〔Ω〕の値を求めるには、与えられた数値からI_B〔A〕およびR_Bの両端電圧V_{RB}〔V〕を求め、V_{RB}をI_Bで割ればよい。

まず、I_Bであるが、これは$I_C = 2 \times 10^{-3}$〔A〕と直流電流増幅率$h_{FE} = 100$から求められる。エミッタ接地の直流電流増幅率の定義式$h_{FE} = \dfrac{I_C}{I_B}$から、$I_B = \dfrac{I_C}{h_{FE}} = \dfrac{2 \times 10^{-3}}{100} = 2 \times 10^{-5}$〔A〕となる。

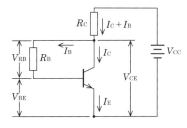

図2 自己バイアス回路

次に、V_{RB}であるが、これはV_{CC}からR_Cによる電圧降下分$(I_C + I_B)R_C$を引いてコレクターエミッタ間電圧V_{CE}を求め、V_{CE}からさらにV_{BE}を引いてやればよい。

$$V_{CE} = V_{CC} - (I_C + I_B)R_C = 10 - (2 \times 10^{-3} + 2 \times 10^{-5}) \times 3 \times 10^3$$
$$= 10 - 202 \times 10^{-5} \times 3 \times 10^3 = 10 - 6.06 = 3.94 \text{〔V〕}$$
$$V_{RB} = V_{CE} - V_{BE} = 3.94 - 0.64 = 3.30 \text{〔V〕}$$

よって、ベースバイアス抵抗は$R_B = \dfrac{V_{RB}}{I_B} = \dfrac{3.30}{2 \times 10^{-5}} = 165 \times 10^3$〔Ω〕となり、**165〔kΩ〕**が求める答となる。

(3) 任意の入力波形に対して、ある特定の基準電圧レベルの上か下の部分を取り出したり、取り除いたりする振幅操作回路を総称してクリッパという。クリッパには、図3のように設定値以上を取り出すベースクリッパと、図4のように設定値以下を取り出すピーククリッパとがある。また、ベースクリッパとピーククリッパを組み合わせて入力電圧の振幅をある範囲に抑えるような回路をリミッタといい、さらに図5のように中央部の信号波形だけを取り出す回路を**スライサ**(スライス回路)という。

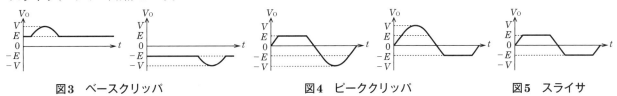

図3 ベースクリッパ　　　　図4 ピーククリッパ　　　　図5 スライサ

(4) pn接合ダイオードにおいて、p形半導体側が正、n形半導体側が負になるように電圧を加えると、大きな電流が流れる。このときの電圧を順方向電圧という。これとは反対に、p形半導体側が負、n形半導体側が正になるように電圧を加えたときの電圧を逆方向電圧といい、逆方向電圧を加えた場合には、通常、電流はほとんど流れない。ところが、図6のように逆方向電圧を徐々に大きくしていくと、電圧がある値に達したところで急激に大きな電流が流れるようになる。この現象を**降伏**現象といい、電流が急増する境界となる電圧の大きさを降伏電圧という。pn接合ダイオードのこの特性を利用し、各種回路において電圧を一定に保つ素子として用いられているのがツェナーダイオードである。

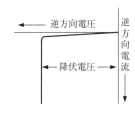

図6 降伏現象

(5) ベース接地形トランジスタは、図7のように各端子が接続され、コレクタ電流の変化を$\Delta I_C = 1.94$〔mA〕、エミッタ電流の変化を$\Delta I_E = 2$〔mA〕とすると、電流増幅率αは次のようになる。

$$\alpha = \frac{\Delta I_C}{\Delta I_E} = \frac{1.94}{2} = \textbf{0.97}$$

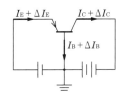

図7 ベース接地トランジスタ回路

答

(ア)	②
(イ)	②
(ウ)	⑤
(エ)	①
(オ)	④

次の各文章の 内に、それぞれの[ ]の解答群の中から最も適したものを選び、その番号を記せ。 (小計20点)

(1) サイリスタは、p形とn形の半導体を交互に二つ重ねたpnpnの4層構造を基本とした半導体 (ア) 素子であり、シリコン制御整流素子ともいわれる。 (4点)

[① 受 光　② 発 光　③ スイッチング　④ 圧 電　⑤ フィルタリング]

(2) 図1に示すトランジスタ回路において、V_Bを2ボルト、V_{CC}を12ボルト、R_Bを50キロオーム、R_Cを3キロオーム、ベースとエミッタ間の電圧V_{BE}を1ボルトとするとき、コレクタ－エミッタ間の電圧V_{CE}は、 (イ) ボルトである。ただし、直流電流増幅率h_{FE}は100とする。 (4点)

[① 2　② 4　③ 5　④ 6　⑤ 8]

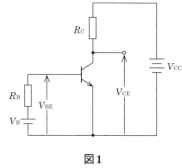

図1

(3) 半導体受光素子について述べた次の二つの記述は、 (ウ) 。 (4点)

A　PINフォトダイオードは、3層構造の受光素子であり、電流増幅作用は持たないが、アバランシェフォトダイオードと比較して低い動作電圧で利用できる。

B　アバランシェフォトダイオードは、電子なだれ増倍現象による電流増幅作用を利用した受光素子であり、光検出器などに用いられる。

[① Aのみ正しい　② Bのみ正しい　③ AもBも正しい　④ AもBも正しくない]

(4) 電界効果トランジスタについて述べた次の二つの記述は、 (エ) 。 (4点)

A　MOS型電界効果トランジスタは、金属、酸化膜及び半導体の3層から成り、ソース電極に加える電圧を変化させることにより反転層を変化させ、ドレイン－ゲート間を流れる電流を制御する半導体素子である。

B　接合型電界効果トランジスタは、ゲート電極に加える電圧を変化させることにより空乏層の厚さを変化させ、ドレイン－ソース間を流れる電流を制御する半導体素子である。

[① Aのみ正しい　② Bのみ正しい　③ AもBも正しい　④ AもBも正しくない]

(5) トランジスタの静特性の一つである電流伝達特性は、エミッタ接地方式において、コレクタ－エミッタ間の電圧V_{CE}を一定に保ったときのベース電流I_Bと (オ) との関係を示したものである。 (4点)

[① コレクタ電流I_C　② ベース電圧V_B
③ エミッタ電流I_E　④ ベース－エミッタ間の電圧V_{BE}]

解 説

(1) サイリスタは、pnpn接合の半導体**スイッチング**素子の総称である。その代表的なものにSCR(逆阻止三端子シリコン制御素子)やGTO(ゲートターンオフサイリスタ)、トライアックなどがある。このうち、SCRは一方向にのみ電流を流すもので、p形半導体とn形半導体を交互に重ねて4層とし、端のp層にアノード(A)、反対側のn層にカソード(K)、途中のp層またはn層にゲート(G)という3つの電極を取り付けた構造になっており、ゲートに電流が流れるとアノード−カソード間が導通(点弧)する。

(2) 図2において、$V_{BE} = 1$〔V〕、$V_B = 2$〔V〕だから、R_Bの両端にかかる電圧V_{RB}〔V〕は、

$$V_{RB} = V_B - V_{BE} = 2 - 1 = 1 \text{〔V〕}$$

である。したがって、$R_B = 50$〔kΩ〕$= 50 \times 10^3$〔Ω〕を流れる電流すなわちベース電流I_B〔A〕は、

$$I_B = \frac{V_{RB}}{R_B} = \frac{1}{50 \times 10^3} = 2 \times 10^{-5} \text{〔A〕}$$

となる。ここで、直流電流増幅率が$h_{FE} = \frac{I_C}{I_B} = 100$だから、

$$I_C = I_B \times 100 = 2 \times 10^{-5} \times 100 = 2 \times 10^{-3} \text{〔A〕}$$

となり、$R_C = 3$〔kΩ〕$= 3 \times 10^3$〔Ω〕の両端電圧V_{RC}〔V〕は、

$$V_{RC} = R_C I_C = 3 \times 10^3 \times 2 \times 10^{-3} = 6 \text{〔V〕}$$

となる。そして、$V_{CC} = V_{RC} + V_{CE} = 12$〔V〕より、$V_{CE}$は、

$$V_{CE} = V_{CC} - V_{RC} = 12 - 6 = \mathbf{6} \text{〔V〕}$$

となる。

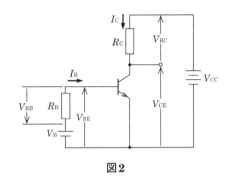

図2

(3) 設問の記述は、**AもBも正しい**。

A PINフォトダイオードは、p形半導体とn形半導体の間に不純物濃度の小さい真性半導体層(i層)を挟んだ3層構造の受光素子である。アバランシェフォトダイオード(APD)のような電流増幅作用はないが、動作電圧は0〜20〔V〕程度でAPDの30〜200〔V〕に比べて低い。また、雑音が小さく、応答速度が速く、量子効率がよいため、光ファイバ通信システムに多く用いられている。したがって、記述は正しい。

B APDは、空乏層における格子原子の衝突電離を連鎖的に繰り返すことによりなだれのように多量の電子を発生させ、光電流を増倍して出力する、電子なだれ増倍作用をもつ。APDに逆方向の電圧を印加した状態で光を当てると、極めて小さな光電流であっても電子なだれ増倍効果により大きな電流を得ることができるため、光ファイバ通信における光検出器の受光素子としてよく用いられている。したがって、記述は正しい。

(4) 設問の記述は、**Bのみ正しい**。電界効果トランジスタ(FET)は、ゲート(G)、ソース(S)、ドレイン(D)の3つの電極をもつ半導体素子で、ゲート電極に加える電圧により空乏層(電気伝導の担い手である自由電子や正孔などのキャリアが存在しない領域)の大きさを変化させることでキャリアの通り道(チャネル)の幅を変化させ、ドレインからソースへ流れる電流を制御する。このため、電圧制御形の半導体素子ともいわれる。空乏層を大きくするとチャネルの幅が狭くなり、流れる電流は小さくなる。空乏層を小さくするとチャネルの幅が広がり、流れる電流は大きくなる。

また、FETは、その内部構造によりMOS型FET(MOSFET)と接合型FET(JFET)に大別される。MOSは、Metal Oxide Semiconductorの略語で、MOSFETは、金属(Metal)と半導体(Semiconductor)の間に薄膜状の酸化物(Oxide)を挟んだ構造になっており、酸化膜で絶縁されたゲート電極と半導体基板の間につくられる電界によって電流を制御する。一方、JFETは、ゲート部分をpn接合したもので、pn接合部分に加える逆バイアス電圧により電流を制御する。

(5) トランジスタ回路の特性評価をする場合、増幅特性、スイッチング等の特性を表す種々の特性図が参考にされ、エミッタ接地方式のトランジスタ回路の場合の代表的な静特性としては、入力特性($I_B - V_{BE}$)、出力特性($I_C - V_{CE}$)、電流伝達特性($I_C - I_B$)、電圧帰還特性($V_{BE} - V_{CE}$)の4つが挙げられる(図3)。これらのうち、電流伝達特性は、コレクタ−エミッタ間の電圧V_{CE}を一定に保ったときのベース電流I_Bと**コレクタ電流I_C**との関係を示したものである。

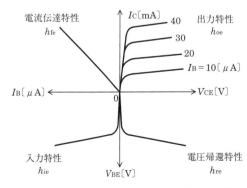

図3 エミッタ接地トランジスタ回路の静特性

答	
(ア)	③
(イ)	④
(ウ)	③
(エ)	②
(オ)	①

基礎

2 電子回路

基礎 ③ 論理回路

論理式（ブール代数）とベン図

●論理式

デジタル回路では、"0"と"1"の2つの状態のみで表現する2値論理の演算が行われる。この演算を行う回路を論理回路といい、その動作を論理式あるいは**ブール代数**とよばれる代数で表現する。ブール代数には、次のような基本式がある。

①$A + B$ 　論理和（OR）
②$A \cdot B$ 　論理積（AND）
③$\overline{A}$ 　否定論理（NOT）
④$\overline{A + B}$ 　否定論理和（NOR）
⑤$\overline{A \cdot B}$ 　否定論理積（NAND）

●ベン図

ベン図は範囲図ともよばれ、ブール代数を直観的に図示したものである。論理式の入力を表すのに、ある平面に円を考え、円の内側を"1"、外側を"0"とする。例としてANDおよびNOTの場合を図1に示す。

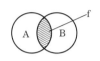　

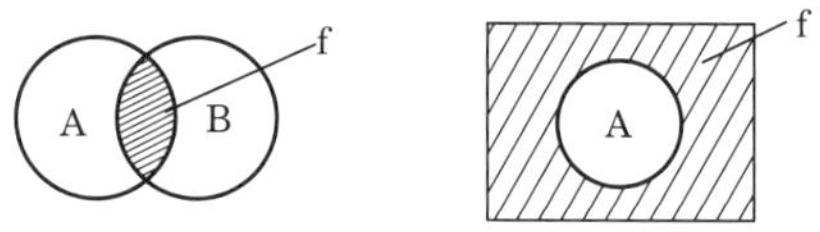

AND（f = A・B）　　　NOT（f = $\overline{A}$）

図1

論理素子

●論理和（OR）

2個以上の入力端子と1個の出力端子をもち、入力端子の少なくとも1個に"1"が入力された場合に出力端子に"1"を出力し、すべての入力端子に"0"が入力された場合は、"0"を出力する。

表1

シンボル	ベン図	真理値		
		A	B	f
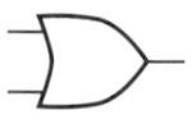	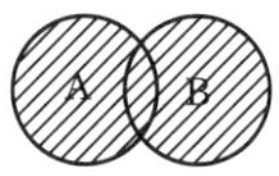 f = A + B	0	0	0
		0	1	1
		1	0	1
		1	1	1

●論理積（AND）

2個以上の入力端子と1個の出力端子をもち、すべての入力端子に"1"が入力された場合に出力端子に"1"を出力し、入力端子の少なくとも1個に"0"が入力された場合は、"0"を出力する。

表2

シンボル	ベン図	真理値		
		A	B	f
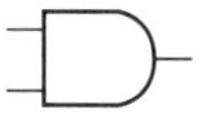	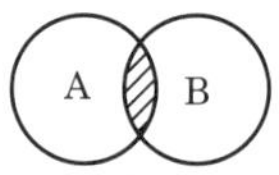 f = A・B	0	0	0
		0	1	0
		1	0	0
		1	1	1

●否定論理（NOT）

1個の入力端子と1個の出力端子をもち、入力端子に"0"が入力として加えられた場合に出力端子に"1"を、入力端子に"1"が入力として加えられた場合に出力端子に"0"を出力する。この回路の入力をA、出力をfとすると、f = $\overline{A}$で表される。

表3

シンボル	ベン図	真理値	
		A	f
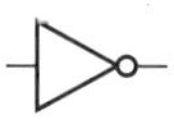	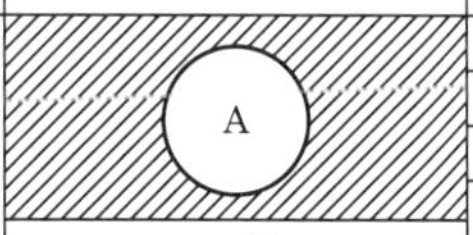 f = $\overline{A}$	0	1
		1	0

●否定論理和（NOR）

2個以上の入力端子と1個の出力端子をもち、すべての入力端子に"0"が入力された場合に出力端子に"1"を出力し、入力端子の少なくとも1個に"1"が入力された場合は、"0"を出力する。

表4

シンボル	ベン図	真理値		
		A	B	f
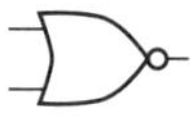	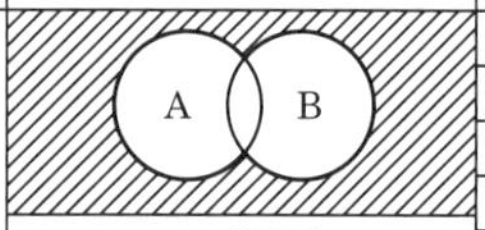 f = $\overline{A + B}$	0	0	1
		0	1	0
		1	0	0
		1	1	0

●否定論理積（NAND）

2個以上の入力端子と1個の出力端子をもち、すべての入力端子に"1"が入力された場合に出力端子に"0"を出力し、入力端子の少なくとも1個に"0"が入力された場合は、"1"を出力する。

表5

シンボル	ベン図	真理値		
		A	B	f
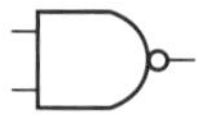	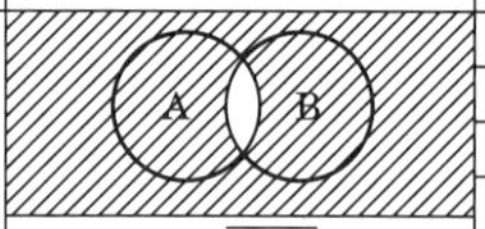 f = $\overline{A \cdot B}$	0	0	1
		0	1	1
		1	0	1
		1	1	0

●排他的論理和（EXOR）

2個の入力端子と1個の出力端子をもち、一方の入力端子に"1"が入力として加えられ、もう一方の入力端子に"0"が入力として加えられた場合のみ、出力端子に"1"を出力し、両方の入力端子の入力が同じ場合に"0"を出力する。この結果より不一致回路ともよばれる。

表6

シンボル	ベン図	真理値		
		A	B	f
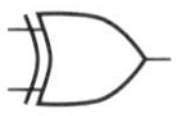	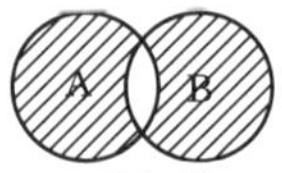 f = A・$\overline{B}$ + $\overline{A}$・B	0	0	0
		0	1	1
		1	0	1
		1	1	0

ブール代数の基本定理

複雑な論理式は、以下のようなブール代数の基本定理を用いて簡略化することができる。

●交換の法則

$$A + B = B + A \qquad A \cdot B = B \cdot A$$

●結合の法則

$$A + (B + C) = (A + B) + C$$
$$A \cdot (B \cdot C) = (A \cdot B) \cdot C$$

●分配の法則

$$A \cdot (B + C) = A \cdot B + A \cdot C$$

●恒等の法則

$$A + 1 = 1 \qquad A + 0 = A$$
$$A \cdot 1 = A \qquad A \cdot 0 = 0$$

●同一の法則

$$A + A = A \qquad A \cdot A = A$$

●補元の法則

$$A + \overline{A} = 1 \qquad A \cdot \overline{A} = 0$$

●ド・モルガンの法則

$$\overline{A + B} = \overline{A} \cdot \overline{B} \qquad \overline{A \cdot B} = \overline{A} + \overline{B}$$

●復元の法則

$$\overline{\overline{A}} = A$$

●吸収の法則

$$A + A \cdot B = A \qquad A \cdot (A + B) = A$$

●複雑なブール代数への基本定理の応用例

基本定理を用い簡略化する例を次に示す。

$$
\begin{aligned}
C &= \overline{\overline{(A + B)} + \{A \cdot \overline{(A + B)}\}} \\
&= \overline{\overline{(A + B)}} \cdot \overline{\{A \cdot \overline{(A + B)}\}} \quad &\text{ド・モルガンの法則} \\
&= \overline{\overline{(A + B)}} \cdot \{\overline{A} + \overline{\overline{(A + B)}}\} \quad &\text{ド・モルガンの法則} \\
&= (A + B) \cdot \{\overline{A} + (A + B)\} \quad &\text{復元の法則} \\
&= (A + B) \cdot \{(\overline{A} + A) + B\} \quad &\text{結合の法則} \\
&= (A + B) \cdot \{1 + B\} \quad &\text{補元の法則} \\
&= (A + B) \cdot 1 \quad &\text{恒等の法則} \\
&= A + B \quad &\text{恒等の法則}
\end{aligned}
$$

正論理と負論理

論理回路で扱うデータは、2値論理の"0"または"1"の組合せで表現される。この"0"と"1"を、電圧の高低やスイッチのONとOFFに対応させる方法として、正論理と負論理とがある。

電圧が高い（H）状態を"1"、電圧が低い（L）状態を"0"に対応させる方法を**正論理**といい、逆に電圧が高い（H）状態を"0"、電圧が低い（L）状態を"1"に対応させる方法を**負論理**という。

図2に示すダイオードの回路の場合、表7のように正論理で表現するとAND回路となり、負論理で表現すると OR回路となる。

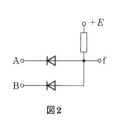

図2

表7

回路動作			真理値表					
			正論理			負論理		
A	B	f	A	B	f	A	B	f
L	L	L	0	0	0	1	1	1
L	H	L	0	1	0	1	0	1
H	L	L	1	0	0	0	1	1
H	H	H	1	1	1	0	0	0

2進数、8進数、16進数と基数変換

数の表現方法には、2進数、8進数、10進数、16進数などさまざまなものがある。一般に、現代人が日常生活に用いているのは、1つの桁を0、1、2、3、4、5、6、7、8、9の10種類の数字で表現する10進数である。

●2進数

コンピュータの内部処理は、一般に電圧の高・低で行われるが、このようすは1つの桁に0と1の2種類の数字を用いる2進数で表現される。しかし、2進数は桁数が多くなり、人間が目視した場合に桁を見誤りやすいという欠点がある。このことから、情報処理の領域では、2進数3桁を1桁で表現できる8進数や、2進数4桁を1桁で表現できる16進数を用いることが多くなっている。

●8進数

8進数は、0から7の8種類の数字を用いて数を表現するものである。2進数から8進数への変換は、2進数を下位桁から3桁ずつ区切って行う。

●16進数

16進数は、0から9の10種類の数字にアルファベットのA、B、C、D、E、Fの6種類の文字をそれぞれ数字に見立てて追加した、合計16種類の数字を用いて数を表現する方法である。2進数から16進数への変換は、2進数を下位桁から4桁ずつ区切って行う。

表8　基数変換

10進数	2進数	8進数	16進数
0	0	0	0
1	1	1	1
2	10	2	2
3	11	3	3
4	100	4	4
5	101	5	5
6	110	6	6
7	111	7	7
8	1000	10	8
9	1001	11	9
10	1010	12	A
11	1011	13	B
12	1100	14	C
13	1101	15	D
14	1110	16	E
15	1111	17	F
16	10000	20	10

次の各文章の ⬚ 内に、それぞれの[ ]の解答群の中から最も適したものを選び、その番号を記せ。　　　　　　　　　　　　　　　　　　　　　　　　　　　　　　　　　　　（小計20点）

(1) 図1、図2及び図3に示すベン図において、A、B及びCが、それぞれの円の内部を表すとき、図1、図2及び図3の斜線部分を示すそれぞれの論理式の論理和は、 （ア） と表すことができる。　　（5点）

- ① $\overline{A} \cdot \overline{B} \cdot C$
- ② $A \cdot \overline{B} \cdot \overline{C} + \overline{A} \cdot B \cdot C$
- ③ $A \cdot \overline{B} + \overline{A} \cdot C + B \cdot \overline{C}$
- ④ $A \cdot \overline{B} + B \cdot \overline{C} + \overline{B} \cdot C$
- ⑤ $A \cdot \overline{C} + B \cdot \overline{C} + \overline{A} \cdot \overline{B} \cdot C$

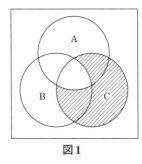 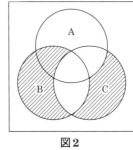 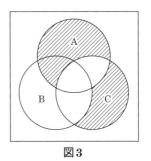

図1　　　　　　図2　　　　　　図3

(2) 表1に示す16進数の X_1、X_2 を用いて、計算式（加算）$X_0 = X_1 + X_2$ から X_0 を求め、これを16進数で表すと、 （イ） になる。　　（5点）

[① 1C806　② 1D2A6　③ 1D8A6　④ 29972　⑤ 2996C]

表1

16進数
X_1 = D 8 E A
X_2 = F 9 B C

(3) 図4に示す論理回路は、NANDゲートによるフリップフロップ回路である。入力a及びbに図5に示す入力がある場合、図4の出力cは、図5の出力のうち （ウ） である。　　（5点）

[① c1　② c2　③ c3　④ c4　⑤ c5　⑥ c6]

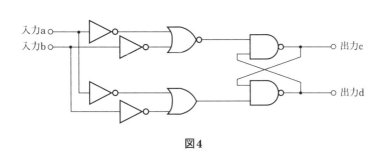

図4

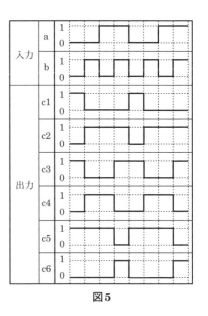

図5

(4) 次の論理関数Xは、ブール代数の公式等を利用して変形し、簡単にすると、 （エ） になる。　（5点）

$$X = (A + B) \cdot (\overline{\overline{A} + C} + \overline{\overline{A} + \overline{B}})$$

[① 0　② $A + B$　③ $\overline{A} + \overline{C}$　④ $A \cdot \overline{C} + \overline{A} \cdot B$　⑤ $A \cdot B \cdot \overline{C} + \overline{A} \cdot B$]

解 説

(1) 図1～図3のベン図の斜線部分を示すそれぞれの論理式の論理和は、図6の塗りつぶした部分で表される。図6は、線で区切られた各領域について、図1～図3のうちどれか1つでも斜線部分であればその領域を塗りつぶし、いずれも斜線部分でなければ塗らないという作業により作成できる。

また、解答群の各論理式をベン図で表すと、図7のようになる。したがって、図1、図2および図3の斜線部分を示すそれぞれの論理式の論理和は、$\mathbf{A \cdot \overline{B} + \overline{A} \cdot C + B \cdot \overline{C}}$ と表すことができる。

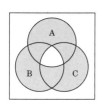
図6 図1～3の論理和

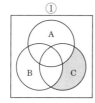 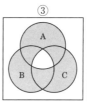
図7 解答群の各論理式をベン図で表したもの

(2) 10進数が10で桁上がりするのと同じように、16進数では16で桁上がりする。したがって、表1中のX_1とX_2の加算は、最下位桁の位置を揃えて図8のように計算すればよい。なお、計算過程での右肩の小さい数字は、ここでは累乗ではなく桁上がりしたことを忘れないように仮に記入したものである。

よって、$X_0 = $ **1D2A6** となる。

```
   D 8 E A
+) F 9 B C
 1 D¹2¹A¹6
```

※16進数のままでは計算が難しいと感じたときはいったん10進数か2進数に変換して計算する。

$A_{(16)} + C_{(16)} = 10_{(10)} + 12_{(10)} = 22_{(10)} = 16_{(10)} + 6_{(10)} = 10_{(16)} + 6_{(16)} = 16_{(16)}$
$1_{(16)} + E_{(16)} + B_{(16)} = 1_{(10)} + 14_{(10)} + 11_{(10)} = 26_{(10)} = 16_{(10)} + 10_{(10)} = 10_{(16)} + A_{(16)} = 1A_{(16)}$
$1_{(16)} + 8_{(16)} + 9_{(16)} = 1_{(10)} + 8_{(10)} + 9_{(10)} = 18_{(10)} = 16_{(10)} + 2_{(10)} = 10_{(16)} + 2_{(16)} = 12_{(16)}$
$1_{(16)} + D_{(16)} + F_{(16)} = 1_{(10)} + 13_{(10)} + 15_{(10)} = 29_{(10)} = 16_{(10)} + 13_{(10)} = 10_{(16)} + D_{(16)} = 1D_{(16)}$

図8 X_1 と X_2 の加算

(3) 図5の入出力波形を見ると、入力aは"0011"を、入力bは"0101"をそれぞれ2回繰り返したものである。これらの値を図4の論理回路の入力aおよびbにあてはめると、回路中の各論理素子における論理レベルの変化は、図9のようになる。計算途中でP点の論理レベルが不明であるため出力cの論理レベルも不明であるが、NAND素子の入力の少なくとも1つが"0"のとき出力が"1"となり、すべての入力が"1"のとき出力が"0"となる性質を利用すると、Q点の論理レベルが*、*、*、1（*は0または1のどちらかの値をとるものとする）となることがわかる。これがP点の論理レベルと等しく、NAND素子の入力が0、0、0、1と*、*、*、1なので、出力cの論理レベルは1、1、1、0で、入力aとbの論理レベルがどちらも"1"のときに出力cの論理レベルは"0"となり、それ以外の組合せのときには出力cの論理レベルは"1"となる。したがって、図4の論理回路において入力aおよびbに図5の入力がある場合、出力cの波形は、図5の**c5**のようになる。

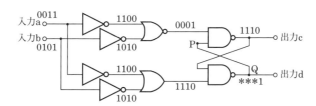
図9 各論理素子における論理レベルの変化

(4) 与えられた論理関数をブール代数（論理代数）の公式等を用いて簡略化すると、次のようになる。

$X = (A + B) \cdot (\overline{\overline{A} + C + \overline{A + \overline{B}}})$

$= (A + B) \cdot (\overline{\overline{A}} \cdot \overline{C} + \overline{A} \cdot \overline{\overline{B}}) = (A + B) \cdot (A \cdot \overline{C} + \overline{A} \cdot B)$

$= A \cdot A \cdot \overline{C} + A \cdot \overline{A} \cdot B + B \cdot A \cdot \overline{C} + B \cdot \overline{A} \cdot B = A \cdot A \cdot \overline{C} + A \cdot \overline{A} \cdot B + B \cdot A \cdot \overline{C} + \overline{A} \cdot B \cdot B$

$= A \cdot \overline{C} + 0 \cdot B + B \cdot A \cdot \overline{C} + \overline{A} \cdot B = A \cdot \overline{C} + B \cdot A \cdot \overline{C} + \overline{A} \cdot B = 1 \cdot A \cdot \overline{C} + B \cdot A \cdot \overline{C} + \overline{A} \cdot B$

$= (1 + B) \cdot A \cdot \overline{C} + \overline{A} \cdot B = 1 \cdot A \cdot \overline{C} + \overline{A} \cdot B = \mathbf{A \cdot \overline{C} + \overline{A} \cdot B}$

答	
(ア)	③
(イ)	②
(ウ)	⑤
(エ)	④

基礎

3

論理回路

次の各文章の　　　　　　内に、それぞれの[　　]の解答群の中から最も適したものを選び、その番号を記せ。 （小計20点）

(1) 図1、図2及び図3に示すベン図において、A、B及びCが、それぞれの円の内部を表すとき、図1、図2及び図3の斜線部分を示すそれぞれの論理式の論理積は、　（ア）　と表すことができる。 （5点）

[
① $A + B + C$ 　　　　② $A \cdot \overline{C} + B \cdot \overline{C} + \overline{A} \cdot \overline{B} \cdot C$ 　　③ $A \cdot \overline{B} \cdot \overline{C}$
④ $A \cdot \overline{B} \cdot \overline{C} + B \cdot C$ 　　⑤ $A \cdot \overline{B} \cdot \overline{C} + \overline{A} \cdot B \cdot C$
]

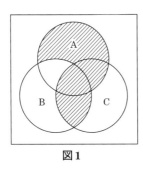
図1
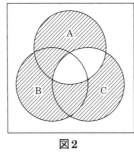
図2
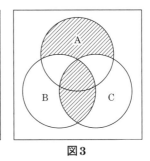
図3

(2) 表1に示す2進数の$X_1 \sim X_3$を用いて、計算式（加算）$X_0 = X_1 + X_2 + X_3$からX_0を求め、2進数で表示し、X_0の先頭から（左から）2番目と3番目と4番目の数字を順に並べると、　（イ）　である。 （5点）

[① 010 　② 011 　③ 101 　④ 110 　⑤ 111]

表1

2進数
$X_1 = 10110101$
$X_2 = \ \ 1111011$
$X_3 = \ \ \ \ 110110$

(3) 図4に示す論理回路は、NANDゲートによるフリップフロップ回路である。入力a及びbに図5に示す入力がある場合、図4の出力dは、図5の出力のうち　（ウ）　である。 （5点）

[① d1 　② d2 　③ d3 　④ d4 　⑤ d5 　⑥ d6]

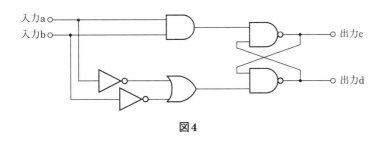
図4

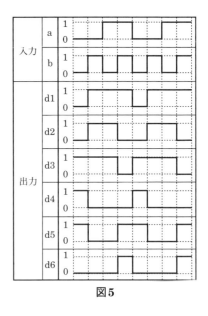
図5

(4) 次の論理関数Xは、ブール代数の公式等を利用して変形し、簡単にすると、　（エ）　になる。 （5点）

$$X = A \cdot C \cdot (A \cdot \overline{B} + \overline{A} \cdot \overline{B} + \overline{A} \cdot C + \overline{A} \cdot \overline{C}) + B \cdot \overline{C} + \overline{B} \cdot C$$

[① 1 　② $B + C$ 　③ $A \cdot \overline{B} + B \cdot \overline{C} + \overline{B} \cdot C$ 　④ $B \cdot \overline{C} + \overline{B} \cdot C$ 　⑤ $A \cdot \overline{B} \cdot C + B \cdot \overline{C}$]

解　説

(1) 図1〜図3のベン図を図6のように線で区切られた ⓐ〜ⓗ の8つの領域に分けて考える。図1〜図3の斜線部分の論理積は、図1〜図3のいずれにおいても斜線部分となっている領域であり、図1〜図3のうちどれか1つでも斜線部分でない場合は該当しない。図6の ⓐ〜ⓗ の領域について順次検討していくと、図1〜図3の斜線部分の論理積は塗りつぶした部分（ⓐおよびⓕ）になる。ここで、領域ⓐはAであるがBもCも含まない部分であり、$A \cdot \overline{B} \cdot \overline{C}$ の論理式で表される。また、領域ⓕはBかつCであるがAを含まない部分だから $(B \cdot C) \cdot \overline{A}$ の論理式で表される。よって、図6の塗りつぶした部分を表す論理式は、次のようになる。

$$A \cdot \overline{B} \cdot \overline{C} + (B \cdot C) \cdot \overline{A} = \mathbf{A \cdot \overline{B} \cdot \overline{C} + \overline{A} \cdot B \cdot C}$$

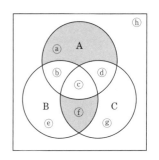

図6　図1〜図3の論理積

(2) 10進数が10で桁上がりするのと同じように、2進数では2で桁上がりする。したがって、表1中の $X_1 \sim X_3$ の最下位桁の位置を揃えて次のように計算すればよい。なお、計算過程での右肩の小さい数字は、ここでは累乗ではなく桁上がりしたことを忘れないように仮に記入したものである。

よって、$X_0 = 101100110$ となり、この先頭（左）から2番目と3番目と4番目の数字を順に並べると **011** である。

$$
\begin{array}{r}
1\,0\,1\,1\,0\,1\,0\,1 \quad \leftarrow\cdots\cdots\ X_1 \\
+)\quad 1\,1\,1\,1\,0\,1\,1 \quad \leftarrow\cdots\cdots\ X_2 \\
\hline
1^1 0^1 0^1 1^1 1^1 0^1 0\,0^1 0 \quad \cdots\cdots\rightarrow\ X_1 + X_2 \\
+)\qquad 1\,1\,0\,1\,1\,0 \quad \leftarrow\cdots\cdots\ X_3 \\
\hline
1\,0\,1^1 1^1 0\,0\,1\,1\,0 \quad \cdots\cdots\rightarrow\ X_1 + X_2 + X_3
\end{array}
$$

(3) 図5の入出力波形を見ると、入力aは"0011"を、bは"0101"をそれぞれ2回繰り返したものである。これらの値を図4の論理回路の入力aおよびbに当てはめると、回路中の各論理素子における論理レベルの変化は、図7のようになる。計算途中でP点の論理レベルが不明なので出力dの論理レベルも不明になるが、NAND素子の入力の少なくとも1つが"0"のとき出力は"1"となり、入力がすべて"1"のとき出力が"0"となる性質を利用すると、Q点の論理レベルが1、1、1、＊（＊は0または1のどちらかの値をとるものとする）となることがわかる。これがP点の論理レベルと等しく、NAND素子の入力が1、1、1、＊と1、1、1、0なので、出力dの論理レベルは0、0、0、1となり、図5ではこれを2回繰り返した波形の **d6** が該当する。

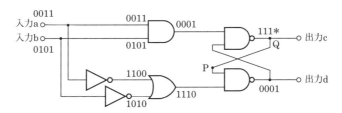

図7　各論理素子における論理レベルの変化

(4) 与えられた論理関数をブール代数（論理代数）の公式等を用いて簡略化すると、次のようになる。

$$
\begin{aligned}
X &= A \cdot C \cdot (A \cdot \overline{B} + \overline{A} \cdot \overline{B} + \overline{A} \cdot C + \overline{A} \cdot \overline{C}) + B \cdot \overline{C} + \overline{B} \cdot C \\
&= A \cdot C \cdot (A \cdot \overline{B} + \overline{A} \cdot (\overline{B} + C + \overline{C})) + B \cdot \overline{C} + \overline{B} \cdot C = A \cdot C \cdot (A \cdot \overline{B} + \overline{A} \cdot (\overline{B} + 1)) + B \cdot \overline{C} + \overline{B} \cdot C \\
&= A \cdot C \cdot (A \cdot \overline{B} + \overline{A} \cdot 1) + B \cdot \overline{C} + \overline{B} \cdot C = A \cdot C \cdot (A \cdot \overline{B} + \overline{A}) + B \cdot \overline{C} + \overline{B} \cdot C \\
&= A \cdot C \cdot A \cdot \overline{B} + A \cdot C \cdot \overline{A} + B \cdot \overline{C} + \overline{B} \cdot C = A \cdot A \cdot \overline{B} \cdot C + A \cdot \overline{A} \cdot C + B \cdot \overline{C} + \overline{B} \cdot C \\
&= A \cdot \overline{B} \cdot C + 0 \cdot \overline{C} + B \cdot \overline{C} + \overline{B} \cdot C = A \cdot \overline{B} \cdot C + 0 + B \cdot \overline{C} + \overline{B} \cdot C = A \cdot \overline{B} \cdot C + B \cdot \overline{C} + \overline{B} \cdot C \\
&= A \cdot \overline{B} \cdot C + \overline{B} \cdot C + B \cdot \overline{C} = A \cdot \overline{B} \cdot C + 1 \cdot \overline{B} \cdot C + B \cdot \overline{C} = (A + 1) \cdot \overline{B} \cdot C + B \cdot \overline{C} \\
&= 1 \cdot \overline{B} \cdot C + B \cdot \overline{C} = \overline{B} \cdot C + B \cdot \overline{C} = \mathbf{B \cdot \overline{C} + \overline{B} \cdot C}
\end{aligned}
$$

答

(ア)	⑤
(イ)	②
(ウ)	⑥
(エ)	④

次の各文章の 　　　　 内に、それぞれの[　　]の解答群の中から最も適したものを選び、その番号を記せ。　　　　　　　　　　　　　　　　　　　　　　　　　　　　　　（小計20点）

(1) 図1～図5に示すベン図において、A、B及びCが、それぞれの円の内部を表すとき、斜線部分を示す論理式が $\overline{A \cdot C} \cdot B + \overline{A} \cdot \overline{B} \cdot C$ と表すことができるベン図は、 　(ア)　 である。　　（5点）

　　［① 図1　② 図2　③ 図3　④ 図4　⑤ 図5］

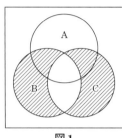 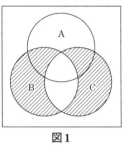 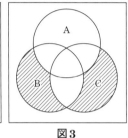 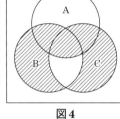 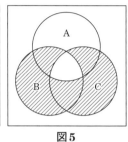

図1　　　　　図2　　　　　図3　　　　　図4　　　　　図5

(2) 表1に示す2進数の X_1、X_2 を用いて、計算式（乗算） $X_0 = X_1 \times X_2$ から X_0 を求め、これを16進数で表すと、 　(イ)　 になる。　　（5点）

　　［① 1B　② 6D　③ 6E　④ CE　⑤ D6］

表1

2進数
$X_1 = 1\ 0\ 1\ 1\ 0$
$X_2 = \qquad 1\ 0\ 1$

(3) 図6に示す論理回路において、Mの論理素子が 　(ウ)　 であるとき、入力A及びBから出力Cの論理式を求め変形し、簡単にすると、$C = \overline{A} \cdot B$ で表される。　　（5点）

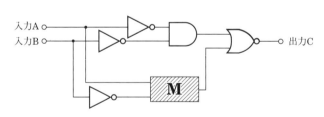

図6

(4) 次の論理関数Xは、ブール代数の公式等を利用して変形し、簡単にすると、 　(エ)　 になる。　　（5点）

$$X = \overline{(A + B) \cdot (A + \overline{C}) \cdot (\overline{A} + B) \cdot (\overline{A} + \overline{C})}$$

　　［① 1　② $B \cdot \overline{C}$　③ $\overline{B} + C$　④ $\overline{B} + B \cdot \overline{C}$　⑤ $B \cdot \overline{C} + \overline{B} \cdot C$］

解説

(1) 設問で与えられた論理式 $\overline{A \cdot C} \cdot B + \overline{A \cdot B} \cdot C$ を"+"で区切られた項ごとにみていくとわかりやすい。

まず、$\overline{A \cdot C} \cdot B$ であるが、このうち $\overline{A \cdot C}$ は、Aの領域とCの領域の両方に該当する領域（A・C）の否定なので、図7の塗りつぶした部分で表される。そして、$\overline{A \cdot C} \cdot B$ は、図7の塗りつぶした部分が示す領域とBの領域の両方に該当する領域なので、図8の塗りつぶした部分で表される。

次に、$\overline{A \cdot B} \cdot C$ であるが、このうち $\overline{A \cdot B}$ は、Aの領域とBの領域の両方に該当する領域（A・B）の否定なので、図9の塗りつぶした部分で表される。そして、$\overline{A \cdot B} \cdot C$ は、図9の塗りつぶした部分が示す領域とCの領域の両方に該当する領域なので、図10の塗りつぶした部分で表される。

最後に、$\overline{A \cdot C} \cdot B + \overline{A \cdot B} \cdot C$ は、図8の塗りつぶした部分と図10の塗りつぶした部分のどちらか一方または両方に該当する領域になるので、図11の塗りつぶした部分で表され、**図5**のベン図が正解となる。

    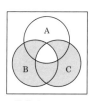

図7 $\overline{A \cdot C}$　　図8 $\overline{A \cdot C} \cdot B$　　図9 $\overline{A \cdot B}$　　図10 $\overline{A \cdot B} \cdot C$　　図11 $\overline{A \cdot C} \cdot B + \overline{A \cdot B} \cdot C$

(2) 10進数が10で桁上がりするのと同じように、2進数では2で桁上がりする。したがって、表1中の X_1 と X_2 の乗算は、最下位桁の位置を揃えて図12のように計算すればよい。よって、$X_0 = 1101110$ となる。なお、計算過程での右肩の小さい数字は、ここでは累乗ではなく桁上がりしたことを忘れないように仮に記入したものである。

また、2進数の4桁は16進数の1桁で表すことができ、「重点整理」の表8に示すような対応関係がある。2進数から16進数に変換する場合は、最下位桁から4桁ずつ区切り、それぞれ16進数の数字に置き換えていけばよい。2進数で表された X_0 の最下位4桁1110を16進数で表すとEになり、そのすぐ上位の3桁110を16進数で表すと6になるので、16進数で表された X_0 の値は、**6E** となる。

$$
\begin{array}{r}
X_1 = \quad 10110 \\
\times)\ X_2 = \qquad 101 \\
\hline
10110 \\
+)\ 10110 \quad\quad \\
\hline
X_0 = 1\,1^1 0\,1110 \\
\underbrace{}_{6}\ \underbrace{}_{E}
\end{array}
$$

図12　2進数の乗算と16進数への変換

(3) 図6の論理回路を構成する各論理素子の出力を論理式で順次表していくと、図13のようになる。途中、Mの論理素子が不明であるが、解答群中の各論理素子を順次Mにあてはめて、Mの出力Xおよび回路の出力Cを計算すると、

① $X = \overline{A + \overline{B}} = \overline{A} \cdot \overline{\overline{B}} = \overline{A} \cdot B$ ∴ $C = \overline{\overline{A} \cdot \overline{B} + \overline{A} \cdot B} = \overline{\overline{A} \cdot (\overline{B} + B)} = \overline{\overline{A} \cdot 1} = \overline{\overline{A}} = A$

② $X = A + \overline{B}$ ∴ $C = \overline{\overline{A} \cdot \overline{B} + A + \overline{B}} = \overline{A + (\overline{A} + 1) \cdot \overline{B}} = \overline{A + 1 \cdot \overline{B}} = \overline{A + \overline{B}} = \overline{A} \cdot \overline{\overline{B}} = \overline{A} \cdot B$

③ $X = A \cdot \overline{\overline{B}} + \overline{A} \cdot \overline{B} = A \cdot B + \overline{A} \cdot \overline{B}$

　　∴ $C = \overline{\overline{A} \cdot \overline{B} + A \cdot B + \overline{A} \cdot \overline{B}} = \overline{A \cdot B + \overline{A} \cdot \overline{B}} = \overline{A \cdot B} \cdot \overline{\overline{A} \cdot \overline{B}} = (\overline{A} + \overline{B}) \cdot (\overline{\overline{A}} + \overline{\overline{B}}) = (\overline{A} + \overline{B}) \cdot (A + B)$

　　　$= \overline{A} \cdot A + \overline{A} \cdot B + \overline{B} \cdot A + \overline{B} \cdot B = 0 + \overline{A} \cdot B + \overline{B} \cdot A + 0 = \overline{A} \cdot B + A \cdot \overline{B}$

④ $X = \overline{A} \cdot \overline{\overline{B}} = \overline{A} + \overline{\overline{B}} = \overline{A} + B$ ∴ $C = \overline{\overline{A} \cdot \overline{B} + \overline{A} + B} = \overline{\overline{A} \cdot (\overline{B} + 1) + B} = \overline{\overline{A} \cdot 1 + B} = \overline{\overline{A} + B} = \overline{\overline{A}} \cdot \overline{B} = A \cdot \overline{B}$

⑤ $X = A \cdot \overline{B}$ ∴ $C = \overline{\overline{A} \cdot \overline{B} + A \cdot \overline{B}} = \overline{(\overline{A} + A) \cdot \overline{B}} = \overline{1 \cdot \overline{B}} = \overline{\overline{B}} = B$

となり、Mの論理素子が解答群の②の**OR**のとき出力Cが問題文で与えられた論理式と一致する。

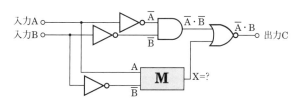

図13　図6の論理回路を構成する各論理素子の出力

(4) 与えられた論理関数をブール代数（論理代数）の公式等を用いて簡略化すると、次のようになる。

$$X = \overline{(A + B) \cdot (A + \overline{C}) \cdot (\overline{A} + B) \cdot (\overline{A} + \overline{C})}$$
$$= \overline{(A + B)} + \overline{(A + \overline{C})} + \overline{(\overline{A} + B)} + \overline{(\overline{A} + \overline{C})} = (\overline{A} \cdot \overline{B}) + (\overline{A} \cdot \overline{\overline{C}}) + (\overline{\overline{A}} \cdot \overline{B}) + (\overline{\overline{A}} \cdot \overline{\overline{C}})$$
$$= (\overline{A} \cdot \overline{B}) + (\overline{A} \cdot C) + (A \cdot \overline{B}) + (A \cdot C) = \overline{A} \cdot \overline{B} + \overline{A} \cdot C + A \cdot \overline{B} + A \cdot C = \overline{A} \cdot (\overline{B} + C) + A \cdot (\overline{B} + C)$$
$$= (\overline{A} + A) \cdot (\overline{B} + C) = 1 \cdot (\overline{B} + C) = \overline{\textbf{B}} + \textbf{C}$$

答	
(ア)	⑤
(イ)	③
(ウ)	②
(エ)	③

次の各文章の □□□□ 内に、それぞれの[　]の解答群の中から最も適したものを選び、その番号を記せ。　　　　　　　　　　　　　　　　　　　　　　　　　　　　　　　（小計20点）

(1) 図1、図2及び図3に示すベン図において、A、B及びCが、それぞれの円の内部を表すとき、図1、図2及び図3の斜線部分を示すそれぞれの論理式の論理和は、□（ア）□ と表すことができる。　　（5点）

[
① $A + B + C + \overline{A \cdot B}$　　② $A \cdot B \cdot C + \overline{A \cdot B}$　　③ $(A + B + C) \cdot \overline{A + B}$
④ $(A + B + C) \cdot \overline{A \cdot B}$　　⑤ $A \cdot B \cdot C + \overline{A + B}$
]

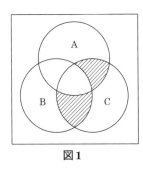 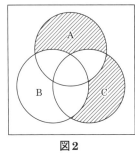 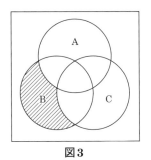

図1　　　　　　　　図2　　　　　　　　図3

(2) 表1に示す16進数の X_1、X_2 を用いて、計算式（加算）$X_0 = X_1 + X_2$ から X_0 を求め、これを16進数で表すと、□（イ）□ になる。　　（5点）

[① 130C　② 1378　③ CFC　④ D0C　⑤ D0D]

表1

16進数
$X_1 = 1\,9\,D$
$X_2 = B\,6\,F$

(3) 図4に示す論理回路は、NORゲートによるフリップフロップ回路である。入力a及びbに図5に示す入力がある場合、図4の出力cは、図5の出力のうち □（ウ）□ である。　　（5点）

[① c1　② c2　③ c3　④ c4　⑤ c5　⑥ c6]

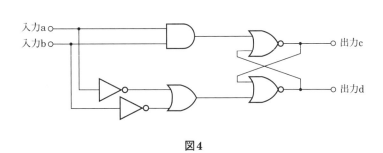

図4

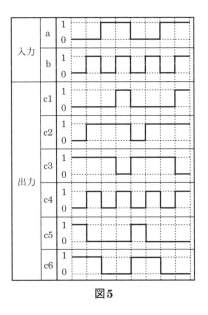

図5

(4) 次の論理関数Xは、ブール代数の公式等を利用して変形し、簡単にすると、□（エ）□ になる。　　（5点）

$$X = (\overline{A} + \overline{A} \cdot B + \overline{A} \cdot \overline{C} + B \cdot \overline{C}) \cdot (A + A \cdot B + A \cdot \overline{C} + B \cdot \overline{C})$$

[① 0　② 1　③ $A \cdot B$　④ $A \cdot B \cdot \overline{C}$　⑤ $B \cdot \overline{C}$]

解　説

(1) 図1～図3のベン図を図6のように線で区切られた@～ⓗの8つの領域に分けて考える。図1～図3の斜線部分の論理和は、図1～図3のうちどれか1つでも斜線部分となっている領域であり、図1～図3のいずれにおいても斜線部分になっていない場合のみ該当しない。@～ⓗの領域について順次検討していくと、図1～図3の斜線部分の論理和は、図6において塗りつぶした@、ⓓ、ⓔ、ⓕ、ⓖの部分となる。

図6の塗つぶした部分は、A＋B＋C（図7の塗りつぶした部分）からA・B（図8の塗りつぶした部分）を除いた部分とも考えられるので、これを論理式で表すと、

$$(A + B + C) \cdot \overline{A \cdot B}$$

になり、これが図1～図3の斜線部分を示すそれぞれの論理式の論理和を表す式である。

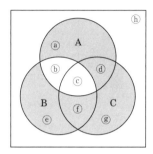
図6　図1～3の論理和

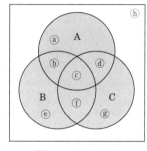
図7　A＋B＋C

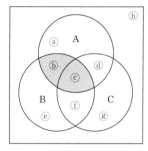
図8　A・B

(2) 10進数が10で桁上がりするのと同じように、16進数では16で桁上がりする。したがって、表1中のX_1とX_2の加算は、最下位桁の位置を揃えて図9のように計算すればよい。なお、計算過程での右肩の小さい数字は、ここでは累乗ではなく桁上がりしたことを忘れないように仮に記入したものである。

よって、$X_0 = \mathbf{D0C}$となる。

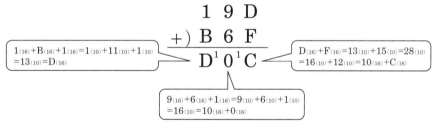

$1_{(16)} + B_{(16)} + 1_{(16)} = 1_{(10)} + 11_{(10)} + 1_{(10)}$
$= 13_{(10)} = D_{(16)}$

$D_{(16)} + F_{(16)} = 13_{(10)} + 15_{(10)} = 28_{(10)}$
$= 16_{(10)} + 12_{(10)} = 10_{(16)} + C_{(16)}$

$9_{(16)} + 6_{(16)} + 1_{(16)} = 9_{(10)} + 6_{(10)} + 1_{(10)}$
$= 16_{(10)} = 10_{(16)} + 0_{(16)}$

図9　X_1とX_2の加算

(3) 図5の入出力波形を見ると、入力aは"0011"を、bは"0101"をそれぞれ2回繰り返したものである。これらの値を図4の論理回路の入力aおよびbに当てはめると、回路中の各論理素子における論理レベルの変化は、図10のようになる。計算の途中でP点の論理レベルが不明なので出力cの論理レベルも不明になるが、NOR素子の入力の少なくとも1つが"1"のとき出力は"0"となり、入力がすべて"0"のとき出力が"1"となる性質を利用すると、Q点の論理レベルが"000＊"（＊は0または1のどちらかの値をとるものとする）となることがわかる。これがP点の論理レベルと等しく、NOR素子の入力が"0001"と"000＊"なので、出力cの論理レベルは"1110"となり、図5ではこれを2回繰り返した波形の**c3**が該当する。

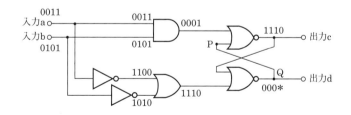

図10　各論理素子における論理レベルの変化

(4) 与えられた論理関数をブール代数（論理代数）の公式等を用いて簡略化すると、次のようになる。

$X = (\overline{A} + \overline{A} \cdot B + \overline{A} \cdot \overline{C} + B \cdot \overline{C}) \cdot (A + A \cdot B + A \cdot \overline{C} + B \cdot \overline{C})$

$= (\overline{A} \cdot 1 + \overline{A} \cdot B + \overline{A} \cdot \overline{C} + B \cdot \overline{C}) \cdot (A \cdot 1 + A \cdot B + A \cdot \overline{C} + B \cdot \overline{C})$

$= (\overline{A} \cdot (1 + B + \overline{C}) + B \cdot \overline{C}) \cdot (A \cdot (1 + B + \overline{C}) + B \cdot \overline{C}) = (\overline{A} \cdot 1 + B \cdot \overline{C}) \cdot (A \cdot 1 + B \cdot \overline{C})$

$= (\overline{A} + B \cdot \overline{C}) \cdot (A + B \cdot \overline{C}) = \overline{A} \cdot A + \overline{A} \cdot B \cdot \overline{C} + B \cdot \overline{C} \cdot A + (B \cdot \overline{C}) \cdot (B \cdot \overline{C})$

$= 0 + \overline{A} \cdot B \cdot \overline{C} + A \cdot B \cdot \overline{C} + B \cdot \overline{C} = \overline{A} \cdot (B \cdot \overline{C}) + A \cdot (B \cdot \overline{C}) + 1 \cdot (B \cdot \overline{C})$

$= (\overline{A} + A + 1) \cdot (B \cdot \overline{C}) = 1 \cdot (B \cdot \overline{C}) = \mathbf{B \cdot \overline{C}}$

答	
(ア)	④
(イ)	④
(ウ)	③
(エ)	⑤

次の各文章の　　　　内に、それぞれの[　　　]の解答群の中から最も適したものを選び、その番号を記せ。　　　　　　　　　　　　　　　　　　　　　　　　　　　　　　　　　　　（小計20点）

(1) 図1、図2及び図3に示すベン図において、A、B及びCが、それぞれの円の内部を表すとき、図1、図2及び図3の斜線部分を示すそれぞれの論理式の論理積は、　（ア）　と表すことができる。　　　（5点）

[
① $A \cdot \overline{B} \cdot C + \overline{A} \cdot B \cdot C$　　② $A \cdot B \cdot \overline{C} + \overline{A} \cdot B \cdot C$　　③ $A \cdot \overline{B} \cdot \overline{C} + \overline{A} \cdot \overline{B} \cdot \overline{C}$

④ $\overline{A} \cdot B \cdot C + \overline{\overline{A} + B + C}$　　⑤ $\overline{A + \overline{B} + C} + A \cdot \overline{B} \cdot C$
]

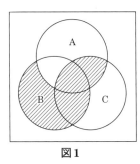
図1

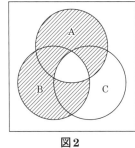
図2

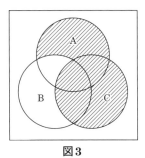
図3

(2) 表1に示す2進数の X_1、X_2 を用いて、計算式（加算）$X_0 = X_1 + X_2$ から X_0 を求め、これを16進数で表すと、　（イ）　になる。　　　　　　　　　　　　　　　　　　　　　　　　　　　　（5点）

[① 2C　② 43　③ 6B　④ CB　⑤ D3]

表1

2進数
$X_1 = 1\,0\,1\,1\,1\,0$
$X_2 = 1\,1\,1\,1\,0\,1$

(3) 図4に示す論理回路は、NANDゲートによるフリップフロップ回路である。入力a及びbに図5に示す入力がある場合、図4の出力cは、図5の出力のうち　（ウ）　である。　　　（5点）

[① c1　② c2　③ c3　④ c4　⑤ c5　⑥ c6]

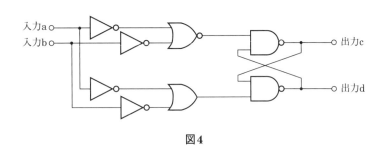
図4

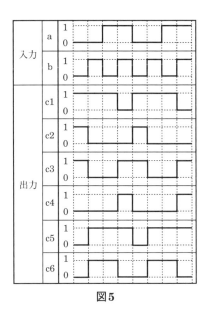
図5

(4) 次の論理関数Xは、ブール代数の公式等を利用して変形し、簡単にすると、　（エ）　になる。　（5点）

$$X = (A + B + C) \cdot (\overline{\overline{A} + B} + \overline{\overline{A} + \overline{C}})$$

[① $A + C$　② $A + B + C$　③ $A \cdot \overline{B} + \overline{A} \cdot C$　④ $\overline{A} \cdot B + A \cdot \overline{C}$　⑤ $\overline{A} \cdot B + B \cdot \overline{C}$]

解　説

(1) 図1～図3のベン図を図6のように線で区切られた@～ⓗの8つの領域に分けて考える。図1～図3の斜線部分の論理積は、図1～図3のいずれにおいても斜線部分となっている領域であり、図1～図3のうちどれか1つでも斜線部分でない場合は該当しない。@～ⓗの領域について順次検討していくと、図1～図3の斜線部分の論理積は、図6の塗りつぶした部分（ⓓ、ⓕ）になることがわかる。

　　ⓓはAとCの論理積 $A \cdot C$ からBを除いた部分（$A \cdot C \cdot \overline{B}$）を表し、ⓕはBとCの論理積 $B \cdot C$ からAを除いた部分（$B \cdot C \cdot \overline{A}$）を表していることはすぐにわかるので、求める論理式は $A \cdot \overline{B} \cdot C + \overline{A} \cdot B \cdot C$ となる。

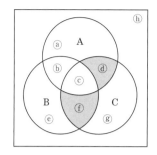

図6　図1～図3の論理積

(2) 10進数が10で桁上がりするのと同じように、2進数では2で桁上がりする。したがって、表1中の X_1 と X_2 の加算は、最下位桁の位置を揃えて図7のように計算すればよい。なお、計算過程での右肩の小さい数字は、ここでは累乗ではなく桁上がりしたことを忘れないように仮に記入したものである。よって、$X_0 = 1101011$ となる。

　　また、16進数の1桁は2進数の4桁で表され、表2のような対応関係がある。2進数を16進数に変換する場合は、最下位桁から4桁ずつ区切り、それぞれ16進数の数字に置き換えていけばよい。よって、X_0 を16進数で表すと、**6B** となる。

```
    1 0 1 1 1 0
+)  1 1 1 1 0 1
  1¹1¹0¹1¹0 1 1
```

図7　X_1 と X_2 の加算

表2　2進数と16進数の置換え

10進数	0	1	2	3	4	5	6	7
2進数	0000	0001	0010	0011	0100	0101	0110	0111
16進数	0	1	2	3	4	5	6	7
10進数	8	9	10	11	12	13	14	15
2進数	1000	1001	1010	1011	1100	1101	1110	1111
16進数	8	9	A	B	C	D	E	F

(3) 図5の入出力波形を見ると、入力aは"0011"を、入力bは"0101"をそれぞれ2回繰り返したものである。これらの値を図4の論理回路の入力aおよびbにあてはめると、回路中の各論理素子における論理レベルの変化は、図8のようになる。計算途中でP点の論理レベルが不明であるため出力cの論理レベルも不明であるが、NAND素子の入力の少なくとも1つが"0"のとき出力が"1"となり、すべての入力が"1"のとき出力が"0"となる性質を利用すると、Q点の論理レベルが ＊，＊，＊，1（＊は0または1のどちらかの値をとるものとする）となることがわかる。これがP点の論理レベルと等しく、NAND素子の入力が0, 0, 0, 1と＊，＊，＊，1なので、出力cの論理レベルは1, 1, 1, 0で、入力aとbの論理レベルがどちらも"1"のときに出力cの論理レベルは"0"となり、それ以外の組合せのときには出力cの論理レベルは"1"となる。したがって、図4の論理回路において入力aおよびbに図5の入力がある場合、出力cの波形は、図5の**c1**のようになる。

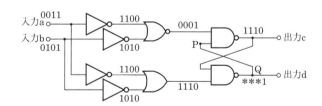

図8　各論理素子における論理レベルの変化

(4) 与えられた論理関数をブール代数（論理代数）の公式等を用いて簡略化すると、次のようになる。

$$X = (A + B + C) \cdot (\overline{\overline{A} + B + A + \overline{C}})$$
$$= (A + B + C) \cdot (\overline{\overline{A}} \cdot \overline{B} \cdot \overline{A} \cdot \overline{\overline{C}}) = (A + B + C) \cdot (A \cdot \overline{B} + \overline{A} \cdot C)$$
$$= A \cdot (A \cdot \overline{B} + \overline{A} \cdot C) + B \cdot (A \cdot \overline{B} + \overline{A} \cdot C) + C \cdot (A \cdot \overline{B} + \overline{A} \cdot C)$$
$$= A \cdot A \cdot \overline{B} + A \cdot \overline{A} \cdot C + B \cdot A \cdot \overline{B} + B \cdot \overline{A} \cdot C + C \cdot A \cdot \overline{B} + C \cdot \overline{A} \cdot C$$
$$= A \cdot A \cdot \overline{B} + A \cdot \overline{A} \cdot C + A \cdot B \cdot \overline{B} + \overline{A} \cdot C \cdot B + A \cdot \overline{B} \cdot C + \overline{A} \cdot C \cdot C$$
$$= A \cdot \overline{B} + 0 \cdot C + A \cdot 0 + \overline{A} \cdot C \cdot B + A \cdot \overline{B} \cdot C + \overline{A} \cdot C = A \cdot \overline{B} + \overline{A} \cdot C \cdot B + A \cdot \overline{B} \cdot C + \overline{A} \cdot C$$
$$= A \cdot \overline{B} \cdot 1 + A \cdot \overline{B} \cdot C + \overline{A} \cdot C \cdot B + \overline{A} \cdot C \cdot 1 = A \cdot \overline{B} \cdot (1 + C) + \overline{A} \cdot C \cdot (B + 1)$$
$$= A \cdot \overline{B} \cdot 1 + \overline{A} \cdot C \cdot 1 = A \cdot \overline{B} + \overline{A} \cdot C$$

基礎

3

論理回路

答

㈦	①
㈡	③
㈣	①
㈤	③

基礎 ④ 伝送理論

伝送量の求め方

●伝送量とデシベル

電気通信回線の伝送量を表現する方法として、送信側と受信側の関係を想定している。一般には送信側の電力P_1と受信側の電力P_2の比をとり、これを常用対数(10を底とする対数)で表す。

$$伝送量 = 10 \, log_{10} \frac{P_2}{P_1} \, 〔dB〕$$

この式において、$P_2 > P_1$の場合、伝送量は正の値となり、回路網では増幅が行われ**電力利得**があったことを示す。また、$P_2 < P_1$の場合、伝送量は負の値となり、回路網では減衰が起こり**伝送損失**があったことを示す。また、入出力のインピーダンスが整合している場合、伝送量は次式のように電圧比あるいは電流比で表すこともできる。

$$伝送量 = 10 \, log_{10} \frac{P_2}{P_1} \, 〔dB〕$$

$$= 20 \, log_{10} \frac{V_2}{V_1} = 20 \, log_{10} \frac{I_2}{I_1} \, 〔dB〕$$

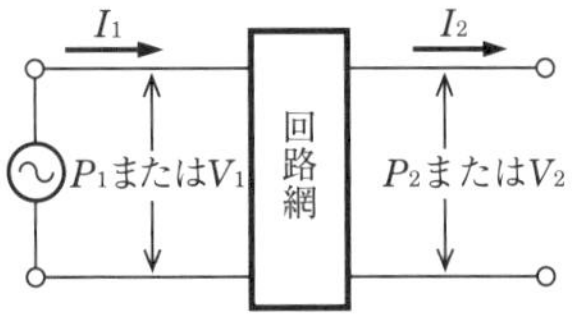

図1 電気通信回線の伝送量

●相対レベルと絶対レベル

電気通信回線の伝送量は、送信側と受信側の電力比の対数であるが、このような2点間の電力比をデシベル〔dB〕で表したものを**相対レベル**という。相対レベルは電気通信回線や伝送回路網の減衰量や増幅量を示している。

これに対し、伝送路のある点における皮相電力を1mWを基準電力として対数で表したものを**絶対レベル**といい、単位は〔dBm〕で表す。絶対レベルは電気通信回線上の各点の伝送レベルを表す場合に用いられる。

$$絶対レベル = 10 \, log_{10} \frac{P〔mW〕}{1〔mW〕} \, 〔dBm〕$$

●伝送量の計算例

電気通信回線には伝送損失を補償するため増幅器等を挿入している場合が多い。このような場合、伝送路全体の伝送量は、各伝送量の代数和として求められる。

全体の伝送量 =(利得の合計)−(減衰量の合計)

図2の例では、次のようになる。

全体の伝送量 = $-x$〔dB〕$+ y$〔dB〕$- z$〔dB〕

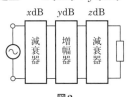

図2

次に、図3のように入力電力がP_1〔mW〕、出力電力がP_2〔mW〕で与えられ、伝送路中の利得、損失がデシベルで与えられた場合の計算方法を示す。たとえば、$P_1 = 1$〔mW〕、$P_2 = 10$〔mW〕のときの増幅器の利得x〔dB〕は、以下のように求めることができる。

$1 - 1'$端子から$2 - 2'$端子までの伝送量Aは、

$$A = -20 + x - 20 = x - 40 〔dB〕 \quad\quad ……①$$

P_1とP_2の電力比から全体の伝送量Aを計算すると、

$$A = 10 \, log_{10} \frac{P_2}{P_1} = 10 \, log_{10} \frac{10〔mW〕}{1〔mW〕} = 10 〔dB〕……②$$

①と②は相等しいから、

$$x - 40 = 10$$

$$\therefore \quad x = 50 〔dB〕$$

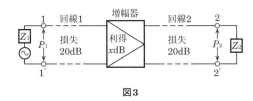

図3

インピーダンス整合と整合用変成器

●インピーダンス整合

一様な線路では、信号の減衰はケーブルの損失特性のみに関係するが、特性インピーダンスが異なるケーブルを接続したり、ケーブルと通信装置を接続する際にインピーダンスが異なると、反射現象による減衰が発生し、効率的な伝送ができなくなる。

特性インピーダンスの異なるケーブル等を接続する場合、その接続点に発生する反射減衰量を防止するため、インピーダンスを合わせる必要がある。これを**インピーダンス整合**をとるという。

●整合用変成器

インピーダンス整合をとる最も一般的で簡単な方法として、整合用変成器(マッチングトランス)が使用される。変成器(トランス)は、一次側(入力側)のコイルと二次側(出力側)のコイルとの間の相互誘導を利用して電力を伝える

ものであり、コイルの巻線比により電圧、電流、インピーダンスを変換することができる。

巻線比が$n_1 : n_2$の整合用変成器において、

$$\frac{n_1}{n_2} = \frac{E_1}{E_2} \quad\quad P = \frac{E_1^2}{Z_1} = \frac{E_2^2}{Z_2}$$

であるから、

$$\left(\frac{n_1}{n_2} \right)^2 = \frac{Z_1}{Z_2}$$

となり、巻線比の2乗がインピーダンスの比となる。

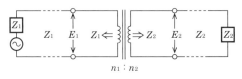

図4 変成器によるインピーダンス整合

基礎

伝送路上の各種現象

●反射現象

特性インピーダンスの異なる線路を接続したとき、その接続点において入力信号の一部が入力側に反射し、受信側への伝送損失が増加する現象が発生する。

いくつかの線路が接続され、接続点が複数存在する場合、それぞれの接続点において反射が生じるが、このとき、奇数回の反射による反射波は送信側に進み、偶数回の反射波は受信側に進む。その送信側に進む反射波を**逆流**、受信側に進む反射波を**伴流(続流)**という。

●反射係数

反射の大きさは通常、入射波の電圧V_Iと反射波の電圧V_Rの比で表し、これを電圧反射係数という。

$$電圧反射係数 = \frac{反射電圧\,V_R}{入射電圧\,V_I} = \frac{Z_2 - Z_1}{Z_2 + Z_1}$$

図5　反射係数

●ひずみ

電気通信回線により信号を伝送する場合、送信側の信号が受信側に正しく現れない現象をひずみといい、入出力信号が比例関係にないために生じる**非直線ひずみ**や信号の伝搬時間の遅延が原因で生じる**位相ひずみ**などがある。

雑音と漏話現象

●雑音

電気通信回線では、送信側で信号を入力しない状態でも受信側で何らかの出力波形が現れることがある。これを雑音という。雑音の大きさを表すときは、受信電力と雑音電力との相対レベルを用いる。これを**信号対雑音比(SN比)**という。図6のように、伝送路の信号時における受端の信号電力をP_S、無信号時における雑音電力をP_Nとすると、SN比は次式で表される。

$$SN比 = 10\,log_{10}\frac{P_S}{P_N} = 10\,log_{10}P_S - 10\,log_{10}P_N\,〔dB〕$$

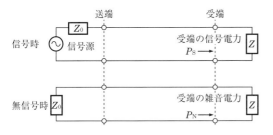

図6　信号対雑音比(SN比)

●漏話現象

図7のように複数の電気通信回線間において、一つの回線の信号が他の回線に漏れる現象を**漏話**という。漏話の原因には、回線間の電磁結合が原因で発生するものと、静電結合が原因で発生するものとがある。また、漏話が現れる箇所により、送信信号の伝送方向と逆の方向に現れる**近端漏話**と、同一方向に現れる**遠端漏話**に分類できる。

漏話の度合いを表すものとしては**漏話減衰量**がある。

漏話減衰量は、誘導回線の信号電力と被誘導回線に現れる漏話電力との相対レベルによって示す。

$$漏話減衰量 = 10\,log_{10}\frac{送信電力(誘導回線)}{漏話電力(被誘導回線)}\,〔dB〕$$

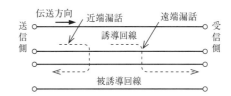

図7　近端漏話と遠端漏話

各種ケーブルの伝送特性

●特性インピーダンス

一様な回線が長距離にわたるとき、単位長1〔km〕当たりの導体抵抗R、自己インダクタンスL、静電容量C、漏れコンダクタンスGの4要素を1次定数という。

均一な回線では、1次定数回路が一様に分布しているものと考えることができることから、分布定数回路とよばれる。

このように、一様な線路が無限の長さ続いているとき、線路上のどの点をとっても左右が同じインピーダンスで接続されているから、線路の長さを延長してもインピーダンスの値は変わらないことになる。これを**特性インピーダンス**といい、ケーブルの種類によって固有な値をもっている。

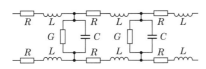

図8　分布定数回路

●平衡対ケーブル

平衡対ケーブルは、多数の回線を束ねて設置すると静電結合や電磁結合により漏話が発生する。この漏話を防止するため2本の心線を平等に撚り合わせた対撚りケーブルや、2対4本の心線を撚り合わせた星形カッド撚りケーブルを使用する。

対撚りケーブル　　　星形カッド撚りケーブル

図9

●同軸ケーブル

同軸ケーブルは、1本の導体を円筒形の外部導体によりシールドした構造になっているため、平衡対ケーブルのように他のケーブルとの間の静電結合や電磁結合による漏話が生じない。また、高周波の信号においては、電磁波は内・外層の空間を伝搬するので、広い周波数帯域にわたって伝送することができる。

4

伝送理論

次の各文章の _____ 内に、それぞれの〔　　　〕の解答群の中から最も適したものを選び、その番号を記せ。 (小計20点)

(1) 図1において電気通信回線への入力電力が48ミリワット、その伝送損失が1キロメートル当たり0.8デシベル、増幅器の利得が30デシベルのとき、負荷抵抗R_1で消費する電力は、 (ア) ミリワットである。ただし、変成器は理想的なものとし、入出力各部のインピーダンスは整合しているものとする。 (5点)

〔①　24　　②　48　　③　96　　④　120　　⑤　240〕

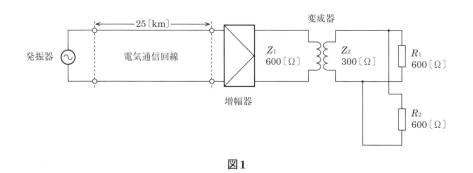

図1

(2) 同軸ケーブルは、一般的に使用される周波数帯において信号の周波数が4倍になると、その伝送損失は、約 (イ) 倍になる。 (5点)

$$\left[①\ \frac{1}{4}\quad ②\ 2\quad ③\ 4\quad ④\ 8\quad ⑤\ 16 \right]$$

(3) 漏話について述べた次の二つの記述は、 (ウ) 。 (5点)

A　誘導回線の信号が被誘導回線に現れる漏話のうち、誘導回線の信号の伝送方向を正の方向とし、その反対方向を負の方向とすると、正の方向に現れるものは遠端漏話といわれる。

B　平衡対ケーブルにおいて電磁結合により生ずる漏話の大きさは、一般に、誘導回線のインピーダンスに反比例する。

〔①　Aのみ正しい　　②　Bのみ正しい　　③　AもBも正しい　　④　AもBも正しくない〕

(4) 電力線からの誘導作用によって通信線に誘起される誘導電圧には、電磁誘導電圧と静電誘導電圧がある。このうち、電磁誘導電圧は、一般に、電力線の (エ) に比例する。 (5点)

〔①　インダクタンス　　②　電　流　　③　電　圧　　④　コンダクタンス　　⑤　抵　抗〕

![解説]

(1) 図2のように、図1の各部の電力をP_1〔mW〕、P_2〔mW〕とする。線路の伝送損失をL〔dB〕、増幅器の利得をG〔dB〕とすると、発振器から変成器の一次側までの伝送量A〔dB〕は $A = 10\,log_{10}\dfrac{P_2}{P_1} = -L + G$〔dB〕の式で表される。

この式に$P_1 = 48$〔mW〕、$L = 0.8$〔dB／km〕$\times 25$〔km〕$= 20$〔dB〕、$G = 30$〔dB〕を代入して、増幅器の出力電力P_2〔mW〕を求めると、

$$10\,log_{10}\frac{P_2}{48} = -20 + 30 = 10\,\text{〔dB〕} \qquad \therefore\ log_{10}\frac{P_2}{48} = 1 \qquad \therefore\ \frac{P_2}{48} = 10^1$$

$$\therefore\ P_2 = 480\,\text{〔mW〕}$$

となる。図1中の変成器は理想的なものであり、電力消費がないので、二次側の電力も一次側と同じ$P_2 = 480$〔mW〕となり、これが抵抗R_1およびR_2で消費される。また、$R_1 = R_2 = 600$〔Ω〕であるから、R_1で消費する電力はP_2の2分の1である。したがって、

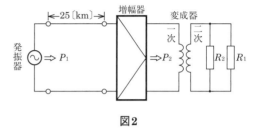

図2

$$480 \times \frac{1}{2} = \mathbf{240}\,\text{〔mW〕}$$

となる。

(2) 同軸ケーブルの高周波帯域における伝送損失は比較的小さく、漏話特性も良い。これは、図3のように1対の心線が同心円状になっており、表皮効果や近接作用による実効抵抗の増加が小さいためである。

伝送損失は周波数の平方根に比例して増加し、信号周波数が4倍になれば伝送損失は$\sqrt{4} = 2$倍になる。

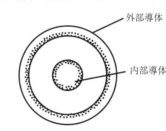

外部導体

内部導体

図3　同軸ケーブルの電流分布

(3) 設問の記述は、**AもBも正しい**。

A　漏話とは、回線間の電気的結合により、ある1つの回線(誘導回線)から他の回線(被誘導回線)に伝送信号が漏れて伝わる現象である。漏話が発生すると、その箇所から被誘導回線の両端に伝送されるが、誘導回線の信号の伝送方向と同じ方向に現れる漏話を遠端漏話といい、その反対方向に現れる漏話を近端漏話という。したがって、記述は正しい。

B　電磁結合は、回線間の相互誘導(相互インダクタンス)により生じる結合である。被誘導回線上に発生する誘導起電力は、被誘導回線の周囲の磁束密度に比例し、磁束密度はその箇所の磁界の強さに比例する。また、誘導回線はインピーダンスが小さいほど流れる電流が大きくなり、導体に電流が流れるときに発生する磁界の強さは、その電流の大きさに比例するので、誘導回線と被誘導回線の間の相互インダクタンスが一定ならば、誘導回線のインピーダンスが小さいほど被誘導回線に現れる誘導電流(漏話電流)は大きくなる。よって、電磁結合による漏話の大きさは誘導回線のインピーダンスに反比例するといえるので、記述は正しい。

(4) 電力線に電流が流れると、図4のように電力線を中心として同心円状の磁界が発生する。この磁界中に電力線と平行に通信線が設置されていると、磁界の影響により通信線に起電力が発生する。この起電力を電磁誘導電圧といい、その大きさは一般に電力線の**電流**に比例して変化する。

電磁誘導電圧はSN比を低下させるので、電力線との距離を大きくするか、通信線を電力線と垂直に交差させるように設置する必要がある。

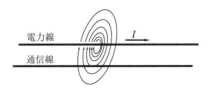

電力線

I

通信線

図4　電力線による電磁誘導

答	
㈦	**⑤**
㈤	**②**
㈥	**③**
㈢	**②**

次の各文章の 内に、それぞれの[ ]の解答群の中から最も適したものを選び、その番号を記せ。 (小計20点)

(1) 図1において、電気通信回線1への入力電圧が145ミリボルト、電気通信回線1から電気通信回線2への遠端漏話減衰量が66デシベル、増幅器の利得が (ア) デシベルのとき、電圧計の読みは、14.5ミリボルトである。ただし、入出力各部のインピーダンスは全て同一値で整合しているものとする。 (5点)
　　　[① 26　② 36　③ 46　④ 56　⑤ 66]

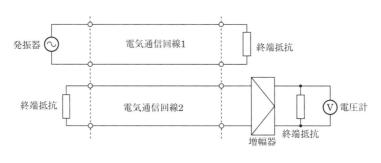

図1

(2) 平衡対ケーブルが誘導回線から受ける電磁的結合による漏話の大きさは、一般に、誘導回線のインピーダンスに (イ) 。 (5点)
　　　[① 関係しない　② 反比例する　③ 比例する　④ 等しい]

(3) 図2に示すように、特性インピーダンスがそれぞれ280オームと520オームの通信線路を接続して信号を伝送すると、その接続点における電圧反射係数は、 (ウ) である。 (5点)
　　　[① −0.6　② −0.3　③ −0.2　④ 0.2　⑤ 0.3　⑥ 0.6]

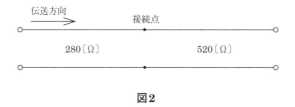

図2

(4) 伝送回路の入力と出力の信号電圧が比例関係にないために生ずる信号のひずみは、 (エ) ひずみといわれる。 (5点)
　　　[① 群遅延　② 非直線　③ 波形　④ 位相　⑤ 減衰]

解 説

(1) 図3において、電気通信回線1への入力電圧をV_1〔mV〕、電圧計の指示値(=電気通信回線2の遠端側(発振器から遠い側)にある終端抵抗の両端に加わる電圧)をV_2〔mV〕とすると、総合減衰量L〔dB〕は、

$$L = 20\,log_{10}\frac{V_2}{V_1} = 20\,log_{10}\frac{14.5}{145} = 20\,log_{10}10^{-1} = 20 \times (-1) = -20 \text{〔dB〕}$$

となる。このL〔dB〕には、電気通信回線1から電気通信回線2への遠端漏話減衰量$L_F = 66$〔dB〕と増幅器の利得G〔dB〕が含まれており、$L = -L_F + G = -20$〔dB〕で表されるので、この式から増幅器の利得$G = L + L_F = -20 + 66 = \mathbf{46}$〔dB〕が求められる。

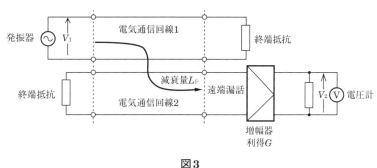

図3

(2) 平衡対ケーブルにおける漏話現象の原因の1つである電磁結合は、図4に示すような回線間の相互誘導(相互インダクタンスM)による結合である。ここで、相互インダクタンスMを一定とすれば、誘導回線のインピーダンスが小さいほど流れる電流が大きくなるので、被誘導回線に現れる誘導電流(漏話電流)は大きくなる。よって、電磁結合による漏話の大きさは、誘導回線のインピーダンスに**反比例する**。

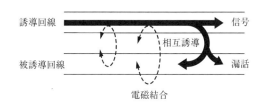

図4 電磁結合による漏話

(3) 特性インピーダンスの異なる通信線路を接続すると、その接続点で反射を生じる。そのときの電圧反射係数は、入力電圧V_1とその反射電圧V_2の比で表される。また、図5のように、接続点からみて入力側の通信線路のインピーダンスをZ_1、接続点からみて出力側の通信線路のインピーダンスをZ_2とすると、電圧反射係数mは、

$$m = \frac{V_2}{V_1} = \frac{Z_2 - Z_1}{Z_2 + Z_1}$$

で表される。題意より、$Z_1 = 280$〔Ω〕、$Z_2 = 520$〔Ω〕であるから、

$$m = \frac{520 - 280}{520 + 280} = \frac{240}{800} = \mathbf{0.3}$$

となる。

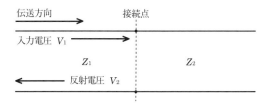

図5 特性インピーダンスの異なる線路の接続点での反射

(4) 通信機器などの入出力電圧のレベルが完全な比例関係にない場合に生じるひずみは**非直線**ひずみと呼ばれる。トランジスタを用いた増幅回路やコア入りのインダクタンスなどは、入力特性に対して出力特性が比例しない関係(これを非直線性という)を有するので、出力波形にひずみが発生し、入力信号の原周波数以外に高調波や結合波を生じる。

答	
㈎	③
㈑	②
㈒	⑤
㈓	②

基礎

4
伝送理論

次の各文章の ☐☐☐☐☐ 内に、それぞれの［　　］の解答群の中から最も適したものを選び、その番号を記せ。 （小計20点）

(1) 図1において、電気通信回線への入力電力が ☐(ア)☐ ミリワット、その伝送損失が1キロメートル当たり0.7デシベル、増幅器の利得が14デシベルのとき、負荷抵抗Rで消費する電力は、60ミリワットである。ただし、変成器は理想的なものとし、入出力各部のインピーダンスは整合しているものとする。 （5点）

［① 14　② 45　③ 60　④ 80　⑤ 90］

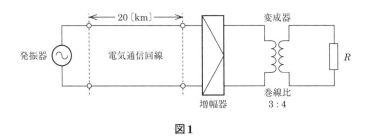

図1

(2) 一様なメタリック線路の減衰定数は線路の一次定数により定まり、 ☐(イ)☐ によりその値が変化する。 （5点）

［① 信号の位相　　　　② 信号の周波数　　③ 減衰ひずみ
④ 負荷インピーダンス　⑤ 信号の振幅　　　　　　　　　　］

(3) 漏話について述べた次の二つの記述は、 ☐(ウ)☐ 。 （5点）

A 誘導回線の信号が被誘導回線に現れる漏話のうち、誘導回線の信号の伝送方向を正の方向とし、その反対方向を負の方向とすると、正の方向に現れるものは遠端漏話といわれる。

B 平衡対ケーブルにおける漏話減衰量Xデシベルは、誘導回線の信号電力をP_Sミリワット、被誘導回線の漏話による電力をP_Xミリワットとすると、次式で表される。

$$X = 10 \log_{10} \frac{P_S}{P_X}$$

［① Aのみ正しい　② Bのみ正しい　③ AもBも正しい　④ AもBも正しくない］

(4) 図2に示すように、異なる特性インピーダンスZ_{01}、Z_{02}の通信線路を接続して信号を伝送したとき、その接続点における電圧反射係数をmとすると、電流反射係数は、 ☐(エ)☐ で表される。 （5点）

［① $1+m$　② m　③ $1-m$　④ $-m$］

図2

解説

(1) 図3のように、電気通信回線への入力電力をP_0〔mW〕、変成器の一次側の電力をP_1〔mW〕とし、線路の伝送損失をL〔dB〕、増幅器の利得をG〔dB〕とすると、発振器から変成器の一次側までの伝送量A〔dB〕は、次式で表される。

$$A = 10\,log_{10}\frac{P_1}{P_0} = -L + G \,〔\text{dB}〕$$

この式に、$L = 0.7$〔dB/km〕$\times 20$〔km〕$= 14$〔dB〕、$G = 14$〔dB〕を代入して、伝送量Aの値を求めると、

$$A = 10\,log_{10}\frac{P_1}{P_0} = -14 + 14 = 0 \,〔\text{dB}〕$$

となる。また、変成器は理想的なものであり、電力消費がないので、二次側の電力は一次側と同じP_1〔mW〕となり、$P_1 = 60$〔mW〕であるから、入力電力P_0〔mW〕は、

$$A = 10\,log_{10}\frac{60}{P_0} = 0 \,〔\text{dB}〕 \quad \therefore \quad log_{10}\frac{60}{P_0} = 0 \quad \therefore \quad 60 = P_0 \times 10^0 \quad \therefore \quad 60 = P_0 \times 1 \quad \therefore \quad P_0 = \mathbf{60}\,〔\text{mW}〕$$

となる。

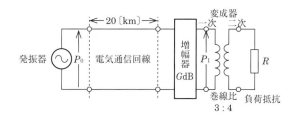

図3

(2) メタリック線路の性質を取り扱うのに、伝搬定数γ、位相定数β、特性インピーダンスZ_0などの2次定数を用いることが多い。これらの2次定数は、一様なメタリック線路の単位長さ当たりの抵抗R〔Ω／km〕、インダクタンスL〔H／km〕、漏えいコンダクタンスG〔℧／km〕、静電容量C〔F／km〕の1次定数で表すことができる。いま、長さ方向に一様なメタリック線路に沿った角周波数ω〔rad／s〕の正弦波の伝搬を考えると、この線路の減衰定数αは、次式のように表される。

$$\alpha = \sqrt{\frac{1}{2}\left\{\sqrt{(R^2 + \omega^2 L^2)(G^2 + \omega^2 C^2)} + (RG - \omega^2 LC)\right\}}$$

1次定数は線路に固有の値であるため、αの値はωにより変化する。さらに、$\omega = 2\pi f$（fは信号の周波数〔Hz〕）であるから、減衰定数αは**信号の周波数fにより変化する**といえる。

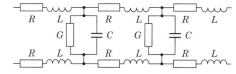

図4　分布定数回路

(3) 設問の記述は、**AもBも正しい**。

A　漏話とは、ある1つの回線（誘導回線）から他の回線（被誘導回線）に伝送信号が漏れて伝わる現象である。漏話が発生すると、その箇所から被誘導回線の両端に伝送されるが、誘導回線の信号の伝送方向と同じ方向に現れる漏話を遠端漏話といい、その反対方向に現れる漏話を近端漏話という。したがって、記述は正しい。

B　漏話減衰量とは、誘導回線の信号電力と、被誘導回線の漏話電力との比を対数で表したものをいう。いま、誘導回線の信号電力の大きさをP_S〔mW〕、被誘導回線の漏話電力の大きさをP_X〔mW〕とすれば、漏話減衰量X〔dB〕は、$X = 10\,log_{10}\dfrac{P_S}{P_X}$〔dB〕の式で表される。したがって、記述は正しい。

(4) 図2のように、インピーダンスZ_{01}、Z_{02}の線路を接続したとき、入射波の電圧、電流をそれぞれV_i、I_iとし、反射波の電圧、電流をそれぞれV_r、I_rとすると、電圧反射係数および電流反射係数はそれぞれ次式のように表される。

$$\text{電圧反射係数} = \frac{V_r}{V_i} = \frac{Z_{02} - Z_{01}}{Z_{02} + Z_{01}} = m \qquad \text{電流反射係数} = \frac{I_r}{I_i} = \frac{Z_{01} - Z_{02}}{Z_{02} + Z_{01}} = -\frac{Z_{02} - Z_{01}}{Z_{02} + Z_{01}} = -m$$

このように、電圧反射係数と電流反射係数とは符号が逆であるから、電圧反射係数をmとすると、電流反射係数は$-m$と表すことができる。

基礎

4 伝送理論

答

(ア)	**③**
(イ)	**②**
(ウ)	**③**
(エ)	**④**

次の各文章の 内に、それぞれの[　　]の解答群の中から最も適したものを選び、その番号を記せ。 (小計20点)

(1) 図1において、電気通信回線への入力電圧が (ア) ミリボルト、その伝送損失が1キロメートル当たり0.9デシベル、増幅器の利得が38デシベルのとき、電圧計の読みは、450ミリボルトである。ただし、変成器は理想的なものとし、電気通信回線及び増幅器の入出力インピーダンスは全て同一値で、各部は整合しているものとする。 (5点)

[① 2.7 　② 3.9 　③ 27 　④ 39 　⑤ 66]

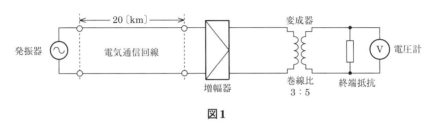

図1

(2) 伝送損失について述べた次の二つの記述は、 (イ) 。 (5点)

A 同軸ケーブルは、一般的に使用される周波数帯において信号の周波数が4倍になると、その伝送損失は、約2倍になる。

B 平衡対ケーブルにおいては、心線導体間の間隔を大きくすると伝送損失が増加する。

[① Aのみ正しい 　② Bのみ正しい 　③ AもBも正しい 　④ AもBも正しくない]

(3) 図2に示すように、特性インピーダンスがそれぞれ280オームと420オームの通信線路を接続して信号を伝送すると、その接続点における電圧反射係数は、 (ウ) である。 (5点)

[① －0.6 　② －0.3 　③ －0.2 　④ 0.2 　⑤ 0.3 　⑥ 0.6]

図2

(4) 電力線からの誘導作用によって通信線に誘起される誘導電圧には、電磁誘導電圧と静電誘導電圧がある。このうち、電磁誘導電圧は、一般に、電力線の (エ) に比例する。 (5点)

[① インダクタンス 　② 電 圧 　③ 電 流 　④ コンダクタンス 　⑤ 抵 抗]

解説

(1) 図3のように、図1の各部の電圧を$V_1 \sim V_4$〔mV〕とする。変成器の一次側電圧V_3と二次側電圧V_4の比は巻線比に等しくなるから、$V_3 : V_4 = 3 : 5$である。よって、V_3は、

$$V_3 = \frac{3}{5}V_4 = \frac{3}{5} \times 450 = 270 \text{〔mV〕}$$

となる。また、この電気通信回線における伝送損失をL〔dB〕とすれば、

$$L = 0.9 \text{〔dB／km〕} \times 20 \text{〔km〕} = 18 \text{〔dB〕}$$

となる。ここで、増幅器の利得は$G = 38$〔dB〕だから、発振器から変成器の一次側までの伝送量A〔dB〕は、次式で表される。

$$A = 20 \, log_{10} \frac{V_3}{V_1} = -L + G$$

$$20 \, log_{10} \frac{270}{V_1} = -18 + 38 = 20$$

$$log_{10} \frac{270}{V_1} = 1$$

$$V_1 \times 10^1 = 270$$

よって、入力電圧は、$V_1 = \mathbf{27}$〔mV〕となる。

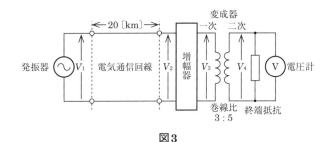

図3

(2) 設問の記述は、**Aのみ正しい**。

A 同軸ケーブルの高周波数帯域における伝送損失は比較的小さく、漏話特性も良い。これは、1対の心線が同心円状になっており、表皮効果や近接作用による実効抵抗の増加が小さいからである。同軸ケーブでは伝送損失は周波数の平方根に比例して増加し、信号周波数が4倍になれば伝送損失は$\sqrt{4} = 2$倍になる。したがって、記述は正しい。

B 平衡対ケーブルでは、送端に加えられた電圧は、導体自体の抵抗Rおよび自己インダクタンスLにより電圧降下しながら受端に向かって減衰していく。また、送端に入力された電流は、導体間の絶縁体を介して存在する静電容量Cおよび導体間の漏えい電流に対する漏えい抵抗の逆数である漏えいコンダクタンスGを介して漏えいしながら受端に向かって減衰していく。心線導体間の間隔を大きくした場合、抵抗Rと自己インダクタンスLは変わらないが、静電容量Cと漏えいコンダクタンスGが小さくなり、心線導体間の漏えい電流を小さくすることができるので、伝送損失は減少する。したがって、記述は誤り。

(3) 特性インピーダンスの異なる通信線路を接続すると、その接続点で反射を生じる。そのときの電圧反射係数は、入力電圧V_1とその反射電圧V_2の比で表される。また、図4のように、接続点からみて入力側の通信線路のインピーダンスをZ_1、接続点からみて出力側の通信線路のインピーダンスをZ_2とすると、電圧反射係数mは、

$$m = \frac{V_2}{V_1} = \frac{Z_2 - Z_1}{Z_2 + Z_1}$$

で表される。題意より、$Z_1 = 280$〔Ω〕、$Z_2 = 420$〔Ω〕であるから、

$$m = \frac{420 - 280}{420 + 280} = \frac{140}{700} = \mathbf{0.2}$$

となる。

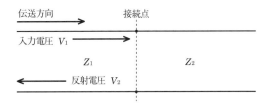

図4　特性インピーダンスの異なる線路の接続点での反射

(4) 電力線に電流が流れると、図5のように電力線を中心として同心円状の磁界が発生する。この磁界中に電力線と平行に通信線が設置されていると、磁界の影響により通信線に起電力が発生する。この起電力を電磁誘導電圧といい、その大きさは一般に電力線の**電流**に比例して変化する。

電磁誘導電圧はSN比を低下させるので、電力線との距離を大きくするか、通信線を電力線と垂直に交差させるように設置する必要がある。

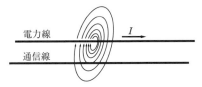

図5　電力線による電磁誘導

答

(ア)	③
(イ)	①
(ウ)	④
(エ)	③

次の各文章の　　　　　内に、それぞれの〔　　　〕の解答群の中から最も適したものを選び、その番号を記せ。 (小計20点)

(1) 図1において、電気通信回線1への入力電圧が145ミリボルト、電気通信回線1から電気通信回線2への遠端漏話減衰量が58デシベル、増幅器の利得が　(ア)　デシベルのとき、電圧計の読みは、14.5ミリボルトである。ただし、入出力各部のインピーダンスは全て同一値で整合しているものとする。 (5点)

〔① 28　② 38　③ 48　④ 58　⑤ 68〕

図1

(2) 同軸ケーブルは、一般的に使用される周波数帯において信号の周波数が4倍になると、その伝送損失は、約　(イ)　倍になる。 (5点)

〔① $\dfrac{1}{4}$　② $\dfrac{1}{2}$　③ 2　④ 4　⑤ 8〕

(3) 図2に示すアナログ方式の伝送路において、受端のインピーダンスZに加わる信号電力が25ミリワットで、同じ伝送路の無信号時の雑音電力が0.025ミリワットであるとき、この伝送路の受端におけるSN比は、　(ウ)　デシベルである。 (5点)

〔① 10　② 15　③ 20　④ 30　⑤ 60〕

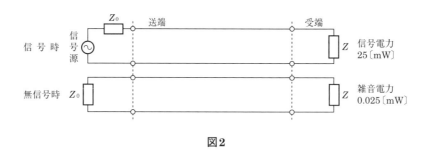

図2

(4) 図3に示すように、異なる特性インピーダンスZ_{01}、Z_{02}の通信線路を接続して信号を伝送したとき、その接続点における電圧反射係数をmとすると、電流反射係数は、　(エ)　で表される。 (5点)

〔① $1+m$　② $1-m$　③ $-m$　④ m〕

図3

解　説

(1) 図4において、電気通信回線1への入力電圧をV_1〔mV〕、電圧計の指示値(＝電気通信回線2の遠端側(発振器から遠い側)にある終端抵抗の両端に加わる電圧)をV_2〔mV〕とすると、総合減衰量L〔dB〕は、

$$L = 20\,log_{10}\frac{V_2}{V_1} = 20\,log_{10}\frac{14.5}{145} = 20\,log_{10}10^{-1} = 20 \times (-1) = -20 \text{〔dB〕}$$

となる。このL〔dB〕には、電気通信回線1から電気通信回線2への遠端漏話減衰量$L_F = 58$〔dB〕と増幅器の利得G〔dB〕が含まれており、$L = -L_F + G = -20$〔dB〕で表されるので、この式から増幅器の利得$G = L + L_F = -20 + 58 = \textbf{38}$〔dB〕が求められる。

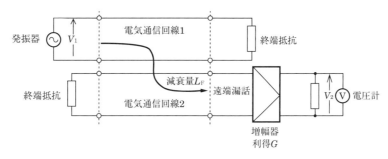

図4

(2) 同軸ケーブルの高周波帯域における伝送損失は比較的小さく、漏話特性も良い。これは、図5のように1対の心線が同心円状になっており、表皮効果や近接作用による実効抵抗の増加が小さいためである。

伝送損失は周波数の平方根に比例して増加し、信号周波数が4倍になれば伝送損失は$\sqrt{4} = \textbf{2}$倍になる。

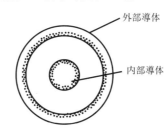

図5　同軸ケーブルの電流分布

(3) 図2において、受端のインピーダンスZに加わる信号時の信号電力をP_S〔mW〕、無信号時の雑音電力をP_N〔mW〕とすると、SN比(信号電力対雑音電力比)は、SN比 $= 10\,log_{10}\dfrac{P_S}{P_N}$〔dB〕 の式で表される。

題意より、$P_S = 25$〔mW〕、$P_N = 0.025$〔mW〕であるから、SN比は次のように求められる。

$$SN\text{比} = 10\,log_{10}\frac{25\text{〔mW〕}}{0.025\text{〔mW〕}} = 10\,log_{10}10^3 = 10 \times 3 \times log_{10}10 = 10 \times 3 \times 1 = \textbf{30}\text{〔dB〕}$$

(4) 図3のように、インピーダンスZ_{01}、Z_{02}の線路を接続したとき、入射波の電圧、電流をそれぞれV_i、I_iとし、反射波の電圧、電流をそれぞれV_r、I_rとすると、電圧反射係数および電流反射係数はそれぞれ次式のように表される。

電圧反射係数 $= \dfrac{V_r}{V_i} = \dfrac{Z_{02} - Z_{01}}{Z_{02} + Z_{01}} = m$　　　　電流反射係数 $= \dfrac{I_r}{I_i} = \dfrac{Z_{01} - Z_{02}}{Z_{02} + Z_{01}} = -\dfrac{Z_{02} - Z_{01}}{Z_{02} + Z_{01}} = -m$

このように、電圧反射係数と電流反射係数とは符号が逆であるから、電圧反射係数をmとすると、電流反射係数は**$-m$**と表すことができる。

基礎

4
伝送理論

答
(ｱ) ②
(ｲ) ③
(ｳ) ④
(ｴ) ③

基礎 ⑤ 伝送技術

変調方式の種類

●振幅変調方式

振幅変調（AM）とは、一定周波数の搬送波の振幅を入力信号に応じて変化させる方式のものをいう。

このうち、デジタル信号のビット値1と0に対応して搬送波の振幅を変化させるものを振幅偏移変調（ASK）という。また、ASKのうち1と0を搬送波のあり／なし（振幅0）で表現する方式はオンオフキーイング（OOK）といわれる。

●角度変調方式

角度変調とは、搬送波の角度（周波数または位相）を変調信号に応じて変化させる方式である。

・周波数変調（FM）

入力されたアナログ信号の振幅に応じて搬送波の周波数を変化させる方式。

・周波数偏移変調（FSK）

デジタル信号のビット値1と0を周波数の異なる2つの搬送波で表現する方式。

・位相変調（PM）

入力されたアナログ信号の振幅に応じて搬送波の位相を遅らせたり進ませたりする方式。

・位相偏移変調（PSK）

デジタル信号のビット値を搬送波の位相差に対応させる方式。1と0の2値を対応させ1変調（1シンボル）で1ビットを表すBPSKや、00、01、10、11の4値を対応させ1

変調で2ビットを表すQPSKなどがある。

・直交振幅変調（QAM）

PSKは搬送波を時間軸方向に変化させるが、それと同時に振幅方向に変化させることで、1変調でより多くのビット数を表すことができるようにした方式。16の状態に対応し1変調で4ビットを表す16QAM、64の状態に対応し1変調で6ビットを表す64QAM、256の状態に対応し1変調で8ビットを表す256QAMなどがある。

●パルス変調方式

パルス変調では、搬送波として連続する方形パルスを使用し、入力信号をパルスの振幅や間隔、幅などに対応させる。

・パルス振幅変調（PAM）

信号波形の振幅をパルスの振幅に対応させる変調方式。

・パルス幅変調（PWM）

信号波形の振幅をパルスの時間幅に対応させる変調方式。

・パルス位置変調（PPM）

信号波形の振幅をパルスの時間的位置に対応させる変調方式。

・パルス符号変調（PCM）

信号波形の振幅を標本化、量子化した後に2値符号に変換する方式。

PCM伝送方式

PCM伝送方式は、アナログ信号やデジタル信号の情報を1と0の2進符号に変換し、これをパルスの有無に対応させて送出する方式である。以下、アナログ信号をPCM伝送する手順について、信号処理の過程を示す。

①標本化（サンプリング）

連続しているアナログ信号の波形からその振幅値を一定周期で測定し、標本値として採取していく。この操作を標本化またはサンプリングという。この段階の波形はPAM波となる。標本化周波数は、原信号の最高周波数の2倍以上でなければならない。

②量子化

標本化で得られた標本値はアナログ値であるが、これを近似の整数値に置き換え、デジタル値にする。この操作を量子化といい、量子化の際の丸め誤差により発生する雑音を量子化雑音という。量子化雑音の発生は避けることができない。

③符号化

デジタル信号のビット値1と0を周波数の異なる2つの搬送波で表現する方式。

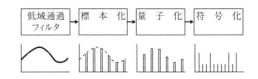

図1　PCMにおける信号処理の過程

④復号

伝送されてきた信号を量子化レベルまで復元する。

⑤補間・再生

サンプリング周波数の2分の1を遮断周波数とする低域通過フィルタに通して元の信号を取り出す。この際に発生する雑音を補間雑音という。

多重伝送方式

多重伝送とは複数の伝送路の信号を1本の伝送路で伝送する技術であり、おもに中継区間における大容量伝送に利用される。

●周波数分割多重方式（FDM）

FDMは、1本の伝送路の周波数帯域を複数の帯域に分割し、各帯域をそれぞれ独立した1つの伝送チャネルとして使用する。そのためには、1チャネルに電話回線1通話路分と

して4kHzの間隔をもつ搬送波で振幅変調する。振幅変調された信号から側波帯のみをとりだし、1本の伝送路に重ね合わせることにより、4kHz間隔の多数のチャネルを同時に伝送することができる。

●直交周波数分割多重方式（OFDM）

広い周波数帯域の信号を狭い帯域のサブキャリアに分割するマルチキャリア変調方式の一種である。隣り合うサブ

キャリアの位相差が90°になるようにサブキャリアを配置することで、サブキャリア間の周波数間隔を密にしている。これにより効率のよいマルチキャリア化が可能になり、LTEやWiMAXなどの移動通信システムや無線LAN、地上デジタル放送などの高速データ通信に利用されている。

多元接続方式

多元接続方式は、多数のユーザ(端末)が1つの伝送路の容量を動的に利用するための技術である。その代表的なものに、符号分割多元接続(CDMA)方式、周波数分割多元

●時分割多重方式(TDM)

TDMは、1本のデジタル伝送路を時間的に分割し、複数のチャネルを時間的にずらして同一伝送路に送り出し、多数のチャネルを同時に伝送する方式である。

接続(FDMA)方式、直交周波数分割多元接続(OFDMA)方式、時分割多元接続(TDMA)方式などがある。多重伝送方式と語感は似ているが全く異なる概念なので注意する。

デジタル網の伝送品質を表す指標

●伝送遅延時間

信号を送信した瞬間から相手に信号が到達するまでに経過する時間。

●符号誤り率

ビットエラーがある時間帯で集中的に発生しているか否かを判定するために用いる符号誤り率の評価尺度。

・BER

測定時間中に伝送された全ビットのうちエラービットとなったビットの割合。

・%DM

平均符号誤り率が1×10^{-6}を超える分の数が分で表した測定時間に占める割合を示したもの。

・%SES

平均符号誤り率が1×10^{-3}を超える秒の数が秒で表した測定時間に占める割合を示したもの。

・%ES

1秒ごとにエラーの発生の有無を調べ、一定時間内に占めるエラーの発生秒数を示したもの。

光ファイバ伝送方式

●光ファイバの構造

光ファイバは、図2のような屈折率の高いコアの周囲を屈折率の低いクラッドで包む構造となっており、光はその境界面で全反射しながら進むので、コア内に閉じ込められ、伝送損失が少なく、漏話も実用上は無視できる。また、構造的にも細径で軽量でありメタリックケーブルに比べ、低損失、広帯域、無誘導という点で優れている。

図2　光ファイバの構造

●強度変調(振幅変調)

光ファイバ伝送方式では、電気信号から光信号への変換方法として光の強弱を利用している。これは強度変調とよばれ、電気信号の強弱を光の強弱に対応させる変調方式である。電気から光への変換は半導体レーザダイオードなどの発光素子が使用され、光から電気への変換はアバランシフォトダイオードやpinフォトダイオードなどの受光素子が使用されている。

●光変調方式

光変調方式には、LEDやLDなどの光源から発する光を変化させる直接変調方式と、一定の強さの光を変調器を用いて光の強弱に変換する外部変調方式がある。

・波長チャーピング

変調の際に、キャリア密度の変動により活性層の屈折率が変動し、光の波長が変動する。

・電気光学効果

電界強度の変化により媒体の屈折率が変化する。屈折率の変化が電界強度の変化に比例するものをポッケルス効果といい、電界強度の変化の2乗に比例するものを光カー効果という。

・音響光学効果

音波により媒体中に屈折率の粗密が生ずる。

●光パルスの分散

光ファイバのベースバンド周波数特性を決定する要因の主なものは、分散である。分散とは、光パルスが光ファイバ中を伝搬する間に、その波形に時間的な広がりを生ずる現象をいう。分散には、波長による屈折率の違いによる材料分散、波長により光のクラッドへのしみ出しの割合が異なることによる構造分散、伝搬モードにより伝送経路が異なることによるモード分散がある。

●光ファイバによる多重伝送方式

アクセス系ネットワークでの光ファイバケーブルによる双方向多重伝送方式には、TCM方式、WDM方式、SDM方式などがある。

TCM(時間軸圧縮多重)方式では、上り信号と下り信号を時間を分けて交互に伝送する。

WDM(波長分割多重)方式では、上り、下り方向それぞれに対して個別の波長を割り当てることにより、光ファイバケーブル1心で双方向多重伝送を行うことが可能である。WDM方式のうち、数波長から10波長程度を多重化するものをCWDM(Coarse WDM)といい、100波長程度を多重化するものをDWDM(Dense WDM)という。

SDM(空間分割多重)方式では、上り信号と下り信号それぞれに光ファイバケーブル1心を割り当てることにより双方向通信を実現する。このため、双方向の波長を同一とすることができる。

基礎

5

伝送技術

次の各文章の 内に、それぞれの[ ]の解答群の中から最も適したものを選び、その番号を記せ。 (小計20点)

(1) デジタル変調方式の一つであるBPSKは、1シンボル当たり (ア) の情報を伝送できる方式である。
(4点)

[① 1バイト ② 2バイト ③ 1ビット ④ 2ビット ⑤ 4ビット]

(2) デジタル移動通信などにおける多元接続方式のうち、ユーザごとに異なる符号を割り当て、スペクトル拡散技術を用いることにより一つの伝送路を複数のユーザで共用する方式は、 (イ) といわれる。
(4点)

[① CDMA ② CSMA ③ FDMA ④ OFDMA ⑤ TDMA]

(3) アナログ信号の伝送における減衰ひずみについて述べた次の二つの記述は、 (ウ) 。 (4点)
A 減衰ひずみは、伝送路における信号の減衰量が周波数に対して一定でないために生ずるひずみである。
B 音声回線における減衰ひずみが大きいと、鳴音が発生したり反響が大きくなるなど、通話品質の低下の要因となる場合がある。
[① Aのみ正しい ② Bのみ正しい ③ AもBも正しい ④ AもBも正しくない]

(4) 光ファイバ増幅器を用いた光中継システムにおいて、光信号の増幅に伴い発生する自然放出光に起因する (エ) は、受信端における SN 比の低下など、伝送特性劣化の要因となる。 (4点)
[① モード分配雑音 ② ASE雑音 ③ 熱雑音 ④ 補間雑音 ⑤ 暗電流]

(5) マルチモード光ファイバにおいては、光パルスが光ファイバ中を伝搬する間に、その波形に時間的な広がりが生ずる。この事象は主に (オ) に起因して発生し、信号波形を劣化させる支配的要因となる。
(4点)

[① 構造分散 ② 材料分散 ③ ブリルアン散乱 ④ モード分散 ⑤ ラマン散乱]

解説

(1) デジタル変調方式では、送信するデータの値（ビット値＝0または1）に応じて、搬送波の周波数、振幅または位相を離散的に変化させる。その一つであるPSK（Phase Shift Keying 位相偏移変調）は、搬送波の周波数を一定にしておき、変調信号の符号列に応じて搬送波の位相を変化させる方式である。

PSKには、利用する位相数により、2相PSK（BPSK）、4相PSK（QPSK）、8相PSK（8-PSK）などがあるが、このうち、BPSK（Binary PSK）は、2つの位相に2進数の0と1の2値を対応させるもので、**1シンボル当たり1ビット**の情報を伝送できる。また、QPSK（Quadrature PSK）は4つの位相に2進数の00、01、10、11の4値を対応させるもので、$4 = 2^2$であることから1シンボル当たり2ビットの情報を伝送でき、8-PSKは8つの位相に2進数の000、001、010、011、100、101、110、111の8値を対応させるもので、$8 = 2^3$であることから1シンボル当たり3ビットの情報を伝送できる。

(2) 多元接続方式は、多数のユーザ（端末）が1つの伝送路の容量を動的に利用するための技術である。代表的なものとしては、CDMA（符号分割多元接続）、FDMA（周波数分割多元接続）、OFDMA（直交周波数分割多元接続）、TDMA（時分割多元接続）などがある。

このうち、**CDMA**方式は、同一時間軸、同一周波数上でチャネルごとに異なる複数の相互に直交した拡散符号を割り当て、この拡散符号を用いた拡散、逆拡散により伝送路を分割する方式である。送信側では、入力信号をPSK（位相偏移変調）などで一次変調した後、さらに拡散符号で周波数を拡散（スペクトル拡散）して送出する。受信側では、逆拡散により一致した拡散符号のチャネルのみを一次変調後の信号に戻し、復調する。このようにして信号の独立性を確保した伝送チャネルを構成し、複数のユーザが同一の周波数帯域で通信を行うことができる。

(3) 設問の記述は、**AもBも正しい**。減衰ひずみは、通信システム上の2地点間における信号の減衰量が周波数によって異なる（一定でない）ことにより望ましくない波形の変化を生ずるひずみである。搬送電話システム（異なる周波数の複数の搬送波によりアナログ伝送路の周波数帯域を分割し、多重伝送するシステム）の伝送路では、周波数分割多重（FDM）方式による多重化が行われており、回線を分割する帯域フィルタの特性のために音声帯域の上・下端が大きく減衰する。また、PCM伝送の電話システムにおいても、折返し雑音を防止するため帯域制限を行っているので、復調のための帯域フィルタの特性により音声帯域の上・下端が大きく減衰する。このように、電話回線は平坦でない減衰特性をもつため、信号波形にひずみが生じる。減衰ひずみが大きいと鳴音（ハウリング）が発生したり反響（エコー）が大きくなり、通話品質が低下することがある。

(4) 光ファイバ通信の伝送品質が劣化する要因には、雑音、波形変化、等化増幅器の偏差やパルス識別回路の基準レベルの設定誤差といった各種電気回路の調整誤差、光ファイバケーブルの経年劣化などがある。このうち、雑音には、発光素子の入力電気信号自体に重畳している発光源雑音、光増幅器の自然放出光（ASE）雑音、受光素子に流れる暗電流による雑音、入力光信号の時間的なゆらぎによって生ずるショット雑音、熱雑音などがある。

光増幅器を用いると、増幅された光信号に広帯域の雑音が付加される。これは、自然放出光の一部が誘導放出により増幅されたもので、**ASE雑音**といわれる。ASE雑音や信号波形の劣化が大きいと、識別再生の段階で誤った符号判定が行われ、伝送品質が確保できなくなるおそれがある。このため、光増幅器の出力側にはASE雑音による不要な光を除去する光フィルタが接続されている。

(5) 光の伝搬モードには、基本モードと高次モードがある。光ファイバにいくつの伝搬モードが存在できるかは、コア径やコアとクラッドの屈折率差などに依存する。この性質を利用して、コア径を小さくすることで基本モード（0次）しか存在できないようにしたのがシングルモード光ファイバである。これに対し、マルチモード光ファイバでは、コア径を大きくすることで多くの伝搬モード（$1 \sim N-1$次）が存在できるようになっている。伝搬モードの次数が大きいほどコアとクラッドの境界面での反射回数が多くなり、伝搬距離が長くなるので、その分だけ到達時間も長くなる。その結果、マルチモード光ファイバでは、光パルスの幅が時間的に広がるモード分散を生じるが、この**モード分散**による信号波形の劣化のために、伝送帯域はシングルモード光ファイバよりも狭くなる。

基礎

5 伝送技術

答

㈎	③
㈑	①
㈒	③
㈓	②
㈔	④

次の各文章の 　　　　 内に、それぞれの[　　]の解答群の中から最も適したものを選び、その番号を記せ。 (小計20点)

(1) 異なる中心周波数を持つ複数の搬送波(サブキャリア)を直交させることによって、サブキャリア間の周波数間隔を密にして周波数の利用効率を高めたマルチキャリア変調方式は、 　(ア)　 変調といわれる。 (4点)

　　　[① QAM ② OFDM ③ BPSK ④ CDMA ⑤ FSK]

(2) パルスの繰り返し周期が等しいN個のPCM信号を時分割多重方式により伝送するためには、多重化後のパルスの繰り返し周期を元の周期の 　(イ)　 倍以下となるように設定する必要がある。 (4点)

$$\left[① \quad N \quad ② \quad 2N \quad ③ \quad N^2 \quad ④ \quad \frac{1}{N} \quad ⑤ \quad \frac{1}{2N} \right]$$

(3) デジタル回線の伝送品質を評価する尺度のうち、1秒ごとに平均符号誤り率を測定し、平均符号誤り率が1×10^{-3}を超える符号誤りの発生した秒の延べ時間(秒)が、稼働時間(秒)に占める割合を表したものは、 　(ウ)　 といわれる。 (4点)

　　　[① %ES ② %SES ③ %EFS ④ BER]

(4) 光ファイバ伝送路に用いられる線形中継器は、信号を中継する過程において光信号を電気信号に変換する必要がないことから伝送速度に制約されず、かつ、波長が異なる複数の信号光の 　(エ)　 が可能である。 (4点)

　　　[① 識別再生 ② 分散制御 ③ モード結合 ④ 一括増幅 ⑤ 遅延制御]

(5) シングルモード光ファイバの伝送帯域を制限する主な要因として、光ファイバの構造分散と材料分散との和で表される 　(オ)　 がある。 (4点)

　　　[① 散乱損失 ② 吸収損失 ③ モード分散 ④ 偏波分散 ⑤ 波長分散]

解 説

(1) 広帯域の無線通信システムでは、遅延波によるシンボル間干渉が原因で波形ひずみが生じやすい。このようなひずみを軽減する技術に、広い周波数帯域の信号を多数の狭帯域の信号(サブキャリア)に分割する、マルチキャリア変調方式がある。この方式では、1シンボル当たりの時間を長くとれるため、遅延波によるシンボル間干渉の影響を小さくできる。**OFDM**(Orthogonal Frequency Multiplexing 直交周波数分割多重)変調は、このマルチキャリア変調方式の一種で、図1のように周波数軸上に異なる中心周波数を持つ複数のサブキャリアを直交して配置することにより、サブキャリア間の周波数間隔を密にし、周波数の利用効率を高めている。

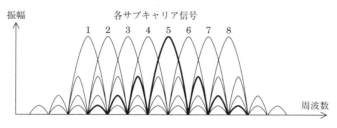

図1 OFDM信号のスペクトルの例

(2) 電話の音声をデジタル化する方法の一つとして、PCM(パルス符号変調)方式が使用されており、標本化→量子化→符号化の過程によりアナログ信号をデジタル信号に変換している。PCM方式により符号化された信号は、0または1のビット値を表すパルスの列で表現され、このパルスの幅を狭くしても伝送される情報は変わらない。このため、PCM信号を時分割多重(TDM)方式により伝送する場合、パルス幅を狭くして余裕部分を発生させ、そこに他のデジタル信号を挿入することで、1本の回線に複数の音声信号(チャネル)を多重化して載せることができる。すなわち、1本の回線にたとえば2チャネルを多重化するには$\frac{1}{2}$倍以下、4チャネルなら$\frac{1}{4}$倍以下、…、nチャネルなら$\frac{1}{n}$倍以下、というようにパルス時間幅を圧縮して信号を詰め込んでいく。このように、パルスの周期が等しいN個のPCM信号を時分割多重方式により伝送するためには、多重化後のパルスが元の周期の$\frac{1}{N}$倍以下になるよう変換する必要がある。

(3) デジタル伝送系における符号誤り時間率(一定レベルの符号誤り率を超える符号誤りの発生時間の全稼働時間に占める割合)を表す尺度には、%ES(percent Errored Seconds)や%SES(percent Severely Errored Seconds)などがある。

%ES：1秒ごとに符号誤りの発生の有無を観測し、少なくとも1個以上の符号誤りが発生した"秒"の延べ時間〔秒〕がアベイラブル時間(回線が稼働状態にある時間)〔秒〕に占める割合を百分率で表したもの。データ通信サービスのような1ビットの符号誤りも許容できない系の評価に適する。

%SES：1秒ごとに平均符号誤り率を測定し、平均符号誤り率が1×10^{-3}を超える"秒"の延べ時間〔秒〕がアベイラブル時間〔秒〕に占める割合を百分率で表したもの。瞬断や同期はずれ、フェージング等による符号誤りがバースト的に発生する系の評価に適する。

(4) 光ファイバデジタル中継伝送路には、中間中継器として再生中継器と線形中継器が使用されている。

再生中継器は、減衰劣化したパルスをパルスの有無が判定できる程度まで増幅する等化増幅(Reshaping)機能、パルスの有無を判定する時点を設定するリタイミング(Retiming)機能、波形の振幅を判定してその値が判定レベルを超えた場合にパルスを発生する識別再生(Regenerating)機能のいわゆる3R機能を有する。

これに対して、線形中継器の機能は、増幅機能のみであるため、光増幅器で生ずる自然放出光雑音の累積によるSN比の劣化、光ファイバの分散によって生ずる波形ひずみの累積による波形の劣化など、伝送特性が劣化する欠点がある。一方、信号を中継する過程で光信号を電気信号に変換する必要がないことから、再生中継器に比較して、符号形式や符号速度を制約する要因となる能動素子の使用数が少なくて済む。このため、小型で低消費電力の中継装置を実現でき、また、光信号のビットレートに基本的に依存せず、低雑音性かつ数十nmの広い利得帯域幅を有しており、WDM(波長分割多重)伝送方式の場合に複数波長を**一括増幅**することが可能である。

(5) 光ファイバにおいて、入射した光パルスが光ファイバ内を伝搬する間に、その波形に時間的な広がりを生じる現象を分散という。この分散現象は、発生要因別にモード分散、材料分散、構造分散の3種類に大別される。また、構造分散と材料分散は、その大きさが光の波長に依存することから、これらの和は**波長分散**とよばれている。

基礎

5 伝送技術

答

(ア)	②
(イ)	④
(ウ)	②
(エ)	④
(オ)	⑤

次の各文章の 内に、それぞれの[　]の解答群の中から最も適したものを選び、その番号を記せ。 (小計20点)

(1) アナログ音声信号をサンプリング間隔が (ア) 秒、量子化ビット数がnビットでPCM符号化し、電気通信回線を用いて伝送する場合の1秒当たりに伝送されるデータ量は、Vビットである。 (4点)

$$\left[①\ \frac{V}{n} \quad ②\ \frac{1}{nV} \quad ③\ \frac{n}{V} \quad ④\ \frac{2n}{V} \quad ⑤\ \frac{V}{2n} \right]$$

(2) 光ファイバ通信などに用いられる伝送方式について述べた次の二つの記述は、 (イ) 。 (4点)
A　双方向多重伝送に用いられるTCMは、送信パルス列を時間的に圧縮し、空いた時間に反対方向からのパルス列を受信することにより双方向伝送を実現しており、ピンポン伝送ともいわれる。
B　波長の異なる複数の光信号を多重化する方式は、WDM方式といわれる。
[① Aのみ正しい　② Bのみ正しい　③ AもBも正しい　④ AもBも正しくない]

(3) 光ファイバ通信に用いられる光の変調方法の一つに、物質に電界を加え、その強度を変化させると、物質の屈折率が変化する (ウ) 効果を利用したものがある。 (4点)
[① ファラデー　② ポッケルス　③ ラマン　④ ブリルアン　⑤ ドップラー]

(4) 光ファイバ中の屈折率の微小な変化(揺らぎ)によって光が散乱する現象はレイリー散乱といわれ、これによる損失は (エ) の4乗に反比例する。 (4点)
[① 光周波数　　　② 光波長　　　　　　③ 光ファイバ長
④ 光の伝搬モード数　⑤ 光ファイバのコア径]

(5) 光中継伝送システムに用いられる再生中継器には、中継区間における信号の減衰、伝送途中で発生する雑音、ひずみなどにより劣化した信号波形を再生中継するための等化増幅、 (オ) 及び識別再生の機能が必要である。 (4点)
[① 位相検波　② 波長多重　③ 光合分波　④ 強度変調　⑤ タイミング抽出]

解 説

(1) PCM（Pulse Code Modulation）符号化において、量子化ビット数は、サンプリング間隔（周期）ごとに伝送されるデータのビット数をいう。いま、音声信号のサンプリング間隔を Δt〔秒〕、量子化ビット数を n〔ビット〕、1秒当たりに伝送されるデータ量を V〔ビット／秒〕とすれば、$n = V \cdot \Delta t$〔ビット〕が成り立つ。これをサンプリング間隔 Δt について整理すると、サンプリング間隔は、

$$\Delta t = \frac{\boldsymbol{n}}{\boldsymbol{V}} \text{〔秒〕}$$

となる。

(2) 設問の記述は、**AもBも正しい**。光アクセスネットワークでは、経済的なシステムを構築するため、双方向伝送に1心の光ファイバケーブルを用いることが多い。その実現技術には、TCM（Time Compression Multiplexing 時間軸圧縮多重）方式や、WDM（Wavelength Division Multiplexing 波長分割多重）方式がある。
A　TCMは、ピンポン伝送方式ともいわれ、送信パルス列を時間的に圧縮し速度が2倍以上のバースト状のパルス列にして送信するもので、上り（送信）信号と下り（受信）信号を時間を分けて交互に伝送する方式をいう。したがって、記述は正しい。
B　WDMは、波長の異なる光が互いに干渉しない性質を利用し、1心の光ファイバに波長の異なる複数の光信号を多重化して伝送する方式をいう。したがって、記述は正しい。

(3) 物質に電界を印加すると、その物質の屈折率が変化する。たとえば、ニオブ酸リチウム（LN：LiNbO₃）やタンタル酸リチウム（LT：LiTaO₃）などの単結晶に電界を加えると、その屈折率が電界の強さに比例して変化するが、この現象を一次電気光学効果または**ポッケルス**効果とよぶ。また、タンタル酸ニオブ酸カリウム（KTN：KTa$_{1-x}$Nb$_x$O₃）の単結晶に電界を加えると、その屈折率は電界の強さの2乗に比例して変化するが、この現象を二次電気光学効果または光カー効果という。
　これらの電気光学効果を利用して、電気信号により光の強弱を制御する光変調器や、光の伝播方向を制御する光スイッチが開発され、光ファイバ通信に利用されている。

(4) 光ファイバの光損失は、光ファイバ固有の損失、光ファイバの曲がりによる損失、および接続損失に大別される。光ファイバ固有の損失は、光ファイバ中を伝搬する光が散乱・吸収されることによって生じるが、その主な原因は、赤外線領域・紫外線領域におけるガラスの固有吸収、ヒドロキシ基（-OH）や遷移金属イオンなどの不純物による吸収、光ファイバ構造の不完全性による放射・散乱、光ファイバの製造過程で溶融状態のガラス材料に生じた熱的なゆらぎを残したまま冷却・固化されてできたコア中の屈折率の微少な変化（揺らぎ）により光が散乱されるレイリー散乱である。レイリー散乱による損失は**光波長**の4乗に反比例し、伝搬する光の波長が短くなるに従って急激に増大する。

(5) 光ファイバ中継伝送路には、中間中継器として再生中継器と線形中継器が使用されている。このうち、再生中継器は、減衰劣化したパルスをパルスの有無が判定できる程度まで増幅する等化増幅（Reshaping）機能、パルスの有無を判定する時点を設定する**タイミング抽出**（Retiming）機能、波形の振幅を判定してその値が判定レベルを超えた場合にパルスを発生する識別再生（Regenerating）機能のいわゆる3R機能を有する。
　これに対して線形中継器の機能は、増幅機能のみであるため、光増幅器で生ずる自然放出光雑音の累積による SN 比の劣化、光ファイバの分散によって生ずる波形ひずみの累積による波形の劣化など、伝送特性が劣化する欠点がある。一方、再生中継器に比較して、符号形式や符号速度を制約する要因となる能動素子の使用数が少なくて済む。このため、小型で低消費電力の中継装置を実現でき、また、光信号のビットレートに基本的に依存せず、低雑音性かつ数十nmの広い利得帯域幅を有しており、WDM（Wavelength Division Multiplexing 波長分割多重）伝送方式の場合に複数波長を一括増幅することが可能である。

基礎

5
伝送技術

答

(ア)	**③**
(イ)	**③**
(ウ)	**②**
(エ)	**②**
(オ)	**⑤**

次の各文章の [＿＿＿＿] 内に、それぞれの[　　]の解答群の中から最も適したものを選び、その番号を記せ。 (小計20点)

(1) デジタル変調方式の一つであるBPSKは、1シンボル当たり [(ア)] の情報を伝送できる。 (4点)
　　　[① 1ビット　② 2ビット　③ 4ビット　④ 1バイト　⑤ 2バイト]

(2) 光伝送システムに用いられる光受信器における雑音のうち、受光時に電子が不規則に放出されるために生ずる信号電流の揺らぎによるものは [(イ)] 雑音といわれる。 (4点)
　　　[① モード分配　② ビート　③ インパルス　④ ショット　⑤ ASE]

(3) WDMについて述べた次の二つの記述は、 [(ウ)] 。 (4点)
　A　WDMは、各チャネル別にパルス信号の送出を時間的にずらして伝送することにより、伝送路を多重利用している。
　B　DWDMは、CWDMと比較して、波長間隔を密にした多重化方式であり、一般に、長距離及び大容量の伝送に用いられている。
　　　[① Aのみ正しい　② Bのみ正しい　③ AもBも正しい　④ AもBも正しくない]

(4) 音声信号のPCM符号化において、信号レベルの高い領域は粗く量子化し、信号レベルの低い領域は細かく量子化することにより、量子化ビット数を変えずに信号レベルの低い領域における量子化雑音を低減する方法は、一般に、 [(エ)] といわれる。 (4点)
　　　[① 直線量子化　② ハフマン符号化　③ 予測符号化
　　　④ 変換符号化　⑤ 非直線量子化]

(5) 光ファイバ通信において、半導体レーザの駆動電流を変化させて直接変調する場合、一般に、数ギガヘルツ以上の高速で変調を行うと光の波長が変動する [(オ)] といわれる現象が生ずる。 (4点)
　　　[① 波長チャーピング　② 光カー効果　③ 回折現象
　　　④ ドップラー効果　⑤ ポッケルス効果]

解 説

(1) デジタル変調方式では、送信するデータの値（ビット値＝0または1）に応じて、搬送波の周波数、振幅または位相を離散的に変化させる。その一つであるPSK（Phase Shift Keying 位相偏移変調）は、搬送波の周波数を一定にしておき、変調信号の符号列に応じて搬送波の位相を変化させる方式である。

PSKには、利用する位相数により、2相PSK（BPSK）、4相PSK（QPSK）、8相PSK（8-PSK）などがあるが、このうち、BPSKは、2つの位相に2進数の0と1の2値を対応させるもので、1シンボル当たり**1ビット**の情報を伝送できる。また、QPSKは4つの位相に2進数の00、01、10、11の4値を対応させるもので、1シンボル当たり2ビットの情報を伝送でき、8-PSKは8つの位相に2進数の000、001、010、011、100、101、110、111の8値を対応させるもので、1シンボル当たり3ビットの情報を伝送できる。

(2) 光伝送システムでは、光送信器でLDやLEDなどの発光素子により電気信号を光信号に変換し、その光信号を光ファイバを用いて伝達し、光受信器ではPIN－PDやAPDなどの受光素子を用いて受信した光信号を電気信号に変換（光電変換）している。光受信器で生ずる雑音には、ショット雑音、熱雑音などがある。**ショット**雑音は、受光素子による光電変換過程において、電子が時間的、空間的に不規則に励起されるために生じる光電流のゆらぎに起因する雑音である。また、熱雑音は、光信号とは無関係に電気回路系で発生する雑音である。

(3) 設問の記述は、**Bのみ正しい**。

A 記述は、TDM（時分割多重）について説明したものなので、誤り。WDM（波長分割多重）は、波長の異なる光が互いに干渉しない性質を利用し、1心の光ファイバに波長の異なる複数の光信号を多重化して伝送する方式をいう。

B WDMのうち、CWDMは、数波長から10波長程度の低密度な多重化により波長間隔を20nmと広くとっているため、波長フィルタや光源などへの制限が緩和され、廉価な部品の使用や動作の安定化が図れる。これに対して、数十から百数十波長の高密度の多重化を行って伝送するものをDWDMという。DWDMは波長間隔が1nm程度と極めて密にしてあるため、光増幅器や分散補正器を使用することができ、長距離・大容量の伝送に適している。したがって、記述は正しい。

(4) 音声信号（S）をデジタル信号へ変換する過程で量子化雑音（N_Q）が生じるが、通話品質を良好に保つためには音声の大小にかかわらず$\frac{S}{N_Q}$（信号対量子化雑音比）を一定にすることが望ましい。一般に、信号振幅が大きいときには量子化ステップを大きくとって粗く量子化し、信号振幅が小さいときには量子化ステップを小さくとって密に量子化することにより、大振幅値と小振幅値での$\frac{S}{N_Q}$を近づけ、量子化雑音を軽減する。このような方法は、**非直線量子化**または非線形量子化といわれる。

(5) 光ファイバ通信において、光強度の変調によってキャリア密度が時間的に変化し、波長が過渡的に変動する現象を**波長チャーピング**という。半導体レーザ（LD）の駆動電流により変調する直接変調方式では、変調信号の周波数が緩和振動周波数（一般に数〔GHz〕）を超えると、媒体中のキャリアの瞬間的な変動でLD活性層の屈折率が変化するため、波長チャーピングが発生する。波長チャーピングは、信号光が光ファイバ中を伝搬する際に波形ひずみを生じる原因となり、このために伝送速度や伝送距離が制限される。波長チャーピングを抑制する方法として、LDの出力光を外部の変調器で変調する外部変調方式を挙げることができる。

答	
(ア)	①
(イ)	④
(ウ)	②
(エ)	⑤
(オ)	①

次の各文章の　　　　　内に、それぞれの[　　]の解答群の中から最も適したものを選び、その番号を記せ。 (小計20点)

(1) アナログ振幅変調方式において、搬送波の振幅の最大値に対する信号波の振幅の最大値の比で示される変調度が　(ア)　場合は、過変調といわれ、一般に、復調波にひずみが生ずる。 (4点)

　　[① ゼロである　　② 0.5である　　③ 0.5より大きくて1より小さい
　　④ 1である　　⑤ 1より大きい]

(2) アナログ信号の伝送における減衰ひずみについて述べた次の二つの記述は、　(イ)　。 (4点)
　A 音声回線における減衰ひずみが大きいと、鳴音が発生したり反響が大きくなるなど、通話品質の低下の要因となる場合がある。
　B 減衰ひずみは、非直線ひずみの一種であり、伝送路における信号の減衰量が周波数に対して比例関係にあるために生ずるひずみである。

　　[① Aのみ正しい　　② Bのみ正しい　　③ AもBも正しい　　④ AもBも正しくない]

(3) 光ファイバ伝送路に用いられる線形中継器は、信号を中継する過程において光信号を電気信号に変換する必要がないことから伝送速度に制約されず、かつ、波長が異なる複数の信号光の　(ウ)　が可能である。 (4点)

　　[① 識別再生　　② 一括増幅　　③ モード結合　　④ 分散制御　　⑤ 遅延制御]

(4) 伝送速度が64キロビット／秒の回線において、ビットエラーの発生状況を100秒間調査したところ、特定の2秒間に集中して発生し、その2秒間の合計のビットエラーは640個となった。このときの%ESの値は、　(エ)　パーセントとなる。 (4点)

　　[① 0.01　　② 1　　③ 2　　④ 3.2　　⑤ 6.4]

(5) 光ファイバ中の屈折率の微小な変化(揺らぎ)によって光が散乱する現象は　(オ)　散乱といわれ、光損失の要因の一つとなり、これによる損失は光波長の4乗に反比例する。 (4点)

　　[① レイリー　　② ラマン　　③ ブリルアン　　④ トムソン　　⑤ コンプトン]

解　説

(1) 振幅がE_c〔V〕、角周波数がω〔rad／s〕の正弦搬送波を振幅がE_s〔V〕、角周波数がp〔rad／s〕の信号波で振幅変調すると、図1のような被変調波が現れる。この被変調波を式で表すと$e = E_c\left(1 + \dfrac{E_s}{E_c}\sin pt\right)\sin\omega t$〔V〕となり、式中の$\dfrac{E_s}{E_c}$を変調度という。変調度は一般に1以下であり、値が大きいほど復調特性は良くなるが、図2のように変調度が**1より大きい過変調**になると、復調波がひずんだり、不要な電磁波を発射して他の通信に悪影響を及ぼしたりする。

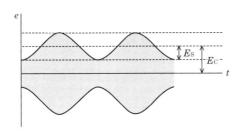

図1　振幅変調の被変調波

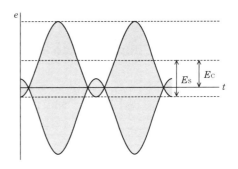

図2　過変調時の被変調波

(2) 設問の記述は、**Aのみ正しい**。減衰ひずみは、通信システム上の2地点間における信号の減衰量が周波数によって異なる(一定でない)ことにより望ましくない波形の変化を生ずるひずみである。搬送電話システム(異なる周波数の複数の搬送波によりアナログ伝送路の周波数帯域を分割し、多重伝送するシステム)の伝送路では、周波数分割多重(FDM)方式による多重化が行われており、回線を分割する帯域フィルタの特性のために音声帯域の上・下端が大きく減衰する。また、PCM伝送の電話システムにおいても、折返し雑音を防止するため帯域制限を行っているので、復調のための帯域フィルタの特性により音声帯域の上・下端が大きく減衰する。このように、電話回線は平坦でない減衰特性をもつため、信号波形にひずみが生じる。減衰ひずみが大きいと鳴音(ハウリング)が発生したり反響(エコー)が大きくなり、通話品質が低下することがある。

(3) 光ファイバデジタル中継伝送路には、中間中継器として再生中継器と線形中継器が使用されている。

　再生中継器は、減衰劣化したパルスをパルスの有無が判定できる程度まで増幅する等化増幅(Reshaping)機能、パルスの有無を判定する時点を設定するリタイミング(Retiming)機能、波形の振幅を判定してその値が判定レベルを超えた場合にパルスを発生する識別再生(Regenerating)機能のいわゆる3R機能を有する。

　これに対して、線形中継器の機能は、増幅機能のみであるため、光増幅器で生ずる自然放出光雑音の累積によるSN比の劣化、光ファイバの分散によって生ずる波形ひずみの累積による波形の劣化など、伝送特性が劣化する欠点がある。一方、信号を中継する過程で光信号を電気信号に変換する必要がないことから、再生中継器に比較して、符号形式や符号速度を制約する要因となる能動素子の使用数が少なくて済む。このため、小型で低消費電力の中継装置を実現でき、また、光信号のビットレートに基本的に依存せず、低雑音性かつ数十nmの広い利得帯域幅を有しており、WDM(波長分割多重)伝送方式の場合に複数波長を**一括増幅**することが可能である。

(4) %ESは、1秒ごとに符号誤りの発生の有無を観測し、少なくとも1個以上の符号誤りが発生した延べ時間(1秒単位)が全観測時間に占める割合を百分率で表したものである。したがって、

$$\%ES = \frac{2〔秒〕}{100〔秒〕}\times 100〔\%〕 = \mathbf{2}〔\%〕$$

となる。データ伝送のように符号誤りを全く許容できない系の評価を行う場合にはこの%ESを尺度に用いるとよい。

(5) 光ファイバの光損失は、光ファイバ固有の損失、光ファイバの曲がりによる損失、および接続損失に大別される。光ファイバ固有の損失は、光ファイバ中を伝搬する光が散乱・吸収されることによって生じるが、その主な原因は、赤外線領域・紫外線領域におけるガラスの固有吸収、ヒドロキシ基(-OH)や遷移金属イオンなどの不純物による吸収、光ファイバ構造の不完全性による放射・散乱、光ファイバの製造過程で溶融状態のガラス材料に生じた熱的なゆらぎを残したまま冷却・固化されてできたコア中の屈折率の微少な変化(揺らぎ)により光が散乱される**レイリー散乱**である。レイリー散乱による損失は光波長の4乗に反比例し、伝搬する光の波長が短くなるに従って光損失は急激に増大する。

答

(ア)	**⑤**
(イ)	**①**
(ウ)	**②**
(エ)	**③**
(オ)	**①**

工事担任者試験（基礎科目）に必要な単位記号、対数について

　工事担任者試験の基礎科目において、計算問題の占める割合は非常に多い。問題を解く上で単位記号や対数の内容を理解することは必須と言える。

　表1に国際単位系（SI）の単位記号を、表2に常用対数（10を底とする対数）の性質を示す。

表1

量	名　称	単位記号	参　考
電　流	アンペア	A	$1〔A〕= 10^3〔mA〕= 1〔C/s〕$
電圧・電位	ボルト	V	$1〔V〕= 10^3〔mV〕= 1〔J/C〕$
電気抵抗	オーム	Ω	$1〔Ω〕= 10^{-3}〔kΩ〕$
熱　量	ジュール	J	$1〔J〕= 1〔W・s〕$
電　力	ワット	W	$1〔W〕= 10^{-3}〔kW〕= 1〔J/s〕$
電気量・電荷	クーロン	C	$1〔C〕= 1〔A・s〕$
静電容量	ファラド	F	$1〔F〕= 10^6〔μF〕= 10^{12}〔pF〕$
コンダクタンス	ジーメンス	S	
磁　束	ウェーバ	Wb	
磁束密度	テスラ	T	
インダクタンス	ヘンリー	H	
時　間	秒	s	

表2

対数の性質（常用対数）
指数関数 $x = 10^y$
対数関数 $y = \log_{10} x$
$\log_{10} 10 = 1 \qquad \log_{10} 1 = 0$
$\log_{10} xy = \log_{10} x + \log_{10} y$
$\log_{10} \dfrac{x}{y} = \log_{10} x - \log_{10} y$
$\log_{10} \dfrac{x}{y} = -\log_{10} \dfrac{y}{x}$
$\log_{10} x^m = m\log_{10} x \quad$ （mは任意の実数）

端末設備の接続のための技術及び理論

端末設備の接続のための技術及び理論

出題分析と対策の指針

　総合通信における「技術科目」は、第1問から第10問までであり、各問は配点が10点で、解答数は5つ、解答1つの配点が2点となる。それぞれのテーマおよび概要は、以下のとおりである。

●第1問　端末設備の技術（Ⅰ）
　アナログ電話網を利用する電話の通話品質や、留守番電話機、コードレス電話機、ファクシミリ装置などの仕様、デジタル式PBXの装置構成や外線接続方式、サービス機能など、ISDNを利用するためのDSUやTAなどの機器、電磁障害の原因と対策、雷サージとその対策などが出題されている。基本的には技術進歩の著しい分野ではないが、出題実績のない要素が出題されることもある。

●第2問　端末設備の技術（Ⅱ）
　主に、GE-PON（IEEE802.3ah）や10G-EPON（IEEE802.3av）、XGS-PON（G.9807.1）などの光アクセスシステム、SIP（RFC3261）、PoE（IEEE802.3af/at/bt）、10Gbitイーサネット（IEEE802.3ae）などの仕様や、無線LAN（IEEE802.11）の特徴、IP-PBXの機能、IoTを実現する通信技術などが出題されている。

●第3問　総合デジタル通信の技術
　ISDNについて、主に、参照構成、加入者線伝送方式、チャネルの種類と用途、基本ユーザ・網インタフェースのレイヤ1〜3の仕様、レイヤ1の保守試験、一次群速度ユーザ・網インタフェースを用いた通信の特徴などが出題されている。

●第4問　ネットワークの技術
　伝送路符号化方式、IPアドレス、IPv4とIPv6のパケット分割処理の違い、イーサネットフレームの構成、光アクセスネットワーク設備構成、メタリックケーブルを使用する高速アクセス技術、CATV網を利用する高速データ通信、IP-VPN、広域イーサネット、EoMPLSの技術、デジタル信号を送受信するための伝送路符号化方式など、出題範囲がかなり広く、的が絞りにくいので、出題頻度の高いものを中心に学習する。

●出題分析表
　次の表は、3年分の出題実績を示したものである。試験傾向をみるうえでの参考資料として是非活用していただきたい。

表　「端末設備の接続のための技術及び理論」科目の出題分析

出題項目		出題実績						学習のポイント
		23秋	23春	22秋	22春	21秋	21春	
第1問	アナログ電話機での通話			○		○		エコー、側音
	デジタルコードレス電話システム		○		○			DECT、ARIB STD-T101、1.9GHz帯、TDMA/TDD
	ファクシミリ装置	○					○	G3形ファクシミリ、ITU-T勧告T.30
	デジタル式PBXの構成		○		○			空間スイッチ、時間スイッチ
	デジタル式PBXの内線回路	○	○	○		○	○	内線回路、BORSCHT
	デジタル式PBXの機能	○		○	○	○	○	ダイヤルイン、夜間閉塞機能、サービス機能
	ISDN基本ユーザ・網インタフェースで使用する装置	○			○	○	○	デジタル回線終端装置、デジタル電話機、端末アダプタ
	ISDN一次群速度ユーザ・網インタフェースで使用する装置			○				デジタル回線終端装置
	雷害とその対策			○		○		SPD、内部雷保護システム、等電位ボンディング
	ノイズ対策	○	○		○		○	コモンモードチョークコイル、電磁シールド
第2問	光アクセスシステムを構成するPON	○	○	○	○	○	○	GE−PON、G−PON、10G−EPON、OLT、ONU
	IP-PBX		○		○			サービス機能
	SIPサーバ	○		○		○	○	ロケーションサーバ、レジストラ、プロシキサーバ
	PoE規格	○	○	○	○	○	○	PSE、PD、給電方式
	無線LAN		○		○			IEEE802.3ac、ISMバンド、CSMA／CA、OFDM
	IoTを実現する無線通信技術	○	○				○	PLC、無線PAN、ZigBee、LoRaWAN、SIGFOX
	10ギガビットイーサネット規格	○		○		○	○	IEEE802.3ae、LAN用、WAN用

●第5問　トラヒック理論等 ─────────────•

(1)～(3)がトラヒック理論の問題、(4)および(5)がネットワークを構成する機器の問題である。

トラヒック理論では、トラヒックの概念、呼量や呼損率などの計算、各種の算出式、図表を利用した必要設備数の算出などが出題されている。

ネットワークを構成する機器では、リピータ、スイッチ、ルータなどについて、機能や特徴が問われている。MACアドレス、スイッチングハブのフレーム転送方式、L3スイッチの機能と特徴についての出題頻度が非常に高い。

●第6問　情報セキュリティの技術 ─────────•

攻撃の種類、マルウェア、ウイルス対策、各種暗号方式の特徴、利用者認証、デジタル署名、PKI、セキュリ

表　「端末設備の接続のための技術及び理論」科目の出題分析（続き）

出題項目		出題実績						学習のポイント
		23秋	23春	22秋	22春	21秋	21春	
第3問	ISDNの参照構成	○	○	○		○	○	NT1、NT2、TE1、TE2、TA、T点、S点、R点
	試験ループバック				○			折返し試験
	基本アクセス加入者線伝送方式							AMI符号、TCM伝送方式
	基本ユーザ・網インタフェースレイヤ1	○	○	○	○	○	○	伝送周期、Dチャネル競合制御、接続・開放の手順
	一次群速度ユーザ・網インタフェースを用いた通信の特徴	○	○	○	○	○	○	ポイント・ツー・ポイント構成、マルチフレーム、Fビット、B8ZS符号
	ユーザ・網インタフェースレイヤ2	○	○	○	○	○	○	情報転送モード、確認形、非確認形、SAPI、TEI
	ユーザ・網インタフェースレイヤ3	○	○	○	○	○	○	メッセージの共通部、呼制御シーケンス、X.25、呼中断/呼再開手順
第4問	メタリックケーブルを使用する高速アクセス技術		○			○		ADSL、DMT方式、G.fast
	光アクセスネットワーク設備	○		○	○		○	SS方式、ADS方式、PDS方式、CWDM、DWDM
	デジタル信号符号化方式	○	○	○	○	○	○	NRZI、MLT-3、8B1Q4、4B/5B、4D-PAM5
	イーサネットの概要				○			MACアドレス、MACフレーム、10GbE
	MACアドレス				○			ベンダ識別子、製品識別子、ARP、RARP
	インターネットプロトコル	○	○	○		○	○	IPv4、IPv6、近隣探索、PMTUD、ICMPv6
	インターネット接続方式			○				PPPoE方式、IPoE方式
	広域イーサネットなど	○	○	○		○	○	EoMPLS技術、IP-VPN
	クラウドサービス	○						IaaS、PaaS、SaaS
	CATVシステム				○		○	HFC方式、FTTC方式、FTTH方式
	信号波形劣化の評価		○			○		アイパターン
第5問	トラヒック諸量	○			○	○	○	呼数、呼量、トラヒック量、平均保留時間、同時動作数法
	交換線群の性質	○	○	○	○	○		即時式完全線群、待時式完全線群
	即時式完全線群	○	○	○	○		○	即時式完全線群負荷表、総合呼損率
	待時式完全線群		○	○			○	平均待ち時間曲線、待時式完全線群負荷表
	光アクセスネットワーク機器				○			ONU
	IP電話の機器					○	○	VoIPゲートウェイ、転送遅延
	IPヘッダ			○	○		○	ToSフィールド、ホップリミット
	LANを構成する機器	○	○					ハブ、ブリッジ、L2スイッチ、L3スイッチ、MACアドレス
	レイヤ2スイッチ		○				○	アドレステーブル、フレーム転送方式
	レイヤ3スイッチ、ルータ	○		○		○		レイヤ2対応レイヤ3スイッチ、VLAN

ティプロトコル、暗号化電子メール、ファイアウォール、IDS、リスクマネジメントのプロセス、ISMSの要求事項を満たす管理策、情報セキュリティポリシーの運用方法、個人情報の保護などが出題されている。毎回のように新傾向の出題があり、対策が難しい分野の一つである。基本的なキーワードは必ず押さえておくようにする。

●第7問　接続工事の技術（Ⅰ）

アクセス系設備に用いるメタリック平衡対ケーブルの特徴・障害対策、通信用構内ケーブルの構造・特徴、テスタ（デジタル式・アナログ式）の特徴・取扱方法・確度計算、構内電気設備の配線用図記号、屋内配線工事、デジタル式PBXの設置工事・各種設定作業・機能確認試験などが出題されている。目新しい技術はとくにないが、その分だけ深い知識が問われることが多い。

●第8問　接続工事の技術（Ⅱ）

(1)～(3)がISDN基本ユーザ・網インタフェースの工事試験、配線構成、配線規格値などに関する問題、(4)および(5)が光ケーブルや平衡ケーブルの配線規格、心線接続方法、試験などに関する問題である。

ISDNに関する問題では、短距離受動バス配線および延長受動バス配線の特徴を確実にマスターしておくこと。また、情報伝送や給電に利用する端子の番号を記憶するとよいが、その際にはイーサネットLANにおける端子番号と混同しないこと。

●第9問　接続工事の技術（Ⅲ）

LANシステムの設計や、光コネクタの種類、光ファイバ損失試験方法およびオフィス施設の設備設計に関するJIS規格、ビルディング内光配線システムのOITDA規格、情報配線の配線用図記号、平衡配線の施工上の注意点などが出題されている。(3)では、オフィス施設の水平配線設備モデルにおける水平ケーブルの最大長さを求める問題が毎回のように出題されているので、確実に得点できるようにしておく。

●第10問　接続工事の技術（Ⅳ）及び施工管理

引込線・屋内配線の施工技術、光ファイバ損失試験方法、職場の安全活動、労働安全衛生、継続的改善の手順と技法、施工管理などについて出題されている。

なお、(5)は、設問で示されたアローダイアグラムから全体工期や作業の短縮、遅れによる全体工程への影響などを計算して求める問題が圧倒的に多い。

表　「端末設備の接続のための技術及び理論」科目の出題分析（続き）

	出題項目	23秋	23春	22秋	22春	21秋	21春	学習のポイント
第6問	不正プログラム					○		ウイルス、ワーム、ランサムウェア、ボット、rootkit
	サイバー攻撃の種類	○	○	○	○	○		ポートスキャン、バッファオーバフロー、IPスプーフィング、パケットスニッフィング、DoS攻撃、SEOポイズニング
	暗号方式の特徴	○	○				○	共通鍵暗号方式、公開鍵暗号方式
	ユーザ認証技術	○		○		○	○	パスワード認証、シングルサインオン、リスクベース認証
	セキュリティプロトコル			○		○		IPsec、SSL／TLS
	アクセス管理		○		○			ログ、syslog、ディレクトリサービス
	アクセス制御	○		○	○		○	ファイアウォール、IDS、IPS、最小特権の原則
	情報セキュリティ対策		○		○		○	ウイルス対策ソフト、デフォルトアカウント、ホスティング
	無線LANのセキュリティ							MACアドレスフィルタリング、ANY接続拒否
	情報セキュリティ管理	○		○	○	○	○	管理策、情報セキュリティポリシー、入退室管理
第7問	アクセス系線路設備	○		○		○	○	CCPケーブル、PECケーブル、自己支持形ケーブル
	保安装置		○		○			サージ防護デバイス、遠隔切り分け機能
	テスタ	○	○			○	○	アナログテスタ、デジタルテスタ、確度
	構内電気設備の配線用図記号			○	○			電話・情報設備の図記号
	ボタン電話の配線工事	○	○			○	○	耐燃PEシースケーブル、通信用フラットケーブル
	ボタン電話装置の設置工事				○			多機能電話機、TEN
	デジタル式PBXの設置工事	○	○	○	○			ビハインドPBX、アナログ端末およびISDN端末の接続
	デジタル式PBXの設定		○		○		○	順次サーチ方式、ラウンドロビン方式
	デジタル式PBXの機能確認試験	○		○	○	○		IVR、コールトランスファ、ハンドオーバ、キャンプオン

表 「端末設備の接続のための技術及び理論」科目の出題分析(続き)

出題項目		23秋	23春	22秋	22春	21秋	21春	学習のポイント
第8問	ISDNの工事試験	○				○		給電電圧、極性確認
	ポイント・ツー・ポイント構成		○	○			○	最長配線距離
	ポイント・ツー・マルチポイント構成		○	○		○	○	短距離受動バス配線、延長受動バス配線
	バス配線工事	○	○	○	○	○	○	終端抵抗、バス配線長、接続コード長、RJ-45
	平衡ケーブルを用いたLAN配線	○					○	フィールドテスト
	水平配線設備の規格			○		○		JIS X 5150-2
	光ケーブルの布設工事		○	○			○	床スラブ上、床スラブ内、垂直ラック上
	光ファイバの損失測定		○		○	○		OTDR法、カットバック法、挿入損失法、損失波長モデル
	配線用品・配線施設	○			○			セルラダクト
第9問	LANシステムの設計	○		○	○			プライベートIPアドレス
	オフィス施設の汎用配線設備		○		○	○		分岐点、複数利用者通信アウトレット、3dB/4dBルール
	水平ケーブルの最大長さ	○	○	○	○	○	○	クロスコネクト－TOモデル、インタコネクト－TOモデル
	構内電気設備の配線用図記号		○				○	電話・情報設備の図記号
	幹線系光ファイバケーブル施工	○						けん引端の作成、けん引速度
	宅内光配線で使用される部材	○			○	○		光ローゼット、配線盤、SCコネクタ
	平衡ケーブルを用いたLAN配線工事				○	○		UTPケーブル、STPケーブル
	UTPケーブルの成端・余長処理	○	○	○				撚り戻し長、エイリアンクロストーク、ワイヤマップ試験
	光コネクタの種類		○				○	SCコネクタ、FAコネクタ、FASコネクタ、MPOコネクタ
	光ファイバ損失試験方法			○		○	○	OTDR法、制御器、信号処理装置、光導通試験
	ネットワークコマンド			○				ping、tracert、ipconfig
第10問	光ファイバ損失試験方法	○				○	○	カットバック法、挿入損失法、OTDR法、損失波長モデル
	宅内配線用光ケーブル			○				細径低摩擦、露出配線用フラット型
	光コネクタの種類			○				SCコネクタ、FAコネクタ、FASコネクタ、MPOコネクタ
	宅内光配線で使用される部材	○			○	○		光アウトレット、切断配線クリート
	UTPケーブルの成端・余長処理				○		○	撚り戻し長、エイリアンクロストーク、ワイヤマップ試験
	平衡配線設備の伝送性能		○					クラス、3dB／4dBルール、反射減衰量
	ケーブルが貫通する壁の防火措置		○					国土交通大臣認定工法、耐火仕切板
	労働安全衛生		○	○	○	○	○	ほう・れん・そう、墜落等の危険防止、暑さ指数
	生産管理用語	○						5S
	施工管理の概要		○			○		施工計画書、工費・建設費曲線、施工管理、突貫工事
	パフォーマンス改善	○			○		○	パレート図、グラフ、チェックシート、ヒストグラム
	工程管理手法			○				シューハート管理図
	アローダイアグラム	○	○	○	○	○	○	クリティカルパス、フリーフロート

(凡例)「出題実績」欄の○印は、当該項目がいつ出題されたかを示しています。
　　23秋:2023年秋(11月)試験に出題　　23春:2023年春(5月)試験に出題
　　22秋:2022年秋(11月)試験に出題　　22春:2022年春(5月)試験に出題
　　21秋:2021年秋(11月)試験に出題　　21春:2021年春(5月)試験に出題

① 端末設備の技術（Ⅰ）

電話機の技術

●アナログ電話の接続動作シーケンス

電話機と交換機の間は2心（1対）の加入者線で接続され、図1のようなシーケンスにより接続・開放動作が行われる。

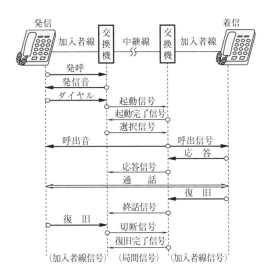

図1　加入者線信号方式の基本シーケンス

●コードレス電話

コードレス電話は、電話機のコードなどの部分を無線回線に置き換えたもので、無線回線部分で伝送される信号の方式により、アナログコードレス電話とデジタルコードレス電話に分類される。

デジタルコードレス電話の無線区間の無線方式には、表1のような種類がある。従来の2方式に加えて、従来方式を改良したsPHS（Super PHS）方式と、ヨーロッパで標準化されているDECT（Digital Enhanced Cordless Telecommunication）に準拠した方式が追加された。

表1　デジタルコードレス電話の無線方式の種類

	無線方式	使用周波数帯域	最大伝送速度	特徴
従来方式	第二世代コードレス電話（PHS）	1.9GHz帯	384kbit/s	PHS端末を子機として使用可能。
	2.4GHz帯コードレス電話	2.4GHz帯		経済的だが無線LAN、Bluetooth、電子レンジ等との混信の問題がある。
新方式	sPHS	1.9GHz帯	1.6Mbit/s	IP網等によるサービスの高度化に適応。広帯域音声通信、動画像通信等が可能。
	DECT準拠		1.1Mbit/s	

デジタル形ボタン電話装置の技術

図2のデジタル形ボタン電話装置の外線通話では、①外線からの2線式の音声信号はハイブリッド回路（H）で送話・受話が分離され、4線式の信号になる。受話信号は②コーデック（A/D）でデジタル信号に変換される。③その信号は時分割スイッチにより通話内線の時間位置で読み出され（交換接続）、④データ送受信回路、バスを通じて電話機に伝送される。⑤電話機内のコーデックでアナログ信号に復元して受話する。

通話者の送話信号は、①電話機内のコーデックでデジタル信号に変換され、②バスを通じて主装置に送られる。③時分割スイッチは外線側の時間位置で読み出し、この信号は④コーデック（D/A）でアナログ信号に復元され、⑤ハイブリッド回路（H）を経て外線に送出される。

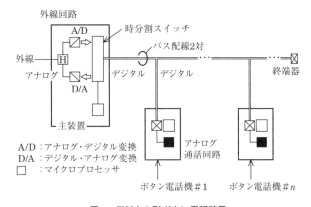

A/D：アナログ・デジタル変換
D/A：デジタル・アナログ変換
□ ：マイクロプロセッサ

図2　デジタル形ボタン電話装置

デジタル式PBXの技術

●タイムスイッチ

① A電話機からのアナログ信号は内線回路のCOD（コーデック）により8bitのデジタル信号Aに変換される。

② 信号Aは送信ハイウェイ（SHW）に割り付けられた時間チャネル（タイムスロット）に出力される。

③ 一方、共通制御回路は、発呼者情報やダイヤル情報等に基づき、どのチャネル同士を交換するかの指示を制御メモリに設定するが、この場合は制御メモリのt_a番地にt_bを、t_b番地にt_aをそれぞれ書き込む。

④ この番地をもとに、対応する通話メモリの信号Aが受信ハイウェイ（RHW）に読み出されて出力される。

⑤ 受信ハイウェイの信号Aは、外線トランクのDECでアナログ信号に復元され外線に送出される。

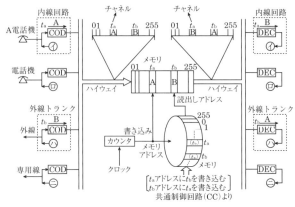

図3　デジタル式PBXのタイムスイッチ原理図

●空間スイッチ

一般にデジタル式PBXの交換方式では、タイムスイッチと空間スイッチを組み合わせて構成している。タイムスイッチは、図3のようにタイムスロットの時間位置を入れ替えて交換接続を行うが、空間スイッチではタイムスロットの時間位置を変えることなく他のハイウェイへの乗り換えを行い、信号の集線多重化やその分離等を行う。

空間スイッチはクロスバスイッチの概念で説明できるが、デジタル回路ではANDの論理回路を入線と出線の交点にマトリクス状に配置し、AND回路の開閉を制御メモリから制御して所用の出線に取り込む。図4はその交点部分の動作説明である。

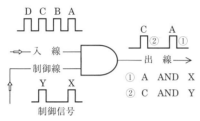

図4　空間スイッチの交点の説明

●デジタル式PBXの内線回路

デジタル交換方式では、通話路にデジタル信号を用いるので、一般の電話機を内線に使用する場合は、内線回路にデジタル/アナログ相互変換回路をはじめデジタル交換方式に必要な特有の機能を持たせる。図5に内線回路のブ

ロック図を示す。

なお、このような回路ブロックの構成は、事業用電話交換機の加入者回路も同様であり、各ブロックの機能の頭文字をまとめて**BORSCHT**（ボルシュト）と呼ぶ。

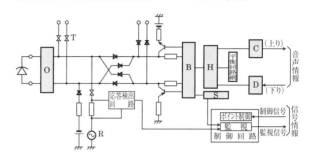

図5　デジタル式PBXの内線回路ブロック図

表2　BORSCHT機能

頭文字	機 能 名	機 能
B	Battery－feed	電話機に対する通話電流の供給
O	Overvoltage protection	過電圧保護回路
R	Ringing	呼出信号送出（16Hz、75V）
S	Supervision	発呼検出、ダイヤルパルス受信、終話監視、応答監視などのもととなるループのオン/オフ監視
C	Coder/Decoder	アナログ信号/デジタル信号の相互変換
H	Hybrid	通話路の2線/4線相互変換
T	Test	試験のための内線線路引き込み

ISDN端末の技術

●端末の構成機器

・デジタル回線終端装置（DSU）

伝送路終端や給電など、物理的および電気的に網を終端するレイヤ1の機能をもつ。

網からの遠隔給電による起動および停止の手順が適用される場合、給電極性がリバース極性（L2線がL1線に対して正電位）の場合に起動する。

・PBX（NT2）

ISDNユーザ・網インタフェースに接続する場合は、接続先装置としてDSUが必要になる。

・端末アダプタ（TA）

ISDNインタフェース非対応端末のユーザデータ速度を64kbit/sまたは16kbit/sに速度変換する。

LAPBとLAPDなどISDNインタフェース非対応端末との間でプロトコル変換をする。

●遠隔給電

ISDN基本ユーザ・網インタフェースでは、ユーザが利用している商用電源（ローカル電源）が停電しても基本電話サービスを維持するために、網から加入者線路を通してDSUへの給電が行われ、さらに、DSUからインタフェース線を介して端末への給電が行われる。

DSUは、利用形態により常時起動状態の場合と起動・停止手順が適用される場合がある。起動・停止手順が適用される場合、DSUはリバース極性（L2線がL1線に対して正電位）のときに起動する。

端末機器の雷・ノイズ対策

●端末機器の雷対策

バイパス、等電位化、絶縁等が挙げられる。

・バイパスによる対策

アレスタなどの雷防護素子や避雷回路を用いて雷サージを迂回させ、端末機器に侵入しないようにする。

・等電位化による対策

離れた導電性部分間を連接接地し、部分間の電位差を低減させる。

・絶縁による対策

絶縁トランスにより系統を電気的に絶縁する。

●ノイズ対策

・通信線から通信機器に侵入する雑音の種類

誘導雑音、雷雑音、放送波による電波障害など。誘導雑音には、通信線間に発生するノーマルモードノイズと、大地と通信線との間に発生するコモンモードノイズがある。

・コモンモードノイズ対策

コモンモードチョークコイルにより縦電圧を減衰させる。

・外部誘導ノイズ対策

接地されていない高導電率の金属で電子機器を完全に覆う電磁シールドを施す。

技術・理論

1　端末設備の技術（I）

次の各文章の _____ 内に、それぞれの[　　]の解答群の中から最も適したものを選び、その番号を記せ。 (小計10点)

(1) ITU－T勧告T.30として規定された文書ファクシミリ伝送手順では、グループ3ファクシミリ端末どうしが公衆交換電話網（PSTN）を経由して接続されると、フェーズAの呼設定において、一般に、送信側端末は、CNGとして断続する ___(ア)___ ヘルツのトーンを受信側端末に向けて送出する。CNGを受信した受信側端末は、CEDとして2,100ヘルツのトーンを送信側に向けて送出する。 (2点)

　　[① 700　② 1,100　③ 2,000　④ 3,150　⑤ 4,200]

(2) 図1はデジタル式PBXの内線回路のブロック図を示したものである。図中のWは ___(イ)___ を表す。 (2点)

　　[① リングトリップ回路　② 2線－4線変換回路　③ 通話電流供給回路
　　④ 過電圧保護回路　⑤ 時分割通話路]

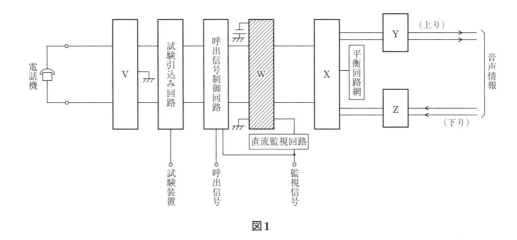

図1

(3) デジタル式PBXの外線応答方式について述べた次の二つの記述は、 ___(ウ)___ 。 (2点)
　A　外線から特定の内線に着信させる方式のうち、電気通信事業者の交換機にあらかじめ登録した内線指定番号をPB信号によりPBXで受信する方式は、一般に、モデムダイヤルインといわれる。
　B　外線応答方式としてPBダイヤルインを用いた場合は、一般に、電気通信事業者が提供する発信者番号通知の機能を使ったサービスを利用できない。

　　[① Aのみ正しい　② Bのみ正しい　③ AもBも正しい　④ AもBも正しくない]

(4) デジタル電話機がISDN基本ユーザ・網インタフェースを経由して網に接続され、通話状態が確立しているとき、デジタル電話機の送話器から入力されたアナログ音声信号は、 ___(エ)___ のコーデック回路でデジタル信号に変換される。 (2点)

　　[① OCU　② デジタル回線終端装置　③ デジタル加入者線交換機
　　④ TA　⑤ 電話機本体]

(5) 通信機器は、周辺装置から発生する電磁ノイズの影響を受けることがある。JIS C 60050－161：1997EMCに関するIEV用語では、電磁妨害が存在する環境で、機器、装置又はシステムが性能低下せずに動作することができる能力を、 ___(オ)___ と規定している。 (2点)

　　[① 電磁感受性　② 電磁エミッション　③ 妨害電磁界強度
　　④ 電磁遮蔽　⑤ イミュニティ]

解 説

(1) ファクシミリの伝送手順はITU−T勧告T.30で規定され、グループ3ファクシミリ端末（G3形機）の伝送制御手順は図2に示すようにフェーズA〜Eの5つのフェーズに分けられている。このうち、フェーズAは端末機間の接続を行う呼設定のフェーズであり、単一周波数のトーナル信号で制御情報をやりとりする。

　　まず、送信側装置は0.5秒間**1,100**Hz±38Hzのトーン送出と3秒間の休止を繰り返すCNG（発呼トーン）信号を送出し、自分がファクシミリ装置であることを受信側装置に伝える。これに対し、受信側装置は2,100Hz±15Hzを2.6秒以上4.0秒以下連続して送出するCED（被呼局識別）信号で応答する。

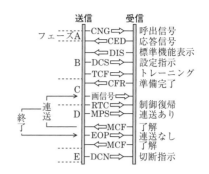

図2　G3形機の伝送制御手順

(2) デジタル式PBXを構成する回路のうち、アナログ端末を接続して制御を行う内線回路は、一般に、ボルシュト（BORSCHT）と呼ばれる機能で構成されている。BORSCHTとは、各機能の英語名の頭文字をとったもので、Bは通話電流供給、Oは過電圧保護、Rは呼出信号送出、Sは直流監視（内線状態監視）、CはA／D・D／A変換、Hは2線−4線変換、Tは試験引込みをそれぞれ表している。

　　図1において、Wは電話機に通話電流を供給する**通話電流供給回路**（BORSCHTの"B"）に該当する。実用回路では、Xの2線−4線変換回路（BORSCHTの"H"）と合わせて集積したLSIが使用される。

　　なお、Vは雷サージや電力線との混触などにより侵入する過電圧から回路を保護する過電圧保護回路（BORSCHTの"O"）である。また、Yはアナログ信号をデジタル信号に変換（A／D変換）する符号器、Zはデジタル信号をアナログ信号に変換（D／A変換）する復号器で、YとZを合わせてコーデック（BORSCHTの"C"）と呼ぶ。

(3) 設問の記述は、**Bのみ正しい**。ダイヤルインとは、電気通信事業者の交換機にあらかじめ登録した内線指定番号により、外線から外線中継台を経由せず特定の内線に直接着信させるサービスをいう。ダイヤルインは、内線指定信号の送出方式により、PB信号方式（PBダイヤルイン）とモデム信号方式（モデムダイヤルイン）に分類される。

A　2つの方式のうち、内線指定番号にPB信号を使用する方式は、一般に、PBダイヤルインといわれる。これに対して、モデムダイヤルインは、内線指定番号にモデム信号を使用する方式である。したがって、記述は誤り。

B　発信電話番号通知サービスとは、発信側の電話番号を着信側に通知するサービスをいう。着信側電話機が発信電話番号通知サービスに対応している場合、ディスプレイに発信側の電話番号が表示され、これにより受信側では誰が電話をかけてきたのかを確認してから応答することができる。発信電話番号通知サービスでは、発信者の電話番号はモデム信号を用いて通知されるので、PBダイヤルインと同時に利用することはできない。したがって、記述は正しい。

(4) ISDNの基本ユーザ・網インタフェースを経由して通話状態が確立しているとき、電話機が従来のアナログ電話機の場合は、アナログの音声信号は、端末アダプタ（TA）に内蔵されているコーデック回路によりデジタル信号に変換される。端末アダプタは、ISDNインタフェースを有しない端末（非ISDN端末）をISDNに接続するためにインタフェースやプロトコルを変換する装置である。これに対して、デジタル電話機の場合は、電話機本体がTA機能を内蔵しているため、送話器からの音声信号は**電話機本体**のコーデック回路でデジタル信号に変換される。

(5) JIS C 60050−161：1997EMCに関するIEV用語は、国際電気用語（IEV）のうち、電磁両立性（EMC）に関する用語について規定したものであり、解答群中の各用語は、次のように定義されている。

① 電磁感受性：電磁妨害による機器、装置またはシステムの性能低下の発生しやすさ。
② 電磁エミッション：ある発生源から電磁エネルギーが放出する現象。
③ 妨害電磁界強度：電磁妨害によって所定の位置に生じ、規定の条件で測定した電磁界強度。
④ 電磁遮蔽：特定領域への変動電磁界の侵入を低減するための導電性物質による遮蔽。
⑤ **イミュニティ**：電磁妨害が存在する環境で、機器、装置またはシステムが性能低下せずに動作することができる能力。

技術・理論

1

端末設備の技術（Ⅰ）

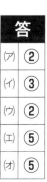

答	
㋐	②
㋑	③
㋒	②
㋓	⑤
㋔	⑤

次の各文章の □□□□ 内に、それぞれの[ ]の解答群の中から最も適したものを選び、その番号を記せ。ただし、□□□□ 内の同じ記号は、同じ解答を示す。 (小計10点)

(1) DECT方式を参考にしたARIB STD－T101に準拠するデジタルコードレス電話の標準システムについて述べた次の記述のうち、誤っているものは、 (ア) である。 (2点)

> ① 子機から親機へ送信を行う場合、無線伝送区間の通信方式としてFDMA／FDDが用いられている。
> ② 複数の通話チャネルの中から使用するチャネルを選択する場合に、当該チャネルが空きかどうかを検出するキャリアセンスといわれる機能を有している。
> ③ 標準システムを構成する親機、子機及び中継機は、同一構内における混信防止のため、識別符号を自動的に送信又は受信する機能を有している。
> ④ 親機と子機との間の無線通信には、1.9ギガヘルツ帯の周波数が用いられている。
> ⑤ 親機と子機との間の無線通信に用いられる周波数帯は、一般に、電子レンジや無線LANの機器との電波干渉によるノイズが発生しにくいとされている。

(2) デジタル式PBXの空間スイッチにおいて、音声情報ビット列は、時分割ゲートスイッチの開閉に従い、多重化されたまま (イ) の時間位置を変えないで、 (イ) 単位に入ハイウェイから出ハイウェイへ乗り換える。 (2点)

> [① チャネル ② レジスタ ③ タイムスロット ④ カウンタ ⑤ フレーム]

(3) デジタル式PBXにおけるアナログ式内線回路の機能について述べた次の二つの記述は、 (ウ) 。 (2点)

A 内線回路は、内線に接続されたアナログ電話機からのアナログ音声信号をA／D変換した後、2線－4線変換して時分割通話路に送出する機能を有する。

B 呼出信号は、デジタル式PBXの時分割通話路を通過することができないため、内線回路には、呼出信号送出機能が設けられている。

> [① Aのみ正しい ② Bのみ正しい ③ AもBも正しい ④ AもBも正しくない]

(4) ISDN基本ユーザ・網インタフェースにおけるデジタル回線終端装置について述べた次の二つの記述は、 (エ) 。 (2点)

A デジタル回線終端装置は、メタリック加入者線の線路損失、ブリッジタップに起因して生ずる不要波形による信号ひずみなどを自動補償する等化器の機能を有する。

B デジタル回線終端装置は、メタリック加入者線を介して受信したバースト信号を、バス接続された端末へピンポン伝送といわれる伝送方式で断続的に送信するためのバッファメモリを有する。

> [① Aのみ正しい ② Bのみ正しい ③ AもBも正しい ④ AもBも正しくない]

(5) 放送波などの電波が通信端末機器内部へ混入する経路において、屋内線などの通信線がワイヤ形の受信アンテナとなることで誘導される (オ) 電圧を減衰させるためには、一般に、コモンモードチョークコイルが用いられている。 (2点)

> [① 正 相 ② 逆 相 ③ 線 間 ④ 縦 ⑤ 帰 還]

解 説

(1) 解答群の記述のうち、誤っているのは、「子機から親機へ送信を行う場合、無線伝送区間の通信方式として**FDMA／FDD**が用いられている。」である。日本国内における第二世代コードレス電話の新方式の規格は、欧州電気通信標準

化機構(ETSI)によるDECT(Digital Enhanced Cordless Telecommunications)の仕様書(ETSI EN 300 175-1〜8)を参考に一般社団法人電波産業会(ARIB)が策定した、STD − T101時分割多元接続方式広帯域デジタルコードレス電話の無線局の無線設備により標準化されている。

① ARIB STD − T101に準拠するデジタルコードレス電話システムでは、無線伝送区間の通信方式として、親機(接続装置)から子機(コードレス電話機)への送信にはTDM/TDD(時分割多重/時分割複信)方式が、子機から親機への送信には<u>TDMA/TDD(時分割多元接続/時分割複信)方式</u>が用いられている。したがって、記述は誤り。

② コードレス電話で発信する場合、複数ある通話チャネルの中から空いている(他の機器が使用していない)チャネルを選択して使用する。当該チャネルが空いているかどうかの判定は、キャリアセンスといわれる機能により空間上の搬送波の受信レベルを測定して行う。したがって、記述は正しい。

③ ARIB STD − T101で規定されている無線設備の技術的条件では、混信防止機能について、「主として同一の構内において使用される無線局の無線設備であって、識別符号を自動的に送信し、又は受信するもの」と規定している。したがって、記述は正しい。

④、⑤ DECT方式などのデジタルコードレス電話システムでは、親機(接続装置)と子機(コードレス電話機)の間の無線通信に1.9GHz帯の電波を使用する。このため、2.4GHz帯の電波を利用する電子レンジや無線LANの機器、Bluetooth機器などとの間で電波干渉が発生することはない。したがって、記述は正しい。

(2) デジタル式PBXの空間スイッチは、一般に、複数本の入ハイウェイ(複数の通話路の音声デジタル信号を時分割多重伝送するための伝送回路で、それぞれ複数のタイムスロットで構成される)と複数本の出ハイウェイ、入ハイウェイと出ハイウェイのすべての交差点(クロスポイント)のゲート、制御装置、制御メモリから構成される。入ハイウェイのタイムスロット上の信号は、制御メモリによって指定されたゲートの開閉により、指定された出ハイウェイのタイムスロットに移される。こうして、音声情報ビット列は多重化されたまま、**タイムスロット**の時間位置を変えずに、**タイムスロット**単位に入ハイウェイから出ハイウェイへ乗り換える。

(3) 設問の記述は、**Bのみ正しい**。
A デジタル交換方式では、アナログ音声信号をいったんデジタル信号に変換(A/D変換)し、時間スイッチにより交換接続を行った後、さらにデジタル信号から元のアナログ信号を復元して通話等を行う。デジタル時分割通話路は一方向性であり、信号を2線で双方向伝送することは容易でないから、送話路(上り2線)と受話路(下り2線)を分離して4線で伝送する。このため、デジタル式PBXの内線回路には、ハイブリッド(Hybrid)といわれる2線−4線の相互変換機能が必要になる。内線回路は、内線に接続されたアナログ電話機からのアナログ音声信号を<u>2線−4線変換</u>した後、<u>CODEC</u>により<u>A/D変換</u>して時分割通話路に送出する。したがって、記述は誤り。
B クロスバ式やアナログ電子式などといわれる旧式の構内交換機においては、内線電話機への通話用直流電流や呼出信号電流(16Hz、75V)等はトランクからスイッチ回路を通して供給されていた。これに対して、デジタル式PBXにおいては、通話路はデジタル化された音声信号を時分割多重伝送する伝送回路であるため、これらの電流を通すことができない。そこで、デジタル式PBXでは、デジタル方式の通話路とアナログ内線電話機の間の内線回路にBORSCHT回路を設け、呼出信号送出(Ringing)などの各機能を実現している。したがって、記述は正しい。

(4) 設問の記述は、**Aのみ正しい**。
A ISDNの基本ユーザ・網インタフェースで使用するDSU(Digital Service Unit デジタル回線終端装置)の伝送路終端部は、伝送路損失と振幅歪みを補正する伝送路周波数特性等化や、ブリッジタップによる波形歪みを補正する機能を持っている。したがって、記述は正しい。
B ISDN基本ユーザ・網インタフェースの基本アクセスを提供する加入者線伝送方式は、ピンポン伝送ともいわれるTCM(Time Compression Multiplexing 時間軸圧縮多重)方式を採用している。これにより、電気通信事業者の設備センタの交換設備にあるOCU(Office Channel Unit 回線端局装置)と利用者宅内に設置されたDSUの間で2線メタリック加入者線を用いて双方向伝送を行うことができる。交換設備およびDSUは、連続した信号をバッファメモリに蓄積し、元の信号の2倍以上の速度のバースト信号にして、一定周期で交互に送信する。DSUでは、受信したバースト信号をバッファメモリに蓄積し、連続した信号として読み出して、バス接続された各端末へ送信する。したがって、DSUがピンポン伝送を行う相手は各端末ではなく、<u>交換設備</u>なので、記述は誤り。

(5) 屋内線等の通信線がアンテナの働きをして放送波や電子機器から漏洩する電磁波を拾い、これにより誘導電圧が発生して、端末機器に雑音妨害をもたらすことがある。電磁波により発生する誘導電圧は縦電圧(通信線と大地間に生じる電圧)であるが、通信線の箇所によって大地との間のインピーダンスが異なっている場合には、縦電圧が横電圧(通信線間に生じる電圧)に変換され、このために雑音が発生する。通信線に誘導される<u>縦</u>電圧を減衰させる方法としては、コモンモードチョークコイルを回線に挿入する方法がある。コモンモードチョークコイルは、縦電圧に対しては高いインピーダンスをもち、横電圧に対してはインピーダンスが低い。

答	
(ア)	①
(イ)	③
(ウ)	②
(エ)	①
(オ)	④

技術・理論

1 端末設備の技術(Ⅰ)

次の各文章の ☐☐☐☐ 内に、それぞれの[　　]の解答群の中から最も適したものを選び、その番号を記せ。　　　　　　　　　　　　　　　　　　　　　　　　　　　　　　　　　　　　　　（小計10点）

(1) アナログ電話機での通話について述べた次の二つの記述は、 (ア) 。　　　　　　　　　（2点）

　A　送話者自身の音声が、受話者側の受話器から送話器に音響的に回り込んで通信回線を経由して戻ってくることにより、送話者の受話器から遅れて聞こえる現象は、一般に、側音といわれる。

　B　送話器から入った送話者自身の音声や室内騒音などが、電話機内部の通話回路及び受話回路を経て自分の耳に聞こえる現象は、一般に、回線エコーといわれる。

　　　[①　Aのみ正しい　　②　Bのみ正しい　　③　AもBも正しい　　④　AもBも正しくない]

(2) 図1はデジタル式PBXの内線回路のブロック図を示したものである。図中のZは (イ) を表す。（2点）

　　　[①　変調器　　②　復調器　　③　過電圧保護回路　　④　符号器　　⑤　復号器]

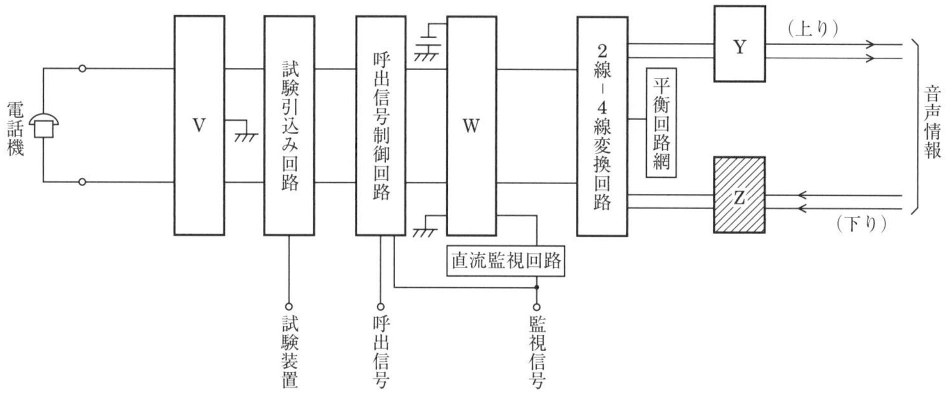

図1

(3) PB信号方式のダイヤルインサービスを利用するPBXには、夜間閉塞機能がある。この機能による接続シーケンスはダイヤルインの接続シーケンスとは異なり、電気通信事業者の交換機からは、 (ウ) が送出されずに、PBXを経由しない電話機に着信する場合と同様の着信シーケンスにより、夜間受付用電話機に着信する。　　　　　　　　　　　　　　　　　　　　　　　　　　　　　　　　　　　　　（2点）

　　　[①　1次応答信号　　②　2次応答信号　　③　呼出信号　　④　内線指定信号　　⑤　呼出音]

(4) ISDN一次群速度ユーザ・網インタフェースにおけるデジタル回線終端装置について述べた次の二つの記述は、 (エ) 。　　　　　　　　　　　　　　　　　　　　　　　　　　　　　　　　　　　　（2点）

　A　デジタル回線終端装置は、一般に、電気通信事業者側から遠隔給電されないため、ユーザ宅内の商用電源などからのローカル給電により動作する。

　B　ISDN端末側からデジタル回線終端装置には給電されないが、デジタル回線終端装置からISDN端末側には給電される。

　　　[①　Aのみ正しい　　②　Bのみ正しい　　③　AもBも正しい　　④　AもBも正しくない]

(5) JIS A 4201：2003建築物等の雷保護における用語の定義では、内部雷保護システムのうち、雷電流によって離れた導電性部分間に発生する電位差を低減させるため、その部分間を直接導体によって又はサージ保護装置によって行う接続は、 (オ) と規定されている。　　　　　　　　　　　　　　　　（2点）

　　　[①　接地システム　　②　等電位ボンディング　　③　受雷部システム
　　　④　環状接地極　　⑤　基礎接地極]

解 説

(1) 設問の記述は、**AもBも正しくない。**

A　電話回線において、送端側からの通話電流が受端側で反射し、時間的に遅れて送端側に戻り、通話に妨害を与える現象は、<u>エコー（反響）</u>といわれる。したがって、記述は誤り。エコーには、受話者の電話機で受話器（スピーカ）から送話器（マイクロホン）に音響的に回り込むことで起こる音響エコーと、伝送線路と電話機回路のインピーダンス不整合により通話信号が反射して起こる回線エコーがある。

B　送話者の音声や室内の騒音等が自分の送話器から入り、通話回路、受話器を経て自分の耳に戻ってくる音は、<u>側音</u>といわれる。したがって、記述は誤り。側音は、電話による通話を明瞭なものとするため適度に必要であるが、これが大きすぎると送話者は自分の声が大きすぎると判断して小声で話すようになったり、また、ハウリングを生じる原因になったりすることもあるので、適度に抑圧する必要がある。

(2) デジタル式PBXを構成する回路のうち、アナログ端末を接続して制御を行う内線回路は、一般に、ボルシュト（BORSCHT）と呼ばれる機能で構成されている。BORSCHTとは、各機能の英語名の頭文字をとったもので、Bは通話電流供給、Oは過電圧保護、Rは呼出信号送出、Sは直流監視（内線状態監視）、CはA／D・D／A変換、Hは2線－4線変換、Tは試験引込みをそれぞれ表している。

　図1において、Vは、雷サージや電力線との混触などにより侵入する過電圧から回路を保護する過電圧保護回路（BORSCHTの"O"）である。また、Wは、電話機に通話電流を供給する通話電流供給回路（BORSCHTの"B"）に該当する。実用回路では、Xの2線－4線変換回路（BORSCHTの"H"）と合わせて集積したLSIが使用される。Yは、アナログ信号をデジタル信号に変換（A／D変換）する符号器であり、Zはデジタル信号をアナログ信号に変換（D／A変換）する**復号器**である。なお、Yの機能とZの機能は、合わせてコーデック（BORSCHTの"C"）と呼ばれる。

(3) ダイヤルインPBXは、加入者回線を通してPBX等の内線に着信する際、交換手を介さずに内線を呼び出すことができる機能を有している。電気通信事業者の収容局交換機は、ダイヤルインの内線に接続する際、まずL1、L2の極性を反転し、呼出信号を送出する。呼出信号を受信したPBXは、自動的に1次応答信号（直流ループ）を送出する。それを受信した収容局交換機は、内線指定信号（押しボタンダイヤル信号）を送出する。収容局交換機がPBX側から内線指定受信完了信号（直流ループ断）に続き、内線が応答したことを示す2次応答信号（直流ループ）を受信すると、通信パスが形成される。

　しかし、夜間・休業時間中も外線から直接内線に着信するので、無応答の不都合が生じることがある。そこで、夜間閉塞機能により、夜間等は特定の夜間受付用回線にのみ着信させるようにする。夜間閉塞する場合は、収容局交換機とPBXとの間に設置してある制御回線（着信専用回線）を用い、PBX側からL2線に地気を送出する。収容局交換機ではその地気を検出し、ダイヤルイン回線の一部を夜間受付用回線として残し他の回線を閉塞する。この状態でダイヤルイン回線に着信があると、接続シーケンスの一部を省略し、一般の電話機の場合と同じ接続シーケンスにより接続する。すなわち、収容局交換機は1次応答信号を受信後、**内線指定信号**を送出せず直ちに通信パスを形成し、夜間受付用回線に着信させる。PBXへの着信では不都合な場合は、転換器により電話機に切り替えるようにしておく。

(4) 設問の記述は、**Aのみ正しい。**

A　ISDN基本ユーザ・網インタフェースでは、一般に、加入者線路にメタリック平衡ケーブルを用いているので、電気通信事業者側からデジタル回線終端装置（DSU）へ加入者線路を通じて行う遠隔給電（局給電）が可能であり、商用電源が停電してローカル給電ができなくなっても基本電話サービスを継続できる。一方、ISDN一次群速度ユーザ・網インタフェースでは、一般に、加入者線路に光ファイバを用いているため、電気通信事業者側からの給電を行うことができず、ローカル給電によってのみ動作する。したがって、記述は正しい。

B　ISDN一次群速度ユーザ・網インタフェースでは、ISDN端末側からDSUへの給電を行っていない。また、ローカル給電を行っているDSUからISDN端末側への給電も行っていない。したがって、記述は誤り。

(5) JIS A 4201：2003建築物等の雷保護の「1.一般事項—1.2 定義—1.2.8」により、内部雷保護システム（被保護物内において雷の電磁的影響を低減させるため、外部雷保護システム（受雷部システム、引下げ導線システムおよび接地システムからなる雷保護システム）に追加するすべての措置をいう）のうち、雷電流によって離れた導電性部分間に発生する電位差を低減させるため、その部分間を直接導体によってまたはサージ防護装置によって行う接続は、**等電位ボンディング**と規定されている。等電位化は、被保護物内における火災や爆発の発生、感電などの危険を減少させるために重要な措置である。

答	
(ア)	④
(イ)	⑤
(ウ)	④
(エ)	①
(オ)	②

次の各文章の 内に、それぞれの[　]の解答群の中から最も適したものを選び、その番号を記せ。　　　　　　　　　　　　　　　　　　　　　　　　　　　　　（小計10点）

(1) DECT方式を参考にしたARIB STD－T101に準拠するデジタルコードレス電話システムは、複数の通話チャネルの中から使用するチャネルを選択する場合に、他のコードレス電話機や無線設備などとの混信を防止するため、チャネルが空きかどうかを検出する　(ア)　といわれる機能を有している。　（2点）

[
① プリセレクション　　② キャリアセンス　　③ ホットライン
④ ネゴシエーション　　⑤ P2MPディスカバリ
]

(2) デジタル式PBXの時間スイッチについて述べた次の二つの記述は、　(イ)　。　（2点）
A　時間スイッチは、入ハイウェイ上のタイムスロットを、出ハイウェイ上の任意のタイムスロットに入れ替えるスイッチである。
B　時間スイッチにおける通話メモリには、入ハイウェイ上の各タイムスロットにある音声データなどが記憶される。

[① Aのみ正しい　　② Bのみ正しい　　③ AもBも正しい　　④ AもBも正しくない]

(3) デジタル式PBXのサービス機能について述べた次の二つの記述は、　(ウ)　。　（2点）
A　ダイヤルした内線番号が話中のとき、その内線番号の末尾1桁の数字とは異なる数字一つを続けてダイヤルすると、先にダイヤルした内線番号の末尾1桁を後にダイヤルした数字に変えた内線番号に接続する機能は、一般に、シリーズコールといわれる。
B　通話中の内線電話機でフッキング操作の後に特定番号のダイヤルなどの所定の操作をして通話中の呼を保留し、他の内線電話機から特定番号のダイヤルなど所定の操作をすることにより、保留した呼に応答できる機能は、一般に、コールパークといわれる。

[① Aのみ正しい　　② Bのみ正しい　　③ AもBも正しい　　④ AもBも正しくない]

(4) ISDN基本ユーザ・網インタフェースで用いられるデジタル回線終端装置において、網からの遠隔給電による起動及び停止の手順が適用される場合、デジタル回線終端装置は、　(エ)　極性のときに起動する。　（2点）

[
① L1線がL2線に対して正電位となるリバース
② L1線がL2線に対して正電位となるノーマル
③ L2線がL1線に対して正電位となるリバース
④ L2線がL1線に対して正電位となるノーマル
]

(5) 既設端末設備における外部からの誘導ノイズ対策としては、接地されていない高導電率の金属で電子機器を完全に覆う　(オ)　などが用いられる。　（2点）

[
① アクティブシールド　　② 静電シールド　　③ コモンモードチョークコイル
④ ハイパスフィルタ　　⑤ 電磁シールド
]

解説

(1) ARIB STD－T101に準拠するデジタルコードレス電話システムは、TDD／TDMA（時分割複信／時分割多元接続）方式である。このため、発信するときに、複数ある通話チャネルの中から使用するチャネルを選択し、他システムとの混信を防ぐ必要がある。このとき、空間上の搬送波を検知し、受信レベルを測定することで空き使用チャネルを検出する。この機能を**キャリアセンス**という。

① プリセレクションはボタン電話装置やデジタル式PBXが有する機能の1つである。これは、ハンドセットを置いたまま、外線ボタンまたは内線ボタンを押し、その後ハンドセットを取り上げるかスピーカボタンを押すことで、回線を捕捉する方式で、たとえば発信する場合には外線ボタンを押下してから一定時間、他の使用者にその外線を使用させないで、スピーカボタン等のキー入力を続けることができる利便性がある。

③ ホットラインもボタン電話装置やデジタル式PBXの機能の1つで、ハンドセットを取り上げるだけで、あらかじめ設定しておいた特定の回線が呼び出される。

④ 通信におけるネゴシエーションとは、接続前に相手と通信モードやプロトコルなどの情報を交換し、折衝することで通信方法を決定することである。

⑤ P2MPディスカバリとは、GE－PONシステムにおいて、ユーザ側のONUが接続されると、設備センタのOLTがそれを自動的に発見し、リンクを自動的に確立することである。

(2) 設問の記述は、**AもBも正しい**。
A デジタル式PBXの時間スイッチにおいて、入ハイウェイのタイムスロット番号は、まず、ダイヤル数字等の接続すべき相手に関する情報に基づき、書き込み制御用保持メモリに書き込まれる。次いで、順番読出しカウンタの指示に従い通話メモリの記憶内容をそのままの順番で読み出し、出ハイウェイ上の指定のタイムスロットに並べる。このようにしてタイムスロットの入れ替え、すなわち時分割交換が行われる。したがって、記述は正しい。
B デジタル式PBXにおいて、内線電話機からのアナログ信号は、符号化（COD）によってデジタル信号（データ）に変換され、送信ハイウェイ（入ハイウェイ）に送出される。ハイウェイ上では、一定の周期（フレーム）の中に8bitの符号（8kHzで標本化している）が収められ、これが1回線分となっている。この単位をタイムスロットといい、タイムスロットの符号は、書き込み制御用保持メモリの指示によって通話メモリに記憶される。したがって、記述は正しい。

(3) 設問の記述は、**Bのみ正しい**。デジタル式PBXは、蓄積プログラム制御方式の特徴を生かして数多くのサービス機能を実現している。工事担任者試験では、これらの機能のうちから代表的なものについて出題されている。
A シリーズコールとは、外線からの着信を複数の内線に順次接続したい場合、中継台の操作により、通話の終了した内線が送受器を掛けても、外線を復旧させずに自動的に中継台に戻す機能をいう。したがって、記述は誤り。
B コールパークとは、一種の保留機能であり、たとえば、外線と内線Aが通話中で、その呼を内線Bに接続替えすることになった場合、次の@〜@のように操作する。したがって、記述は正しい。
　@ 内線Aは外線側に対し、内線Bへ接続替えをするのでそのまま待ってほしい旨を伝える。
　ⓑ 内線Aは電話機により所定の操作をする（これにより、外線の呼は仮想のパークゾーンに保留される）。
　ⓒ 内線Aはダイヤルにより内線Bを呼び出し、保留中の外線呼と通話するよう依頼して送受器を掛ける。
　ⓓ 内線Bが電話機により所定の操作をすると、保留状態にあった外線と接続され通話できる。

(4) ISDN基本ユーザ・網インタフェースでは、ローカル電源が停電しても基本電話サービスを維持するために、デジタル回線終端装置（DSU）からインタフェースを介して端末への給電が行われる。DSUへの電力供給は、網からの遠隔給電を使用している。遠隔給電の給電極性には、ノーマル極性とリバース極性があるが、ノーマル極性は加入者線のL1線がL2線に対して正電位となる極性であり、リバース極性はその逆に**L2線がL1線に対して正電位となる**極性である。DSUは**リバース**極性のときに起動し、定電流給電が行われる。そして、ノーマル極性になると停止する。

(5) 電気を使用して機能を実現する機器では、その周囲の電磁界により、電源ケーブルや通信ケーブルなどのメタリック心線、あるいは金属製筐体などに電圧が誘導され、電流が流れてノイズを生じることがある。通信機器では、信号に微弱な電力を使用しているためその影響が特に大きく、また、多数の電子部品で構成されていることから、誘導ノイズが誤動作を引き起こす原因となることが多い。

新たに通信機器を導入する場合は、設置する環境に合った誘導ノイズ対策を施してある製品を選択すればよいが、通信機器を設置した後に近傍に誘導源となる機器が設置されるなど、周囲の環境が変化したためにノイズが生じるようになった場合には、周囲の電磁界から機器を遮断する、発生したノイズ電流を抑制するといった対策が必要になる。このうち、接地されていない高導電率の金属で機器を完全に覆うことで周囲の電磁界から遮断する対策は、**電磁シールド**といわれる。

答	
(ｱ)	②
(ｲ)	③
(ｳ)	②
(ｴ)	③
(ｵ)	⑤

次の各文章の _____ 内に、それぞれの[   ]の解答群の中から最も適したものを選び、その番号を記せ。 (小計10点)

(1) アナログ電話機での通話について述べた次の二つの記述は、 (ア) 。 (2点)

 A 送話者自身の音声が、受話者側の受話器から送話器に音響的に回り込んで通話回線を経由して戻ってくることにより、送話者の受話器から遅れて聞こえる現象は、一般に、音響エコーといわれる。

 B 送話者自身の音声や室内騒音などが送話器から入り、電話機内部の通話回路及び受話回路を経て自分の耳に聞こえる音は、一般に、回線エコーといわれる。

 [① Aのみ正しい ② Bのみ正しい ③ AもBも正しい ④ AもBも正しくない]

(2) デジタル式PBXは、内線相互接続通話中のとき、 (イ) において送受器のオンフックを監視し、これを検出することにより通話路の切断を行っている。 (2点)

 [① 空間スイッチ ② トーンジェネレータ回路 ③ 極性反転検出回路
 ④ 時間スイッチ ⑤ ライン回路]

(3) デジタル式PBXの外線応答方式について述べた次の二つの記述は、 (ウ) 。 (2点)

 A 外線応答方式の一つであるモデムダイヤルインを用いた場合は、一般に、電気通信事業者が提供する発信者番号通知の機能を使ったサービスを利用できない。

 B 外線から特定の内線に着信させる方式のうち、電気通信事業者の交換機にあらかじめ登録した内線指定番号をPB信号によりPBXで受信する方式は、一般に、PBダイヤルインといわれる。

 [① Aのみ正しい ② Bのみ正しい ③ AもBも正しい ④ AもBも正しくない]

(4) デジタル電話機がISDN基本ユーザ・網インタフェースを経由して網に接続され、通話状態が確立しているとき、デジタル電話機の送話器からのアナログ音声信号は、 (エ) のコーデック回路でデジタル信号に変換される。 (2点)

 [① TA ② デジタル加入者線交換機 ③ 変復調装置
 ④ 電話機本体 ⑤ デジタル回線終端装置]

(5) 低圧サージ防護デバイスとして低圧の電源回路及び機器で使用される電圧制限形SPD内には、非直線性の電圧－電流特性を持つ (オ) 、アバランシブレークダウンダイオードなどの素子が用いられている。 (2点)

 [① エアギャップ ② ガス入り放電管 ③ バリスタ
 ④ 限流ヒューズ ⑤ サージ防護サイリスタ]

解説 ▷

(1) 設問の記述は、**Aのみ正しい**。

A　電話回線において、送端側からの通話電流が受端側で反射し、時間的に遅れて送端側に戻り、通話に妨害を与える現象は、エコー（反響）といわれる。エコーには、受話者の電話機で受話器（スピーカ）から送話器（マイクロホン）に音響的に回り込むことで起こる音響エコーと、伝送線路と電話機回路のインピーダンス不整合により通話信号が反射して起こる回線エコーがある。したがって、記述は正しい。

B　送話者の音声や室内の騒音等が自分の送話器から入り、通話回路、受話器を経て自分の耳に戻ってくる音は、側音といわれる。したがって、記述は誤り。側音は、電話による通話を明瞭なものとするため適度に必要であるが、これが大きすぎると送話者は自分の声が大きすぎると判断して小声で話したり、また、ハウリングを発生するなどの妨害となるので、適度に抑圧する必要がある。

(2) デジタル式PBXでは、内線電話機はライン回路（内線回路）に収容されている。デジタル式PBXの通話路は時分割多重化された電子回路（ハイウェイ）であり、通話用直流電流や呼出信号電流を通すことができないため、ライン回路にBORSCHT（ボルシュト）と称する7つの機能をもたせている。BORSCHTは各機能を英語で表したときの頭文字をとって並べたものであるが、このうち、S（直流監視）機能は内線電話機のフックスイッチの状態（直流ループの閉結／開放）を常時監視するもので、たとえばオンフック（送受器を掛ける動作）を検出したときは通話路を切断するよう情報を発する。すなわち、**ライン回路**によってオンフックは監視されている。

(3) 設問の記述は、**Bのみ正しい**。ダイヤルインとは、電気通信事業者の交換機にあらかじめ登録した内線指定番号により、外線から外線中継台を経由せず特定の内線に直接着信させるサービスをいう。ダイヤルインは、内線指定信号の送出方式により、PB信号方式（PBダイヤルイン）とモデム信号方式（モデムダイヤルイン）に分類される。

A　電気通信事業者が提供する発信電話番号通知サービスを利用する場合、PBダイヤルインを同時に利用することはできない。したがって、記述は誤り。一方、モデムダイヤルインは発信電話番号通知サービスとの同時利用が可能である。

B　内線指定番号にPB信号を使用する方式は、一般に、PBダイヤルインといわれる。また、モデム信号を使用する方式は、一般に、モデムダイヤルインといわれる。したがって、記述は正しい。

(4) ISDNの基本ユーザ・網インタフェースを経由して通話状態が確立しているとき、電話機が従来のアナログ電話機の場合は、アナログの音声信号は、端末アダプタ（TA）に内蔵されているコーデック回路によりデジタル信号に変換される。端末アダプタは、ISDNインタフェースを有しない端末（非ISDN端末）をISDNに接続するためにインタフェースやプロトコルを変換する装置である。これに対して、デジタル電話機の場合は、電話機本体がTA機能を内蔵しているため、送話器からの音声信号は**電話機本体**のコーデック回路でデジタル信号に変換される。

(5) 低圧の電源回路および機器で使用されているサージ防護デバイスの規格は、JIS C 5381 - 11：2014低圧サージ防護デバイス—第11部：低圧配電システムに接続する低圧サージ防護デバイスの要求性能及び試験方法に定められている。同規格において、低圧サージ防護デバイス（SPD）は、「サージ電圧を制限し、サージ電流を分流することを目的とした、1個以上の非線形素子を内蔵しているデバイス」と定義されている。

　SPDには、表1のような種類があるが、このうち、電圧制限形SPDのデバイス内には、非直線性の電圧－電流特性を持つ**バリスタ**、アバランシ（アバランシェ）ブレークダウンダイオードなどの素子が用いられている。

表1　低圧サージ防護デバイス（SPD）

SPDの種類	特　性	用いられる一般的な素子の例
電圧スイッチング形	サージを印加していない場合は高インピーダンスであるが、サージ電圧に応答して瞬時にインピーダンスが低くなる	エアギャップ、ガス入り放電管、サイリスタ形サージ防護素子
電圧制限形	サージを印加していない場合は高インピーダンスであるが、サージ電圧および電流の増加に従い連続的にインピーダンスが減少する	バリスタ、アバランシェブレークダウンダイオード
複合形	印加電圧の特性に応じて、電圧スイッチングもしくは電圧制限、またはその両方の特性のいずれかを示すことがある	電圧スイッチング形の素子および電圧制限形の素子の両方を併せ持つ

答

(ア)	①
(イ)	⑤
(ウ)	②
(エ)	④
(オ)	③

GE－PONシステム

OLTから配線された1心の光ファイバを**光スプリッタなどの受動素子**により分岐し、複数のONUで共用する光アクセス方式をPONといい、PONのうち、Ethernet技術を用いたものを**GE－PON**という。GE－PONでは、1Gbit/sの帯域を各ONUで分け合い、上り信号の帯域は各ONUに動的に割り当てられる。

GE－PONでは、OLTからの下り信号は配下の全ONUに同一のものが送信されるため、各ONUはそれがどのONU宛のものかを識別する必要がある。また、上り信号がどのONUからのものかをOLTが識別しなばばらない。これらの識別は、Ethernetフレームの**プリアンブル（PA）**部に埋め込まれた**LLID**によって行う。また、OLTがONUに送信許可を通知することで、各ONUから送信される上り信号が衝突するのを回避している。

LANの規格

LANの規格では、IEEE（電気電子学会）の802委員会が審議・作成しているものが標準的である。この規格は、OSI参照モデルのデータリンク層を2つの副層に分けて標準化している。下位の副層は物理媒体へのアクセス方式の制御について規定したもので、MAC（Media Access Control 媒体アクセス制御）副層という。また、上位の副層は物理媒体に依存せず、各種の媒体アクセス方式に対して共通に使用するもので、LLC（Logical Link Control 論理リンク制御）副層と呼ばれている。

図1　LANのOSI階層とIEEE802.x（抜粋）

IP電話システム

● SIP（Session Inititation Protocol）

インターネット技術を基に標準化され、単数または複数の相手とのセッションを生成、変更、切断するための**アプリケーション層制御プロトコル**である。テキストベースのプロトコルフォーマットを採用しているため拡張性に優れ、現在ではIP電話の呼制御プロトコルとして広く普及している。また、Webとの親和性も高い。音声データの伝送には**RTP**（Realtime Transport Protocol）を使用し、UDPストリームデータとして伝送する。

● IP-PBX（IP-Private Branch eXchange）

IPに対応したPBXで、専用機タイプのものと、汎用サーバを利用したものがある。内線IP電話機はPC等と同様にLANケーブルで結ばれるため、従来型PBXでは実現できなかった高度なサービスが可能である。

SIPサーバシステムを用いたIP-PBXでは、システムの核となる**SIPサーバ（本体サーバ）**は、SIPによる呼制御を行うための機能としてプロキシ・リダイレクト・レジストラからなる**SIP基本機能**、内・外線の交換接続や内線相互接続などを行う**PBX機能**、Webアプリケーションなどと連携するための**アプリケーション連携機能**をもつ。

● VoIPゲートウェイ

既設のアナログ電話機やデジタル式PBXをIP電話で利用するため、送信側で音声信号をIPパケットに変換し、受信側ではIPパケットから音声信号に変換する。

無線LAN

● 無線LANの規格

電波方式の無線LANの規格は、現在IEEE802.11a、g、n、acの4種類が主流である。いずれも有線LANと同様にIEEEの802委員会が定めたものである。これらの規格をまとめたものを表1に示す。

表1　無線LANの主な規格

無線LAN規格	使用周波数帯域	最大伝送速度	二次変調方式
802.11	2.4GHz	2Mbps	DSSS/FHSS
802.11a	5.2GHz	54Mbps	OFDM
802.11b	2.4GHz	11Mbps	DSSS/CCK
802.11g	2.4GHz	54Mbps	OFDM
802.11n	2.4GHz/5.2GHz	600Mbps	OFDM
802.11ac	5.2GHz	6.93Gbps	OFDM

● 無線LANのアクセス制御手順

無線LANで用いられるアクセス制御手順として**CSMA/CA方式**（Carrier Sense Multiple Access with Collision Avoidance 搬送波感知多重アクセス/衝突回避方式）がある。無線LANではコリジョン（同じ回線を流れる信号の衝突）を検出できないので、各ノードは通信路が一定時間以上継続して空いていることを確認してからデータを送信する。

送信したデータが無線区間で衝突したかどうかの確認は**ACK**（Acknowledgement）信号の受信の有無で行う。ACKを受信した場合は衝突がなくデータを正しく送信できたと判断し、一定時間ACKを検出できなかった場合は衝突があったと判断して再送処理に入る。

● 隠れ端末問題と回避策

無線LAN端末どうしの位置が離れている、あるいは間に障害物があるなどの理由により、送信を行っている無

線LAN端末の信号をキャリアセンスできないことがある。これを**隠れ端末問題**といい、データの衝突を引き起こしスループット特性の低下を招く原因となる。

この隠れ端末問題の対策に**RTS／CTS制御**があり、データを送信しようとする無線LAN端末は、まず無線LANア

クセスポイントに送信要求（RTS：Request To Send）信号を送信し、これを受けた無線LANアクセスポイントは受信準備完了（CTS：Clear To Send）信号を返す。他の無線LAN端末はこのCTS信号を受信できれば送信を開始しようとしている無線LAN端末が存在することがわかる。

PoE機能

PoE（Power over Ethernet）機能は、LAN配線に用いるカテゴリ5e（クラスD）以上のメタリックケーブルを用いて電力を供給する機能をいう。これにより、既設の電源コンセントの位置に制約されず、また、商用電源の配線工事をすることなく、ネットワーク機器を設置できる。給電側の装置を**PSE**（Power Sourcing Equipment）といい、受電側の装置を**PD**（Powered Device）という。

●IEEE802.3af

PoEの最初の規格で、IEEE802.3atおよびbtにType1として引き継がれている。PSEは1ポート当たり直流44～57Vの範囲で最大15.4Wの電力を供給し、PDは直流37～57Vの範囲で最大12.95Wの電力を受電する。PSE～PD間の最大電流は350mAである。給電方式には、4対ある心線のうち2対の信号線（1,2,3,6）を用いる**オルタナティブA**と、残りの2対の空き心線（4,5,7,8）を用いる**オルタナティブB**がある。

●IEEE802.3at（PoE Plus）

IEEE802.3afをType1として引き継ぎ、これに30Wまでの電力を供給できるType2の仕様を追加した規格である。PSEは1ポート当たり直流50～57Vの範囲で最大30Wの電力を供給し、PDは直流42.5～57Vの範囲で最大25.5Wの電力を受電する。PSE～PD間の最大電流は600mAである。

●IEEE802.3bt（PoE Plus Plus）

IEEE802.3atのType1と2をほぼそのまま引き継ぎ、これにケーブルの心線を4対とも用いて大きな電力を供給するType3および4の仕様を追加した規格である。PSEの1ポート当たりの最大供給電力は、直流52～57Vの範囲で、Type3が60W、Type4が90Wとなっている。また、PDの最大受電電力は、直流51.1～57Vの範囲で、Type3が51W、Type4が71.3Wとなっている。PSE～PD間の最大電流は、Type3が600mA、Type4が960mAである。

表2 PoEの電力クラス

クラス	規格（タイプ）			用途	対応ケーブル	給電方法	PSEの最大出力		PDの最大使用		最大電流〔mA〕
							電力〔W〕	電圧〔V〕	電力〔W〕	電圧〔V〕	
0	1	2		デフォルト	カテゴリ3/5e以上	オルタナティブA、Bのどちらか一方	15.4	44～57	12.95	37～57	350
1				クオータパワー			4.0		3.84		
2			3	ハーフパワー			7.0		6.49		
3				フルパワー			15.4		12.95		
4				PoE Plus	カテゴリ5e以上	4対すべてを用いる	30	50～57	25.5	42.5～57	600
5				PoE Plus Plus			45	52～57	40	51.1～57	
6							60		51		
7			4				75		62		960
8							90		71.3		

※電力等の数値は1ポート当たりの値。

10ギガビットイーサネットの伝送路規格

イーサネット上で10Gbit/sの伝送速度を実現したものを10ギガビットイーサネット（10GbE）という。10ギガビットイーサネットには、データの伝送に光ファイバケーブルを用いるものと、メタリックケーブルを用いるものがある。

●光ファイバ伝送路による10GbE規格

光ファイバを用いる10ギガビットイーサネットの標準としては、IEEE802.3aeが一般的である。IEEE802.3aeでは、LANで適用される仕様とWANで適用される仕様が、それぞれ表3と表4のように規定されている。

●メタリック伝送路による10GbE規格

メタリックケーブルを用いる10ギガビットイーサネットの標準には、カテゴリ6Aまたはカテゴリ7のツイストペアケーブルを使用する10GBASE－T（IEEE802.3an）や10GBASE－CX（IEEE802.3ak）などがある。

表3 IEEE802.3ae（LAN仕様）

伝送路規格	伝送媒体	波長帯域	伝送距離	符号化
10GBASE－LX4	SMF/MMF	1,310nm	10km/300m	8B/10B
10GBASE－SR	MMF	850nm	300m	64B/66B
10GBASE－LR	SMF	1,310nm	10km	
10GBASE－ER	SMF	1,550nm	40km	

表4 IEEE802.3ae（WAN仕様）

伝送路規格	伝送媒体	波長帯域	伝送距離	符号化
10GBASE－SW	MMF	850nm	300m	64B/66B
10GBASE－LW	SMF	1,310nm	10km	
10GBASE－EW	SMF	1,550nm	40km	

技術・理論

2 端末設備の技術（Ⅱ）

次の各文章の 内に、それぞれの[ ]の解答群の中から最も適したものを選び、その番号を記せ。 (小計10点)

(1) GE－PONシステムについて述べた次の二つの記述は、 (ア) 。 (2点)

A OLTとONUとの間において、給電が必要な能動素子で構成される多重化装置を用いて光信号を合・分波し、1台のOLTに複数のONUが接続される。

B 上り方向の通信においては複数のONUからの信号が合波されるため、各ONUからの上り信号が衝突しないようOLTが各ONUに対して送信許可を通知することにより、上り信号を時間的に分離して衝突を回避している。

[① Aのみ正しい ② Bのみ正しい ③ AもBも正しい ④ AもBも正しくない]

(2) SIPサーバの構成要素のうち、ユーザエージェントクライアント(UAC)からの発呼要求などのメッセージを転送する機能を持つものは (イ) サーバといわれる。 (2点)

[① SIPアプリケーション ② DHCP ③ プロキシ
④ リダイレクト ⑤ ロケーション]

(3) IEEE802.3atとして標準化されたPoEのType2、Class4は、カテゴリ5e以上のツイストペアケーブル内の2対を用い、PSEの1ポート当たり最大 (ウ) ワットの電力を、PSEからPDに供給することができる規格である。 (2点)

[① 15.4 ② 30 ③ 45 ④ 75 ⑤ 90]

(4) LPWAといわれる無線通信技術の規格の一つであり、無線局免許不要の920メガヘルツ帯ISMバンドを使用し、狭帯域通信による雑音レベルの低減、データサイズと1日の送信回数を制限した少量データの低速通信といった特徴を持ち、遠隔検針やモニタリングに適する規格は、 (エ) といわれる。 (2点)

[① BLE ② LTE Cat M1 ③ Sigfox ④ WiMAX ⑤ ZigBee]

(5) IEEE802.3aeとして標準化されたWAN用イーサネット規格である (オ) の仕様では、信号光の波長として1,310ナノメートルの長波長帯が用いられ、伝送媒体としてシングルモード光ファイバが使用される。 (2点)

[① 10GBASE－LX4 ② 10GBASE－CX4 ③ 10GBASE－ER
④ 10GBASE－LW ⑤ 1000BASE－SX]

解説

(1) 設問の記述は、**Bのみ正しい。**GE−PON（Gigabit Ethernet-Passive Optical Network）は、イーサネットフレームにより信号を転送する光アクセスシステムの一種で、その仕様はIEEE802.3ahで規定されている。OLT（Optical Line Terminal 電気通信事業者側の光加入者線終端装置）とONU（Optical Network Unit 利用者側の光加入者線終端装置）の間では、光スプリッタといわれる給電の不要な光受動素子を用いて光信号を合・分波し、1台のOLTに各利用者宅にある複数のONUが接続されるP2MP（ポイント・ツー・マルチポイント）形式の設備構成をとっている。OLTからONUへの信号（下り信号）は光スプリッタで分波され、同じOLTに接続されているすべてのONUが同一の信号を受信する。また、ONUからOLTへの信号（上り信号）は、光スプリッタにより合波されるが、各ONUがOLTへの信号を任意に送出すると、上り信号どうしが衝突するおそれがある。上り信号の衝突を回避する対策としては、OLTが各ONUに対して送信許可を通知することにより、各ONUからの上り信号を時間的に分離する方式がとられている。したがって、記述Aは誤っているが、Bは正しい。

(2) SIP（Session Initiation Protocol）は、単数または複数の相手とのセッションを開始し、切替え、終了するためのアプリケーション層制御プロトコルで、インターネット上で音声をやりとりするためのVoIP技術と組み合わせて使用することでIP電話を実現している。SIPを解釈して処理する各種端末のソフトウェアまたはハードウェアはユーザエージェント（UA）といわれ、IP電話機やVoIPゲートウェイなどでSIPに対応した端末は、一般に、UAに相当する。UAは、リクエストを生成するクライアントとしての役割を果たすときにはユーザエージェントクライアント（UAC）といわれ、レスポンスを生成するサーバとしての役割を果たすときにはユーザエージェントサーバ（UAS）といわれる。

SIPサーバは、UAにさまざまなサービスを提供しており、機能別に、UACの登録を受け付けるレジストラ（登録サーバ）、受け付けたUACの位置を管理するロケーションサーバ、UACからの発呼要求などのメッセージを転送する**プロキシサーバ**、UACからのメッセージを再転送する必要がある場合にその転送先を通知するリダイレクトサーバから構成される。

(3) PoEは、イーサネットLANで4対（8心）平衡ケーブルを利用して機器に電力を供給する技術をいう。PoEで電力を供給する機器はPSEといわれ、電力を受ける機器はPDといわれる。PoEの最初の規格は2003年に策定されたIEEE802.3afで、4対（8心）のうち2対（4心）を使用してPSEから直流44〜57Vの範囲で1ポート当たり最大15.4Wの電力供給を可能とし、PSEとPDの間に流れる電流は350mAまで許容された。次いで2009年に策定されたIEEE802.3atでは、IEEE802.3afを受け継いだType1に、30W程度までの電力供給を可能とする仕様がType2として追加された。最新の規格は2018年に策定されたIEEE802.3btで、IEEE802.3atのType1およびType2をそのまま受け継ぎ、4対（8心）すべてを使用して最大60Wの電力供給を可能にしたType3と最大90Wの電力供給を可能にしたType4が追加された。Type2の仕様では、Class4の電力供給（PSEの1ポート当たりの出力電力が直流50〜57Vの範囲で最大**30W**、PDの使用電力が直流42.5〜57Vの範囲で最大25.5W）を可能とし、PSEとPDの間に流れる電流を最大600mAとしている。

(4) LPWA（Low Power Wide Area）は、見通し伝送距離が数km〜数十kmに及ぶ長距離通信と、通常の電池で年単位の長期運用を可能とする低消費電力を特徴とした無線通信技術である。その代表的な規格には、LoRaWANやSigfoxなど、LTE（Long Term Evolution）のような携帯通信キャリアネットワークを利用するセルラーLPWAの規格であるLTE−MやNB−IoTなどがある。

これらのうち、**Sigfox**は、920MHz帯のISMバンド（無線局免許が不要な周波数帯域）の電波を使用し、100Hz幅の搬送波（キャリア）を単位チャネル幅200kHzの範囲内でランダムに送信する狭帯域通信によって他の通信との間での干渉を回避することで雑音レベルを低減し、1日の送信回数を最大140回に制限し、1回につき12バイトの少量データを100bit／sの低速で送信する。この規格は、定期的なデータ収集やイベント発生の通知に適しており、遠隔検針やモニタリングに利用される。

(5) IEEE802.3aeで標準化されている10ギガビットイーサネットのWAN用の規格には、10GBASE−SW、10GBASE−LW、10GBASE−EWの3種類がある。規格名のハイフン直後の文字は、伝送可能距離を表す記号で、「S」は短距離（Short range）、「L」は長距離（Long range）、「E」は超長距離（Extended range）という意味である。これらのうち、**10GBASE−LW**はシングルモード光ファイバを用いて1,310nm帯の長波長半導体レーザ光により信号を伝送し、伝送可能距離は最大10kmである。これに対して、10GBASE−EWはシングルモード光ファイバを用いて1,550nm帯の超長波長半導体レーザ光により信号を伝送し、伝送可能距離は最大40kmである。また、10GBASE−SWはマルチモード光ファイバを用いて850nm帯の短波長半導体レーザ光により信号を伝送し、伝送可能距離は最大300mである。

答	
(ア)	②
(イ)	③
(ウ)	②
(エ)	③
(オ)	④

次の各文章の 内に、それぞれの[　]の解答群の中から最も適したものを選び、その番号を記せ。ただし、 内の同じ記号は、同じ解答を示す。 (小計10点)

(1) 光アクセスシステムを構成するPONのうち、G－PONを高速化したシステムとしてITU－T G.9807.1で標準化され、GTCフレームをアップデートした伝送フレームを使用して上り方向及び下り方向の最大伝送速度が10ギガビット／秒とされるシステムは、 (ア) といわれる。 (2点)

[
① XG－PON ② XGS－PON ③ NG－PON2
④ GE－PON ⑤ 10G－EPON
]

(2) IP－PBXの (イ) といわれるサービス機能を用いると、内線番号Aを持つ者が自席を不在にするとき、自席の内線電話機から (イ) 用のアクセスコードをダイヤルし、行先の内線番号Bを登録しておくと、以降、この内線番号Aへの着信呼が登録された行先の内線番号Bへ転送される。 (2点)

[
① 話中転送 ② コールホールド ③ コールパーク
④ 可変不在転送 ⑤ コールバックトランスファ
]

(3) IEEE802.3atとして標準化されたPoEの規格について述べた次の二つの記述は、 (ウ) 。 (2点)
A IEEE802.3atには、IEEE802.3afの規格がType1として含まれている。
B PoEの規格において、10BASE－Tや100BASE－TXのLAN配線のうちの予備対(空き)を使用して給電する方式はオルタナティブAといわれ、信号対を使用して給電する方式はオルタナティブBといわれる。

[① Aのみ正しい ② Bのみ正しい ③ AもBも正しい ④ AもBも正しくない]

(4) 無線LANについて述べた次の二つの記述は、 (エ) 。 (2点)
A IEEE802.11標準の無線LANにおける隠れ端末問題の解決策として、アクセスポイントは、送信をしようとしている無線端末からのCTS信号を受信するとRTS信号をその無線端末に送信するといった手順を採っている。
B 無線LANのネットワーク構成には、無線端末どうしがアクセスポイントを介して通信するインフラストラクチャモードと、アクセスポイントを介さずに無線端末どうしで直接通信を行うアドホックモードがある。

[① Aのみ正しい ② Bのみ正しい ③ AもBも正しい ④ AもBも正しくない]

(5) IoTを実現するデバイスへの接続に用いられる技術のうち、屋内の電気配線などを通信路として利用し、搬送波の周波数に10キロヘルツ～450キロヘルツ又は2メガヘルツ～30メガヘルツを使用して情報を伝送する技術は、一般に、 (オ) といわれる。 (2点)

[① Wi－Fi ② WiMAX ③ PLC ④ BLE ⑤ ZigBee]

解 説

(1) PONは、1本の光ファイバを光受動素子で分岐し、複数の利用者に光通信サービスを提供するシステムである。PONの主な規格には、ITU－T勧告で規定されたものと、IEEE標準で規定されたものがある。ITU－T勧告によるものには、ATMセルを伝送単位とするB－PON、B－PONを改良しATMセルと可変長のGEMフレームをGTCフレームといわれる固定長フレームのペイロードに収容して伝送するG－PON、G－PONをさらに改良しGEMフレームをアップデートしたXGEMフレームをGTCフレームをアップデートしたXGTCフレームのペイロードに収容して伝送するXG－PONやXGS－PON、NG－PON2などがある。このうち、**XGS－PON**はITU－T勧告G.9807.1で規定され、上り・下りとも最大10Gbit／秒の伝送速度を実現している。また、IEEE標準で規定されたものには、GE－PONや10G－EPONなどがあり、これらは伝送単位にイーサネットフレームを用いる。

(2) IP－PBXには、他部署での打合せ等による長期間の離席中にかかってきた電話に応答したい場合、あらかじめ自席の内線電話機で所定の操作を行い設定しておけば、それ以降は自分の本来の内線への着信呼が行先の内線電話機に自動的に転送され、行先で直接その呼に応答することができる、**可変不在転送**といわれる機能を備えたものがある。

(3) 設問の記述は、**Aのみ正しい**。

A PoEは、イーサネットLANで配線に使用するカテゴリ5e以上の4対(8心)平衡ケーブルを利用して機器に電力を供給できるようにした技術をいう。PoEで電力を供給する機器はPSEといわれ、電力を受ける機器はPDといわれる。PoEの最初の規格はIEEE802.3af(2003年)で、4対(8心)のうち2対(4心)を使用してPSEから直流44～57Vの範囲で1ポート当たり最大15.4Wの電力供給を可能とし、PSEとPDの間に流れる電流は350mAまで許容された。次いで策定されたIEEE802.3at(2009年)では、IEEE802.3afを受け継いだType1に、30W程度までの電力供給を可能とする仕様がType2として追加された。したがって、IEEE802.3atには、IEEE802.3afの規格がType1として含まれているので、記述は正しい。なお、最新の規格はIEEE802.3bt(2018年)で、IEEE802.3atのType1およびType2をそのまま受け継ぎ、4対(8心)すべてを使用して最大60Wの電力供給を可能にしたType3と最大90Wの電力供給を可能にしたType4が追加された。

B IEEE802.3at：2009では、PoEの給電方法として、オルタナティブA方式およびオルタナティブB方式の2種類が規定されている。オルタナティブA方式では、ケーブルの4対(8心)のうち10BASE－Tまたは100BASE－TXにおける信号対である1，2番ペアと3，6番ペアを利用して給電を行う。一方、オルタナティブB方式では、予備対(空き)である4，5番ペアと7，8番ペアを利用して給電を行う。したがって、記述は誤り。

(4) 設問の記述は、**Bのみ正しい**。

A IEEE802.11標準の無線LANのアクセス制御方式は、同じエリア内にある無線端末どうしがキャリアを互いに検出できることを前提としているが、無線端末どうしの距離が遠かったり、間に障害物があったりすると、キャリアの検出ができなくなり、他の無線端末が通信中であるにもかかわらず送信を開始して信号の衝突を起こすおそれがある。これを隠れ端末問題という。隠れ端末問題の解決策として、RTS／CTS方式があり、アクセスポイントは、送信をしようとしている無線端末からのRTS信号を受けるとCTS信号をその無線端末に送信する。無線端末は、CTS信号が自分宛である場合のみ信号を送出し、他の無線端末は、ACKを受信するかCTSで通知された占有時間が経過するまで送信を待つ。したがって、記述は誤り。

B 無線LANのネットワーク構成には、無線端末どうしがアクセスポイントを介して通信するインフラストラクチャモードと、無線端末どうしが直接通信を行うアドホックモードがある。したがって、記述は正しい。アドホックモードを利用するには、通信を行う無線端末どうしで同一の識別子(ESSID)を設定しておく必要がある。これに対して、インフラストラクチャモードは、ESSIDを設定しなくても利用することができる。しかし、それでは不特定の機器から接続(Any接続)されることになり、セキュリティ上問題があるため、通常はアクセスポイントにESSIDを設定し、そのESSIDと同一のEISSDが設定してある無線端末だけがアクセスポイントに接続できるようにしている。

(5) 屋内の電気配線などを通信路として利用する技術は、一般に、**PLC**(Power Line Communication 電力線搬送通信)といわれ、10k～450kHzまたは2M～30MHzの周波数の搬送波を使用して情報を伝送する。電線路に10kHz以上の高周波電流を流して使用する設備を高周波利用設備というが、高周波利用設備から漏洩する電波が無線通信などに妨害を与えるおそれがあることから、電波法では、一定の周波数または電力を使用する高周波利用設備を設置しようとする者は、設置の前に総務大臣の許可を受けなければならないとしている。ただし、高周波利用設備のうち、一般に市販されているPLCアダプタなどについては、電波法施行規則に規定する電力線搬送通信設備(電力線に10kHz以上の高周波電流を重畳して通信を行う設備)であって次に該当する設備とされ、総務大臣の許可を受けずに使用できる。

・定格電圧600V以下および定格周波数50Hzもしくは60Hzの単相交流もしくは三相交流を通ずる電力線を使用するものまたは直流を通ずる電力線を使用するものであって、その型式について総務大臣の指定を受けたもの

・受信のみを目的とするもの

答	
(ア)	②
(イ)	④
(ウ)	①
(エ)	②
(オ)	③

次の各文章の　　　　　内に、それぞれの[　　]の解答群の中から最も適したものを選び、その番号を記せ。　　　　　　　　　　　　　　　　　　　　　　　　　　　　　　　　　　　　（小計10点）

(1) GE – PONシステムでは、1心の光ファイバで上り方向と下り方向の信号を同時に送受信するために、上りと下りで異なる波長の光信号を用いる　(ア)　技術が用いられている。　　　　　（2点）

[① ATM　② TDD　③ TDM　④ TDMA　⑤ WDM]

(2) SIPサーバの構成要素のうち、ユーザエージェントクライアント(UAC)からの登録要求を受け付ける機能をもつものは　(イ)　といわれる。　　　　　　　　　　　　　　　　　　　　　（2点）

[① リダイレクトサーバ　② ロケーションサーバ　③ レジストラ
④ プロキシサーバ　⑤ SIPアプリケーションサーバ]

(3) IEEE802.3atにおいてType1及びType2として標準化されたPoE規格などについて述べた次の記述のうち、誤っているものは、　(ウ)　である。　　　　　　　　　　　　　　　　　　（2点）

[① 給電側機器であるPSEは、一般に、受電側機器がPoE対応機器か非対応機器かを検知して、PoE対応機器にのみ給電する。
② IEEE802.3atには、IEEE802.3afの規格がType1として含まれている。
③ Type2の規格で使用できるUTPケーブルには、カテゴリ5e以上の性能が求められる。
④ Type2の規格では、PSEは、1ポート当たり直流電圧50～57ボルトの範囲で、最大80ワットの電力を出力することができる。
⑤ 1000BASE – Tでは、UTPケーブルの4対全てを信号対として使用しており、信号対のうちピン番号が1番、2番のペアと3番、6番のペアを給電に使用する方式はオルタナティブAといわれる。]

(4) IEEE802.11標準の無線LANには、複数の送受信アンテナを用いて信号を空間多重伝送することにより、使用する周波数帯域幅を増やさずに伝送速度の高速化を図ることができる技術である　(エ)　を用いる規格がある。　　　　　　　　　　　　　　　　　　　　　　　　　　　　　　　　　　（2点）

[① デュアルバンド対応　② MIMO (Multiple Input Multiple Output)
③ チャネルボンディング　④ フレームアグリゲーション
⑤ OFDM (Orthogonal Frequency Division Multiplexing)]

(5) IEEE802.3aeにおいて標準化されたWAN用の　(オ)　の仕様では、信号光の波長として1,310ナノメートルの長波長帯が用いられ、伝送媒体としてシングルモード光ファイバが使用される。　（2点）

[① 1000BASE – SX　② 10GBASE – LX4　③ 10GBASE – CX4
④ 10GBASE – ER　⑤ 10GBASE – LW]

解 説

(1) GE‐PONシステムでは、ユーザ宅のONUから電気通信事業者の設備センタ内のOLT方向への上り信号と、その逆方向の下り信号を、1心の光ファイバを用いて同時に送受信するための技術として、**WDM**(Wavelength Division Multiplexing)が用いられている。WDMは、1心の光ファイバで複数の異なる波長の光を伝送することにより多重化できる技術で、1心の光ファイバで同時に送受信する双方向伝送技術にも適用できる。GE‐PONシステムにおいて、光信号の割当ては、上り方向が1,310nm帯、下り方向が1,490nm帯となっている。

(2) SIPは、単数または複数の相手とのセッションを開始し、切替え、終了するためのアプリケーション層制御プロトコルで、インターネット上で音声をやりとりするためのVoIP技術と組み合わせて使用することでIP電話を実現している。SIPを解釈して処理する各種端末のソフトウェアまたはハードウェアはユーザエージェント(UA)といわれ、IP電話機やVoIPゲートウェイなどでSIPに対応した端末は、一般に、UAに相当する。UAは、リクエストを生成するクライアントとしての役割を果たすときにはユーザエージェントクライアント(UAC)といわれ、レスポンスを生成するサーバとしての役割を果たすときにはユーザエージェントサーバ(UAS)といわれる。SIPサーバは、UAにさまざまなサービスを提供しており、機能別に、UACからの登録要求を受け付ける**レジストラ**(登録サーバ)、受け付けたUACの位置を管理するロケーションサーバ、UACからの発呼要求などのメッセージを転送するプロキシサーバ、UACからのメッセージを再転送する必要がある場合にその転送先を通知するリダイレクトサーバから構成される。

(3) 解答群の記述のうち、誤っているのは、「**Type2の規格では、PSEは、1ポート当たり直流電圧50〜57ボルトの範囲で、最大80ワットの電力を出力することができる。**」である。
　① PoEで電力を供給する機器をPSEと呼び、電力を受ける機器をPDと呼ぶ。PSEは、IP電話機や無線LANアクセスポイントなどの機器が接続されると、それがPoE対応の機器(PD)であるかどうかの判定を一定の電圧を短時間印加して行い、PoE対応の機器である(25kΩの検出用抵抗があると判定した)場合にのみ電力を供給する。したがって、記述は正しい。
　② PoEにおいて30W程度までの電力供給を可能とする仕様を標準化したIEEE802.3at：2009には、旧来のIEEE802.3af：2003を引き継いだType1と、新たに策定されたPoE PlusともいわれるType2の2種類の規格がある。したがって、記述は正しい。
　③、④ Type2では、PSEからPDにカテゴリ5e以上の平衡ケーブルを用いて電力を供給し、PSEの1ポート当たりの最大出力電力は、直流50〜57Vの範囲で30.0W、PDの最大使用電力は直流42.5〜57Vの範囲で25.5Wとなり、PSEとPDの間に流れる電流は最大600mAとされている。したがって、③は正しく、④は誤り。
　⑤ PoEの給電方式として、オルタナティブA方式およびオルタナティブB方式の2種類が規定されている。オルタナティブA方式では、ケーブルの4対(8心)のうち10BASE‐Tまたは100BASE‐TXにおける信号対(1・2番ペアおよび3・6番ペア)を利用して給電する。一方、オルタナティブB方式では、予備対(4・5番ペアおよび7・8番ペア)を利用して給電する。したがって、記述は正しい。

(4) 無線LANの伝送において、送信側、受信側ともに複数のアンテナを用いて、それぞれのアンテナから同一の周波数で異なるデータストリームを送信し、それらのデータストリームを複数のアンテナで受信することで空間多重伝送を行う技術を**MIMO(Multiple Input Multiple Output)**という。MIMOでは、理論上はアンテナ数に比例して伝送ビットレートを増やすことができ、1対のアンテナで送受信を行うSISO(Single Input Single Output)と比較して、大幅な高速化を可能にしている。

(5) IEEE802.3aeで標準化されている10ギガビットイーサネットのWAN用の規格には、10GBASE‐SW、10GBASE‐LW、10GBASE‐EWの3種類がある。規格名のハイフンの直後の文字は、伝送可能距離を表す記号で、「S」は短距離(Short range)、「L」は長距離(Long range)、「E」は超長距離(Extended range)という意味である。これらのうち、**10GBASE‐LW**はシングルモード光ファイバを用いて1,310nm帯の長波長半導体レーザ光により信号を伝送し、伝送可能距離は最大10kmである。これに対して、10GBASE‐EWはシングルモード光ファイバを用いて1,550nm帯の超長波長半導体レーザ光により信号を伝送し、伝送可能距離は最大40kmである。また、10GBASE‐SWはマルチモード光ファイバを用いて850nm帯の短波長半導体レーザ光により信号を伝送するもので、伝送可能距離は最大300mである。

技術・理論

2 端末設備の技術(Ⅱ)

答
(ア)	⑤
(イ)	③
(ウ)	④
(エ)	②
(オ)	⑤

次の各文章の 内に、それぞれの[　]の解答群の中から最も適したものを選び、その番号を記せ。 (小計10点)

(1) 10G－EPONのOLTは、同一光スプリッタ配下に10G－EPON用のONUとGE－PON用のONUを接続するために、 (ア) の異なる断片的な光信号を処理することができるデュアルレートバースト受信器を搭載している。 (2点)

[
① ONUからOLT方向の波長　　② ONUからOLT方向の通信速度と強度
③ OLTからONU方向の波長　　④ OLTからONU方向の通信速度と強度
]

(2) IP－PBXの (イ) といわれる機能を用いると、二者通話中に外線着信があると着信通知音が聞こえるので、フッキング操作などにより通話呼を保留状態にして着信呼に応答することができ、以降、フッキング操作などをするたびに通話呼と保留呼を入れ替えて通話することができる。 (2点)

[
① コールバックトランスファ　② コールホールド　③ コールピックアップ
④ コールウェイティング　　　⑤ 可変不在転送
]

(3) IETFのRFC3261として標準化されたSIPサーバの構成要素又はSIPについて述べた次の記述のうち、正しいものは、 (ウ) である。 (2点)

[
① レジストラは、ユーザエージェントクライアント(UAC)からの発呼要求などのメッセージを転送する。
② リダイレクトサーバは、受け付けたUACの位置を管理する。
③ ロケーションサーバは、UACからのメッセージを再転送する必要がある場合に、その転送先を通知する。
④ プロキシサーバは、UACの登録を受け付ける。
⑤ SIPは、単数又は複数の相手とのセッションを生成、変更及び切断するためのアプリケーション層制御プロトコルである。
]

(4) IEEE802.3at Type1として標準化されたPoEの機能などについて述べた次の二つの記述は、 (エ) 。 (2点)

A　PoEの規格において、10BASE－Tや100BASE－TXのLAN配線のうちの予備対(空き対)を使用して給電する方式はオルタナティブAといわれ、信号対を使用して給電する方式はオルタナティブBといわれる。

B　給電側機器であるPSEは、一般に、受電側機器がPoE対応機器か、非対応機器かを検知して、PoE対応機器にのみ給電する。そのため、同一PSEに接続される機器の中にPoE対応機器と非対応機器の混在が可能となっている。

[① Aのみ正しい　② Bのみ正しい　③ AもBも正しい　④ AもBも正しくない]

(5) IEEE802.11標準の無線LANの環境において、同一アクセスポイント(AP)配下に無線端末(STA)1とSTA2があり、障害物によってSTA1とSTA2との間でキャリアセンスが有効に機能しない隠れ端末問題の解決策として、APは、送信をしようとしているSTA1からの (オ) 信号を受けるとCTS信号をSTA1に送信するが、このCTS信号は、STA2も受信できるので、STA2はNAV期間だけ送信を待つことにより衝突を防止する対策が採られている。 (2点)

[① CFP　② NAK　③ REQ　④ RTS　⑤ FFT]

解 説

(1) 1Gbit／sのGE－PONが普及したことで通信の快適な利用が可能になったが、近年、GE－PONよりもさらに高速な10Gbit／sの10G－EPONの導入が始まり、提供エリアが拡大されつつある。10G－EPONでは、GE－PON用の既設の光伝送路を活用し、同一の光伝送路上で速度の異なる信号伝送が共存できるようにすることで、GE－PONから10G－EPONへのスムーズな移行を可能にしている。10G－EPONのシステムにおいて、OLTからONUへの下り方向では、WDM（波長分割多重）技術により10Gbit／sの信号伝送に1.57μm帯を、1Gbit／sの信号伝送に1.49μm帯を用いて多重伝送し、ONU側で波長フィルタにより信号を識別する。一方、ONUからOLTへの上り方向では10Gbit／sと1Gbit／sで同じ1.31μm帯を用いるが、複数のONUから送出された信号は、TDMA（時分割多元接続）技術により時間的に分割された断片的な信号として伝送される。このとき、OLTは各ONUの送信タイミングを管理し、信号がOLTに到着するタイミングに応じて10Gbit／s用か1Gbit／s用かを識別している。さらに、ONUごとに送信する光信号の強度が異なるので、OLTの受信器はそれに対応した処理をする必要がある。このことから、10G－EPON用のOLTには、**ONUからOLT方向の通信速度と強度**の異なる断片的な光信号を処理するデュアルレートバースト受信器が搭載されている。

(2) IP－PBXは、通話中に他の回線からの着信があったとき話中とせずに着信呼を保留し、通話中の呼を切断することなく所定の操作で着信した呼に応答できる、**コールウェイティング機能**を有している。二者間で通話しているときに外線から着信があった場合、その着信は特殊な可聴音（「ププッ・ププッ…」といった感じの割込み通知）により表示される。そこで、フッキング等所定の操作をすると、通話中の呼は保留され、着信呼に接続替えができる。その後、さらにもう一度フッキング等所定の操作をすると、元の通話相手が通話を切らずに待っていれば元の通話に復帰する。

(3) 解答群の記述のうち、正しいのは、「**SIPは、単数又は複数の相手とのセッションを生成、変更及び切断するためのアプリケーション層制御プロトコルである。**」である。

① UACからの発呼要求などのメッセージを転送するのはプロキシサーバである。したがって、記述は誤り。
② 受け付けたUACの位置を管理するのはロケーションサーバである。したがって、記述は誤り。
③ UACからのメッセージを再転送する必要がある場合に、その転送先を通知するのはリダイレクトサーバである。したがって、記述は誤り。
④ UACの登録を受け付けるのはレジストラである。したがって、記述は誤り。
⑤ SIPは、単数または複数の相手とテキストメッセージを交換し、接続（発話）、切断（終話）などといったセッションの生成、変更、切断を行うシグナリング（呼制御）プロトコルである。このプロトコルは、TCP／UDPの上位層であるアプリケーション層で動作し、インターネット層のプロトコルに依存しないため、IPv4およびIPv6の両方で動作する。したがって、記述は正しい。

(4) 設問の記述は、**Bのみ正しい**。PoE（Power over Ethernet）は、イーサネットLANでUTPケーブルなどの通信用ケーブルのメタリック心線を使って機器に電力を供給する技術をいう。その標準規格として、まず2003年に最大15W程度の電力供給を想定したIEEE802.3afが策定された。次いで2009年には、従来の2倍程度の電力供給を目指したIEEE802.3atが策定された。その仕様には、旧来規格であるIEEE802.3afを継承したType1と、30W程度までの電力供給を可能にしたType2がある。さらに2018年には最大60W（Type3）や90W（Type4）の電力供給を可能とするIEEE802.3btが策定され、それまでの仕様を包含した形で標準化されている。

A PoEの給電方法として、オルタナティブA方式およびオルタナティブB方式の2種類が規定されている。オルタナティブA方式では、ケーブルの4対（8心）のうち10BASE－Tまたは100BASE－TXにおける信号対（1・2番ペアおよび3・6番ペア）を利用して給電する。一方、オルタナティブB方式では、予備対（4・5番ペアおよび7・8番ペア）を利用して給電する。したがって、記述は誤り。

B PoEで電力を供給する機器をPSE（Power Sourcing Equipment）と呼び、電力を受ける機器をPD（Powered Device）と呼ぶ。PSEは、IP電話機や無線LANアクセスポイントなどの端末機器が接続されると、それがPoE対応の機器（PD）であるかどうかの判定を一定の電圧を短時間印加して行い、PoE対応のPDである（25kΩの検出用抵抗があると判定した）場合にのみ電力を供給する。このため、PSEにはPoE対応機器と非対応機器のどちらも接続することができ、これらを混在させることも可能である。したがって、記述は正しい。

(5) 無線LANでは、通信を開始する無線端末は、他の無線端末から電波（キャリア）が送出されていないかどうかを事前に確認するCSMA／CA（搬送波感知多重アクセス／衝突回避）方式によるアクセス制御が行われる。しかし、無線端末の位置や障害物の影響などによる隠れ端末問題のために事前の確認ができないことがある。そこで、RTS（Request to Send）信号およびCTS（Clear to Send）信号という2つの制御信号を用いて衝突を回避する方法がとられる。

その手順を問題文で示された機器を用いて以下に説明する。STA1は、データ通信に先立ち、RTS信号を送信してAPに送信要求を行う。**RTS信号を受信したAPはCTS信号を返信してSTA1にデータの送信許可を通知する**。このときSTA1とSTA2は互いに隠れ端末状態にあることから、STA2はこのRTS信号を受信できないが、APからのCTS信号を受信することにより、STA1がデータを送信しようとしていることとそのNAV期間（APとSTA1の間の通信で無線を占有する時間）を知ることができるので、STA2は、CTS信号で通知されたNAV期間の間送信を停止する。

答	
(ｱ)	②
(ｲ)	④
(ｳ)	⑤
(ｴ)	②
(ｵ)	④

次の各文章の 内に、それぞれの[ ]の解答群の中から最も適したものを選び、その番号を記せ。 (小計10点)

(1) 光アクセスシステムを構成するPONの一つには、ITU‒T G.984として標準化され、GEM方式を適用したGTCフレームを使用し、最大伝送速度が下り方向では2.4ギガビット／秒、上り方向では1.2ギガビット／秒の (ア) がある。 (2点)

　　　[① NG‒PON2 ② G‒PON ③ XG‒PON ④ GE‒PON ⑤ 10G‒EPON]

(2) SIPサーバの構成要素のうち、ユーザエージェントクライアント(UAC)からの発呼要求などのメッセージを転送する機能を持つものは (イ) サーバといわれる。 (2点)

　　　[① プロキシ ② ロケーション ③ リダイレクト
　　　④ DHCP ⑤ SIPアプリケーション]

(3) IEEE802.3at Type2として標準化された、一般に、PoE Plusといわれる規格では、PSEの1ポート当たり、直流電圧50〜57ボルトの範囲で最大 (ウ) を、PSEからPDに給電することができる。 (2点)

　　　[① 350ミリアンペアの電流 ② 450ミリアンペアの電流 ③ 600ミリアンペアの電流
　　　④ 15.4ワットの電力 ⑤ 68.4ワットの電力]

(4) IEEE802.11acとして標準化された無線LANの規格では、IEEE802.11nと比較してMIMOのストリーム数の増、周波数帯域幅の拡大、変調符号の多値数の拡大などにより理論値としての最大伝送速度は (エ) ビット／秒とされている。 (2点)

　　　[① 54メガ ② 600メガ ③ 2.4ギガ ④ 6.9ギガ ⑤ 9.6ギガ]

(5) IEEE802.3aeとして標準化されたWAN用の (オ) の仕様では、信号光の波長として850ナノメートルの短波長帯が用いられ、伝送媒体としてマルチモード光ファイバが使用される。 (2点)

　　　[① 10GBASE‒EW ② 10GBASE‒LR ③ 10GBASE‒SR
　　　④ 10GBASE‒SW ⑤ 1000BASE‒SX]

解　説

(1) PONは、1本の光ファイバを光受動素子で分岐し、複数の利用者に光通信サービスを提供するシステムである。PONの主な規格には、ITU－T勧告で規定されたものと、IEEE標準で規定されたものがある。ITU－T勧告によるものには、ATMセル（53バイトの固定長）を伝送単位とするB－PON、B－PONを改良しATMセルと可変長のGEMフレームをGTCフレームといわれる固定長フレームのペイロードに収容して伝送するG－PON、G－PONをさらに改良して高速化を図ったXG－PONやXGS－PON、NG－PON2などがある。このうち、**G－PON**はITU－T勧告G.984で規定され、下り最大2.4Gbit／s、上り最大1.2Gbit／sの伝送速度を実現している。また、IEEE標準で規定されたものには、GE－PONや10G－EPONなどがあり、これらは伝送単位にイーサネットフレームを用いる。

(2) SIPは、単数または複数の相手とのセッションを生成、変更、切断するためのアプリケーション層制御プロトコルで、インターネット上で音声をやりとりするためのVoIP技術と組み合わせて使用することでIP電話を実現している。SIPを解釈して処理する各種端末のソフトウェアまたはハードウェアはユーザエージェント（UA）といわれ、IP電話機やVoIPゲートウェイなどでSIPに対応した端末は、一般に、UAに相当する。UAは、リクエストを生成するクライアントとしての役割を果たすときにはユーザエージェントクライアント（UAC）といわれ、レスポンスを生成するサーバとしての役割を果たすときにはユーザエージェントサーバ（UAS）といわれる。

　　SIPサーバは、UAに様々なサービスを提供しており、機能別に、UACの登録を受け付けるレジストラ、受け付けたUACの位置を管理するロケーションサーバ、UACからの発呼要求などのメッセージを転送する**プロキシ**サーバ、UACからのメッセージを再転送する必要がある場合にその転送先を通知するリダイレクトサーバから構成される。

(3) PoE機能は、イーサネットLANでUTPケーブルなどの通信用ケーブルの心線を使って電力を供給する機能をいい、IEEE802.3af：2003、IEEE802.3at：2009、IEEE802.3bt：2018により規格化されている。PoEで電力を供給する機器はPSEといわれ、電力を受ける機器はPDといわれる。IEEE802.3atでは、15W程度までの電力供給に対応したType1（IEEE802.3af）と、30W程度までの電力供給が可能になるよう拡張したType2（PoE Plus）の2つの仕様が規定されているが、Type2に対応した機器の場合、PSEの最大出力電力は1ポート当たり直流50～57Vの範囲で30.0W、PDの最大使用電力は直流42.5～57Vの範囲で25.5Wとなり、PSE～PDには最大**600mA**の**電流**が流れる。

(4) IEEE802.11acは、5GHz帯の周波数帯域の電波を使用して、最大伝送速度が理論値で約**6.9Gbit**／sの超高速通信を実現した無線LANの規格である。従来の高速無線LAN規格であるIEEE802.11nは、それまで主流であったIEEE802.11aやIEEE802.11gの最大伝送速度54Mbit／s（理論値）を大きく上回る600Mbit／s（理論値）の伝送速度を実現していたが、IEEE802.11acでは以下に挙げたさまざまな技術を採用し、さらに大幅な高速化を実現している。

- チャネルボンディングによる周波数帯域幅の拡大：チャネルボンディングとは、隣接する20MHz帯域幅のチャネルを複数束ねて1つの通信に利用する技術をいう。IEEE802.11nでは、2つ束ねて40MHz帯域幅のチャネルとして使用できるようにしている。これに対して、IEEE802.11acでは、4つ束ねた80MHz帯域幅のチャネルを必須とし、さらにオプションで80MHz帯域幅のチャネルを2つ束ねて160MHz帯域幅のチャネルとして使用できるようにすることで、スループットを大幅に高めている。
- 変調符号の多値数の拡大：IEEE802.11a、g、n、acなどでは、伝送するデータをいくつもに分割し、それぞれをQAM変調して狭い帯域の信号をつくり、これをサブキャリアとして周波数軸に密に配置した多重伝送を行うことにより、周波数帯域の利用効率を高めるOFDM変調方式を採用している。IEEE802.11nがサブキャリアをQAM変調する際の変調値を最大64値としていたのに対して、IEEE802.11acは最大256値を選択可能とすることで、情報の伝送効率を向上させている。
- MIMOストリーム数の増大：MIMOとは、複数の送受信アンテナを用いて信号を空間多重伝送することにより、使用する周波数帯域幅を増やさずに伝送速度の高速化を図ることができる技術をいう。IEEE802.11nでは、1ストリーム（伝送路）の伝送速度は最大150Mbit／s（理論値）で、これを最大4本束ねて1つの通信に利用し、伝送速度を最大600Mbit／s（理論値）としている。これに対して、IEEE802.11acでは1ストリームの伝送速度を866Mbit／s（理論値）まで引き上げ、さらに8ストリームまで束ねて1つの通信に利用できるようにしたことで、最大伝送速度を6.93Gbit／s（理論値）としている。

(5) IEEE802.3aeは、10ギガビットイーサネット技術を規格化したもので、LAN仕様とWAN仕様がある。WAN仕様の伝送路規格には、10GBASE－SW、10GBASE－LW、10GBASE－EWの3種類がある（「重点整理」の表4参照）。このうち、**10GBASE－SW**は、短波長（850nm）帯の半導体レーザを用いて伝送し、伝送媒体にはマルチモード光ファイバ（MMF）を使用する。これに対して、長波長（1,310nm）帯を用いる10GBASE－LWおよび超長波長（1,550nm）帯を用いる10GBASE－EWでは、伝送媒体にシングルモード光ファイバ（SMF）が使用される。

答

(ア)	②
(イ)	①
(ウ)	③
(エ)	④
(オ)	④

ISDNの概要

●参照点

ISDNのインタフェースでは、端末と網との接続形態を図1のようにモデル化し、それぞれの参照点について標準化を行っている。参照点には、T点、S点、R点の3つがあるが、ISDNのインタフェースが適用されるのはT点およびS点である。R点はISDN以外のインタフェースが適用される。

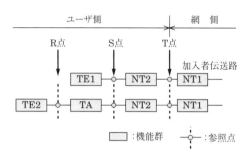

図1　参照構成

●機能群

機能群は、各種の機能を実現するための装置である。

表1　機能群

名称	機能	装置例
NT1	網側の終端点に位置し、レイヤ1に関する機能を実現するもの	DSU
NT2	端末とNT1の間に位置し、交換や集線などレイヤ1～3に関する機能を実現するもの	PBX
TE1	ISDNインタフェースを具備したISDN端末の機能	デジタル電話機
TE2	Vシリーズ、Xシリーズインタフェース等を具備した非ISDN端末の機能	アナログ電話機等既存のデータ端末装置
TA	非ISDN端末のTE2をISDNインタフェースに接続するためのインタフェース変換機能	プロトコル変換装置

●チャネルタイプ

ISDNユーザ・網インタフェースで使用されるチャネルタイプは、情報の種別や速度に応じて次の3つに分類される。

・Bチャネル（情報チャネル）

デジタル音声、データ等の各種のユーザ情報を伝送するための64kbit/sのチャネルである。Bチャネルは、回線交換またはパケット交換方式による情報伝送が可能である。

・Hチャネル（情報チャネル）

一次群速度ユーザ・網インタフェースでは、複数のBチャネルを束ね高速の情報チャネルとして使用することができる。Bチャネルを6本束ねたH01チャネルは384kbit/s、Dチャネルを同一アクセス構成内の他のインタフェースと共用する場合に使用できるH11チャネルは1,536kbit/sの伝送速度をもつ。なお、日本国内ではHチャネルの提供は終了している。

・Dチャネル（信号チャネル）

回線交換の呼制御情報を伝送するために使用され、1つのDチャネルで複数の端末の呼制御が可能である。伝送速度は、基本ユーザ・網インタフェースの場合は16kbit/s、一次群速度ユーザ・網インタフェースでは64kbit/sである。呼制御情報のほか、ユーザ情報をパケット交換方式で伝送することもできる。

●基本ユーザ・網インタフェース（BRI）

ISDNインタフェースには、基本ユーザ・網インタフェースと一次群速度ユーザ・網インタフェースがある。基本ユーザ・網インタフェースは、一般家庭や小規模事業所に適用することを想定したものである。2つの独立したBチャネルと、Dチャネル1つからなる2B＋Dの構造を有しており、最大144kbit/sの情報伝送ができる。

●一次群速度ユーザ・網インタフェース（PRI）

一次群速度ユーザ・網インタフェースは、1つの物理インタフェース上では23B＋D、Dチャネルを同一アクセス構成内の他の物理インタフェース上に確保する場合は24B/Dの2種類のチャネル構成がとれ、最大1,536kbit/sの情報伝送ができる。

表2　一次群速度インタフェースのチャネル構成

チャネル構造例		情報転送		呼制御
		回線交換	パケット交換	
Dチャネルを同一インタフェースに含む場合	23B＋D	B	B、D	D
Dチャネルを別のインタフェース上に確保する場合	24B/D			

●加入者伝送路

基本ユーザ・網インタフェースの加入者線（NT－交換機間）においては、2線式平衡型メタリックケーブルが使用され、時分割方向制御方式（TCM方式）により、全二重の双方向データ伝送が行われ、ラインビットレートは、320kbit/sである。一次群速度ユーザ・網インタフェースでは、NTとPBX間は4線式の平衡型メタリックケーブルが使用されるが、NT－交換機間においては光ファイバケーブルが使用される。

ISDNインタフェース（レイヤ1）

●フレーム構成

基本ユーザ・網インタフェースでは、NTとTE間の信号は、48ビットのフレームで構成されている。伝送するビットには、2B＋Dに使用するBチャネル情報ビット、Dチャネルビットのほか、レイヤ1の制御を行うためのその他の制御用ビットが付加されている。このフレーム

が0.25ms（250μs）の周期で送出されるので、物理速度は**192kbit/s**となる。

また、一次群速度ユーザ・網インタフェースでは、8ビットのタイムスロット24個と1ビットのFビットからなる**193ビット**のフレームが0.125ms周期で送出され、物理速度は**1,544kbit/s**となる。

●Dチャネル競合制御

基本ユーザ・網インタフェースのポイント・ツー・マルチポイント配線構成では、1本のバス配線に複数の端末が接続され、これらの端末の呼制御は共通のDチャネルで行われる。このため、Dチャネル上での複数の端末の呼制御信号の衝突を防止するため競合制御（**エコービットチェック方式**）を行っている。

一方、一次群速度ユーザ・網インタフェースではポイント・ツー・ポイント配線構成のみとなるためこの機能は不要である。

ISDNインタフェース（レイヤ2）

●LAPD

レイヤ2の伝送制御手順はDチャネル上で複数の独立した論理リンクを設定する。ISDNユーザ・網インタフェースのレイヤ2では、Dチャネルの伝送制御手順として**LAPD**（Link Access Procedure on the D-channel）手順が用いられている。このLAPDは、1つのインタフェース上で複数の端末が独立して通信することができ、また、Dチャネル上では呼制御信号とパケット情報の両方を同時に伝送することができる特徴を有している。LAPDのフレーム構成では、アドレス部に**サービスアクセスポイント識別子（SAPI）**と、**端末終端点識別子（TEI）**の2つのサブフィールドが設定され、これらの識別子により、複数の論理リンクの設定が可能となっている。

●SAPIとTEI

SAPIは、サービスの種類を表示する6ビットの識別子で、Dチャネルで伝送される情報が呼制御のための信号なのか、相手端末に転送するユーザ情報なのか、管理手順用かを識別するために用いる。TEIは、バス上に接続された複数の端末のうちどの端末の情報かを表す7ビットの識別子である。これらの識別子によりDLCIを構成し、複数のデータリンクが独立して通信することが可能となる。

●情報転送手順

LAPDの情報転送手順には、信号の送受信のフレームの送達確認を行う**確認形情報転送**と送達確認を行わない**非確認形情報転送**がある。

確認形情報転送手順では、フレームに付与された順序番号により、受信側で順序誤りやエラーフレームの検出を行い、再送の通知を行う。

非確認形情報転送手順は放送形リンクに用いる。放送形リンクでは通信相手が複数となり、情報の送達確認や再送制御が困難となるため、この手順になる。非確認形情報転送では、伝送エラーが検出されるとそのフレームは廃棄されるがエラー回復は行われない。また、流量の調整（フロー制御）も行わない。

図2　確認形情報転送

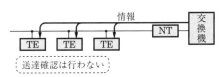

図3　非確認形情報転送

ISDNインタフェース（レイヤ3）

●レイヤ3の機能

レイヤ3では、レイヤ2の情報転送機能を利用して呼制御情報を端末と網との間で送受信し、情報チャネルの設定、維持、解放等の制御が行われる。ISDNで通信を行う場合、発着信時にどの通信モードであるか、どのチャネル上で通信するか、また複数端末が接続された場合にはどの端末が着呼を受け付けるのかなどを決定する必要がある。

●呼制御手順

ISDNの端末が通信を行うときの通信制御にDチャネルが用いられる。図4にその呼設定・呼切断のシーケンスを示す。

●パケット通信の形態

ISDNにおけるパケット通信サービスの提供形態としては、Bチャネルを使用する場合とDチャネルを使用する場合の2通りがある。なお、Bチャネルを使用するパケット通信サービスの新規利用受付は2023年2月末をもって終了している。

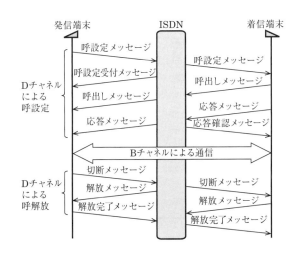

図4　呼設定・呼切断のシーケンス

技術・理論

3

総合デジタル通信の技術

次の各文章の □□□□□ 内に、それぞれの[ ]の解答群の中から最も適したものを選び、その番号を記せ。 (小計10点)

(1) ISDN基本ユーザ・網インタフェースにおける機能群の一つであるNT1の機能などについて述べた次の記述のうち、正しいものは、 (ア) である。 (2点)

    ① NT1は、インタフェース変換の機能を有しており、Xシリーズ端末を接続できる。
    ② NT1は、フレーム同期の機能を有している。
    ③ NT1の具体的な装置の一つとして、PBXがある。
    ④ NT1は、レイヤ2及びレイヤ3のプロトコル処理機能を有している。
    ⑤ TTC標準では、基本インタフェース用のメタリック加入者線伝送方式はエコーキャンセラ方式を標準としている。

(2) ISDN基本ユーザ・網インタフェースのレイヤ1において、特定ビットパターンで構成されるINFOといわれる信号を用いてTEとNT間で行われる手順であり、通信の必要が生じた場合にのみインタフェースを活性化し、必要のない場合には不活性化する手順は、 (イ) の手順といわれる。 (2点)

  [① 開通・遮断　　② 接続・解放　　③ 設定・解除　　④ 起動・停止　　⑤ 応答・切断]

(3) ISDN基本ユーザ・網インタフェースにおけるレイヤ2では、バス配線に接続されている一つ又は複数の端末を識別するために、 (ウ) が用いられる。 (2点)

  [① HDLC　　② X.25　　③ TEI　　④ UI　　⑤ SAPI]

(4) ISDN基本ユーザ・網インタフェースにおける回線交換モードでは、通信中の端末を別のジャックに差し込んで通信を再開する場合などに呼中断／呼再開手順が用いられる。この手順の特徴について述べた次の二つの記述は、 (エ) 。 (2点)

A 中断呼に割り当てられた呼識別は、呼の中断状態の間に同一インタフェース上の他の中断呼には適用されない。
B 呼の再開時には、中断呼がそれまで使っていた呼番号がそのまま利用される。

  [① Aのみ正しい　　② Bのみ正しい　　③ AもBも正しい　　④ AもBも正しくない]

(5) 1.5メガビット／秒方式のISDN一次群速度ユーザ・網インタフェースを用いた通信の特徴などについて述べた次の記述のうち、誤っているものは、 (オ) である。 (2点)

    ① 1回線の伝送速度は、1.544メガビット／秒である。
    ② ビット誤り検出にはCRCを用いている。
    ③ DSUに接続される端末(ルータなど)は、PRIを備えている。
    ④ 複数端末が同時に情報を転送するときの手順として、Dチャネル競合制御手順を有している。
    ⑤ DSUとTEの間は、ポイント・ツー・ポイントの配線構成を採る。

解 説

(1) 解答群中の記述のうち、正しいのは、「**NT1は、フレーム同期の機能を有している。**」である。
  ① Xシリーズ端末等の非ISDN端末をISDNに接続して使用できるようにするためのインタフェース変換機能を有する装置は、TAといわれる。したがって、記述は誤り。
  ②、④ ISDNユーザ・網インタフェースの機能群のうち、NT1の機能は、伝送路終端、レイヤ1伝送路保守機能およ

びレイヤ1に関する動作状態監視、タイミング(ビットタイミング、オクテットタイミング、フレーム同期)、給電、レイヤ1多重化、レイヤ1競合制御(Dチャネルアクセス手順)、ユーザ・網インタフェース終端等の物理的・電気的な終端に関する機能を実現する装置(機能)である。したがって、記述②は正しく、④は誤り。

③ PBXは集線・交換機能等を実現する装置であり、NT2に該当する。したがって、記述は誤り。

⑤ ISDN基本インタフェース用の加入者線伝送方式(TTC標準JT－G961)では、1対(2線)のメタリック平衡ケーブルを用いて信号伝送を行う。双方向伝送の実現方法としては、信号パルスの時間幅を圧縮し、伝送方向を一定時間ごとに交互に切り替えるTCM方式が採用されている。したがって、記述は誤り。エコーキャンセラ方式は、欧米などにおけるISDN基本アクセスメタリック加入者線で採用されている伝送方式である。

(2) ISDN基本ユーザ・網インタフェースのレイヤ1では、TE側とNT側の**起動・停止**条件を規定しており、通信の必要が生じたときのみインタフェースを活性化し、必要がなくなると不活性化するようにしている。この起動・停止はINFO信号によって行われ、起動(インタフェースの活性化)の手順は次のようになる。

ⓐ 起動前は、INFO 0の連続送信状態(無信号)である。

ⓑ TEはレイヤ2からの起動要求を受けてINFO 1を送信し、NTからの応答を待つ。

ⓒ NTはTEからのINFO 1を受信するとINFO 2の送信を開始する。

ⓓ TEはNTから何らかの信号を受信するとINFO 1の送出を停止し、受信した信号がINFO 2かINFO 4かの識別待ち状態になる。INFO 2であることが判明するとINFO 3で応答し、NTからINFO 4が送られてくるのを待つ。

ⓔ NTはINFO 2の送信中にTEからのINFO 3を受信すると、INFO 4の送信を開始し、起動を完了する。
また、停止(インタフェースの不活性化)は、INFO 0の連続送信により行う。

(3) ISDNにおいて、Dチャネル(制御チャネル)に適用されるレイヤ2(データリンク層)のプロトコルはLAPDといわれ、公衆データパケット交換網の標準プロトコルであるX.25リンクレイヤ手順(LAPB)を基本として設計・規定されている。LAPDは、LAPBからさらに機能が拡張されており、LAPBが1つの物理回線上に1つの論理リンクしか設定できないのに対し、LAPDではDチャネル上に複数の論理リンクを同時に設定することができる。このため、LAPDでは、レイヤ3に提供するサービスを識別するのに使われるSAPI(サービスアクセスポイント識別子)と端末の識別に使われる**TEI**(端末終端点識別子)の組合せにより論理リンクを識別している。

(4) 設問の記述は、**Aのみ正しい**。通信の中断・再開の一般的な手順は、TTC標準JT－Q931により次のように規定されている。

(ⅰ) まず、呼の中断を行いたい端末は網に対して中断メッセージ(SUSP)を送出する。これに対して、中断が可能であれば網は中断確認メッセージ(SUSP ACK)を端末に返すとともに、タイマを起動する。

(ⅱ) 中断メッセージ(SUSP)では中断呼に対応する呼識別を設定するが、この呼識別は、対応する呼が中断呼である間は網に蓄えられ、同一インタフェース上の他の中断呼に適用されない。したがって、記述Aは正しい。

(ⅲ) 呼が中断されると、それまで使っていた呼番号は開放され、再開時には新たな呼番号が付与される。したがって、記述Bは誤り。

(ⅳ) 中断呼がそれまで使っていたBチャネルは、その呼が再開されるまでの間(または再開期限超過などで呼が解放されるまでの間)保留される。

(ⅴ) 中断呼の再開時には、再開メッセージ(RES)を網に送り、これに対して網は端末に再開確認メッセージ(RES ACK)を返す。この再開は中断してから一定時間内に行う必要があり、網は、SUSP ACKを送出したときに起動したタイマが満了した場合は、この呼を強制的に解放する。

(5) 解答群の記述のうち、誤っているのは、「**複数端末が同時に情報を転送するときの手順として、Dチャネル競合制御手順を有している。**」である。ISDN一次群速度ユーザ・網インタフェースのレイヤ1仕様はTTC標準JT－I431で規定されている。

① ISDN一次群速度ユーザ・網インタフェースでは、64〔kbit／s〕(8〔bit〕の情報を125〔μs〕周期で送る)のBチャネルを最大で24本分提供でき、8〔bit／タイムスロット〕×24〔タイムスロット〕＝192〔bit〕にフレーム同期用の1〔bit〕を加えた193〔bit〕を125〔μs〕周期で伝送するため、物理速度は1.544〔Mbit／s〕となる。したがって、記述は正しい。

② ISDN一次群速度ユーザ・網インタフェースでは、ビット誤りの検出にCRC(Cyclic Redundancy Check 巡回冗長検査)を使用している。したがって、記述は正しい。

③ PRIは、ISDN一次群速度ユーザ・網インタフェースを表す。一次群速度ユーザ・網インタフェースを用いて通信する場合、DSUに接続する端末(ルータなど)にPRIを備えている必要がある。したがって、記述は正しい。

④、⑤ ISDN一次群速度ユーザ・網インタフェースでは、ユーザ・網インタフェース規定点Tにおける送信・受信の各方向に対して1つの送信部と1つの受信部がそのインタフェースで接続されるポイント・ツー・ポイント構成のみサポートしているので、Dチャネル競合制御は不要である。したがって、記述④は誤りであり、⑤は正しい。

技術・理論

3 総合デジタル通信の技術

答

(ア)	②
(イ)	④
(ウ)	③
(エ)	①
(オ)	④

次の各文章の 内に、それぞれの[ ]の解答群の中から最も適したものを選び、その番号を記せ。 （小計10点）

(1) ISDN基本ユーザ・網インタフェースにおける参照構成について述べた次の二つの記述は、 （ア） 。
(2点)

A TEには、ISDN基本ユーザ・網インタフェースに準拠しているTE1があり、TE1がNT2に接続されるときのTE1とNT2の間の参照点はU点である。

B NT2は、一般に、TEとNT1の間に位置し、NT2には、交換や集線などの機能のほか、レイヤ2及びレイヤ3のプロトコル処理機能を有しているものがある。

[① Aのみ正しい ② Bのみ正しい ③ AもBも正しい ④ AもBも正しくない]

(2) ISDN基本ユーザ・網インタフェースのレイヤ1では、複数の端末が一つのDチャネルを共用するため、アクセスの競合が発生することがある。Dチャネルへの正常なアクセスを確保するための制御手順として、一般に、 （イ） といわれる方式が用いられている。 (2点)

[① X.25 ② CSMA／CD ③ フレーム同期 ④ エコーチェック ⑤ 優先制御]

(3) ISDN基本ユーザ・網インタフェースにおける情報転送について述べた次の記述のうち、正しいものは、 （ウ） である。 (2点)

① 非確認形情報転送モードは、ポイント・ツー・ポイントデータリンクには適用されない。

② ポイント・ツー・マルチポイントデータリンクでは、上位レイヤからの情報はTEI管理手順によりUIフレームを用いて転送される。

③ ポイント・ツー・マルチポイントデータリンクにおける情報転送モードでは、送出した情報フレームの送達確認を行っている。

④ 同一バス配線上の複数端末が同時に発呼するとき、その複数端末に対応するTEIは、同一値が設定される。

⑤ 確認形情報転送モードでの情報フレームの転送において、フレームの送受信を制御するときは、フロー制御が行われる。

(4) 図1は、ISDN基本ユーザ・網インタフェースの回線交換呼におけるSETUPからデータ転送までの一般的な呼制御シーケンスを示したものである。図中のX及びYで使用されるチャネルの組合せとして正しいものは、表1に示すイ～ホのうち、 （エ） である。 (2点)

[① イ ② ロ ③ ハ ④ ニ ⑤ ホ]

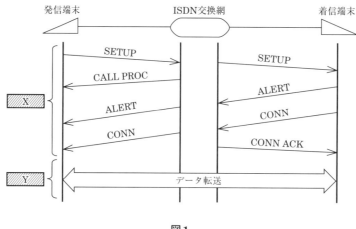

図1

表1

	X	Y
イ	64キロビット／秒のDチャネル	64キロビット／秒のBチャネル
ロ	16キロビット／秒のDチャネル	16キロビット／秒のBチャネル
ハ	16キロビット／秒のDチャネル	64キロビット／秒のBチャネル
ニ	64キロビット／秒のBチャネル	16キロビット／秒のDチャネル
ホ	16キロビット／秒のBチャネル	64キロビット／秒のDチャネル

(5)　1.5メガビット／秒方式のISDN一次群速度ユーザ・網インタフェースでは、1フレームを24個集めて1マルチフレームを構成していることから、24個のFビットを活用することができる。これらのFビットは、フレーム同期、CRCビット誤り検出及び　（オ）　として使用されている。　　　　　　　　　　　　　　　　　(2点)

　①　リモートアラーム表示　　　②　バイト同期　　　　　　　　③　呼制御メッセージ
　④　サブアドレス表示　　　　　⑤　Dチャネル同期用フラグ

(1) 設問の記述は、**Bのみ正しい**。ISDNユーザ・網インタフェースの参照構成(TTC標準JT－I411)では、端末の機能を総称してTEといい、特に、ISDNユーザ・網インタフェース標準に準拠しNTに直接接続して使用できるISDN専用端末をTE1、それ以外の非ISDN端末をTE2と呼んで区別している。NTのうち、DSUのように網側の終端に位置し、伝送路終端等のOSI参照モデルレイヤ1に関する機能を実現する装置はNT1に分類され、これとTE1の間の参照点をT点という。また、PBXのように、TEとNT1の間に位置し、交換や集線などの機能のほか、OSI参照モデルのレイヤ2およびレイヤ3のプロトコル処理機能を実現する装置は、NT2に分類される。そして、NT2とTE1の間の参照点をS点という。一方、TE2をISDNユーザ・網インタフェースに収容するには、インタフェース変換装置であるTAを介してNTに接続する必要があり、TAとTE2の間の参照点をR点という。

　　したがって、記述Bは正しいが、記述Aは誤り。

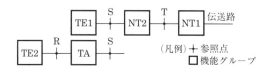

図2　ISDNユーザ・網インタフェースの参照構成

(2) ISDN基本ユーザ・網インタフェース(TTC標準JT－I430)のDチャネル上では、同一バス上の複数の端末からの信号の衝突を防止するための**エコーチェック**方式によるアクセス競合制御が行われている。この方式では、発信端末が送出するDチャネルの信号をNT内でDエコーチャネル(Eチャネル)としてそのまま端末に折り返すことにより、発信端末は送出した信号とNTから折り返された信号を照合し、これらが一致しない場合は他の端末との競合があるとして送信を停止し、一致する場合は競合する端末がない(勝ち残り端末)として信号を送出する。

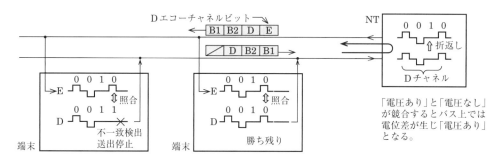

図3　エコーチェック方式によるDチャネル競合制御

(3) 解答群の記述のうち、正しいのは、「**確認形情報転送モードでの情報フレームの転送において、フレームの送受信を制御するときは、フロー制御が行われる。**」である。ISDNユーザ・網インタフェースのレイヤ2データリンクコネクションは、TTC標準JT－Q921で規定され、ポイント・ツー・ポイントデータリンクコネクションとポイント・ツー・マルチポイントデータリンクコネクションがある。

① 　非確認形情報転送モードは、転送したレイヤ3情報が正しく相手端末に届いたかどうかをレイヤ2では確認しない手順となる。このモードは、1対1の接続であるポイント・ツー・ポイントデータリンクにも、1対多の接続であるポイント・ツー・マルチポイントデータリンク(放送形リンク)にも、適用できる。したがって、記述は誤り。

②、③ 　ポイント・ツー・マルチポイントデータリンクコネクションは、1対多の通信であり、同じ情報を複数の端末に転送することになる。このため、データの送達確認や再送制御が困難となり、必然的に非確認形情報転送モードとなる。非確認形情報転送モードでは、送達確認を行わないので、上位レイヤからの情報はシーケンス番号を持たないUI(非番号制情報)フレームで転送される。したがって、記述は誤り。

④ 　TEI(端末終端点識別子)は、TEの識別に使用され、TEごとに異なる値が設定される。このTEIの値により、フレームを送信したのがどのTEかを判別することができる。したがって、記述は誤り。

⑤ 　確認形情報転送モードは、レイヤ3情報が正しく相手に届けられたかどうかをレイヤ2で確認し、エラーが発生した場合には回復処理を行う手順となり、送受信間でフレームの送達確認を行いながら情報転送を行う。ユーザ情報を運ぶ情報フレーム(Iフレーム)には送信シーケンス番号$N(S)$と受信シーケンス番号$N(R)$の2つのシーケンス番号が付与され、これを用いて送達確認やフロー制御が行われている。したがって、記述は正しい。

(4) ISDN基本ユーザ・網インタフェースの回線交換呼における呼の接続制御は、図4に示すように16kbit／sのDチャネルを用いて行われる。これにより呼が確立すると、64kbit／sのBチャネルによりデータ転送(ユーザによる回線交換の通信)が行われる。データ転送が終了すると、呼の解放の手順に入り、その制御は16kbit／sのDチャネルを用いて行われる。よって、正しいチャネルの組合せは、ハである。

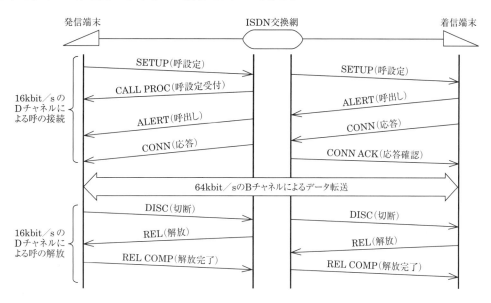

図4　回線交換呼の基本呼制御シーケンス

(5) ISDN一次群速度ユーザ・網インタフェース(TTC標準JT－431)の1フレームは、図5に示すように、Fビットとそれに続く8ビット長のタイムスロット24個で構成される。したがって、1フレームの長さは $1＋8×24＝193$〔bit〕となる。この193ビット長のフレームは繰返し周期125〔μs〕で伝送されるので、ラインビットレート(伝送路上で1秒あたりに伝送されるビット数)は、193〔bit〕$÷(125×10^{-6})$〔s〕$＝1{,}544$〔kbit／s〕$＝1.544$〔Mbit／s〕となる。

　そして、このフレームを24個集めてマルチフレームを構成しているため、1つのマルチフレーム中には24個のFビットがある(表2)。このFビットには、FAS、eビット、mビットの3種類があり、4フレームごとに出現する計6個のFASはマルチフレームの同期をとるために使用する。また、4フレームごとに出現する計6個のeビットはCRCビット誤り検出に使用する。そして、2フレームごとに出現する計12個のmビットは一次群速度アクセスにおける故障切り分けのための保守情報などを伝達するための**リモートアラーム表示**に使用する。

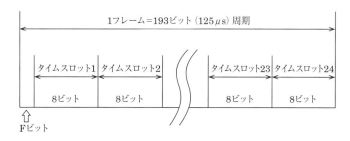

図5　一次群速度ユーザ・網インタフェースの伝送フレーム

表2　Fビットの割当て

フレーム番号	1	2	3	4	5	6	7	8	9	10	11	12	13	14	15	16	17	18	19	20	21	22	23	24
FAS				0				0				1				0				1				1
eビット		e_1				e_2				e_3				e_4				e_5				e_6		
mビット	m		m		m		m		m		m		m		m		m		m		m		m	

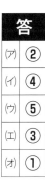

答

㈠	②
㈣	④
㈦	⑤
㈢	③
㈪	①

次の各文章の 内に、それぞれの[ ]の解答群の中から最も適したものを選び、その番号を記せ。 (小計10点)

(1) ISDN基本ユーザ・網インタフェースにおける機能群の一つであるNT2の機能などについて述べた次の記述のうち、誤っているものは、 (ア) である。 (2点)
   ① 交換、集線及び伝送路終端の機能がある。
   ② レイヤ2及びレイヤ3のプロトコル処理機能がある。
   ③ 網終端装置2といわれ、一般に、TEとNT1の間に位置する。
   ④ 具体的な装置としてPBXなどが相当する。

(2) ISDN基本ユーザ・網インタフェースにおいて、NTからTE及びTEからNTへ伝送される48ビット長のフレームは、 (イ) マイクロ秒の周期で繰り返し伝送される。 (2点)
   [① 192 ② 250 ③ 256 ④ 300 ⑤ 320]

(3) ISDN基本ユーザ・網インタフェースのレイヤ2において、ポイント・ツー・マルチポイントデータリンクでは、上位レイヤからの情報は (ウ) 手順によりUIフレームを用いて転送される。 (2点)
   ① 確認形情報転送 ② フレーム同期 ③ 一斉着信
   ④ 非確認形情報転送 ⑤ ベーシック制御

(4) ISDN基本ユーザ・網インタフェースにおいて、パケット交換モードによりBチャネル上でパケット通信を行うときは、始めに発信端末と網間でDチャネルを用いてパケット通信に使用するBチャネルの設定を行う。続いて、 (エ) プロトコルを用いてBチャネル上にデータリンクを設定する。 (2点)
   [① X.21 ② X.25 ③ LAPD ④ LAPF ⑤ LAPM]

(5) 1.5メガビット／秒方式のISDN一次群速度ユーザ・網インタフェースを用いた通信の特徴などについて述べた次の記述のうち、正しいものは、 (オ) である。 (2点)
   ① 最大12回線の電話回線として利用できる。
   ② DSUは常時起動状態であるが、起動・停止手順を有している。
   ③ 1フレームは、Fビットと64個のタイムスロットで構成されている。
   ④ 伝送路符号として、B8ZS符号を用いている。
   ⑤ Dチャネルのチャネル速度は、16キロビット／秒である。

解説

(1) 解答群の記述のうち、<u>誤っている</u>のは、「**交換、集線及び伝送路終端の機能がある。**」である。伝送路終端は、NT2 ではなくNT1の機能であり、NT1の機能を有する装置はDSUといわれる。ISDNユーザ・網インタフェースの参照構成(TTC標準JT – I411)において、機能群のNT2は、網終端装置2といわれ、伝送路終端などのレイヤ1の機能をもつ NT1とTE1またはTAとの間に位置する。NT2は、交換や集線などの機能のほか、OSI参照モデルのレイヤ2および レイヤ3の終端機能を持っており、PBX等がこれに相当する。

(2) ISDN基本ユーザ・網インタフェースのレイヤ1仕様は、TTC標準JT – I430で規定されている。この規格では、すべての配線構成において、NTからTEへの伝送も、TEからNTへの伝送も、48ビット長のフレームを用いて**250 μ s** 周期の繰返しで行うこととしている。このため、インタフェース上のビットレートは192kbit／sとなる。

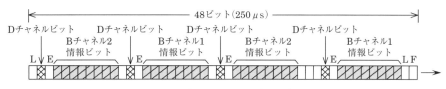

F：フレームビット　E：Dエコーチャネルビット　L：直流平衡ビット

図1　ISDN基本ユーザ・網インタフェースのレイヤ1フレーム構成(NT→TE方向)

(3) ISDNユーザ・網インタフェースのレイヤ2データリンクコネクションは、TTC標準JT – Q921で規定され、ポイント・ツー・ポイントデータリンクコネクションとポイント・ツー・マルチポイントデータリンクコネクションがある。ポイント・ツー・マルチポイントデータリンクコネクションは、1対nの通信であり、同じ情報を複数の端末に伝送することになる。このため、送出したデータの送達確認や再送制御が困難となり、必然的に**非確認形情報転送**手順となる。非確認形情報転送手順では、送達確認を行う必要がないので、上位レイヤからの情報はシーケンス番号を持たないUI(非番号制情報)フレームで転送される。この場合、エラーが検出されるとそのフレームは破棄され、エラー回復は行われない。

(4) ISDN基本ユーザ・網インタフェースにおいて、Bチャネルを使用してパケット通信を行う場合、発信端末はDチャネル上で回線交換モードの発呼手順によりBチャネルでパケット通信を行うことを指定するなどBチャネルの設定を行う。その後、発信端末と網間でX.25プロトコルによる制御信号(モジュロ128の拡張動作を指定するSABMEコマンドと、コマンドの受入れ可能を通知するUAレスポンス)を送受して、Bチャネル上にデータリンクを設定する。

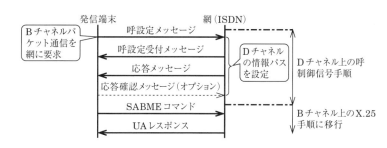

図2　Bチャネルパケット通信の設定

(5) 解答群の記述のうち、正しいのは「**伝送路符号として、B8ZS符号を用いている。**」である。

① ISDN一次群速度ユーザ・網インタフェースは、23B＋Dまたは24B／Dのチャネル構造をもち、情報チャネル(Bチャネル)が23本または24本ある。このため、1本の物理回線上に<u>最大23回線または24回線の電話回線をとることができ</u>、デジタルPBXと組み合わせて利用する。したがって、記述は誤り。

② ISDN一次群速度ユーザ・網インタフェースでは、常時起動状態にあり、<u>起動・停止手順は適用されない</u>。したがって、記述は誤り。

③ ISDN一次群速度ユーザ・網インタフェースのフレームは、同期、保守、エラー検出用のFビットと、8ビットのタイムスロット<u>24個</u>で構成されている。したがって、記述は誤り。

④ ISDN一次群速度ユーザ・網インタフェースで使用する伝送路符号は、B8ZS符号である。したがって、記述は正しい。B8ZS符号とは、8つの連続する"0"を直前のパルスが"＋"のときは000＋－0－＋に置き換え、直前のパルスが"－"のときは000－＋0＋－に置き換える特殊なAMI符号をいう。通常のAMI符号では、データ中に"0"が多数連続すると受信側で同期がとれなくなるので、"0"が8つ連続するとこのように"0"が4つ以上連続することのない特殊な符号ビット列に置き換えて伝送する。

⑤ ISDN一次群速度ユーザ・網インタフェースにおいて、Dチャネルビットは1フレームあたり8ビットであり、これを125 μ s周期で伝送するので、Dチャネルのチャネル速度は、<u>64〔kbit／s〕</u>である。したがって、記述は誤り。

	答
(ア)	①
(イ)	②
(ウ)	④
(エ)	②
(オ)	④

技術・理論

3 総合デジタル通信の技術

次の各文章の 内に、それぞれの[ ]の解答群の中から最も適したものを選び、その番号を記せ。 (小計10点)

(1) ISDN基本ユーザ・網インタフェースにおいて、TTC標準JT−I430で必須項目として規定されている保守のための試験ループバックは、 (ア) で2B＋Dチャネルを折り返しており、ループバック2といわれる。 (2点)

[① TA ② TE1 ③ TE2 ④ NT1 ⑤ NT2]

(2) ISDN基本ユーザ・網インタフェースのレイヤ1では、複数の端末が一つのDチャネルを共用するため、アクセスの競合が発生することがある。Dチャネルへの正常なアクセスを確保するための制御手順として、一般に、 (イ) といわれる方式が用いられている。 (2点)

[① エコーチェック ② 優先制御 ③ CSMA／CD ④ フレーム同期 ⑤ X.25]

(3) ISDN基本ユーザ・網インタフェースにおいて、一つの物理コネクション上に複数のデータリンクコネクションが設定されている場合、個々のデータリンクコネクションの識別を行うために用いられる識別子は、 (ウ) といわれ、SAPIとTEIから構成される。 (2点)

[① LAPB ② VPI ③ DLCI ④ HDLC ⑤ DNIC]

(4) ISDN基本ユーザ・網インタフェースにおけるレイヤ3のメッセージの共通部は、全てのメッセージに共通に含まれており、大別して、 (エ) 、呼番号及びメッセージ種別の3要素から構成されている。 (2点)

[① 送信元アドレス ② ユーザ情報 ③ 宛先アドレス
④ 情報要素識別子 ⑤ プロトコル識別子]

(5) 1.5メガビット／秒方式のISDN一次群速度ユーザ・網インタフェースを用いた通信の特徴などについて述べた次の記述のうち、誤っているものは、 (オ) である。 (2点)

[① 1回線の伝送速度は、1.544メガビット／秒である。
② DSUとTEの間は、ポイント・ツー・ポイントの配線構成を採る。
③ 複数端末が同時に情報を転送するときの手順として、Dチャネル競合制御手順を有している。
④ DSUに接続される端末(ルータなど)は、PRIを備えている。
⑤ ビット誤り検出は、CRCを用いている。]

解説

(1) ネットワーク上で通信ができない等の問題が発生したときに、問題のある通信機器や通信ケーブルを特定するために、ループバック試験(折返し試験)を行うことがある。ISDN基本ユーザ・網インタフェースの標準(TTC標準JT – I430)では、通信網側から実施するループバック試験としてループバック2〜4の各種の試験を定義している。このうち、ループバック2は必須の試験で、NT1内で2B＋Dチャネルが折り返されるループである。また、ループバック3は行うことが望ましい試験で、NT2内で2B＋Dが折り返されるループである。そして、ループバック4は、TE1またはTAの内側でB1、B2が折り返されるループである。

(2) ISDN基本ユーザ・網インタフェース(TTC標準JT – I430)では、1つのDチャネル(信号チャネル)を複数の端末で共用していることから、複数の端末がDチャネルに同時に信号を送出して衝突が起きることがある。この対策として、**エコーチェック**方式によるDチャネルアクセス制御手順が規定され、これにより正常な情報伝送を保証している。

このアクセス制御手順の概要を以下に説明する。ⓐ各端末は送信しようとする情報(レイヤ2フレーム)がないときは、フレームのDチャネルビットの値に2進数の"1"(パルス無し)を設定し、NTに送出する。ⓑNTは、端末から受信したフレームのDチャネルビットの値をそのままDエコーチャネルビット(Eビット)に設定したフレームを端末に向けて返送する。ⓒこのとき、各端末が受信するフレームのEビットの値は"1"になっている。ⓓ各端末はNTから受信するフレームのEビットを常時監視し、その値が連続して"1"になる回数をカウンタで数えている。そして、ⓔカウンタが一定の値に達するとDチャネルが空いていると判断し、送信しようとする情報があればフレームを送信する。また、ⓕEビットの値に"0"があれば他の端末がDチャネルへのアクセスを開始したと判断し、カウンタの値をリセットして数え直す。このようにして、各端末は、フレームの送出に先立ってDチャネルの使用状況を知ることができる。しかし、このままでは、複数の端末が呼制御信号を同時に送出した場合に、Dチャネル上での信号の衝突を避けられない。そこで、ⓖDチャネルにアクセスしようとする各端末は、最新の送出フレームのDビットと、直後にNTから受信したフレームのEビットを1ビットずつ比較して、ビット値が同じならフレームの送出を継続する。また、ⓗビット値が異なる場合はフレームの送出を直ちに停止し、Dチャネルが空くまで待つ。

(3) TTC標準JT – Q921に規定されるISDN基本ユーザ・網インタフェースのレイヤ2プロトコルであるLAPDにおいては、1つの物理コネクションのDチャネル上に同時に複数のデータリンクコネクションを設定して、それぞれ独立した情報転送が可能である。各データリンクコネクションは、**DLCI**といわれる識別子で識別され、この識別子はLAPDフレームのアドレスフィールドに含まれるサービスアクセスポイント識別子(SAPI)および端末終端点識別子(TEI)で構成される。

(4) ISDN基本ユーザ・網インタフェースのレイヤ3のメッセージのフォーマットは、TTC標準JT – Q931で規定されており、すべての種類のメッセージに含まれる共通の情報要素である共通部と、メッセージの種別により異なる個別の情報要素である個別部からなる。このうち、共通部は、**プロトコル識別子**、呼番号およびメッセージ種別の3要素から構成される。プロトコル識別子は、レイヤ3で転送する情報がユーザ・網呼制御メッセージであるか他のメッセージであるかを識別するために使われる。また、メッセージ種別は、送出されるメッセージの機能(呼接続、通信、呼切断など)を識別するために使われる。

(5) 解答群の記述のうち、誤っているのは「複数端末が同時に情報を転送するときの手順として、**Dチャネル競合制御手順を有している。**」である。
① ISDN一次群速度ユーザ・網インタフェースでは、64〔kbit／s〕(8〔bit〕の情報を125〔μs〕周期で送る)のBチャネルを最大で24本分提供できる。1フレームはフレーム同期用のFビット(1〔bit〕)とそれに続く連続した24個のタイムスロット(各タイムスロットは8〔bit〕)で構成され、フレーム長は1＋8×24＝193〔bit〕となる。この193〔bit〕の情報を125〔μs〕周期で伝送するため、物理速度は193〔bit〕÷(125×10⁻⁶〔s〕)＝1,544,000〔bit／s〕＝1.544〔Mbit／s〕となる。したがって、記述は正しい。
② ISDN一次群速度ユーザ・網インタフェースでサポートしているのは、ポイント・ツー・ポイント構成のみである。したがって、記述は正しい。
③ ISDN基本ユーザ・網インタフェースにおいてポイント・ツー・マルチポイント配線構成とした場合、同一バス上に接続された複数端末がDチャネルを共用していることから、Dチャネル競合制御手順が必要になる。これに対して、ISDN一次群速度ユーザ・網インタフェースはポイント・ツー・ポイントの配線構成しかとりえないため、Dチャネル競合制御は不要である。したがって、記述は誤り。
④ PRIは一次群速度ユーザ・網インタフェースを表す略号で、一次群速度ユーザ・網インタフェースを用いて通信する場合、DSUに接続する端末(ルータなど)にPRIを備えている必要がある。したがって、記述は正しい。
⑤ ISDN一次群速度ユーザ・網インタフェースでは、ビット誤りの検出にCRC(Cyclic Redundancy Check 巡回冗長検査)を使用している。したがって、記述は正しい。

答	
(ア)	④
(イ)	①
(ウ)	③
(エ)	⑤
(オ)	③

次の各文章の 内に、それぞれの[ ]の解答群の中から最も適したものを選び、その番号を記せ。 (小計10点)

(1) ISDN基本ユーザ・網インタフェースにおける機能群の一つであるNT1の機能などについて述べた次の記述のうち、正しいものは、 (ア) である。 (2点)

　① NT1は、レイヤ2及びレイヤ3のプロトコル処理機能を有している。
　② NT1は、インタフェース変換の機能を有しており、Xシリーズ端末を接続できる。
　③ TTC標準では、加入者線伝送方式はエコーキャンセラ方式を標準としている。
　④ NT1は、フレーム同期の機能を有している。
　⑤ NT1の具体的な装置としてPBXなどが相当する。

(2) ISDN基本ユーザ・網インタフェースにおいて、NTからTE及びTEからNTへ伝送される48ビット長のフレームは、 (イ) マイクロ秒の周期で繰り返し伝送される。 (2点)

　[① 125　② 192　③ 250　④ 384　⑤ 512]

(3) ISDN基本ユーザ・網インタフェースにおける非確認形情報転送モードについて述べた次の二つの記述は、 (ウ) 。 (2点)

　A 非確認形情報転送モードでは、情報フレームの転送時に、誤り制御及びフロー制御が行われる。
　B 非確認形情報転送モードは、ポイント・ツー・ポイントデータリンク及びポイント・ツー・マルチポイントデータリンクのどちらにも適用可能である。

　[① Aのみ正しい　② Bのみ正しい　③ AもBも正しい　④ AもBも正しくない]

(4) 図1は、ISDN基本ユーザ・網インタフェースの回線交換呼におけるデータ転送からREL COMPまでの一般的な呼制御シーケンスを示したものである。図中のXの部分のシーケンスについては、 (エ) チャネルが使用される。 (2点)

　[① 16キロビット／秒のD　② 16キロビット／秒のB　③ 32キロビット／秒のD
　④ 32キロビット／秒のB　⑤ 64キロビット／秒のD　⑥ 64キロビット／秒のB]

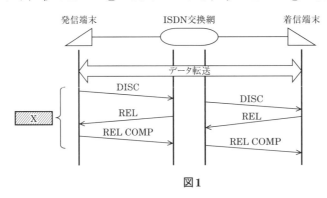

図1

(5) 1.5メガビット／秒方式のISDN一次群速度ユーザ・網インタフェースにおけるフレーム構成について述べた次の二つの記述は、 (オ) 。 (2点)

　A 1マルチフレームは193ビットのフレームを24個集めた24フレームで構成される。
　B 4フレームごとのDチャネルビットで形成される特定の2進パターンがマルチフレーム同期信号パターンとして定義されている。

　[① Aのみ正しい　② Bのみ正しい　③ AもBも正しい　④ AもBも正しくない]

解説

(1) 解答群中の記述のうち、正しいのは、「**NT1は、フレーム同期の機能を有している。**」である。

　①、④　ISDNユーザ・網インタフェースの機能群はTTC標準JT－I411で定義され、NT1、NT2、TE、TAがある。NT1の機能は、伝送路終端、レイヤ1伝送路保守機能およびレイヤ1に関する動作状態監視、タイミング（ビットタイミング、オクテットタイミング、フレーム同期）、給電、レイヤ1競合制御（Dチャネルアクセス手順）、ユーザ・網インタフェース終端等の物理的・電気的な終端に関する機能を実現する装置（機能）である。したがって、記述①は誤りであり、④は正しい。

　②　Xシリーズ端末等の非ISDN端末をISDNに接続して使用できるようにするためのインタフェース変換機能を有する装置は、<u>TA</u>といわれる。したがって、記述は誤り。

　③　TTC標準で規定されているISDN基本インタフェース用メタリック加入者線伝送方式では、1対（2線）のメタリック平衡ケーブルを用いて信号伝送を行う。双方向伝送の実現方法としては、信号パルスの時間幅を圧縮し、伝送方向を一定時間ごとに交互に切り替える<u>TCM方式（ピンポン伝送方式）</u>が採用されている。したがって、記述は誤り。米国などはエコーキャンセラ方式を採用している。

　⑤　PBXは集線・交換機能等を実現する装置であり、<u>NT2</u>に該当する。したがって、記述は誤り。

(2) ISDN基本ユーザ・網インタフェースのレイヤ1仕様は、TTC標準JT－I430で規定されている。この規格では、すべての配線構成において、NTからTEへの伝送も、TEからNTへの伝送も、48ビット長のフレームを用いて**250μs**周期の繰返しで行うこととしている。このため、インタフェース上のビットレートは192kbit／sとなる。

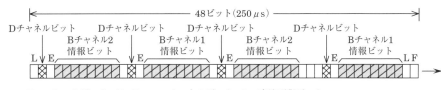

F：フレームビット　　E：Dエコーチャネルビット　　L：直流平衡ビット

図2　ISDN基本ユーザ・網インタフェースのフレーム構成（NT→TE方向）

(3) 設問の記述は、**Bのみ正しい。**ISDNユーザ・網インタフェースのレイヤ2プロトコルであるLAPD（Dチャネル用リンクアクセス手順）の情報転送はTTC標準JT－Q921で規定されており、確認形情報転送と非確認形情報転送がある。

　A　非確認形情報転送は、一つの物理インタフェース上に複数のレイヤ2リンクを設ける放送形リンクでの使用を前提としたもので、着信信号などバス上の全端末に同一内容の情報を配信する場合に適している。このため、情報フレームの送達確認や再送制御が困難となり、上位レイヤからの情報は順序番号を持たないUIフレーム（非番号制フレーム）を使用して転送される。UIフレームによる情報転送では、伝送誤りが検出されてもそのフレームが破棄されるだけで誤り回復手順は行われない。また、同様に<u>フロー制御も実行されない</u>。したがって、記述は誤り。

　B　非確認形情報転送は、送信したレイヤ3情報が正しく相手端末に届いたかどうかをレイヤ2で確認しない方式である。送信側が情報を送信するだけなので、1対1の接続であるポイント・ツー・ポイントデータリンクにも、1対多の接続であるポイント・ツー・マルチポイントデータリンクにも、適用できる。したがって、記述は正しい。

(4) ISDNユーザ・網インタフェースの呼制御は、TTC標準JT－Q931で規定されている。ISDNの端末が通信を行う場合、その呼制御は16キロビット／秒（16〔kbit／s〕）のDチャネルにより行われ、その後64〔kbit／s〕のBチャネルでユーザによる回線交換の通信が行われる。通信（データ転送）終了後、呼の解放の制御（DISC、REL、REL COMP）もやはり**16〔kbit／s〕のD**チャネルにより行われる。

(5) 設問の記述は、**Aのみ正しい。**1.5Mbit／s方式のISDN一次群速度ユーザ・網インタフェースのレイヤ1仕様は、TTC標準JT－I431で規定されている。JT－I431では、フレームの仕様としてJT－G704の1,544kbit／sインタフェースにおける基本フレーム構成を参照しており、1つのフレームは、先頭の1ビットをフレーム同期、伝送路符号誤り特性の監視、データリンクに使用するためのFビットとし、それに連続した8ビット×24個のタイムスロットが続く、合計193ビットの構成となっている。この193ビットのフレームを繰返し周期125μs（8,000フレーム／s）で伝送するので、ラインビットレートは193×8,000＝1,544,000〔bit／s〕＝1,544〔kbit／s〕となる。

　A　JT－I431では、24フレームで1マルチフレームを構成することとされている。このため、1つのマルチフレーム中には24個のFビットがある。したがって、記述は正しい。

　B　Fビットには、FAS、eビット、mビットの3種類があるが、このうち、4フレームごとに出現する計6個のFASで形成される特定の2進パターン（001011）がマルチフレーム同期信号パターンとして定義され、これによりマルチフレームの同期がとられる。したがって、「Dチャネルビット」とした部分が誤り。

技術・理論

3

総合デジタル通信の技術

(ア)	④
(イ)	③
(ウ)	②
(エ)	①
(オ)	①

技術及び理論 ④ ネットワークの技術

■ データ伝送技術

●伝送路符号形式

LANで使用される伝送路符号形式には、10BASE-T等で用いられる**Manchester符号**、100BASE-TX等で用いられる4B/5B + **MLT-3**、100BASE-FX等で用いられる4B/5B + **NRZI**、1000BASE-T等で用いられる**8B1Q4 + 4D-PAM5**、1000BASE-SXや100BASE-LX等で用いられる8B/10B + NRZなどがある。

符号形式の例を表1に示す。

●通信速度

データ通信速度と変調速度の関係は次のとおりとなる。

データ信号速度〔bit/s〕＝ n ×変調速度〔Baud〕

n：1回の変調で伝送するビット数

また、デジタル回線において符号間干渉を生じさせないための理論的な限界の伝送速度をナイキスト速度という。

●コネクション型/コネクションレス型通信方式

コンピュータ通信には、コネクション型とコネクションレス型の2種類の方式がある。**コネクション型**は、データを送るときあらかじめ相手との間で論理的な回線を設定し、またデータを送受する際には送達確認を行う。コネクション型は安定した通信が可能となるが、回線を設定するまでの手続きや再送制御などの処理が必要となる。

一方、**コネクションレス型**は、相手との間には回線を設定せずデータに相手方の宛先情報（アドレス）をつけて送り出すだけの方式であり、データ送受においても送達確認は行われない。コネクションレス型は、プロトコルの手続きが簡単であるため、高速通信が可能となる。

表1　伝送路符号形式

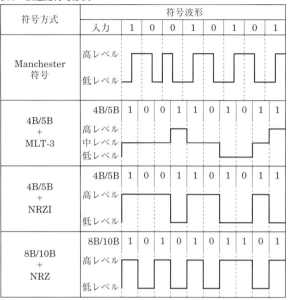

■ OSI参照モデル

コンピュータシステム相互間を接続し、データ交換を行うには、両者間で物理的なコネクタの形状からデータ伝送制御手順等までの通信の取決め（**プロトコル**）を標準化しておく必要がある。この標準化の基本概念については、ITU－T勧告X.200で規定された**OSI参照モデル**（開放型システム間相互接続）で示されており、このモデルでは表2のようにシステム間を7つの階層に分類して、それぞれの層ごとに同一層間のプロトコルを規定している。

これら7層のうち、通信網のネットワークが提供するのは、第1層の物理層から第3層のネットワーク層までの機能である。第4層以上については、基本的には端末間のプロトコルが規定されている。

表2　OSI参照モデルの各層の主な機能

	レイヤ名	主な機能
第7層	アプリケーション層	ファイル転送やデータベースアクセスなどの各種の適用業務に対する通信サービスの機能を規定する。
第6層	プレゼンテーション層	端末間の符号形式、データ構造、情報表現方式等の管理を行う。
第5層	セション層	両端末間で同期のとれた会話の管理を行う。会話の開始、区切り、終了等を規定する。
第4層	トランスポート層	端末間でのデータの転送を確実に行うための機能、すなわちデータの送達確認、順序制御、フロー制御などを規定する。
第3層	ネットワーク層	端末間でのデータの授受を行うための通信路の設定・解放を行うための呼制御手順、ルーティング機能を規定する。
第2層	データリンク層	隣接するノード間で誤りのないよう通信を実現するための伝送制御手順を規定する。情報の転送は、フレームという単位で行う。
第1層	物理層 （フィジカル層）	最下位に位置づけられる層であり、コネクタの形状、電気的特性、信号の種類等の物理的機能を規定する。

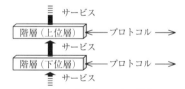

・コンピュータネットワークの構成要素の機能を論理的に表し、構成要素間で通信を行う場合の通信規約（プロトコル）を体系的にまとめたものをネットワークアーキテクチャという。

図1　ネットワークアーキテクチャ

■ インターネットプロトコル

●TCP/IPの概要

TCP/IPは、インターネットの標準の通信プロトコルであり、OSI参照モデルのトランスポート層におおむね対応するTCPと、ネットワーク層におおむね対応するIPの2つのプロトコルから構成されている。ただし、一般にTCP/IPと言う場合には、その上・下位層のプロトコルを

含め**TCP/IP通信**に関わる多くのプロトコル群の総称として用いられている。

表3はOSI参照モデルと**TCP/IPプロトコルスタック**を比較したものである。両者は別個につくられ、発展してきたものなので、厳密な対応関係ではない。

表3　OSI参照モデルとTCP/IPプロトコル群の比較

OSI	TCP/IPの階層	プロトコルの例
第7層	アプリケーション層	SIP、SMTP、POP3、FTP、HTTP、DNS、S/MIME等
第6層		
第5層		
第4層	トランスポート層	TCP、UDP
第3層	インターネットプロトコル層	IP、（ICMP）
第2層	物理層（ネットワークインタフェース層）	イーサネット、ARP、PPP等
第1層		

●IP（Internet Protocol）

IPはデータパケットを相手側のコンピュータに送り届けるためのプロトコルである。IP通信を行うには、まずパケットの宛先として、各コンピュータにそれぞれ固有のアドレスを割り当てておく必要がある。IPの主な役割は、このようにアドレスを一元的に管理することである。IPは単にデータにIPアドレスを含むヘッダをつけて送り出すだけなので、コレクションレス型に相当する。コレクションレス型は、相手との送達確認や通信開始時の回線設定を行わないことから、制御が簡略化されており、通信の高速化には有利である反面、信頼性に劣る。このため、送達確認を上位のTCPに委ねる。

●TCP（Transmission Control Protocol）

TCPはパケットが相手に正しく届くようにするための通信プロトコルである。TCPでは通信の開始と終了の取り決め、パケットの誤り検出、順序制御、送達確認などが規定されている。また、ウィンドウサイズが可変のスライディングウィンドウ方式を用いたフロー制御を行う。

TCP/IPのトランスポート層に相当するプロトコルとしてはTCPのほかに**UDP**がある。UDPはポート番号を指定するのみで、相手側と送達確認をせずに情報を転送する。すなわち、TCPは相手とのコネクションを確立し送達確認を行いながら情報を転送するコネクション型、UDPは相手とのコネクション確立手順を行わずに情報を転送するコネクションレス型のプロトコルである。

通信を効率化するための技術

●IPv6

IPv6は、IPv4におけるアドレスの枯渇の問題を解決するため、従来は**32ビット**であったアドレス空間を**128ビット**に拡張している。使用目的に合わせて、**ユニキャストアドレス、マルチキャストアドレス、エニーキャストアドレス**が割り当てられる。一般に、16ビットごとにコロン":"で区切り、16進数で表記する。

IPv6では、アドレス解決などの通信に必要な設定は、ICMPv6を用いて行うため、**すべてのIPv6ノードは完全にICMPv6を実装しなければならない。**

また、ネットワークの負荷を軽減するため、**中継ノードによるパケットの分割処理を禁止**している。このため、送信元ノードは、あらかじめ**PMTUD**機能により宛先ノードまでの間で転送可能なパケットの最大長（MTUサイズ）を検出しておき、適切なサイズのパケットを組み立てて送出する。

●MPLS（Multi Protocol Label Switching）網

MPLSは、大量のトラヒックが流れるIPネットワークにおいてルータの処理効率を高めるために開発されたパケット転送技術である。MPLS網では、IPアドレスとラベルを対応づけ、網内にあるラベルスイッチルータ（LSR）がラベルだけを参照してパケットを高速に転送する。IP網からパケットが転送されてくると、網の入口にある**ラベルエッジルータ**（LER）で網内の転送に用いるラベルが付与される。また、網の出口にあるLERではラベルが取り除かれ、IPパケットとしてIP網に転送される。

●EoMPLS（Ethernet over MPLS）

このMPLS網を利用してイーサネットフレームを転送する技術がある。これはEoMPLSといわれ、広域イーサネットで用いられる。ユーザネットワークのアクセス回線からMPLS網の入口にあるLERに転送されたイーサネットフレームは、**プリアンブル（PA）とFCS**が除去され、レイヤ2転送用ヘッダと**MPLSラベル（Shimヘッダ）**およびこれらに対応したFCSが付加されて、隣接するLSRに転送される。その後、フレームはLSR間を次々と転送され、宛先側のLERに到達するとレイヤ2転送用ヘッダとMPLSラベル等が取り除かれ、オリジナルのイーサネットフレームとして宛先ユーザネットワークのアクセス回線に転送される。

光アクセスネットワークの設備構成

光アクセスネットワークは、大容量伝送と常時接続を特徴とする。その設備構成には次のようなものがある。

●SS（Single Star）方式

光ファイバ回線を分岐せず、電気通信事業者の設備センタと利用者を1対1で接続するネットワーク形態である。

●PDS（PON）方式

電気通信事業者の設備センタと利用者間に受動素子を用いた光スプリッタなどを設置して光信号の合・分波を行い、光スプリッタと複数の利用者間にドロップ光ファイバケーブルを配線するネットワーク形態である。受動素子を用いるため、PDS（Passive Double Star）といわれる。

●ADS（Active Double Star）方式

電気通信事業者の設備センタと利用者間に光/電気変換機能や多重分離機能などを有するRT（Remote Terminal）を設置し、RTと複数の利用者間にメタリックケーブルを配線するネットワーク形態である。

次の各文章の [　　　] 内に、それぞれの [　　] の解答群の中から最も適したものを選び、その番号を記せ。 (小計10点)

(1) デジタル信号を送受信するための伝送路符号化方式において、符号化後に例えば高レベルと低レベルといった二つの信号レベルだけをとる2値符号には [　(ア)　] 符号がある。 (2点)

　　[① PR－4　② MLT－3　③ PAM－5　④ AMI　⑤ NRZI]

(2) 光アクセスネットワークの設備構成のうち、電気通信事業者のビルから配線された光ファイバ心線を分岐することなく、電気通信事業者側とユーザ側に設置されたメディアコンバータなどとの間を1対1で接続する構成を採る方式は、一般に、[　(イ)　] 方式といわれる。 (2点)

　　[① PDS　② ADS　③ xDSL　④ HFC　⑤ SS]

(3) IPv6の中継ノード(ルータなど)で転送されるパケットについては、送信元ノードのみがパケットを分割することができ、中継ノードはパケットを分割しないで転送するため、IPv6では [　(ウ)　] 機能により、あらかじめ送信元ノードから送信先ノードまでの間で転送可能なパケットの最大長を設定する。 (2点)

　　[① PMTUD (Path MTU Discovery)　　　② DBA (Dynamic Bandwidth Allocation)
　　③ ND (Neighbor Discovery)　　　　　④ MLD (Multicast Listener Discovery)
　　⑤ CIDR (Classless Inter-Domain Routing)]

(4) クラウドコンピューティングのサービスモデルのうち、クラウド事業者がサーバなどのハードウェア基盤とアプリケーションの実行環境などのミドルウェアをユーザに提供し、ユーザがデータとアプリケーションを用意するサービスモデルは、一般に、[　(エ)　] といわれ、ユーザはアプリケーションのインストール、設定及び維持・管理並びにデータの管理を実施する。 (2点)

　　[① IaaS　② PaaS　③ SaaS　④ ハウジング　⑤ オンプレミス]

(5) 広域イーサネットなどについて述べた次の二つの記述は、[　(オ)　]。 (2点)
A　広域イーサネットにおいて、ユーザは、EIGRP、IS－ISなどのルーティングプロトコルを利用できる。
B　IP－VPNがレイヤ3の機能をデータ転送の仕組みとして使用するのに対して、広域イーサネットはレイヤ2の機能をデータ転送の仕組みとして使用する。

　　　[① Aのみ正しい　② Bのみ正しい　③ AもBも正しい　④ AもBも正しくない]

解 説

(1) デジタル信号を送受信するための伝送路符号化方式の1つである**NRZI**符号は、符号化後に高レベルと低レベルなどの2つの信号レベルをとる。その方式には、入力(ビット値)が0のときは出力(信号レベル)を変化させず1が発生するごとに出力を変化させるものと、入力が1のときには出力を変化させず0が発生するごとに出力を変化させるものがあるが、伝送速度が100MbpsのFast Ethernetの規格を定めたIEEE802.3uでは前者を規定している。
① PR－4：伝送パルスの符号間干渉をある程度許容し、受信側でそれを除去(等化)することで、狭い周波数帯域でも高速伝送ができるようにした方式。
② MLT－3：高レベル、0、低レベルの3つの電圧状態による2値データの表現法で、ビット値が0のとき電圧を変化させず、ビット値が1のときは電圧を1段階ずつ上下させる。
③ PAM－5：MLT－3を拡張し、5つの電圧状態を使用する4値データの表現法。
④ AMI：ISDNの基本インタフェースなどで用いられ、プラス、マイナス、ゼロの3つのレベル値を用いる方式。たとえば、ISDN基本ユーザ・網インタフェースでは、ビット値が1のときにはゼロのレベル値とし、ビット値が0のときにプラス・マイナスのパルスを交互に発生させる。

(2) 光アクセスネットワークの設備構成には、SS、ADS、PDS(PON)の各方式がある。このうち**SS**では、電気通信事業者側の光加入者線終端装置(MC：メディアコンバータ)とユーザ側の光加入者線終端装置(MC)を1対1で接続し、上り／下りで異なる波長の光信号を用いた全二重通信を行っている。なお、近年は電気通信事業者側のMCをOSUと呼び、利用者側のMCをONUと呼ぶことも多くなってきている。また、ADS方式およびPDS方式のシステムは、電気通信事業者の設備(OLT)とユーザの装置との間が2段のスター構成をとる。これらのシステムでは、OLTとユーザの装置の間にRTなどといわれる分岐点(機能点)を設け、OLTと分岐点の間に配線された光ファイバを、複数のユーザで共有する。ADS方式は、機能点に電気的手段による装置を用い、光信号と電気信号を相互に変換し、メタリック加入者線を使用して各ユーザへデータを振り分けている。これに対して、PDS方式は、分岐点に光信号を分岐・結合する光受動素子(光スプリッタ)を用い、個々のユーザにドロップ光ファイバケーブルで配線する方式で、波長分割多重伝送(WDM)技術により上りと下りにそれぞれ異なる波長の光搬送波を割り当て、全二重通信を行っている。

(3) IPv4(Internet Protocol version 4)では、中継ノードは、受信したパケットのサイズが転送可能な最大のサイズであるMTU値よりも大きいときは、パケットをフラグメント化(分割・再構成処理)して転送する。このため、送信元ノードは、送信先ノードまでの経路上の転送可能なパケットの最大長を考慮せずに大きなサイズのパケットを送出する。これに対し、IPv6(IP version 6)では、負荷の軽減のため中継ノードでのフラグメント化を禁止し、フラグメント化は送信元ノードのみが行うこととしている。このため、送信元ノードは、パケットを送出する前に、**PMTUD(Path MTU Discovery)**機能を用いて、送信先ノードまでの間で転送可能なパケットの最大長(経路上にあるさまざまなネットワークのMTU値のうち最小の値)を検出する。

(4) クラウドコンピューティングとは、インターネット等のネットワークを通じて、サーバ、OS、ネットワーク、ストレージ、ソフトウェア、アプリケーションといったリソースを物理的または仮想的に提供するもので、リソースに対する需要の変動やユーザからの利用要求に対して、自動的かつ柔軟に対応できることを特徴としている。そして、クラウドコンピュータを介して提供される情報処理の能力をクラウドサービスという。クラウドサービスの主要なモデルとして、IaaS(Infrastructure as a Service)、PaaS(Platform as a Service)、SaaS(Software as a Service)の3つがよく知られている。このうち、事業者がサーバなどのハードウェア基盤やミドルウェア(OS)といった、アプリケーションを実行するためのプラットフォーム(Platform)をユーザに提供するサービスは**PaaS**であり、ユーザはアプリケーションのインストール、設定および維持・管理、データの管理を実施する。

(5) 設問の記述は、**AもBも正しい**。
A 広域イーサネットは、レイヤ2で遠隔地にあるLAN間を接続するWANであり、LAN間のルーティングプロトコルの利用に制限がない。このため、OSPF、IS－IS、RIP、EIGRP、BGPなどさまざまなプロトコルが利用できる。したがって、記述は正しい。なお、IP－VPNにおけるルーティングプロトコルはIPのみである。
B IP－VPNはその名に"IP"とある通りレイヤ3の機能をデータ転送の仕組みとして使用し、広域イーサネットはその名に"イーサネット"とある通りレイヤ2の機能をデータ転送の仕組みとして使用する。したがって、記述は正しい。

技術・理論

4 ネットワークの技術

答	
(ア)	⑤
(イ)	⑤
(ウ)	①
(エ)	②
(オ)	③

次の各文章の 　　　　　 内に、それぞれの［　　　］の解答群の中から最も適したものを選び、その番号を記せ。ただし、 　　　　　 内の同じ記号は、同じ解答を示す。 (小計10点)

(1) 1000BASE－Tでは、送信データを8ビットごとに区切ったビット列に1ビットの冗長ビットを加えた9ビットが四つの5値情報に変換される 　(ア)　 といわれる符号化方式が用いられている。 (2点)

　　［① 8B／6T　　② 8B／10B　　③ 8B1Q4　　④ MLT－3　　⑤ NRZI］

(2) メタリックケーブルを使用する高速アクセス技術のうち、ITU－T G.9700／G.9701として標準化され、VDSLで使用している周波数帯域を拡張し、伝送方式にTDDを採用したものは 　(イ)　 といわれ、106メガヘルツプロファイルにおいて理論値としての最大伝送速度は上り下り合計1ギガビット／秒とされている。 (2点)

　　［① FTTB　　② ADSL　　③ HDSL　　④ HFC　　⑤ G.fast］

(3) IPv6アドレスについて述べた次の記述のうち、誤っているものは、 　(ウ)　 である。 (2点)

　　① IPv6アドレスには、ユニキャストアドレス、マルチキャストアドレス及びエニーキャストアドレスの三つの種別がある。
　　② マルチキャストアドレスは、上位8ビットが全て1である。
　　③ ユニキャストアドレスは、アドレス構造を持たずに16バイト全体でノードアドレスを示すものと、先頭の複数ビットがサブネットプレフィックスを示し、残りのビットがインタフェースIDを示す構造を有するものに大別される。
　　④ ユニキャストアドレスのうちリンクローカルユニキャストアドレスは、特定リンク上に利用が制限されるアドレスであり、リンクローカルユニキャストアドレスの128ビット列のうち上位16ビットを16進数で表示するとfec0である。

(4) パルス信号が伝送路などで受ける波形劣化の評価に用いられ、オシロスコープにデジタル信号の1ビットごとのパルス波形を重ね合わせて表示した画像は、一般に、 　(エ)　 といわれる。 　(エ)　 の振幅方向と時間軸方向の劣化状況から、劣化要因を視覚的に評価することができる。 (2点)

　　［① マスクパターン　　② アイパターン　　③ テストパターン
　　④ バスタブカーブ　　⑤ コンスタレーション］

(5) 広域イーサネットなどにおいて用いられるEoMPLS技術について述べた次の二つの記述は、 　(オ)　 。 (2点)

　A MPLS網を構成する機器の一つであるラベルスイッチルータ(LSR)は、MPLSラベルを参照してMPLSフレームを中継する。
　B MPLS網内を転送されたMPLSフレームは、一般に、MPLSドメインの出口にあるラベルエッジルータ(LER)に到達した後、MPLSラベルの除去などが行われ、オリジナルのイーサネットフレームとしてユーザネットワークのアクセス回線に転送される。

　　［① Aのみ正しい　　② Bのみ正しい　　③ AもBも正しい　　④ AもBも正しくない］

解 説

(1) 1000BASE－Tは、IEEE802.3abで規定されたギガビットイーサネットの規格で、伝送媒体にツイストペアケーブルを利用し、4組の撚り対線をすべて用いて信号を並列伝送する。送信データの符号化には**8B1Q4**といわれる方式が用いられ、8ビットのデータビット列にエラー検出用の1ビットを加えて9ビットとし、これを1つのシンボルに変換する。1つのシンボルは4組の信号からなり、1組の信号は－2、－1、0、＋1、＋2の5値情報で表現される。そして、4組の信号を4組ある撚り対のそれぞれに割り当て、符号の値に応じて－1.0V、－0.5V、0V、＋0.5V、＋1.0Vの5段

階の電位で1周期に2ビットをパルス振幅変調(PAM)する4D－PAM5方式により変調を行い、これにより伝送周波数を低く抑えてカテゴリ5eのUTPケーブルを用いた伝送を可能にしている。

(2) G.fastは、既設のメタリックケーブルを利用して利用者に高速アクセスを提供するDSL技術の一種で、主に、FTTC(家屋や建物の手前まで光ファイバを敷設)やFTTdb(電柱やマンホール、ビル地下室などのdistribution pointまで光ファイバを敷設)のような利用者宅の近傍まで光ファイバが敷設されているアクセス系に適用される。その仕様は、電力スペクトル密度(PSD)等に関するものがITU－T勧告G.9700で、物理層(PHY)に関するものが勧告G.9701で標準化されている。VDSLは周波数帯域が30MHzで、伝送速度は上り・下りそれぞれ100Mbit／s以下であったが、G.fastは周波数帯域が106MHzに拡張され、さらに212MHzも追加されて、伝送速度は106MHzプロファイルが上り・下り合計で最大1Gbit／s、212MHzプロファイルが上り・下り合計で最大2Gbit／sと大幅に向上している。また、伝送方式にはTDD(時分割複信)方式を採用し、TDDフレーム内のタイムスロットの割当比を調整して上り信号と下り信号の速度比を動的に変更できるようになっている。

(3) 解答群中の記述のうち、<u>誤っている</u>のは、「**ユニキャストアドレスのうちリンクローカルユニキャストアドレスは、特定リンク上に利用が制限されるアドレスであり、リンクローカルユニキャストアドレスの128ビット列のうち上位16ビットを16進数で表示するとfec0である。**」である。

① IPv6アドレスは、次の@〜©の3種類に分類される。したがって、記述は正しい。

   @ ユニキャストアドレス:単一の宛先を指定するアドレスで、1対1の通信に使用する。

   ⓑ マルチキャストアドレス:グループを識別するアドレスで、マルチキャストグループ内の全端末が受信するマルチキャスト通信に使用する。

   © エニーキャストアドレス:グループを識別するアドレスで、グループの中で最も近い端末だけが受信する。

② IPv6アドレスの種類は、上位(先頭)からみたビットパターンで識別でき、128ビット列のうちの上位8ビットの値が全て"1"(ff00::／8)ならマルチキャストアドレスである。したがって、記述は正しい。

③ IPv6ノードは、その役割に依存してIPv6アドレスの構造について保有する情報が異なる。ユニキャストアドレスは、最小限の役割しか持たないノードにとっては、構造を持たずに16バイト(128ビット)全体でノードアドレスを示している。これに対して、ある程度以上の役割を持つノードにとっては、先頭の複数ビットがサブネットプレフィックスを示し、残りのビットがインタフェースIDを示す構造を有するものである。したがって、記述は正しい。

④ ユニキャストアドレスには、全世界でただ一つのグローバルユニキャストアドレス、同一リンク(ルータ越えをしない範囲)内において一意のリンクローカルユニキャストアドレス、サイト内部で一意のユニークローカルユニキャストアドレスがある。リンクローカルユニキャストアドレスは、128ビット列のうちの上位16ビットを16進数で表すと<u>fe80</u>になる。したがって、記述は誤り。

(4) デジタル伝送路における信号波形の劣化度合いを観測し、評価するのに用いられる画像は、一般に、**アイパターン**といわれる。オシロスコープに観測したいデジタル信号を入力し、画面に表示されたパルス波形の画像を取得し、1ビットごとに区切って重ね合わせると、図1のような画像が得られる。図において、パルスに囲まれた中央の部分は人間の目の形に似ていることからアイといわれ、このアイの開き具合で信号の劣化の度合いやその原因を視覚的に判断できる。振幅(縦)方向のアイの開きが狭ければ、符号間干渉やエコーなどによる劣化が起きていることがわかる。また、時間軸(横)方向のアイの開きが狭ければ、ジッタ等に起因する劣化が起きていることがわかる。

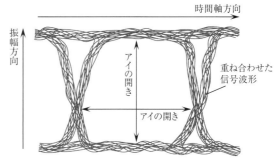

図1 アイパターンの例

(5) 設問の記述は、**AもBも正しい**。EoMPLSは、電気通信事業者のIP通信網として普及しているMPLSネットワークにおいて、イーサネットフレームをカプセル化して転送する技術である。

A MPLSドメインの入口にあるLERでは、ユーザネットワークのアクセス回線から転送されたイーサネットフレームの先頭にある同期信号のプリアンブル(PA)と、末尾にあるフレーム検査シーケンス(FCS)が除去される。次に、先頭にレイヤ2転送用のMACヘッダが、また、ラベル情報を格納するためのMPLSヘッダ(Shimヘッダ)が、さらに、これらに対応したFCSが末尾に付加される。このようにして組み立てられたMPLSフレームを、MPLS網内にあるLSRが、Shimヘッダフィールドのラベル値を参照して次ホップに高速中継する。したがって、記述は正しい。

B MPLS網内を転送されたMPLSフレームは、MPLSドメインの出口にあるLERでMPLS網内転送用のMACヘッダとMPLSヘッダが除去され、新たにPAとFCSが付加されてイーサネットフレームとしてユーザネットワークのアクセス回線に転送される。したがって、記述は正しい。

答	
(ア)	③
(イ)	⑤
(ウ)	④
(エ)	②
(オ)	③

技術・理論

4 ネットワークの技術

次の各文章の 内に、それぞれの[ ]の解答群の中から最も適したものを選び、その番号を記せ。 （小計10点）

(1) 1000BASE－Tでは、送信データを符号化した後、符号化された4組の5値情報を5段階の電圧に変換し、4対の撚り対線を用いて並列に伝送する (ア) といわれる方式が用いられている。 （2点）

〔① 4B／5B ② 4D－PAM5 ③ 8B／10B ④ PAM5×5 ⑤ PAM16〕

(2) 光アクセスネットワークの設備構成などについて述べた次の二つの記述は、 (イ) 。 （2点）

A 電気通信事業者のビルから集合住宅のMDF室などに設置された回線終端装置までの区間には光ファイバケーブルを使用し、MDF室などに設置されたVDSL集合装置から各戸までの区間には既設の電話用の配線を利用する形態のものがある。

B 電気通信事業者とユーザの間の光アクセスネットワークにおいて、光信号を合・分波するための光受動素子を用いた光スプリッタを利用して一つの電気通信事業者側設備に複数のユーザ側設備を接続する構成を採る方式は、ADS方式といわれる。

〔① Aのみ正しい ② Bのみ正しい ③ AもBも正しい ④ AもBも正しくない〕

(3) IPv6アドレスは128ビットで構成され、マルチキャストアドレスは、128ビット列のうちの (ウ) が全て1である。 （2点）

〔① 先頭8ビット ② 末尾8ビット ③ 先頭16ビット
④ 末尾16ビット ⑤ 先頭32ビット ⑥ 末尾32ビット〕

(4) ユーザ端末からインターネットへの接続方式において、ネットワーク終端装置(NTE)を使用してインターネットに接続するPPPoE方式に対し、NTEを使用しないでインターネットに接続する方式は、一般に、 (エ) といわれ、NTEの輻輳に起因する通信速度の低下がないインターネット接続が可能とされている。 （2点）

〔① IoT ② IP－VPN ③ EoMPLS ④ IPoE ⑤ IPCP〕

(5) 広域イーサネットなどについて述べた次の二つの記述は、 (オ) 。 （2点）

A IP－VPNがレイヤ3の機能をデータ転送の仕組みとして使用するのに対して、広域イーサネットはレイヤ2の機能をデータ転送の仕組みとして使用する。

B 広域イーサネットにおいて、ユーザは、EIGRP、IS－ISなどのルーティングプロトコルを利用できる。

〔① Aのみ正しい ② Bのみ正しい ③ AもBも正しい ④ AもBも正しくない〕

解説

(1) ギガビットイーサネットは、最大1Gbit／sの伝送速度を実現するイーサネット規格で、IEEE802.3abで規定された1000BASE－Tといわれる規格と、IEEE802.3zで規定された1000BASE－Xと総称される規格の2つの系統がある。

1000BASE－Tは伝送媒体にツイストペアケーブルを利用し、4対ある撚り対線をすべて用いて信号を並列伝送するもので、送信データの符号化には8B1Q4といわれるデータ符号化方式を用いている。8B1Q4方式では、8ビットごとに区切ったデータビット列にエラー検出用の1ビットを加えて9ビットとし、これを1つのシンボルに変換する。1つのシンボルは4組の信号からなり、1組の信号は－2、－1、0、＋1、＋2の5値情報で表現される符号である。そして、各組の信号を撚り対ごとに割り当て、符号の値に応じて5段階(－1.0V、－0.5V、0V、＋0.5V、＋1.0V)の電位に変換する**4D－PAM5**といわれる多値符号化変調方式により変調を行い、伝送する。

1000BASE－Xは伝送媒体の違いにより、シングルモード光ファイバとマルチモード光ファイバの両方を利用できる1000BASE－LX、マルチモード光ファイバを利用する1000BASE－SX、同軸ケーブルを利用する1000BASE－CXに分類される。符号化方式には、送信データを8ビットごとに区切ったビット列を10ビットのコード体系に変換する8B／10Bを用いている。

(2) 設問の記述は、**Aのみ正しい。**

A マンション等の集合住宅で利用される光アクセスネットワークの設備構成の一つに、VDSL(Very High-bitrate Digital Subscriber Line)方式がある。この方式では、一般に、電気通信事業者のビルなどからの光ケーブルが集合住宅の共用スペース(MDF室など)に引き込まれてPT(Premise Termination)盤に接続され、さらにPT盤から回線終端装置まで棟内光ケーブルが配線される。回線終端装置では光信号と電気信号の相互変換が行われており、電気信号はLANケーブルで回線終端装置に接続されたVDSL集合装置から既設の電話用の配線を通じて各戸に分配される。したがって、記述は正しい。

B ADS(Active Double Star)方式ではなくPDS(Passive Double Star)方式について説明したものになっているので、記述は誤り。ADS方式もPDS方式と同様に1本の光ファイバケーブルから複数のユーザに分岐する方式であるが、ADS方式では分岐点に複数ユーザの電気信号を多重化して光信号に変換するRT(Remote Terminal)といわれる装置を設置し、RTから個々のユーザの引き込み区間にはメタリックケーブルで配線する構成を採る方式である。

(3) IPv6アドレスの種類は、先頭(上位)からみたビットパターンによって識別することができる。その体系は、128ビットの値が全て"0"(::／128)の不特定アドレス、先頭から127ビットの値が"0"で末尾1ビットのみ値が"1"(::1／128)のループバックアドレス、**先頭8ビットの値が全て"1"(ff00::／8)のマルチキャストアドレス**、先頭10ビットのビットパターンが"1111111010"(fe80::／10)のリンクローカルユニキャストアドレス、先頭7ビットのビットパターンが"1111110"(fc00::／7)のユニークローカルユニキャストアドレス、およびこれら以外のグローバルユニキャストアドレスとなっている。

(4) ユーザ端末からインターネットに接続する方式には、IPv4から使用されてきたPPPoE(PPP over Ethernet)方式と、IPv6で新たに追加されたIPoE(IP over Ethernet)方式がある。

PPPoE方式は、ダイヤルアップ接続で使用されるPPP(Point-to-Point Protocol)をイーサネットに適用し、インターネット接続事業者(ISP：Internet Service Provider)が保有するネットワーク終端装置(NTE：Network Termination Equipment)を介して接続する方式で、ユーザのルータに設定されたIDとパスワードにより利用者認証を行い、レイヤ2接続を行う。ユーザ端末とNTEの間では、IPパケットに認証情報を含むPPPoEヘッダを付与した情報をMACフレームに収容して転送する。

一方、**IPoE**方式では、ISPがインターネットサービスを提供するネットワークの構築・運用を行うのではなく、ユーザ端末はNGN(Next Generation Network)を介してISPが指定したネイティブ接続事業者(VNE：Virtual Network Enabler)の設備にIPv6環境でレイヤ3接続する。このとき、ユーザ認証は不要で、回線認証のみが行われる。ユーザ端末とVNEの間のNGN内では、IPパケットは、VNEがユーザに割り当てたIPv6アドレスを用いたIPルーティングのみで転送される。

(5) 設問の記述は、**AもBも正しい。**

A IP－VPNはその名に"IP"とある通りレイヤ3の機能をデータ転送の仕組みとして使用し、広域イーサネットはその名に"イーサネット"とある通りレイヤ2の機能をデータ転送の仕組みとして使用する。したがって、記述は正しい。

B 広域イーサネットは、レイヤ2で遠隔地にあるLAN間を接続するWANであり、LAN間のルーティングプロトコルの利用に制限がない。このため、OSPF、IS－IS、RIP、EIGRP、BGPなどさまざまなプロトコルが利用できる。したがって、記述は正しい。なお、IP－VPNにおけるルーティングプロトコルはIPのみである。

答	
(ア)	②
(イ)	①
(ウ)	①
(エ)	④
(オ)	③

次の各文章の 内に、それぞれの[ ]の解答群の中から最も適したものを選び、その番号を記せ。ただし、 内の同じ記号は、同じ解答を示す。 (小計10点)

(1) 10GBASE－LRの物理層では、上位MAC副層からの送信データをブロック化し、このブロックに対してスクランブルを行った後、2ビットの同期ヘッダの付加を行う (ア) といわれる符号化方式が用いられる。 (2点)

[① 1B／2B ② 4B／5B ③ 8B／6T ④ 8B／10B ⑤ 64B／66B]

(2) 光アクセスネットワークの設備構成として、電気通信事業者のビルから配線された光ファイバの1心を、光スプリッタを用いて分岐し、個々のユーザにドロップ光ファイバケーブルを用いて配線する構成を採るシステムは、 (イ) といわれる。 (2点)

[① xDSL ② TCM ③ HFC ④ OTN ⑤ PON]

(3) CATV網を利用する高速データ通信の規格であるDOCSIS3.1は、使用周波数帯の拡張、誤り訂正符号としてのLDPC符号の採用、多重化方式にマルチキャリア方式で周波数利用効率の高い (ウ) の採用などによって伝送速度の向上を図っている。 (2点)

[① CDMA ② FDMA ③ OFDM ④ TDMA]

(4) IEEE802.3で規定されたイーサネットのフレームフォーマットを用いてフレームを送信する場合は、受信側に受信準備をさせるなどの目的で、フレーム本体ではない信号を最初に送信する。これは (エ) といわれ、7バイトで構成され、10101010のビットパターンが7回繰り返される。受信側は (エ) を受信中に受信タイミングの調整などを行う。 (2点)

[① SFD ② DA ③ SA ④ Preamble ⑤ FCS]

(5) MACアドレスなどについて述べた次の二つの記述は、 (オ) 。 (2点)

A ネットワークインタフェースに固有に割り当てられたMACアドレスは6バイト長で構成され、先頭の3バイトはベンダ識別子(OUI)などといわれ、IEEEが管理及び割当てを行い、残りの3バイトは製品識別子などといわれ、各ベンダが独自に重複しないよう管理している。

B IPアドレスからMACアドレスを求めるためのプロトコルは、ARP(Address Resolution Protocol)といわれ、MACアドレスからIPアドレスを求めるためのプロトコルは、RARP(Reverse ARP)といわれる。

[① Aのみ正しい ② Bのみ正しい ③ AもBも正しい ④ AもBも正しくない]

解 説

(1) 10ギガビットイーサネット(10GbE)の仕様を標準化した規格のひとつにIEEE802.3aeがある。IEEE802.3aeでは、LAN仕様とWAN仕様を規定している。LAN仕様には10GBASE－Rシリーズおよび10GBASE－LX4、WAN仕様には10GBASE－Wシリーズがある。設問の10GBASE－LRは、10GBASE－Rシリーズに含まれる。

IEEE802.3aeが標準化の対象としているのは、物理層(PHY)およびMAC副層(データリンク層の下位副層)である。物理層部分は、LAN仕様では、従来のイーサネットと同様に、データの符号化を行うPCS、データのシリアル／パラレル変換を行うPMA、物理媒体との接続を行うPMDの3つの物理副層で構成される。また、WAN仕様では、PCSとPMAの間に、符号化されたデータをSONET／SDHフレームのペイロードに埋め込むためのWISが設けられ、PHYは4つの物理副層で構成される。また、PCSにおけるデータの符号化は、10GBASE－Rシリーズおよび10GBASE－Wシリーズでは、データの64ビット(32ビット2個)を1つのブロックとして扱い、ブロックごとにスクランブル処理(同じビット値が長く連続しないようにする処理)を施し、さらに2ビットの同期ヘッダを付加して66ビットの符号とする**64B／66B**方式により行われる。一方、10GBASE－LX4では、送信データを8ビットごとに区切ったビット列を10ビットのコード体系に変換する8B／10B方式により行われる。

(2) 光アクセスネットワークの設備構成には、電気通信事業者の設備(OLT)とユーザの設備(ONU)の間で2段のスター構成をとり、OLTとONUの間に機能点(分岐点)を設け、OLTと分岐点の間に配線された光ファイバを複数ユーザで共有するものがある。これには、PONとADSの2種類のシステムがある。

PONでは、電気通信事業者のビルから配線された光ファイバの1心を、分岐点において光受動素子により分岐し、個々のユーザにドロップ光ファイバケーブルを用いて配線する。また、ADSでは、機能点に電気的手段による装置を用い、光信号と電気信号を相互に変換し、多重分離を行って、メタリック加入者線により各ユーザへデータを振り分ける。

(3) DOCSIS(Data Over Cable Service Interface Specifications)は、CATV網を利用したケーブルインターネットの標準規格である。最初の規格(DOCSIS1.0)は1997年に制定され、その後バージョンアップを重ねて高速化や周波数利用効率の向上、セキュリティの強化などが図られてきた。DOCSIS3.1は2013年に制定された規格で、以下のような強化を図ることでスループットを高めている。

- 使用周波数帯域：日本の従来のCATVインターネットでは上り10M～55MHz、下り70M～770MHzであり、DOCSIS3.0でも上り5M～85MHz、下り108M～1,002MHzであった。これに対して、DOCSIS3.1では、上り5M～204MHz、下り258M～1,218MHzを必須とし、上りは任意に拡張することができ、下りも1,794MHzまでなら任意に拡張して利用することが可能になった。
- 誤り訂正符号：従来のリードソロモン(Reed-Solomon)符号に代えて、DOCSIS3.1では雑音耐性の高いLDPC(Low Density Parity Check 低密度パリティ検査)符号を採用することで変調レートを高めることを可能にした。
- チャネル帯域幅：従来は上りはチャネルプランに合せて0.2/0.4/0.8/1.6/3.2/6.4MHz、下りは6MHzの固定幅だったが、DOCSIS3.1では上り6.4M～96MHz、下り24M～192MHzの可変幅とすることで周波数利用効率を高めた。
- 多重化方式：従来はシングルキャリアをQAM変調して伝送していたが、DOCSIS3.1ではQAMの次数を大幅に増やすとともに**OFDM**変調によるマルチキャリア伝送方式を採用することにより周波数利用効率を高めた。

(4) イーサネットでは受信側端末は同期用のクロックを受信信号から抽出するので、信号の先頭に送信先(宛先)アドレス等の有意情報が入っているとそれらの情報を正常に読み取ることができない。この対策として、イーサネットフレームの先頭にはPA(**Preamble** プリアンブル)といわれる、"10101010"のビットパターンを7回繰り返す7バイト長のフィールドを付加し、受信側端末は**PA**を用いて有意情報の到達前に同期を確立する。さらに、PAに続けてSFD(Start Frame Delimiter フレーム開始部)といわれる1バイト長でビットパターンが"10101011"のフィールドを付加し、これによりPAの終了および次からが有意情報であることを示す。なお、DIX規格(EthernetⅡ)では、SFDまで含めた8バイトをPAと呼んで説明している。

(5) 設問の記述は、**AもBも正しい**。

A MACアドレスは、OSI基本参照モデルにおけるレイヤ2の下位副層であるMAC副層でネットワーク上の機器を識別するための識別子である。6バイト長で構成され、前半の3バイトはベンダ識別子(OUI)などといわれ、IEEEがベンダ(発売元)ごとに管理、割当てを行っている。また、残りの3バイトは製品識別子などといわれ、ベンダが自社製品に重複のないように固有に割り当てる。したがって、記述は正しい。

B IPアドレスまたは物理アドレス(MACアドレス)を元に不明なアドレス情報を調査するプロトコルには、ARP(Address Resolution Protocol)とRARP(Reverse ARP)がある。ARPは、既知のIPアドレスから未知のMACアドレスを調査するプロトコルである。また、RARPは、ARPとは逆に、既知のMACアドレスから未知のIPアドレスを調査するプロトコルである。得られたIPアドレスとMACアドレスの対応情報は、ルータやLANスイッチのARPキャッシュやARPテーブルに保存され、フレームやパケットの転送に利用される。したがって、記述は正しい。

技術・理論

4 ネットワークの技術

答	
㈎	⑤
㈩	⑤
㈦	③
㈢	④
㈥	③

次の各文章の 内に、それぞれの[ ]の解答群の中から最も適したものを選び、その番号を記せ。ただし、 内の同じ記号は、同じ解答を示す。 (小計10点)

(1) 1000BASE－Tでは、送信データを符号化した後、符号化された4組の5値情報を5段階の電圧に変換し、4対の撚り対線を用いて並列に伝送する (ア) といわれる変調方式により伝送に必要な周波数帯域を抑制している。 (2点)

[① PAM5×5 ② PAM16 ③ 4B／5B ④ 8B／10B ⑤ 4D－PAM5]

(2) ITU－T G.992.1及びG.992.2として標準化されたADSLの変調方式は、 (イ) といわれ、帯域幅が4キロヘルツのサブキャリアを多数配置することにより広い帯域を細かく区切り、個々に独立した帯域を使用する方法が用いられている。 (2点)

[① ATM ② STM ③ TDM ④ DMT ⑤ PCM]

(3) ICMPv6について述べた次の二つの記述は、 (ウ) 。 (2点)

A ICMPv6の情報メッセージでは、IPv6のアドレス自動構成に関する制御などを行うND（Neighbor Discovery）プロトコルやIPv6上でマルチキャストグループの制御などを行うMLD（Multicast Listener Discovery）プロトコルで使われるメッセージなどが定義されている。

B IETFのRFCでは、ICMPv6は、IPv6に不可欠な一部であり、全てのIPv6ノードは完全にICMPv6を実装しなければならないとされている。

[① Aのみ正しい ② Bのみ正しい ③ AもBも正しい ④ AもBも正しくない]

(4) パルス信号が伝送路などで受ける波形劣化の評価に用いられ、オシロスコープにデジタル信号の1ビットごとのパルス波形を重ね合わせて表示した画像は、一般に (エ) といわれる。 (エ) の振幅方向と時間軸方向の劣化状況から、劣化要因を視覚的に評価することができる。 (2点)

[① テストパターン ② マスタパターン ③ アイパターン
④ ワイヤマップ ⑤ バスタブカーブ]

(5) 広域イーサネットで用いられるEoMPLSなどについて述べた次の二つの記述は、 (オ) 。 (2点)

A EoMPLSにおけるラベル情報を参照するラベルスイッチング処理によるフレームの転送速度は、一般に、レイヤ3情報を参照するルーティング処理によるパケットの転送速度と比較して遅い。

B MPLS網を構成する主な機器には、MPLSラベルを付加したり、外したりするラベルエッジルータと、MPLSラベルを参照してフレームを転送するラベルスイッチルータがある。

[① Aのみ正しい ② Bのみ正しい ③ AもBも正しい ④ AもBも正しくない]

解 説 ▷

(1) ギガビットイーサネットは、最大1Gbit／sの伝送速度を実現するイーサネット規格で、IEEE802.3abで規定された1000BASE－Tといわれる規格と、IEEE802.3zで規定された1000BASE－Xと総称される規格の2つの系統がある。

　　1000BASE－Tは伝送媒体にツイストペアケーブルを利用し、4対ある撚り対線をすべて用いて信号を並列伝送するもので、符号化には8B1Q4といわれるデータ符号化方式を用いている。8B1Q4では、8ビットごとに区切ったデータビット列にエラー検出用の1ビットを加えて9ビットとし、これを1つのシンボルに変換する。1つのシンボルは4組の信号からなり、1組の信号は－2、－1、0、＋1、＋2の5値情報で表現される符号である。そして、各組の信号を撚り対ごとに割り当て、符号の値に応じて5段階（－1.0V、－0.5V、0V、＋0.5V、＋1.0V）の電位に変換する**4D－PAM5**といわれる多値符号化変調方式により変調を行い、伝送する。

　　1000BASE－Xは伝送媒体の違いにより、シングルモード光ファイバとマルチモード光ファイバの両方を利用できる1000BASE－LX、マルチモード光ファイバを利用する1000BASE－SX、同軸ケーブルを利用する1000BASE－CXに分類される。符号化方式には、送信データを8ビットごとに区切ったビット列を10ビットのコード体系に変換する8B／10Bを用いている。

(2) ITU－T勧告G.992.1（フルレートADSL）およびG.992.2（ハーフレートADSL）では、変調方式に**DMT**（離散マルチトーン）方式を採用している。DMT方式では、データ伝送帯域を4kHz幅のサブキャリアに分割し、それぞれを個別にQAM（直交振幅変調）方式で変調することにより、送信データに対応させる。通信は複数の帯域に分散されるので、1つの帯域が利用できなくても、他の帯域で通信を維持することができる。配置されるサブキャリアの個数は、上り方向（利用者宅→電気通信事業者の設備センタ）ではG.992.1、G.992.2ともに26個であるが、下り方向（電気通信事業者の設備センタ→利用者宅）ではG.992.1が223個、G.992.2が95個のように異なっている。

(3) 設問の記述は、**AもBも正しい**。ICMPv6は、IPv6で用いられるインターネット制御通知プロトコル（Internet Control Message Protocol）であり、IPレベルのコントロールメッセージを伝達する。その仕様は、IETFの技術文書RFC4443で規定されている。

A　ICMPv6のメッセージとして、到達不能や時間超過などのエラーメッセージ、エコー要求・エコー応答のping機能、そして、ノードがインタフェースのアドレスを自動構成する際の制御に使用するND（近隣探索）プロトコルや、マルチキャストグループ（1つのマルチキャストアドレス宛にIPデータグラムを送信すればそのマルチキャストグループに参加しているすべてのノードに送り届けられる）の制御に使用するMLD（マルチキャスト受信者探索）プロトコルなどの情報メッセージが定義されている。したがって、記述は正しい。

B　RFC4443において、ICMPv6はIPv6を構成する一部分として必須であり、すべてのIPv6ノードは完全にICMPv6を実装しなければならないと規定されている。したがって、記述は正しい。

(4) デジタル伝送路における信号波形の劣化度合いを観測し、評価するのに用いられる画像は、一般に、**アイパターン**といわれる。オシロスコープに観測したいデジタル信号を入力し、画面に表示されたパルス波形の画像を取得し、1ビットごとに区切って重ね合わせると、図1のような画像が得られる。図において、パルスに囲まれた中央の部分は人間の目の形に似ていることからアイといわれ、このアイの開き具合で信号の劣化の度合いやその原因を視覚的に判断できる。図において、振幅（縦）方向のアイの開きが狭くなっていれば、符号間干渉やエコーなどによる劣化が起きていることがわかる。また、時間軸（横）方向のアイの開きが狭くなっていれば、ジッタ等に起因する劣化が起きていることがわかる。

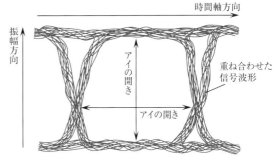

図1　アイパターンの例

(5) 設問の記述は、**Bのみ正しい**。EoMPLSは、電気通信事業者のIP通信網として普及しているMPLSネットワークにおいて、LANで利用されているイーサネットフレームをカプセル化して転送する技術である。

A　MPLSでは、フレーム内のMPLSラベルに基づきスイッチングによる転送を行うため、ルータなどが行っているレイヤ3情報を参照したルーティング処理による経路制御よりも高速に情報転送を行うことができる。そして、その高速性を生かして、インターネットや電気通信事業者の提供するVPNサービスに利用される。したがって、記述は誤り。

B　通常、MPLS網は、MPLSドメインの出入口にありMPLS網内の転送に用いられるラベルの付与および除去を行うラベルエッジルータ（LER）と、カットスルー方式によりラベルのみを参照して次の装置へ高速転送するラベルスイッチルータ（LSR）といわれる中継装置で構成される。したがって、記述は正しい。

答	
㈠	⑤
㈡	④
㈢	③
㈣	③
㈤	②

技術・理論

4　ネットワークの技術

トラヒックの諸量

●呼数
・呼数：利用者が交換設備等を占有することを呼といい、呼の累積数を呼数という。

●保留時間、平均保留時間
・保留時間：呼が始まってから終了するまでの経過時間を保留時間という。呼によって、数秒のこともあれば、数時間のこともありうる。

・平均保留時間：測定(対象)時間内に発生したさまざまな呼の各保留時間を平均したものを平均保留時間という。したがって、各保留時間を合計した延べ保留時間を呼数で割れば平均保留時間を得る。

平均保留時間＝延べ保留時間÷呼数　変形して

延べ保留時間＝平均保留時間×呼数

呼数＝延べ保留時間÷平均保留時間　の関係がある。

これらの相互関係は計算問題で必要になるので、自在に応用できるようにしておくこと。

●トラヒック量
トラヒックの大きさ(ボリューム)を表す数値をトラヒック量といい、回線や機器等を占有している延べ保留時間で表す。したがって、単位は"時間"を表すものであり、時間、分、秒のいずれでもよく、扱い易いものを用いる。

・トラヒック量：延べ保留時間＝平均保留時間×呼数

●呼量
呼量は測定時間内におけるトラヒックの密度をいい、無名数であるが、〔erl；アーラン〕を付して表す。たとえば、測定時間40分間に延べ24分間保留したときのトラヒック密度は0.6で、呼量＝0.6〔erl〕である。

・呼量＝トラヒック量÷測定時間

ここで、トラヒック量＝延べ保留時間　であるから、

・呼量＝延べ保留時間÷測定時間

＝平均保留時間×呼数÷測定時間　種々変形して

平均保留時間＝呼量×測定時間÷呼数

呼数＝呼量×測定時間÷平均保留時間

〔注意〕

呼量について、「1時間当たりの延べ保留時間で表す」と表現している参考書等がある。これに間違いはないが、誤読する読者も多く、具体的計算において複雑な計算を行って誤った結果を出している例をよく見かける。たとえば、測定時間が1時間ではなく30分といった場合などに、上記の表現による戸惑いを起こしかねない。

呼量＝(呼数×平均保留時間)÷測定時間

この式とその意味をしっかり記憶されたい。

●最繁時呼数・最繁時呼量・最繁時集中率
・最繁時呼数：1日のうち、トラヒックが最大になる連続1時間のことを最繁時といい、この1時間中に発生する呼数を最繁時呼数、呼量を最繁時呼量という。

・最繁時集中率：最繁時呼数が1日の総呼数に占める割合を最繁時集中率といい、パーセントで表す。呼量で表す場合も同様である。

最繁時集中率＝(最繁時呼数÷1日の総呼数)×100〔％〕

この式を変形すると

1日の総呼数＝最繁時呼数÷最繁時集中率×100

最繁時呼数＝1日の総呼数×最繁時集中率÷100

●回線使用率
その回線群が運び得る最大呼量に対し、運んだ呼量の割合をいい、パーセントで表す。出線能率ともいう。ところで、回線群が運び得る最大呼量は回線数に等しいから

・回線使用率＝運んだ呼量÷回線数×100〔％〕　である。この式を変形すると

運んだ呼量＝回線数×回線使用率÷100

回線数＝運んだ呼量÷回線使用率×100

●呼損率

図1

即時交換方式において、入線に加わった呼量が出線に空きがなく運ばれなかった呼量を損失呼量といい、加わった呼量に対する損失呼量の割合を呼損率という。

・呼損率＝損失呼量÷加わった呼量

＝(加わった呼量－運ばれた呼量)÷加わった呼量

＝1－(運ばれた呼量÷加わった呼量)

運ばれた呼量＝加わった呼量×(1－呼損率)

損失呼量＝加わった呼量×呼損率

●待合せ率
待時式では、出線全話中になったときは待合せになり、あきらめず待機していれば、出線に空きができたとき必ず接続する。よって、加わった呼量＝運ばれた呼量　となる。

これは、実用的な理論でなく、サービス尺度を表す手段の一つとして、待合せ率(待ち率ともいう)を用いる。

待合せ率は加わった呼数に対する待合せ呼数の割合で表す。

・待合せ率＝待合せ呼数÷加わった呼数

●接続損失

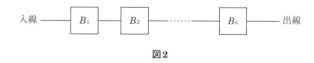

図2

図2のように、接続損失のあるいくつかの階梯を経由して呼を運ぶ場合、全接続損失は各階梯の呼損率の和にほぼ等しい。

●アーランB式
アーランが考えた即時式完全線群の損失式は、呼損率をB、加わった呼量をa、出回線数をnとすれば次式のとおりであり、この式をアーランB式という。

$$B = \frac{\dfrac{a^n}{n!}}{1 + a + \dfrac{a^2}{2!} + \cdots\cdots + \dfrac{a^n}{n!}}$$

・アーランB式の前提条件
①呼の生起はランダムである。
②呼の保留時間は指数分布に従う。
③入線数は無限大で、出線数は有限である。
④出線塞がりに遭い、損失となった呼は消滅する。

・即時式完全線群負荷表
　アーランB式から実用的な負荷表が使用されている。この負荷表では、呼損率、回線数および運び得る呼量の関係が示されており、次のように使用する。

表1　即時式完全線群負荷表（アーランの損失式数表）　　単位：erl

n ＼ B	0.01	0.02	0.03	0.05	0.1
1	0.01	0.02	0.03	0.05	0.11
2	0.15	0.22	0.28	0.38	0.60
3	0.46	0.60	0.72	0.90	1.27
4	0.87	1.09	1.26	1.53	2.05
5	1.36	1.66	1.88	2.22	2.88
6	1.91	2.28	2.54	2.96	3.76
7	2.50	2.94	3.25	3.74	4.67
8	3.13	3.63	3.99	4.54	5.60
9	3.78	4.35	4.75	5.37	6.55
10	4.46	5.08	5.53	6.22	7.51

　　B：呼損率　　　n：回線数（または装置数等）

例：呼損率を0.01とし、呼量4.46erlを運ぶためには、10回線を必要とする。

例：10回線で4erlを運ぶときは、呼損率が0.01となる。

LAN間接続装置

●リピータ
　同種のLANのセグメント相互を接続するための装置で、物理層の機能のみを有する。電気信号の整形と再生増幅を行い、他方のLANセグメントに送出する。イーサネットLANのセグメントには距離の制限があるが、リピータを使用することによって大規模なイーサネットを構築することができる。

　たとえば、100BASE-TXではLANセグメントの長さが100mまでに制限されるが、入力された信号と同じ規格の信号を出力するクラス2リピータを用いて多段接続する場合リピータを2台まで接続して延長することが可能で、最長205m（＝100＋5＋100）となる。

●スイッチングハブ（L2スイッチ）
　MAC副層を通じてLANとLANとを接続する装置で、MACアドレスをもとにフレームの転送先ポートを決定して出力する。

　MACアドレスは、機器のネットワークインタフェースに他のインタフェースと重複することのないように割り当てられるそのインタフェース固有のアドレスで、6バイト（48bit）長で構成される。6バイトのうちの前半の3バイトは、IEEEが管理し、機器ベンダ（製造・販売事業者）ごとに割り当てている**ベンダ識別子（OUI）**である。また、後半の3バイトは、それぞれのベンダが独自に重複しないように管理している番号で、**製品識別子**などといわれる。

　フレームの転送方式には、有効フレームの宛先アドレスを読み込むと内部に保有しているアドレステーブルと照合して直ちに転送する**カットアンドスルー方式**、有効フレームの先頭から64バイトまで読み込んだ時点で誤りを検査して異常がなければ転送する**フラグメントフリー方式**、有効フレームをすべてバッファに取り込み、誤り検査を行ってから転送するため速度やフレーム形式の異なったLAN相互の接続が可能な**ストアアンドフォワード方式**がある。

●ルータ
　ネットワーク層や一部のトランスポート層でLANとLANとを接続する装置で、MAC副層でのアドレス体系が異なるLAN同士を接続することができる。

　IPヘッダ内にあるIPアドレスをもとに、次にどの経路に情報を渡すかの判断を行うルーティング（経路選択）機能をもつ。また、IPアドレス等を判断基準として、ヘッダが不正なものや通過を禁止しているものなどを選別する。

●レイヤ3スイッチ（L3スイッチ）
　レイヤ3スイッチは、スイッチングハブにネットワーク層の機能を追加したもので、ルータと同様にルーティング機能を有し、異なるネットワークアドレスを持つネットワークどうしを接続することができる。ルータとの違いは、ルーティングを**ハードウェア処理**で行うことである。

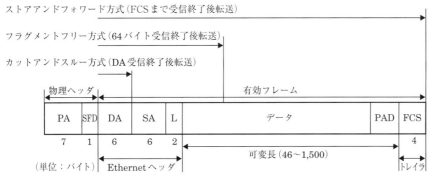

図3　スイッチングハブのフレーム転送方式

5 トラヒック理論等

技術・理論

次の各文章の _____ 内に、それぞれの[　　]の解答群の中から最も適したものを選び、その番号を記せ。　　　（小計10点）

(1) ある時間の間に出回線群で運ばれた呼量は、同じ時間内にその出回線群で運ばれた呼の平均回線保留時間中における ____(ア)____ の値に等しい。　　　　　　　　　　　　　　　　　　　　　　（2点）

　　[① 待ち呼数　　② 最大呼数　　③ 呼数密度　　④ 平均呼数　　⑤ 損失呼数]

(2) アーランの損失式は、出回線数を n 回線、生起呼量を a アーラン、呼損率を B としたとき、$B =$ ____(イ)____ と表される。　　　　　　　　　　　　　　　　　　　　　　　　　　　　　　　　　　　（2点）

$$① \quad \frac{\dfrac{a^n}{n!}}{1 + \dfrac{a}{1!} + \dfrac{a^2}{2!} + \cdots + \dfrac{a^n}{n!}} \qquad\qquad ② \quad \frac{1 + \dfrac{a}{1!} + \dfrac{a^2}{2!} + \cdots + \dfrac{a^n}{n!}}{\dfrac{a^n}{n!}}$$

$$③ \quad \frac{\dfrac{n^a}{a!}}{1 + \dfrac{n}{1!} + \dfrac{n^2}{2!} + \cdots + \dfrac{n^a}{a!}} \qquad\qquad ④ \quad \frac{1 + \dfrac{n}{1!} + \dfrac{n^2}{2!} + \cdots + \dfrac{n^a}{a!}}{\dfrac{n^a}{a!}}$$

(3) 出回線数が40回線の回線群について、使用中の出回線数を3分ごとに調査したところ、表1に示す結果が得られた。この回線群の調査時間中における出線能率は、____(ウ)____ パーセントとみなすことができる。　　（2点）

表1

調査時間	9:00	9:03	9:06	9:09	9:12	9:15	9:18	9:21	9:24	9:27	9:30
使用中の回線数	8	15	5	6	9	5	7	7	6	12	8

　　[① 5　　② 8　　③ 20　　④ 22　　⑤ 24]

(4) MACアドレスの構造などについて述べた次の二つの記述は、____(エ)____。　　　　　　　（2点）

　A　ネットワークインタフェースに固有に割り当てられたMACアドレスは6バイト長で構成され、先頭の3バイトはベンダ識別子（OUI）などといわれ、IEEEがベンダごとの割当て及び管理を行い、残りの3バイトは製品識別子などといわれ、各ベンダが独自に重複しないよう管理している。

　B　MACアドレスからIPアドレスを取得するためのプロトコルは、ARP（Address Resolution Protocol）といわれ、IPアドレスからMACアドレスを取得するためのプロトコルは、RARP（Reverse ARP）といわれる。

　　[① Aのみ正しい　　② Bのみ正しい　　③ AもBも正しい　　④ AもBも正しくない]

(5) ネットワークを構成する機器であるレイヤ3スイッチについて述べた次の二つの記述は、____(オ)____。　　（2点）

　A　レイヤ3スイッチは、VLANとして分割したネットワークを相互に接続することができないため、相互接続をする場合、ルータを用いる必要がある。

　B　レイヤ2に対応したレイヤ3スイッチは、受信したフレームの送信元MACアドレスを読み取り、アドレステーブルに登録されているかどうかを検索し、登録されていない場合はアドレステーブルに登録する。

　　[① Aのみ正しい　　② Bのみ正しい　　③ AもBも正しい　　④ AもBも正しくない]

解説

(1) ある時間の間に出回線群が運んだ呼量と、同じ時間に運ばれた呼が平均保留時間中に発生した**平均呼数**とは等しい。

呼量は単位時間当たりの延べ保留時間であり、延べ保留時間は各呼の保留時間の合計である。T〔時間〕の間に出回線によって運ばれた呼量をa_c〔erl〕、同じT〔時間〕中に運ばれた呼数をC〔呼〕、各呼の平均保留時間をh〔時間〕とすれば、運ばれた呼の延べ保留時間は$C \times h$〔時間〕で表され、呼量は$a_c = \dfrac{C \times h}{T}$〔erl〕となる。

また、同じ時間帯の同じ出回線において、T〔時間〕中に運ばれた呼数とh〔時間〕中に運ばれた呼数は単位時間当たりの平均をとれば等しく、平均保留時間中に発生した平均呼数をx〔呼〕とすれば、C〔呼〕：T〔時間〕＝x〔呼〕：h〔時間〕という比例関係があるので、$x = \dfrac{C \times h}{T}$ が成り立つ。

よって、$a_c = x$ となり、上記の表現ができる。

(2) アーランの損失式(アーランB式)は、入回線数無限、出回線数有限のモデルにランダム呼が加わり、呼の回線保留時間分布は指数分布に従い、話中に遭遇した呼は消滅するという前提に基づき、確率的に導かれたものであり、出回線数をn〔回線〕、生起呼量をa〔erl〕とすれば、呼損率Bは次式で表される。

$$B = \cfrac{\dfrac{a^n}{n!}}{1 + \dfrac{a}{1!} + \dfrac{a^2}{2!} + \cdots\cdots + \dfrac{a^n}{n!}} = \cfrac{\dfrac{a^n}{n!}}{\displaystyle\sum_{x=0}^{n} \dfrac{a^x}{x!}}$$

(3) 表1のように、一定の時間間隔で使用回線数などの状況を調べ、呼量を算定する方法を「同時動作数法」という。この方法によれば、同時使用中回線数の平均値が呼量に近似する。

表1の調査では、使用回線数について9:00から9:30まで3分おきに11回の調査を行っている。各回の調査結果の値を平均すると、$\dfrac{8 + 15 + 5 + 6 + 9 + 5 + 7 + 7 + 6 + 12 + 8}{11} = \dfrac{88}{11} = 8$〔回線〕になるから、調査時間中に運ばれた呼量は8〔erl〕とみなすことができ、出線能率は、$\dfrac{運ばれた呼量}{出回線数} \times 100 = \dfrac{8}{40} \times 100 = \mathbf{20}$〔%〕となる。

(4) 設問の記述は、**Aのみ正しい**。

A MACアドレスは、OSI基本参照モデルにおけるレイヤ2の下位副層であるMAC副層でネットワーク上の機器を識別するための識別子である。6バイト長で構成され、前半の3バイトはベンダ識別子(OUI)などといわれ、IEEEがベンダ(発売元)ごとに管理、割当てを行っている。また、残りの3バイトは製品識別子などといわれ、ベンダが自社製品に重複のないように固有に割り当てる。したがって、記述は正しい。

B IPアドレスと物理アドレス(MACアドレス)を相互変換するプロトコルには、ARPとRARPがある。ARPは、IPアドレスをMACアドレスに変換するプロトコルである。また、RARPは、ARPとは逆に、MACアドレスをIPアドレスに変換するプロトコルである。したがって、記述は誤り。

(5) 設問の記述は、**Bのみ正しい**。

A レイヤ3スイッチ(L3スイッチ)は、スイッチングハブ(L2スイッチ)にOSI参照モデルにおけるレイヤ3(ネットワーク層)のルーティング機能を追加したもので、IPアドレスなどにより経路制御(ルーティング)を行い、異なるネットワークアドレスを持つLANどうしを相互に接続することができる。また、IPアドレスはネットワークの識別子であるネットワークアドレスと端末の識別子であるホストアドレスで構成されるので、これを利用してVLANとして分割したネットワークを相互に接続し、中継することもできる。したがって、記述は誤り。

B L3スイッチのレイヤ2処理では、受信したフレームの送信元MACアドレスを内蔵のアドレステーブル(ポートとそのポートに接続されている機器のMACアドレスの対応表)と照合し、アドレステーブルに当該MACアドレスがなければ、受信したフレームの送信元MACアドレス(SA：Source Address)と物理ポートIDを1組にして登録する。したがって、記述は正しい。

答	
㈦	④
㈠	①
㈤	③
㈢	①
㈥	②

技術・理論

5 トラヒック理論等

次の各文章の 内に、それぞれの[ ]の解答群の中から最も適したものを選び、その番号を記せ。 (小計10点)

(1) 呼損率を確率的に導く式であるアーランB式が成立する前提条件について述べた次の二つの記述は (ア) 。 (2点)

A 複数の入回線にランダムに生起する呼の回線保留時間は互いに独立で、いずれも指数分布に従い、かつ損失呼は再発信する。

B 入回線数が有限で、出回線数が無限のモデルにランダム呼が加わる。

[① Aのみ正しい ② Bのみ正しい ③ AもBも正しい ④ AもBも正しくない]

(2) 出回線数がN回線の即時式完全線群において、加わった呼量がaアーランのときの出線能率をηとすると、呼損率は (イ) で求められる。 (2点)

$$\left[① \ \frac{N(1-\eta)}{a} \quad ② \ \frac{N\eta}{a} \quad ③ \ \frac{a}{N(1-\eta)} \quad ④ \ \frac{a(1-\eta)}{N} \quad ⑤ \ \frac{a-N\eta}{a} \right]$$

(3) あるコールセンタの平常時におけるオペレータ席への電話着信状況を1時間調査したところ、5人のオペレータが顧客対応をしたとき、顧客を待たせず応対できた数が135件、全てのオペレータが応対中のため顧客が応対待ちとなった数が15件であった。この応対待ちとなる確率を0.02以下にするには、表1を用いて求めると、オペレータの増員数は、少なくとも (ウ) 必要となる。 (2点)

表1 待時式完全線群負荷表
単位：アーラン

n＼$M(0)$	0.01	0.02	0.05	0.10	n＼$M(0)$	0.01	0.02	0.05	0.10
1	0.01	0.02	0.05	0.10	6	1.76	2.05	2.53	3.01
2	0.15	0.21	0.34	0.50	7	2.30	2.63	3.19	3.73
3	0.43	0.56	0.79	1.04	8	2.87	3.25	3.87	4.46
4	0.81	0.99	1.32	1.65	9	3.46	3.88	4.57	5.22
5	1.26	1.50	1.91	2.31	10	4.08	4.54	5.29	5.99

(凡 例) $M(0)$：待合せ率 n：出回線数

[① 2人 ② 3人 ③ 5人 ④ 6人 ⑤ 7人]

(4) スイッチングハブのフレーム転送方式における (エ) 方式では、有効フレームの先頭から宛先アドレスまでを受信した後、フレームが入力ポートで完全に受信される前に、フレームの転送を開始する。 (2点)

[① ストアアンドフォワード ② フラグメントフリー ③ カットアンドスルー
④ スパニングツリー ⑤ フラッディング]

(5) LANを構成する機器について述べた次の記述のうち、正しいものは、 (オ) である。 (2点)

① ブリッジは、イーサネットを構成する機器として用いることができ、IPアドレスに基づいて信号の中継を行う。

② リピータハブは、スター型のLANで使用され、OSI参照モデルにおけるデータリンク層が提供する機能を利用して、信号の増幅、整形及び中継を行う。

③ L2スイッチは、OSI参照モデルにおけるネットワーク層が提供する機能を利用して、異なるネットワークアドレスを持つLAN相互の接続ができる。

④ L3スイッチには、一般に、受信したフレームをIPアドレスに基づいて中継するレイヤ2処理部と、受信したパケットをMACアドレスに基づいて中継するレイヤ3処理部がある。

⑤ L3スイッチでは、RIP、OSPFなどのルーティングプロトコルを用いることができる。

解説

(1) 設問の記述は、**A も B も正しくない**。回線群に加わる呼量、出回線数、呼損率の関係を求める理論式の一つにアーランの損失式（アーラン B 式）があり、トラヒック計算において最も一般的に用いられている。アーラン B 式は、<u>入回線数無限、出回線数有限</u>のモデルにランダム呼が加わり、呼の回線保留時間分布は互いに独立で、いずれも指数分布に従い、話中に遭遇した呼は<u>消滅する</u>という前提に基づき、確率的に導かれた式である。

(2) 出回線数 N の即時式完全線群が運ぶことのできる最大呼量は N〔erl〕である。また、出線能率は、「出線能率 = 運ばれた呼量 ÷ 出線数」で算出される。まず、設問の回線群に加わった呼量が a〔erl〕であるから、呼損率を B とすると、この回線群によって運ばれた呼量 a_C〔erl〕は、$a_C = a(1 - B)$〔erl〕である。また、出回線数は N であるから、出線能率は、

$$\eta = \frac{\text{運ばれた呼量}\,a_C}{\text{出回線数}\,N} = \frac{a(1 - B)}{N}$$

となる。この式を呼損率 B について整理すると、答が求められる。

$$N\eta = a - aB \qquad \therefore \quad aB = a - N\eta \qquad \therefore \quad B = \frac{a - N\eta}{a}$$

(3) 表 1 において、n は回線数または設備数であり、ここではオペレータの人数と読み替える。$M(0)$ はオペレータがすべて応対中のため応対待ちとなる確率である。そして、表中の数値はオペレータに加わる呼量〔erl〕である。

調査結果によれば、この 1 時間中に顧客を待たせず応対できた数が 135 件、すべてのオペレータが応対中のため顧客が応対待ちとなった数が 15 件であった。これより、電話着信数は 135 + 15 = 150〔件〕であり、顧客が応対待ちとなった確率は $M(0)$ = 15 ÷ 150 = 0.10 である。また、オペレータは 5 人だから、$n = 5$ である。ここで、表 1 の $M(0)$ = 0.10 の列を縦に順に見ていき、$n = 5$ の行の値を読むと、調査時に加わった呼量は 2.31〔erl〕であったことがわかる。

この呼量 2.31〔erl〕に対し、応対待ちとなる確率を 0.02 以下にしたいのであるから、表 1 の $M(0)$ = 0.02 の列を縦に順に見ていくと、$n = 7$ になったときにはじめて 2.31〔erl〕以上の呼量になり、呼損率を 0.02 以下にしたいという条件を満たすことがわかる。よって、オペレータを **2 人**増員して 7 人にすればよいことがわかる。

(4) スイッチングハブのフレーム転送方式は、フレーム転送の可否を判断するタイミングによって、カットアンドスルー方式、フラグメントフリー方式、ストアアンドフォワード方式の 3 種類に分類される。このうち、**カットアンドスルー**方式は、有効フレーム（イーサネットフレームからプリアンブル（PA）と開始デリミタ（SFD）で構成された 8 バイトの物理ヘッダを除いた部分）の先頭から 6 バイト（宛先アドレス（DA）まで）を受信した後、スイッチングハブ内のアドレステーブルと照合して直ちに、すなわち、バッファリング（専用の保存領域に一時的に保存すること）せずにフレームが入力ポートで完全に受信される前に、フレームを転送する方式である。

(5) 解答群の記述のうち、正しいのは「**L3 スイッチでは、RIP、OSPF などのルーティングプロトコルを用いることができる。**」である。

① ブリッジは、OSI 参照モデルにおけるデータリンク層（レイヤ 2）の MAC 副層を通じて LAN 間を接続する装置で、転送するフレームの <u>MAC アドレス</u>に基づいて信号の中継を行い、そのフレームを相手の LAN に転送するか否かを判断するフィルタリング機能も有する。したがって、記述は誤り。

② リピータハブは、同種の LAN のセグメント内の接続距離を延長するための装置であり、信号の増幅、整形および中継といった OSI 参照モデルにおける<u>物理層（レイヤ 1）</u>の機能のみを有している。したがって、記述は誤り。イーサネットの 1 つのセグメント内には距離の制限があるが、リピータハブを使用することによって大規模なイーサネットを構成することができる。

③ L2 スイッチは、OSI 参照モデルにおけるデータリンク層（レイヤ 2）の処理を行う機能を有する装置であり、ネットワーク層（レイヤ 3）の処理を行う機能は搭載していないので、<u>異なるネットワークアドレスを持つ LAN 同士を接続</u>することはできない。したがって、記述は誤り。

④ L3 スイッチには、レイヤ 3 処理を行うかレイヤ 2 処理を行うかを判断して中継処理を行う機能がある。受信フレームの宛先 MAC アドレスが自身のもつアドレステーブルに登録されていれば <u>MAC アドレスによるレイヤ 2 処理</u>を行い、そうでなければ <u>IP アドレスによるレイヤ 3 処理（ルーティング）</u>を行う。したがって、記述は誤り。

⑤ L3 スイッチ（またはルータ）では、経路選択情報（ルーティングテーブル）をあらかじめ内蔵メモリに保持しておき経路制御を行うスタティック（静的）ルーティングと、RIP や OSPF などの経路制御プロトコルを用いて L3 スイッチ（またはルータ）間で常に網の状態の情報を交換し合い、トラヒックの変動や網の故障などがあればそれに応じてルーティングテーブルを自動的に更新するダイナミック（動的）ルーティングを用いることができる。したがって、記述は正しい。

答	
(ア)	④
(イ)	⑤
(ウ)	①
(エ)	③
(オ)	⑤

次の各文章の　　　内に、それぞれの[　　]の解答群の中から最も適したものを選び、その番号を記せ。　　　　　　　　　　　　　　　　　　　　　　　　　　　　　　　　　　（小計10点）

(1) 即時式完全線群のトラヒックについて述べた次の二つの記述は、　(ア)　。　　　　　　（2点）
　A　ある出回線群における出線能率は、その出回線数を運ばれた呼量で除することにより求められる。
　B　ある出回線群で運ばれた呼量は、その出回線群の平均同時接続数、その出回線群における1時間当たりのトラヒック量などで表される。
　　[①　Aのみ正しい　　②　Bのみ正しい　　③　AもBも正しい　　④　AもBも正しくない]

(2) 出回線数が17回線の交換線群に15アーランの呼量が加わり、回線の平均使用率が60パーセントのとき、呼損率は　(イ)　である。　　　　　　　　　　　　　　　　　　　　　　　　　　　　（2点）
　　[①　0.19　　②　0.28　　③　0.32　　④　0.47　　⑤　0.53]

(3) あるコールセンタにおいて4人のオペレータへの平常時における電話着信状況を調査したところ、1時間当たりの顧客応対数が16人、顧客1人当たりの平均応対時間が6分であった。顧客がコールセンタに接続しようとした際に、全てのオペレータが応対中のため、応対待ちとなるときの平均待ち時間は、図1を用いて算出すると　(ウ)　秒となる。　　　　　　　　　　　　　　　　　　　　　　　（2点）
　　[①　0.4　　②　1.6　　③　3.6　　④　7.2　　⑤　14.4]

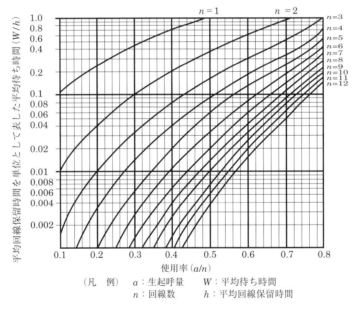

（凡　例）　a：生起呼量　　W：平均待ち時間
　　　　　　n：回線数　　　h：平均回線保留時間

図1

(4) IPv6ヘッダにおいて、パケットがルータなどを通過するたびに値が一つずつ減らされ、値がゼロになるとそのパケットを破棄することに用いられる値が設定されるフィールドは　(エ)　といわれ、IPv4ヘッダにおけるTTLに相当する。　　　　　　　　　　　　　　　　　　　　　　　　　　　　　（2点）
　　[①　トラヒッククラス　　②　バージョン　　③　ホップリミット
　　④　ペイロード長　　　　⑤　ネクストヘッダ]

(5) ネットワークを構成する機器であるレイヤ3スイッチについて述べた次の二つの記述は、　(オ)　。（2点）
　A　レイヤ2に対応したレイヤ3スイッチは、受信したフレームの送信元MACアドレスを読み取り、アドレステーブルに登録されているかどうかを検索し、登録されていない場合はアドレステーブルに登録する。
　B　レイヤ3スイッチは、VLANとして分割したネットワークを相互に接続することができないため、相互接続をする場合、ルータを用いる必要がある。
　　[①　Aのみ正しい　　②　Bのみ正しい　　③　AもBも正しい　　④　AもBも正しくない]

解 説

(1) 設問の記述は、**B のみ正しい**。

A　即時式完全線群の出線能率はその回線群で運びうる最大の呼量に対する実際に運ばれた呼量の割合を百分率〔％〕で表したものである。いま、出回線数 S の回線群により運ばれた呼量を a_c とすれば、出線能率 η は、$\eta = a_c \div S \times 100$〔％〕で表される。したがって、記述は誤り。

B　呼量の測定には、次の ⓐ～ⓒ のような方法がある。したがって、記述は正しい。

　　ⓐ　平均回線保留時間と生起呼数を測定し、これらの積から延べ保留時間を求め、これを測定時間で割って呼量を求める方法

　　ⓑ　測定時間中に生起したすべての呼の回線保留時間を測定し、その回線保留時間の総和から延べ保留時間を求め、これを測定時間で割って呼量を求める方法

　　ⓒ　ある回線群に対して同時接続中の回線数を何回か測定し、その平均値を求めることにより呼量を求める方法

(2) 交換線群の平均回線使用率は、平均回線使用率 $= \dfrac{\text{運ばれた呼量}}{\text{出回線数}} \times 100$〔％〕で表される。したがって、運ばれた呼量は、運ばれた呼量 $= \dfrac{\text{出回線数} \times \text{平均回線使用率}}{100}$〔アーラン〕により算定できる。設問より、17回線の出回線の平均使用率が60.0％であるから、運ばれた呼量 $= \dfrac{17 \times 60.0}{100} = 10.2$〔アーラン〕である。すなわち、15.0アーランの呼が加わり、そのうち10.2アーランの呼が運ばれたから、このときの呼損率は次のように求められる。

$$\text{呼損率} = \frac{\text{損失呼量}}{\text{加わった呼量}} = \frac{\text{加わった呼量} - \text{運ばれた呼量}}{\text{加わった呼量}} = \frac{15.0 - 10.2}{15.0} = \frac{4.8}{15.0} = \mathbf{0.32}$$

(3) まず、問題文に記述されている調査結果から呼量を計算する。このとき、時間の単位を〔秒〕に統一して、対象時間の1時間を3,600〔秒〕、平均応対時間（平均保留時間）の6分を 6×60〔秒〕$= 360$〔秒〕とするのを忘れないようにする。ここで、1時間当たりの顧客応対数が16人（16呼）であるから、「呼量 $=$（呼数 × 平均保留時間）÷ 対象時間」の関係から、呼量は $a = \dfrac{16 \times 360}{3,600} = 1.6$〔erl〕である。また、オペレータは4人だから $n = 4$ で、回線使用率は $a/n = \dfrac{1.6}{4} = 0.4$ となる。

　次に、図1において曲線 $n = 4$ を選び、$a/n = 0.4$ との交点（横軸の値 $a/n = 0.4$ の升目（縦線）を下から上に辿って行って $n = 4$ の曲線とぶつかる点）から縦軸 W/h の値を読むと、0.04 となる。

　したがって、応対待ちとなるときの平均待ち時間は、$W = W/h \times h = 0.04 \times 360 = \mathbf{14.4}$〔秒〕である。

(4) IPv6 ヘッダは、40バイト固定長の基本ヘッダと、必要に応じて付加される拡張ヘッダから構成される。基本ヘッダを構成するフィールドには、バージョン（IPv6を表す2進数0110）、トラヒッククラス、フローラベル、ペイロード長、次ヘッダ、ホップリミット、送信元IPアドレス、宛先IPアドレスがある。これらのフィールドのうち、IPv4のTTL（Time To Live）に相当するのは**ホップリミット**（hop limit）である。ホップリミットの値は送信ノードが送信時に0～255の範囲で任意に設定し、パケットが途中のルータなどを通過する度に1ずつ減らされていく。そして、ホップリミットの値が0になるとパケットは次のネットワークに転送されずに破棄される。

図2　IPv6パケットのヘッダ構成

(5) 設問の記述は、**A のみ正しい**。

A　レイヤ3スイッチのレイヤ2処理では、受信したフレームの送信元MACアドレスを自身のもつアドレステーブル（ポートとそのポートに接続されている機器のMACアドレスの対応表）と照合し、アドレステーブルに当該MACアドレスがなければ、受信したフレームの送信元MACアドレス（SA：Source Address）を登録する。したがって、記述は正しい。

B　レイヤ3スイッチやルータは、IPアドレスを用いて、VLAN（Virtual Local Area Network）として分割したネットワークを相互に接続し、中継することができる。したがって、記述は誤り。

技術・理論

5 トラヒック理論等

答	
㈠	②
㈡	③
㈢	⑤
㈣	③
㈤	①

次の各文章の　　　　内に、それぞれの[　　]の解答群の中から最も適したものを選び、その番号を記せ。 （小計10点）

(1) ある回線群の使用状況をT時間調査したところ、運ばれた呼量がa_cアーラン、運ばれた呼数がC呼であった。この回線群で運ばれた呼の平均回線保留時間は、　（ア）　秒である。 （2点）

$$① \quad \frac{a_c \times C}{T \times 60} \qquad ② \quad \frac{a_c \times C \times 3,600}{T} \qquad ③ \quad \frac{a_c \times C \times 60}{T}$$

$$④ \quad \frac{a_c \times T}{C \times 60} \qquad ⑤ \quad \frac{a_c \times T \times 3,600}{C} \qquad ⑥ \quad \frac{a_c \times T \times 60}{C}$$

(2) 入回線数及び出回線数がそれぞれ等しい即時式完全線群と即時式不完全線群とを比較すると、加わった呼量が等しい場合、一般に、呼損率は　（イ）　。 （2点）

① 待合せ率の大きい方が小さい　　② 即時式完全線群の方が大きい
③ 即時式不完全線群の方が大きい　　④ 等しい

(3) ある会社のPBXにおいて、外線発信通話のため発信専用の出回線が5回線設定されており、このときの呼損率は0.03であった。1年後、外線発信時につながりにくいため調査したところ、外線発信呼数が1時間当たり66呼で1呼当たりの平均回線保留時間が2分30秒であった。呼損率を0.03以下にするためには、表1を用いて求めると、少なくとも　（ウ）　回線の出回線の増設が必要である。 （2点）

表1　即時式完全線群負荷表 単位：アーラン

n＼B	0.01	0.02	0.03	0.05	0.10
1	0.01	0.02	0.03	0.05	0.11
2	0.15	0.22	0.28	0.38	0.60
3	0.46	0.60	0.72	0.90	1.27
4	0.87	1.09	1.26	1.53	2.05
5	1.36	1.66	1.88	2.22	2.88
6	1.91	2.28	2.54	2.96	3.76
7	2.50	2.94	3.25	3.74	4.67
8	3.13	3.63	3.99	4.54	5.60
9	3.78	4.35	4.75	5.37	6.55
10	4.46	5.08	5.53	6.22	7.51

（凡　例）　B：呼損率　　n：出回線数

[① 1　② 2　③ 3　④ 4　⑤ 5]

(4) 光アクセスネットワークに用いられる小型ONUは、個別電源を必要とするONUとは異なり、これに対応するルータ、ホームゲートウェイなどの機器に着脱することができ、装着の仕様として　（エ）　インタフェースが採用され、最大10ギガビット／秒の伝送速度に対応する。 （2点）

[① USB3.0　② GBIC　③ SFP＋　④ i－link　⑤ Lightning]

(5) 優先制御や帯域保証に対応しているIPv4ベースのIP網において、IPv4ヘッダにおける　（オ）　フィールドは、IPデータグラムの優先度や、データグラム転送における遅延、スループット、信頼性などのレベルを示している。 （2点）

① ID（Identification）　　② TTL（Time To Live）　　③ PT（Payload Type）
④ ToS（Type of Service）　　⑤ GFC（Generic Flow Control）

解　説

(1) 呼量 a_{C}〔erl：アーラン〕は、平均回線保留時間を h〔秒〕、呼数を C〔呼〕、調査時間を τ〔秒〕とすると、$a_{\mathrm{C}} = \dfrac{C \times h}{\tau}$〔erl〕の式で求められる。設問では、調査時間を T〔時間〕としているから、これを秒単位に換算すると、$\tau = T \times 3{,}600$〔秒〕である。よって、呼量は、

$$a_{\mathrm{C}} = \frac{C \times h}{\tau} = \frac{C \times h}{T \times 3{,}600}\,\text{〔erl〕}$$

となる。この式から、平均回線保留時間 h〔秒〕を導くと、

$$h = a_{\mathrm{C}} \times \frac{T \times 3{,}600}{C} = \frac{\boldsymbol{a_{\mathrm{C}} \times T \times 3{,}600}}{\boldsymbol{C}}\,\text{〔秒〕}$$

となる。

(2) 交換線群は、出線の選択方法および条件により、完全線群と不完全線群に分類される。完全線群とは、出回線が空いていれば任意の入回線から選択接続できる交換線群をいう。一方、不完全線群とは、出回線が空いていてもある入回線からは選択接続できないような交換線群をいう。入回線数と出回線数がそれぞれ等しい場合、呼の損失や輻輳が発生する確率は、選択接続できない出回線のある不完全線群の方が高くなる。すなわち、生起した呼が出線全話中等により接続できない場合に直ちにその呼を放棄して損失とする即時式であれば、呼損率（即時式の場合の呼輻輳率）は即時式完全線群よりも**即時式不完全線群の方が大きい**。

(3) この会社のPBXでは、当初、外線発信通話のため発信専用の出回線が5回線設定され、呼損率が0.03であったことから、表1より、呼量は1.26〔erl〕を超え1.88〔erl〕以下であったと判断できる。その1年後、外線発信時につながりにくくなったため調査した結果、1〔時間〕（$T = 60$〔分〕$\times 60$〔秒／分〕$= 3{,}600$〔秒〕）当たりの外線発信呼数が $C = 66$〔呼〕、1呼当たりの平均回線保留時間が2〔分〕30〔秒〕（$h = 2$〔分〕$\times 60$〔秒／分〕$+ 30$〔秒〕$= 150$〔秒〕）であった。このことから、加わる呼量 a〔erl〕は、$a = \dfrac{C \times h}{T} = \dfrac{66 \times 150}{3{,}600} = 2.75$〔erl〕に増加したことがわかる。この呼量に対し呼損率を0.03以下に保つための必要回線数を求めるには、表1において $B = 0.03$ の列を $n = 5$ の行から順に下方に辿っていけばよい。すると、$n = 7$ のとき呼量が3.25〔erl〕となり、はじめて2.75〔erl〕以上になるから、呼損率を0.03以下に保つために最低限必要な回線数は7であることがわかる。既に5回線設定されているので、差し引き**2**回線を増設する必要がある。

(4) 光アクセスネットワークでは、光ファイバを用いて光信号を伝送するが、ルータやホームゲートウェイ、LANスイッチなどのネットワーク機器の回路基板上では、電気信号による処理が行われる。このため、ネットワーク機器を光回線に接続して使用するには、ONU（Optical Network Unit）を用いて光信号と電気信号を相互変換する必要がある。

初期のONUは家庭用でも幅4cm、奥行18cm、高さ24cm程度の箱型のものが一般的で、ネットワーク機器とLANケーブルを用いて接続していた。これに対して近年はONUの小型化が急速に進み、長さ8cm程度、太さ1.3～1.4cm程度のスティック形状の小型ONUが開発されている。ギガビットイーサネットや10ギガビットイーサネットなどに対応したネットワーク機器には、この小型ONU専用の装着口を設けてあるものがあり、その装着口に小型ONUを直接挿して使用する。ONUをLANケーブルを介することなくネットワーク機器の回路基板に直接接続するので、LANケーブルの性能や長さの制約を受けることなく高速なデータ伝送が可能になる。

小型ONUの装着の仕様には、1ギガビットイーサネット用では一般にGBIC（GigaBit Interface Converter）インタフェースやSFP（Small Form-factor Pluggable）インタフェースが、10ギガビットイーサネット用では一般に**SFＰ＋**インタフェースが採用されている。小型ONUでは、これらのインタフェースを介してネットワーク機器から動作電力が供給されるので、個別の電源は不要である。

(5) IPv4ヘッダ構成の各フィールドのうち、**ToS（Type of Service）** フィールドは、IP網におけるサービス品質（QoS）制御のためにRFC791やRFC1349で定義されていたフィールドである。これは、先頭から3ビットを $2^3 = 8$ 段階の優先度とし、設定されている値が大きいほど優先度の高いIPデータグラムとして扱う。その後、遅延、スループット、信頼性、課金に各1ビットずつ割り当て、そして最後に"0"のビットを立てた計8ビットの構成になっている。しかし、ToSフィールドはほとんど利用されなかったことから、RFC2474ではIPv4とIPv6でQoS制御の定義を統一するために、DSCP（DiffServ Code Point）を記述するためのDSフィールドとして再定義された。このDSフィールドの上位3ビットは優先度を表すことで継承されている。

技術・理論

5 トラヒック理論等

答	
㈠	⑤
㈡	③
㈢	②
㈣	③
㈤	④

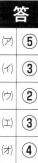

次の各文章の 内に、それぞれの [ ] の解答群の中から最も適したものを選び、その番号を記せ。 (小計10点)

(1) 完全線群のトラヒックについて述べた次の二つの記述は、 (ア) 。 (2点)

A 生起した呼が出回線塞がりに遭遇する確率は、待時式の系においては、一般に、呼損率といわれる。

B 出回線数及び生起呼量が同じ条件であるとき、待時式の系は、即時式の系と比較して出線能率が高くなる。

[① Aのみ正しい ② Bのみ正しい ③ AもBも正しい ④ AもBも正しくない]

(2) 公衆交換電話網(PSTN)において一つの呼の接続が完了するためには、一般に、複数の交換機で出線選択を繰り返す。呼が経由する n 台の交換機の出線選択時の呼損率をそれぞれ B_1、B_2、…、B_n とすれば、生起呼がいずれかの交換機で出線全話中に遭遇する確率、すなわち、総合呼損率は、 (イ) の式で表される。 (2点)

$$
\begin{array}{lll}
① \quad 1 - (1 - B_1)(1 - B_2) \cdots (1 - B_n) & ② \quad \frac{1}{n}\sum_{k=1}^{n}(1 - B_k) & ③ \quad 1 - \sum_{k=1}^{n}B_k \\[3mm]
④ \quad 1 - B_n n\,! & ⑤ \quad 1 - \frac{1}{n}\sum_{k=1}^{n}(1 - B_k) &
\end{array}
$$

(3) 出回線数が16回線の回線群について、使用中の回線数を2分ごとに調査したところ、表1に示す結果が得られた。この回線群の調査時間中における出線能率は、 (ウ) パーセントとみなすことができる。 (2点)

表1

調 査 時 刻	9:00	9:02	9:04	9:06	9:08	9:10	9:12	9:14	9:16	9:18
使用中の回線数	3	3	4	3	2	5	10	4	4	2

[① 2 ② 4 ③ 8 ④ 25 ⑤ 50]

(4) IP電話の音声品質に影響を与えるIPパケットの転送遅延は、端末相互間の伝送路の物理的な距離による伝送遅延と、ルータにおける (エ) による遅延が主な要因である。 (2点)

[① セッション管理 ② モニタリング ③ キューイング
④ エコー ⑤ 圧縮/伸張]

(5) ネットワークを構成する機器であるレイヤ3スイッチについて述べた次の記述のうち、<u>誤っているもの</u>は、 (オ) である。 (2点)

① レイヤ3スイッチは、VLANとして分割したネットワークを相互に接続することができる。

② レイヤ3スイッチは、CPUを用いたソフトウェア処理によりパケットを転送する。これに対し、ルータは、ASIC(特定用途向けIC)を用いたハードウェア処理によりパケットを転送する。このためレイヤ3スイッチは、一般に、ルータと比較して転送速度が遅い。

③ レイヤ3スイッチでは、RIPやOSPFといわれるルーティングプロトコルを用いることができる。

④ レイヤ2に対応したレイヤ3スイッチは、受信したフレームの送信元MACアドレスを読み取り、アドレステーブルに登録されているかどうかを検索し、登録されていない場合はアドレステーブルに登録する。

⑤ レイヤ2に対応したレイヤ3スイッチには、受信したフレームをMACアドレスに基づき中継するレイヤ2処理部と受信したパケットをIPアドレスに基づき中継するレイヤ3処理部がある。

解 説

(1) 設問の記述は、**Bのみ正しい**。

A　待時式の系において、生起した呼が出回線塞がりに遭遇する確率(呼輻輳率)は、一般に、<u>待ち率</u>または<u>待合せ率</u>といわれる。したがって、記述は誤り。なお、呼損率は、即時式の系における呼輻輳率をいう。

B　生起した呼が出回線塞がりに遭遇すると、即時式の系では損失呼として消滅するが、待時式の系では待ち合わせ呼として保留し、回線に空きができるとその呼を接続する。したがって、待時式の系は出回線の遊休が少なく、即時式の系に比べ出線能率は高くなるので、記述は正しい。

(2) 図1のように、pから3段の交換機(階梯という。)が即時式で出回線を選択し、qに接続されたとする。各階梯にはそれぞれB_1、B_2、B_3の呼損率を設定してあるから、階梯ごとに前階梯の出回線から受ける呼量に対して呼損率相当の損失を繰り返すことになり、総合呼損率Bは$B = 1 - (1-B_1)(1-B_2)(1-B_3)$のように誘導される。

したがって、階梯がn段あれば、$B = 1 - (1-B_1)(1-B_2) \cdots (1-B_n)$となる。

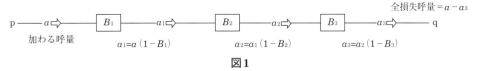

図1

(3) 表1のように、一定の時間間隔で使用回線数などの状況を調べ、呼量を算定する方法を「同時動作数法」という。この方法によれば、同時使用中回線数の合計値を測定回数で割った値が呼量に近似する。

表1の調査では、使用中の回線数について9:00から9:18まで2分おきに10回の調査を行っている。各回の値を平均すると、$(3+3+4+3+2+5+10+4+4+2) \div 10 = 40 \div 10 = 4$〔回線〕になるから、調査時間中に運ばれた呼量は4〔erl〕とみなすことができ、出線能率は、運ばれた呼量÷出回線数×100 = $4 \div 16 \times 100 = $ **25**〔%〕となる。

(4) IP電話の音声品質に影響を与える主な要因には、遅延、エコー、パケット損失、揺らぎなどがある。このうち、最も影響が大きいのは遅延(声を発してから耳に聞こえるまでの時間)で、端末で発生するものと、ネットワークで発生するものがある。

端末で発生する遅延には、送信側装置でアナログの音声信号を圧縮・符号化するときに発生するコーデック遅延、符号化した音声信号をIPパケットのペイロードに格納するときに発生するパケット化遅延、受信側装置でIPパケットの到着間隔の揺らぎ(ジッタ)をバッファで吸収する処理に要する吸収遅延などがある。また、ネットワークで発生する遅延には、端末間の伝送路の物理的な距離に比例して発生する遅延、中継装置やルータなどのネットワーク機器が受信パケットを送信する前にいったんバッファに蓄積する**キューイング**によって発生する遅延などがある。

(5) 解答群の記述のうち、<u>誤っている</u>のは、「**レイヤ3スイッチは、CPUを用いたソフトウェア処理によりパケットを転送する。これに対し、ルータは、ASIC(特定用途向けIC)を用いたハードウェア処理によりパケットを転送する。このためレイヤ3スイッチは、一般に、ルータと比較して転送速度が遅い。**」である。

①　VLANでは、レイヤ2スイッチの機能として、1台のスイッチに複数のブロードキャストドメインを設定したり、複数のスイッチにまたがるブロードキャストドメインを設定したりするなど柔軟な構成を実現している。VLANが異なれば同一のスイッチに接続されている機器であってもルーティングを行わなければ通信できず、異なるVLAN間の通信にはルータまたはレイヤ3スイッチが必要になる。したがって、記述は正しい。

②　レイヤ3スイッチはASIC(特定用途向けIC)を用いたハードウェアによる経路制御を行い、ルータはCPUを用いたソフトウェア処理で経路制御を行う。このため、一般に、転送速度はルータよりもレイヤ3スイッチの方が高速である。したがって、記述は誤り。

③　レイヤ3スイッチでは、RIPやOSPFなどのルーティングプロトコルを用いて経路情報を交換し合ってルーティングテーブルを動的に作成し、そのルーティングテーブルにより経路選択を行う。したがって、記述は正しい。

④　レイヤ3スイッチのレイヤ2処理では、受信したフレームの送信元MACアドレスで自身のもつアドレステーブルを検索し、登録されていなければ、その送信元MACアドレスを登録する。したがって、記述は正しい。

⑤　レイヤ3スイッチには、レイヤ3処理を行うかレイヤ2処理を行うかを判断して中継処理を行える機能がある。受信したフレームの宛先MACアドレスが自身のもつアドレステーブルに登録されていればMACアドレスによるレイヤ2処理を行い、登録されていなければARP処理を行ったうえでMACアドレスを登録した後フレームを転送する。また、宛先が自ネットワークではないと判断した場合には、MACアドレスの登録を確認せず、IPアドレスによるレイヤ3処理で他ネットワークに転送する。したがって、記述は正しい。

答	
(ｱ)	②
(ｲ)	①
(ｳ)	④
(ｴ)	③
(ｵ)	②

情報セキュリティ概要

●マルウェア

コンピュータの使用者に不利益となる不正な活動を行うことを意図して作られた**悪意のあるプログラム**の総称で、ウイルス、トロイの木馬、ワーム、ボット、スパイウェア、アドウェアなどがある。マルウェアの感染経路としては、電子メール、電子ファイル、Webページ、リムーバブルメディア、ファイル交換ソフトウェアなどが挙げられる。

対策としては、**セキュリティパッチ**によりOSやアプリケーションソフトウェアの脆弱性を修正しておくこと、**マルウェア対策ソフトウェア**をインストールし最新の状態にしておくこと、メールやファイルを開く前に検査すること、リムーバブルメディアの使用制限などがある。

●不正アクセス

アクセス権限が与えられていないにもかかわらずネットワークへアクセスすること。表1のようなものがある。

●ファイアウォール

コンピュータやイントラネットへの不正なアクセスを防ぐために設置するシステム。基本的な機能には、**アクセス制御**、**アドレス変換**、**ログ記録**などがある。パケットフィルタリング型、ステートフルインスペクション型、アプリケーションゲートウェイ型などに分類される。また、**DMZ**（DeMilitarized Zone 非武装地帯）を設けることにより内部セグメントへの不正アクセスの危険を低減できる。

●VPN

VPN（Virtual Private Network 仮想私設網）は、公衆網をあたかも専用線のように利用する技術である。エンド・ツー・エンドで専用通信を実現するために、網のプロトコルと異なるプロトコルのパケットであってもカプセル化して送受信できる**トンネリング**技術や、より強固な秘匿性を確保する**暗号化**技術が使われている。

表1　ネットワークへの不正アクセスの例

名称	説明
盗聴	不正な手段で通信内容を盗み取る。
改ざん	管理者や送信者の許可を得ずに、通信内容を勝手に変更する。
なりすまし	他人のIDやパスワードなどを入手して、正規の使用者に見せかけて不正な通信を行う。
辞書攻撃	パスワードとして正規のユーザが使いそうな文字列を辞書として用意しておき、これらを機械的に次々と指定して、ユーザのパスワードを解析し侵入を試みる。
踏み台	侵入に成功したコンピュータを足掛かりにして、他のコンピュータを攻撃する。このとき足掛かりにされたコンピュータのことを「踏み台」という。
ウォードライビング	セキュリティ対策が十分でない無線LANのアクセスポイントを探し出し、ネットワークに侵入する。
スキミング	他人のクレジットカードなどの磁気記録情報を不正に読み取り、カードを偽造したりする。
スパイウェア	ユーザの情報を収集し、許可なく外部へ送信する。
ゼロデイ攻撃	コンピュータプログラムのセキュリティ上の脆弱性が公表される前、あるいは脆弱性の情報は公表されたがセキュリティパッチがまだない状態において、その脆弱性をねらって攻撃する。
セッションハイジャック	攻撃者が、Webサーバとクライアント間の通信に割り込んで、正規のユーザになりすますことによって、やりとりしている情報を盗んだり改ざんしたりする。
バッファオーバフロー攻撃	データを一時的に保存しておく領域（バッファ）の容量を超える大量のデータを送りつけて、システムの機能を停止させるなどの害を与える。
フィッシング	金融機関などの正規の電子メールやWebサイトを装い、暗証番号やクレジットカード番号などを入力させて個人情報を盗む。
ボット	感染したコンピュータを、ネットワークを通じて外部から操作することを目的として作成されたプログラムをいう。
ポートスキャン	コンピュータに侵入するためにポートの使用状況を解析する。
DoS（Denial of Service サービス拒絶攻撃）	特定のサーバに大量のパケットを送信することによって、システムの機能を停止させる。なお、多数のコンピュータを踏み台にして、特定のサーバに対して同時に行う攻撃を、DDoS（Distributed Denial of Service 分散型サービス拒絶攻撃）という。
SQLインジェクション	データベースと連携したWebアプリケーションにSQL文の一部を含んだ不適切なデータを入力する。これにより、データベースに直接アクセスして不正な操作を行う。

電子認証技術とデジタル署名技術

●暗号化技術の概要

暗号化は、データに特定の処理を施し、内容を読み取れないようにする技術である。その暗号化されたデータは元のデータに戻す**復号**方法を知らないと、内容を読み取ることができない。この暗号化技術は、対盗聴技術として有効である。この暗号化／復号する仕組み（アルゴリズム）を「鍵」と呼び、それぞれを暗号化鍵、復号鍵と呼ぶ。

図1　暗号化鍵と復号鍵

代表的な暗号化方式には、共通鍵暗号方式と公開鍵暗号方式がある。

共通鍵暗号方式は、暗号化と復号に**同じ鍵**を使い、暗号化する者と復号する者の間でその鍵を秘密に保持する方式である。これにより、暗号化する者と復号する者以外は暗号化された内容を知りえない。また、暗号化と復号に用いるアルゴリズムが比較的簡単で、**処理が速い**。その反面、二者間で秘密に鍵を共有する方式であるため、暗号化通信の相手が増えるとそれだけ秘密鍵が増えることになり、**鍵の管理が難しくなる**。代表的な方式に**AES**がある。

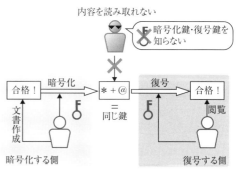

図2　共通鍵暗号方式

一方、**公開鍵暗号方式**は、暗号化と復号に**別の鍵**を使う

方式で、一般に、暗号化鍵を公開し、復号鍵を自分だけの秘密にする。これにより、誰でも暗号化はできるが、本人以外は復号することができない。暗号化鍵を公開し、多数の者に利用させるので、暗号化／復号鍵が一組だけですみ、**鍵の管理が容易**である。その反面、暗号化と復号に用いるアルゴリズムが複雑になり、比較的**処理が遅い**。代表的な方式にRSAがある。

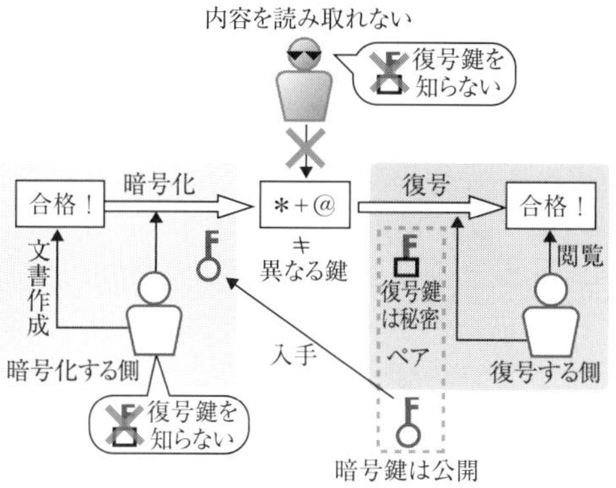

図3　公開鍵暗号方式

●認証技術の概要

　データにアクセスする利用者が本人であるか（なりすましでないか）を確認することを、**認証**という。パスワード認証、指紋認証、静脈認証など、さまざまな方法で実現さ

れている。その人の身体的特徴やその人しか知りえない情報の確認で本人であるかどうかを確認する。

　デジタル署名は、公開鍵暗号方式を応用した、本人であることの証明手段である。デジタル署名を用いたデータ送信では、送信者が自分の秘密鍵で暗号化した署名を付加し、受信者へ送信する。受信者は、暗号化された署名を送信者の公開鍵で復号し、正しい署名であれば正しい送信者からのメッセージと判断できる。これは、署名を暗号化する鍵は送信者本人しか知りえないため、本人以外は作成することができないことが根拠となる。

　PKI（Public Key Infrastructure）は、公開鍵基盤とも呼ばれ、公開鍵暗号方式を利用した技術・製品全般を指す。具体的にPKIに含まれるものとしては、公開鍵が本人のものであること（本人性）を証明する**公開鍵証明書**を発行する**認証局（CA）**、**SSL/TLS**を使った技術製品などが挙げられる。なお、SSL/TLSとは、インターネット上の情報の暗号化に関してアプリケーション層とトランスポート層の間（OSI参照モデルのセション層相当）で動作するプロトコルで、共通鍵暗号方式や公開鍵暗号方式、デジタル署名などの技術を組み合わせて機能する。そのほか、インターネットにおいて暗号化通信を行うためのプロトコルに**IPsec**がある。IPsecはインターネット層で動作するため、トランスポート層プロトコルがTCPであってもUDPであっても意識することなく、暗号化通信を行うことができる。

情報セキュリティ対策

●端末設備とネットワークのセキュリティ対策

　端末設備とネットワークのセキュリティ対策としては、不正アクセス対策とマルウェア対策が主なものである。

　不正アクセス対策では、ファイアウォールのほか、**IDS**（Intrusion Detection System 侵入検知システム）の導入などが有効である。また、情報システムのセキュリティポリシーに基づいて**ファイルのアクセス権**を適宜設定することも有効である。

　マルウェア対策では、OSやアプリケーションソフトウェアについてはアップデートやセキュリティパッチの適用により**常に最新の状態にしておく**こと、ウイルス対策ソフトウェアを導入しパターンファイルをこまめに更新すること、外部から組織内に持ち込んだ情報機器についてはいったん**検疫ネットワーク**に接続して検査・治療を行い安全性が確認できてから組織のネットワークに接続すること、などが重要である。

●運用管理面からのセキュリティ対策

　最近は、Webサイトを悪用したフィッシング、利用者の端末から情報を窃取・操作するスパイウェアの埋め込みなど、手段が巧妙化している。これらに関する情報収集や教育など、利用者レベルでの対策も重要である。

・OSやアプリケーションソフトウェアのユーザアカウントとして、導入時にあらかじめ設定されているデフォルトアカウントをそのまま使わずに、ユーザ名とパスワードを独自に設定して使用する。

・複数の異なるサービスで同じパスワードを使い回さないようにする。

・心当たりのないメールは開かないようにする。メールに添付されているファイルを不用意に開いたり、メールに書かれているリンクを不用意にクリックしてはいけない。

・WordやExcelなどでは、ファイルを開くときにマクロを自動実行する機能を無効にしておく。

情報セキュリティ管理

●情報セキュリティの管理と運用の概要

　情報セキュリティポリシーは、組織が保有する情報資産を適切に保護するために、セキュリティ対策に関する統一的な考え方や具体的な遵守事項を定めたものである。組織のセキュリティ対策は、これに則ってなされる必要がある。

　情報セキュリティポリシーでは、セキュリティ文書として、階層的に基本方針（ポリシー）、対策基準（スタンダード）、実施手順書（プロシージャ）を作成する。このうち対策基準（スタンダード）は、基本方針（ポリシー）に従って、社内規定や規則として作成される。また、対策基準（スタンダード）にもとづき、実施手順書（プロシージャ）が、現場での手順書やマニュアルとして整備される。

図4　情報セキュリティポリシーの体系

次の各文章の　　　　内に、それぞれの[　　]の解答群の中から最も適したものを選び、その番号を記せ。　　　　　　　　　　　　　　　　　　　　　　　　　　　　　　　　　　　　　　　（小計10点）

(1) 社内ネットワークにパーソナルコンピュータ（PC）を接続する際に、事前に社内ネットワークから隔離されたセグメントにPCを接続して検査することにより、セキュリティポリシーに適合しないPCを社内ネットワークに接続させない仕組みは、一般に、　(ア)　システムといわれる。　　（2点）

　　① リッチクライアント　　② シンクライアント　　③ 検疫ネットワーク
　　④ 侵入検知　　　　　　　⑤ スパムフィルタリング

(2) リスクベース認証の特徴について述べた次の記述のうち、正しいものは、　(イ)　である。　　（2点）

　　① 認証を要求する複数のシステムを利用する場合、利用者が認証を一度行うことにより、個々のシステムへのアクセスにおいて利用者による認証の操作を不要とする。
　　② 携帯型の専用機器などを使用して、接続先と同期を取って生成される毎回異なるパスワードを用いて認証を行う。
　　③ 認証の3要素といわれる利用者だけが知り得る知識、利用者の身体的特徴、利用者だけが所持する物のうち、二つ以上の要素を用いて認証を行う。
　　④ 毎回異なるチャレンジコードと、パスワード生成ツールにより作成されるレスポンスコードを用いて認証を行う。
　　⑤ 利用者端末のOSやブラウザの種類、IPアドレス、アクセス時間帯などの情報が普段と異なっている場合に、秘密の質問や合言葉などを用いて追加の認証を行う。

(3) 暗号化電子メールについて述べた次の二つの記述は、　(ウ)　。　　（2点）

　A　S／MIMEは、第三者の認証機関により保証されたパスワードを用いる電子メールの暗号化方式である。
　B　PGPを電子メールで利用する場合には、一般に、送信者側は電子メールのメッセージを共通鍵で暗号化して、その鍵を送信相手の公開鍵を用いて暗号化するハイブリッド暗号方式が用いられる。

　　［① Aのみ正しい　　② Bのみ正しい　　③ AもBも正しい　　④ AもBも正しくない］

(4) ネットワーク上での攻撃などについて述べた次の二つの記述は、　(エ)　。　　（2点）

　A　ネットワーク上を流れるIPパケットを盗聴して、そこからIDやパスワードなどを拾い出す行為は、IPスプーフィングといわれる。
　B　送信元IPアドレスを詐称することにより、別の送信者になりすまし、不正行為などを行う手法は、IPマスカレードといわれる。

　　［① Aのみ正しい　　② Bのみ正しい　　③ AもBも正しい　　④ AもBも正しくない］

(5) 一つの監視エリアにおいて、認証のためのICカードなどを用い、入室記録後に退室記録がない場合は再入室をできなくしたり、退室記録後に入室記録がない場合は再退室をできなくしたりする機能は、一般に、　(オ)　といわれる。　　（2点）

　　① トラッシング　　② アンチパスバック　　③ ピギーバック
　　④ ゾーニング　　　⑤ インターロック

解　説

(1)　企業や団体などの組織が内部からのウイルス感染などを防御するため、その組織が定めたセキュリティポリシーに適合しているPCだけを組織内ネットワークへ接続させるシステムを**検疫ネットワーク**という。組織内ネットワークへ接続しようとするすべてのPCを、事前に組織内ネットワークと隔離されたセグメント（検疫ネットワーク）へ接続させて各PCのセキュリティ状況を検査する。そして、設定やウイルス対策などに問題がなければ組織内ネットワークへ接続させ、不備があれば治療を施したうえで組織内ネットワークへ接続させる。

(2)　解答群の記述のうち、正しいのは、「**利用者端末のOSやブラウザの種類、IPアドレス、アクセス時間帯などの情報が普段と異なっている場合に、秘密の質問や合言葉などを用いて追加の認証を行う。**」である。リスクベース認証は、ログインに利用するOSやブラウザなどの環境が普段とは異なる場合に、追加の認証情報を要求する認証方法で、これにより、なりすましや不正アクセスの被害を軽減できるとされている。このため、近年、企業においてクラウドサービスの活用が浸透するに伴い、再び注目を集めている。追加の認証情報としては、ユーザ登録時に設定しておいた秘密の質問の答えや、登録してある携帯電話番号宛にSMS（Short Message Service）で送るコード番号などが用いられる。
　　なお、①はシングルサインオン認証の特徴、②はワンタイムパスワード認証の特徴、③は多要素認証の特徴、④はチャレンジレスポンス認証の特徴である。

(3)　設問の記述は、**Bのみ正しい。**
　A　電子メールの盗聴やなりすましを防ぐとともに、改ざんの有無を確認するには、一般に、暗号化電子メールが使用される。S／MIMEは、第三者の認証機関により保証されたデジタル証明書を用いる電子メールの暗号化方式である。したがって、記述は誤り。
　B　PGPを電子メールで使用する場合、一般に、共通鍵暗号方式と公開鍵暗号方式を組み合わせて使用し、それぞれの弱点を補い合う、ハイブリッド暗号方式が用いられる。この方式では、送信者が共通鍵を用いてメッセージを暗号化し、その鍵を受信者の公開鍵を用いて暗号化する。暗号文と公開鍵で暗号化された共通鍵を受け取った受信者は、共通鍵を受信者の秘密鍵で復号し、その復号した鍵を用いて暗号文を復号し、元のメッセージを取り出す。このようにして、安全な鍵配送および暗号化／復号の高速な処理を実現している。したがって、記述は正しい。

(4)　設問の記述は、**AもBも正しくない。**
　A　パケットスニッフィングについて説明した内容になっているので、記述は誤り。IPスプーフィングとは、攻撃者が攻撃元を特定させないために、自身のIPアドレスを隠ぺいして、偽の送信元IPアドレスを持ったパケットを作成して送りつける攻撃手法をいう。
　B　IPスプーフィングについて説明した内容になっているので、記述は誤り。IPマスカレードは、NAPT（Network Address Port Translation）ともいわれ、プライベートIPアドレスをグローバルIPアドレスに変換する際に、ポート番号も変換することにより、一つのグローバルIPアドレスに対して複数のプライベートIPアドレスを割り当てる機能のことである。

(5)　ICカードなどを利用して入退室管理を行い、最新の記録では入室していることになっているのにまた入室しようとしたり、未入室または退室しているはずなのに退室しようとするなど、入退室行為が記録と論理的に矛盾している場合に、そのICカードの所有者が入室または退室できないように監視することを**アンチパスバック**という。これにより、入室ゲートを通過した後にそのICカードを他の人に手渡して入室させる不正や、部外者が正規の利用者の同伴者のふりをしてすぐ後について行くことで認証を受けることなく不正に出入りしてしまうピギーバック（共連れ）の問題を抑制することができる。

技術・理論

6　情報セキュリティの技術

答	
(ｱ)	③
(ｲ)	⑤
(ｳ)	②
(ｴ)	④
(ｵ)	②

次の各文章の　　　　内に、それぞれの[　　]の解答群の中から最も適したものを選び、その番号を記せ。 (小計10点)

(1) LAN内で稼働している端末に付与されているIPアドレスとMACアドレスの対応表は、　(ア)　パケットにより書換えが可能である。攻撃者によって意図的にこの対応表が書き換えられると、攻撃者の用意した通信機器にデータを転送され、通信を盗聴されるおそれがある。 (2点)

[① Ping ② ARP ③ DNS ④ HTTP ⑤ TCP]

(2) ハイブリッド暗号方式では、送信者は、共通鍵を使用して平文を暗号化したものと、公開鍵を使用してその共通鍵を暗号化したものをそれぞれ送信する。受け取った受信者は、暗号化された共通鍵を　(イ)　で復号し、その復号した共通鍵を使用して、暗号化された平文を復号し、平文を取り出す。 (2点)

[① 受信者の公開鍵 ② 受信者の秘密鍵 ③ 送信者の公開鍵 ④ 送信者の秘密鍵]

(3) 情報システムにおけるセキュリティの調査などには各種のログ情報が用いられる。UNIX系の　(ウ)　は、リモートホストにログをリアルタイムに送信することができ、ログの転送には、一般に、UDPを使用している。 (2点)

[① MIB ② イベントログ ③ syslog ④ SNMP ⑤ アプリケーションログ]

(4) SQLインジェクションについて述べた次の記述のうち、正しいものは、　(エ)　である。 (2点)
① 攻撃者が、Webサーバとクライアント間の通信に割り込んで、正規のユーザになりすますことにより、その間でやり取りしている情報を不正に入手したり、改ざんしたりする攻撃である。
② 攻撃者が、利用者に無断でセッション管理に使うクッキーデータにアクセスし、ブラウザに広告などのダミー画面を表示させる攻撃である。
③ 攻撃者が、データベースと連動したWebサイトにおいて、データベースへの問合せや操作を行うプログラムの脆弱性を利用して、データベースの情報を不正に入手したり、改ざんしたりする攻撃である。
④ 攻撃者が、スクリプトをターゲットとなるWebサイト経由でユーザのブラウザに送り込むことにより、そのターゲットにアクセスしたユーザのクッキーデータを不正に入手したり、改ざんしたりする攻撃である。

(5) セキュリティの確保などを目的に、情報通信事業者が設置し、提供しているサーバの一部又は全部を借用して自社の情報システムを運用する形態は、一般に、　(オ)　といわれる。 (2点)
[① アライアンス ② ハウジング ③ ロードバランシング
④ ホスティング ⑤ システムインテグレーション]

解　説

(1) IPネットワークの下位レイヤにイーサネットを使用する場合、宛先IPアドレスを認識していても、MACアドレスを識別していないと通信できないため、IPv4では、ARP（アドレス解決プロトコル）により、IPアドレスとMACアドレスのアドレス解決を行っている。ARPでは、あるIPアドレスに対応づけられたMACアドレスを調べるのに、そのIPアドレス情報を含んだARP要求パケットをブロードキャストで送信し、該当するIPアドレスを有する端末が自分のMACアドレス情報を含んだARP応答パケットを、ARP要求をした端末にユニキャストで返信する。ただし、通信の度にARP要求とARP応答をやり取りしていては効率が悪いため、各端末は、受信したARPパケット（ARP要求パケットまたはARP応答パケット）に含まれる送信元IPアドレスと送信元MACアドレスから対応表を作成して一定時間保有し、その後の通信に利用している。ところが、IPアドレスとMACアドレスの対応関係が誤っている、もしくは偽造された**ARP**パケットを受信した場合も、端末はARPテーブルを更新してしまうので、攻撃者は、この仕組みを悪用して意図的にARPテーブルを書き換えることにより、用意した通信機器にデータを転送して通信を盗聴できる。このような攻撃手法は、ARPスプーフィングといわれる。

　なお、IPv6では、ICMPv6メッセージを用いたND（近隣探索）プロトコルによりIPアドレスとMACアドレスのアドレス解決を自動で行い、情報はNDキャッシュに保存される。このNDキャッシュのエントリをコマンドを使って書き換えるには、管理者権限のあるコマンドプロンプト上でnetshを起動して行う必要があるので、IPv4のARPテーブルに比べてセキュリティが向上している。

(2) ハイブリッド暗号方式では、メッセージを暗号化・復号するための共通鍵を暗号化するときに受信者の公開鍵を用いる。まず、送信者は、手持ちの暗号化鍵を用いてメッセージを暗号化して暗号文を生成する。メッセージを正しく送り届けるためには、暗号文から平文に復号するための鍵を受信者に配送する必要があるので、送信者は暗号文の生成に用いた鍵を共通鍵として受信者の公開鍵を用いて暗号化し、暗号文とともに受信者に送付する。共通鍵で暗号化された暗号文と受信者の公開鍵で暗号化された共通鍵を受け取った受信者は、その公開鍵で暗号化された共通鍵を**受信者の秘密鍵**で復号し、復号した共通鍵を用いて暗号文を復号して、元の平文を取り出す。

(3) UNIX系では、情報システムの管理およびセキュリティの監視をログ（動作などを記録したデータファイル）を用いて行い、リモートホストへのログの転送には**syslog**という仕組みを使用している。syslogでは、大量のログを高速に転送するためにUDPを使用しているが、UDPは信頼性が低いためログが欠落することがある。

(4) SQLは、関係データベース管理システムを利用するための言語で、非常に多くのコンピュータシステムが採用している。SQLインジェクションとは、Webアプリケーションに悪意のある入力データを与えてデータベースへの問合せや操作を行う命令文を組み立てて、データを改ざんしたり不正に情報を取得したりする攻撃をいい、解答群中の記述のうち、「**攻撃者が、データベースと連動したWebサイトにおいて、データベースへの問合せや操作を行うプログラムの脆弱性を利用して、データベースの情報を不正に入手したり、改ざんしたりする攻撃である。**」が該当する。
① セッションハイジャックについて述べた記述である。
② トラッキングクッキーについて述べた記述である。
④ クロスサイトスクリプティングについて述べた記述である。

(5) 情報通信事業者がサーバを準備しておき、この一部または全部を利用者に貸し出す形態を**ホスティング**という。貸し出されるサーバはホスティングサーバ、あるいはレンタルサーバなどといわれ、そのサーバの一部が貸し出されるものを共用サーバ、全部が貸し出されるものを専用サーバという。
　以下、解答群内の他の用語について簡単に解説する。
① アライアンスは、組織や企業間の連携、提携のことをいう。
② ハウジングでは、事業者が用意するのは設置場所、警備・監視、電源、空調設備などであり、サーバは利用者が用意する。
③ ロードバランシングは、負荷分散ともいい、冗長構成の機器に対する負荷（ロード）を均等に調整することをいう。
⑤ システムインテグレーションは、複数のサブシステムを調整して全体システムを構築することである。

技術・理論

6 情報セキュリティの技術

答	
(ア)	②
(イ)	②
(ウ)	③
(エ)	③
(オ)	④

次の各文章の 内に、それぞれの[　]の解答群の中から最も適したものを選び、その番号を記せ。　　　　　　　　　　　　　　　　　　　　　　　　　　　　　　　　　　　（小計10点）

(1) 暗号化の処理を実行している装置が発する電磁波、装置の消費電力量、装置の処理時間などを外部から測定することにより、暗号解読の手掛かりを取得しようとする行為は、一般に、 （ア） 攻撃といわれる。　　　　　　　　　　　　　　　　　　　　　　　　　　　　　　　　　　（2点）

[　① ブルートフォース　② DDoS　③ 選択暗号文
　④ サイドチャネル　⑤ ゼロデイ]

(2) PPP接続時におけるユーザ認証について述べた次の二つの記述は、 （イ） 。　　（2点）
A　PAP認証では、認証のためのユーザIDとパスワードは暗号化されずにそのまま送られる。
B　CHAP認証は、チャレンジレスポンス方式の仕組みを利用することによりネットワーク上でパスワードをそのままでは送らないため、PAP認証と比較してセキュリティレベルが高いとされている。
[　① Aのみ正しい　② Bのみ正しい　③ AもBも正しい　④ AもBも正しくない]

(3) ネットワークに接続された機器を遠隔操作するために使用され、パスワード情報を含めて全てのデータが暗号化されて送信されるプロトコルに、 （ウ） がある。　　　　　　　（2点）
[　① rlogin　② DHCP　③ RSA　④ telnet　⑤ SSH]

(4) 情報セキュリティ対策として実施するコンピュータシステムのファイルなどへのアクセス制御について述べた次の二つの記述は、 （エ） 。　　　　　　　　　　　　　　　　　　　　（2点）
A　あらかじめ設定されたアクセス制御のレベル分けのルールに従ってシステムが全てのファイルのアクセス権限を決定し、管理者の決めたセキュリティポリシーに沿ったアクセス制御が全利用者に適用される方式は、一般に、強制アクセス制御といわれる。
B　ファイルのアクセス権限をそのファイルの所有者が自由に設定できる制御方式は、一般に、ロールベースアクセス制御といわれる。
[　① Aのみ正しい　② Bのみ正しい　③ AもBも正しい　④ AもBも正しくない]

改題 **(5)** JIS Q 27001：2023に規定されている、情報セキュリティの管理策について述べた次の記述のうち、誤っているものは、 （オ） である。　　　　　　　　　　　　　　　　　　　（2点）
[　① 書類及び取外し可能な記憶媒体に対するクリアデスクの規則、並びに情報処理設備に対するクリアスクリーンの規則を定め、適切に実施させなければならない。
　② 記録は、消失、破壊、改ざん、認可されていないアクセス及び不正な流出から保護しなければならない。
　③ 記憶媒体を内蔵した装置は、処分又は再利用する前に、全ての取扱いに慎重を要するデータ及びライセンス供与されたソフトウェアを消去していること、又はセキュリティを保てるよう上書きしていることを確実にするために、検証しなければならない。
　④ 情報のラベル付けに関する適切な一連の手順は、認証機関が定めるガイドラインに従って策定し、実施しなければならない。
　⑤ 情報は、機密性、完全性、可用性及び関連する利害関係者の要求事項に基づく組織の情報セキュリティのニーズに従って、分類しなければならない。]

(2023年9月のJIS改正に合わせて一部改題をしています。)
(解説も改正後の規定内容に沿った記述となっています。)

解説

(1) 暗号化装置の正規の入出力ではなく、装置から漏えいする電磁波、装置の消費電力量、装置の処理時間などの物理的な特性を外部から測定し、得られたデータを組み合わせて統計的に解析することで、暗号解読の手がかりを取得しようと試みる行為は、一般に**サイドチャネル**攻撃といわれる。
　① ブルートフォース攻撃：考えられる全ての暗号鍵や文字列の組み合わせを試みることにより、暗号やパスワードを解読しようとする攻撃をいう。
　② DDoS（Distributed DoS）攻撃：攻撃対象のサーバに過大な負荷をかけて、サービスを提供不能にするDoS（Denial of Service）攻撃の一種で、多数のコンピュータに侵入して攻撃の拠点を作り、それらの拠点から攻撃対象のサーバに一斉にメッセージを送り付けてサービスを提供できなくしてしまう攻撃をいう。
　③ 選択暗号文攻撃：攻撃対象にしている暗号文と同じ鍵を用いてつくられた暗号文に対応する平文のペアをいくつか入手して解析することで鍵を推測し、その推測した鍵を用いて対象の暗号文を解読しようと試みる攻撃をいう。
　⑤ ゼロデイ攻撃：コンピュータプログラムのセキュリティ上の脆弱性が公表される前、または脆弱性の情報は公表されているがセキュリティパッチがまだ頒布されていない状態において、その脆弱性を狙って行われる攻撃をいう。

(2) 設問の記述は、**AもBも正しい。**
　A　PAP（Password Authentication Protocol）認証では、クライアントがユーザIDとパスワードを平文のままサーバに送り、サーバが登録済みの情報と比較してユーザの認証を行う。したがって、記述は正しい。
　B　CHAP（Challenge Handshake Authentication Protocol）認証では、まず、サーバ側で乱数を発生し、これをチャレンジコードとしてクライアントに送る。クライアント側では、受信したチャレンジコードを暗号化鍵とし、ハッシュ関数（一方向性関数）を用いてパスワードからハッシュ値といわれる暗号文を生成し、これをレスポンスコードとしてサーバ側に返す。サーバ側では、受信したレスポンスコードと自信で計算したハッシュ値が一致していれば、クライアントを正規のユーザとして認証する。CHAP認証は、このようなチャレンジレスポンスの仕組みを利用することで、PAP認証よりも高いセキュリティレベルを実現しているとされる。したがって、記述は正しい。

(3) ネットワークに接続された機器を遠隔操作するためのプロトコルには、TelnetやSSH（Secure Shell）などがあり、いずれもTCP／IP階層モデルのアプリケーション層で動作する。Telnetがデータを暗号化せず平文で送信するのに対して、**SSH**ではパスワード情報を含めた全てのデータを暗号化して送信し、公開鍵暗号を利用した認証を行っている。

(4) 設問の記述は、**Aのみ正しい。**JIS Q 27000：2019情報技術—セキュリティ技術—情報セキュリティマネジメントシステム—用語の「3 用語及び定義」によれば、アクセス制御とは、資産へのアクセスが、事業上およびセキュリティ要求事項に基づいて認可および制限されることを確実にする手段をいうとされている。すなわち、ネットワークや情報システムなどの情報資産が不正に利用されるのを防止するために、規則を定め、その規則に従って情報資産へのアクセスを許可あるいは制限することである。
　アクセス制御方式の主なものに、強制アクセス制御と任意アクセス制御があり、さらに比較的新しい方式としてロールベースアクセス制御などがある。強制アクセス制御では、システムのセキュリティポリシーに基づき、ファイル等のオブジェクトへのアクセス権限を制限する。したがって、記述Aは正しい。また、任意アクセス制御では、オブジェクトに誰がアクセスできるか等の権利をオブジェクトの所有者が任意に設定できる。したがって、記述Bは誤り。そして、ロールベースアクセス制御で、ユーザの役割に応じてアクセス権限を設定することにより、必要なオブジェクトへのアクセスを可能とするよう制御する。

(5) 解答群の記述のうち、誤っているのは、「情報のラベル付けに関する適切な一連の手順は、認証機関が定めるガイドラインに従って策定し、実施しなければならない。」である。JIS Q 27001：2023の附属書A（規定）情報セキュリティ管理策では、組織が情報セキュリティリスク対応を実施するための管理策を規定している。
　① 「7 物理的管理策—7.7 クリアデスク・クリアスクリーン」の管理策を正しく述べた文章である。
　② 「5 組織的管理策—5.33 記録の保護」の管理策を正しく述べた文章である。
　③ 「7 物理的管理策—7.14 装置のセキュリティを保った処分又は再利用」の管理策を正しく述べた文章である。
　④ 「5 組織的管理策—5.13 情報のラベル付け」の規定により、情報のラベル付けに関する適切な一連の手順は、組織が採用した情報分類体系に従って策定し、実施しなければならないとされている。したがって、記述は誤り。
　⑤ 「5 組織的管理策—5.12 情報の分類」の管理策を正しく述べた文章である。

答	
(ア)	④
(イ)	③
(ウ)	⑤
(エ)	①
(オ)	④

技術・理論

6 情報セキュリティの技術

次の各文章の　　　　　内に、それぞれの[　　　]の解答群の中から最も適したものを選び、その番号を記せ。 (小計10点)

(1) ポートスキャンの方法の一つで、標的ポートに対してスリーウェイハンドシェイクによるシーケンスを実行し、コネクションが確立できたことにより標的ポートが開いていることを確認する方法は、一般に、　(ア)　スキャンといわれる。 (2点)

[① UDP ② FIN ③ SYN ④ TCP ⑤ ウイルス]

(2) ネットワーク利用者のID、パスワードなどの利用者情報、ネットワークに接続されているプリンタなどの周辺機器、利用可能なサーバ、提供サービスなどのネットワーク資源の情報を一元管理して利用者に提供する仕組みは、一般に、　(イ)　サービスといわれる。 (2点)

[① ハウジング ② ホスティング ③ 分散処理 ④ ディレクトリ]

(3) コンピュータウイルス対策ソフトウェアにおけるコンピュータウイルスを検出する方法について述べた次の二つの記述は、　(ウ)　。 (2点)

A パターンマッチング方式では、既知のコンピュータウイルスのパターンが登録されているウイルス定義ファイルと、検査の対象となるメモリやファイルなどを比較してウイルスを検出している。

B ヒューリスティックスキャン方式では、拡張子がcom、exeなどの実行型ファイルが改変されていないかを確認することによってウイルスを検出している。

[① Aのみ正しい ② Bのみ正しい ③ AもBも正しい ④ AもBも正しくない]

(4) ネットワーク型侵入検知システム(NIDS)の特徴について述べた次の記述のうち、誤っているものは、　(エ)　である。 (2点)

① 監視したい対象に応じて、インターネットとファイアウォールの間、DMZ、内部ネットワークなどに設置される。

② 侵入を検知するための方法として、通常行われている通信とは考えにくい通信を検知するアノマリベース検知といわれる機能などが用いられている。

③ 基本的な機能として、一般に、ファイルの書換えや削除などの有無を検知する機能を有している。

④ ネットワークを流れるパケットをチェックして不正アクセスなどを検知する機能を有しており、ホストのOSやアプリケーションに依存しない。

(5) 情報セキュリティに関するリスク分析手法の一つで、既存のガイドラインを参照するなどして、あらかじめ組織として確保すべきセキュリティレベルを設定し、それを実現するための管理策の組合せを決定してから、組織全体でセキュリティ対策に抜けや漏れが無いように補強していく手法は、一般に、　(オ)　といわれる。 (2点)

[① 非形式的アプローチ ② ベースラインアプローチ
③ 組合せアプローチ ④ 詳細リスク分析]

解説

(1) インターネットでは、トランスポート層プロトコルにTCPとUDPが使用される。TCPの3ウェイハンドシェイク（SYN＋SYN／ACK＋ACK）を利用してコネクションが確立できたか否かにより開いているポートを調査する行為を**TCPスキャン**という。コネクションが確立したりコネクションを切断したりするとそのログがサーバに残るため、この攻撃の事前調査を受けたことはログ解析で確認できる。

UDPスキャンは、UDPデータグラムを送信し、標的ポートから拒絶されなければ開いているとみなす。FINスキャンは、TCPのFINパケットを送信し、RSTパケットが戻れば標的ポートが閉じていると判断する。SYNスキャンは、TCPのSYNパケットを送信して戻ってくるパケットにより標的ポートの開閉を判断するが、コネクションを確立せず途中放棄する。ウイルススキャンは、コンピュータがウイルスに感染していないかどうかを検査することである。

(2) ネットワークの利用者の情報や、ネットワーク上の資源を一元的に登録、管理し、検索などの機能を利用者に提供するサービスは、**ディレクトリサービス**といわれる。ディレクトリ(directory)には、もともと、人名録、電話帳、名簿という意味がある。ディレクトリサービスを利用することによって、利用者は、複数のサーバや周辺機器に対して個別に登録する必要がなくなる。また、サーバは、利用者のアクセス権限などを確認することができる。

(3) 設問の記述は、**Aのみ正しい**。

A　パターンマッチング方式は、既知のコンピュータウイルスの特徴的なデータコードをパターン（シグニチャコード）として登録しておき、検査対象のファイルやメモリと照合する検査方法をいう。したがって、記述は正しい。パターンマッチング方式では、未知のウイルスを検出することはできないが、既知のウイルスに対する検出確度は高い。

B　ヒューリスティックスキャン方式は、ウイルス特有の行動パターンからウイルスを検出する。確度はやや低いが未知のウイルスも検出できる。したがって、記述は誤り。なお、ウイルスに感染していない「com」、「exe」などのファイルのサイズやチェックサムをあらかじめ把握しておき定期的に確認する方式は、チェックサム方式という。

(4) 解答群の記述のうち、誤っているのは、「**基本的な機能として、一般に、ファイルの書換えや削除などの有無を検知する機能を有している。**」である。

① ホスト型侵入検知システムが監視対象のホストに導入されるのに対して、ネットワーク型侵入検知システムでは、監視対象に応じて設置場所が決められ、外部ネットワークからの不正侵入を監視する場合にはインターネット（ルータ）とファイアウォールの間に、公開サーバへのアクセスを監視する場合にはDMZに、内部ネットワークで行われた不正な操作等を監視する場合には内部ネットワークに設置される。したがって、記述は正しい。

② 侵入検知システムが侵入を検知する方法には、シグニチャベース検知やアノマリベース検知などがある。シグニチャベース検知は、シグニチャといわれる特定の攻撃パターンを定義したデータベースを作成しておき、それと観測したイベントを比較して、一致した場合に警報を発する方式で、一般に、既知の脅威に対して極めて有効であるが、未知の脅威や回避テクニックなどにより偽装された脅威については検知できない場合が多い。また、アノマリベース検知は、システムの正常な活動内容の特徴を一定期間監視してプロファイルを作成し、プロファイルからの重大な逸脱があった場合に警報を発する方式で、未知の脅威に対して有効である。したがって、記述は正しい。

③ ファイルの書換えや削除などの有無を検知する機能は、ホスト型侵入検知システムの特徴であり、ネットワーク型侵入検知システムでは対処できない。したがって、記述は誤り。

④ ホスト型侵入検知システムでは、一般に、OSやアプリケーションが生成するシステムログ、監査ログ、イベントログなどの情報を利用して検知する方法が用いられている。一方、ネットワーク型侵入検知ステムでは、ネットワークのトラヒックを監視・解析し、不正アクセスなどを検知するもので、ホストごとに導入する必要はないので、ホストのOSやアプリケーションに依存しない。したがって、記述は正しい。

(5) 情報セキュリティに関するリスク分析は、リスクアセスメントにおいて、リスクの特質を理解し、リスクレベルを評価するプロセスをいう。リスク分析の手法には、ベースラインアプローチ、非形式的アプローチ、詳細リスク分析、組合せアプローチがある。このうち、**ベースラインアプローチ**は、既存の基準やガイドラインを参照することにより、組織で実現すべきセキュリティレベルの決定およびそのための管理策の選択を行い、さらに組織全体で抜けや漏れがないかを確認しながら補強していく手法である。

非形式的アプローチは、組織内にいる専門知識・経験を有する者や、外部のコンサルタントが、自身の知識・経験に基づいてリスクを評価する手法である。短期間で遂行でき、環境の変化にも迅速に対応できるなどの利点がある。

詳細リスク分析は、組織の情報資産を洗い出し、情報資産ごとに資産価値、脅威、脆弱性、セキュリティ要件を識別し、評価する手法で、分析作業に多くの時間と労力がかかるが、適切な管理策の選択が可能になる。

組合せアプローチはこれらの手法を複数併用する手法で、ベースラインアプローチと詳細リスク分析を組み合わせて用いることが多い。

技術・理論

6 情報セキュリティの技術

答

(ア)	④
(イ)	④
(ウ)	①
(エ)	③
(オ)	②

次の各文章の ◻︎◻︎◻︎ 内に、それぞれの[　]の解答群の中から最も適したものを選び、その番号を記せ。 (小計10点)

(1) コンピュータウイルスとその対策について述べた次の二つの記述は、 （ア） 。 (2点)
　A　拡張子が「.com」や「.exe」などの実行形式のプログラムに感染するコンピュータウイルスは、システム領域感染型ウイルスといわれる。
　B　ウイルスを検知する仕組みの違いによるウイルス対策ソフトウェアの方式区分において、コンピュータウイルスに特徴的な挙動の有無を調べることによりコンピュータウイルスを検知するものは、一般に、ヒューリスティック方式といわれる。
　　[①　Aのみ正しい　②　Bのみ正しい　③　AもBも正しい　④　AもBも正しくない]

(2) IEEE802.1X規格の構成要素の一つであり、PPPの認証機能を拡張した利用者認証プロトコルは、 （イ） といわれ、無線LAN環境におけるセキュリティ強化などのためのプロトコルとして用いられている。 (2点)
　　[①　NAPT　②　LDAP　③　EAP　④　UDP　⑤　SMTP AUTH]

(3) ICカードに対する攻撃手法の一つであり、ICチップの配線パターンに直接針を当てて信号を読み取る攻撃手法は、一般に、 （ウ） といわれる。 (2点)
　　[①　ブルートフォース攻撃　②　スマーフ攻撃　③　グリッチ
　　④　プロービング　⑤　リバースエンジニアリング]

(4) IPsecについて述べた次の記述のうち、正しいものは、 （エ） である。 (2点)
　　[①　IPsecでは、鍵交換の方法の違いによって、トンネルモードとトランスポートモードの二つの方法が提供されている。
　　②　IPsecのAHプロトコルでは、ネットワーク上を流れるデータを暗号化することによって、ネットワーク上における盗聴からデータを保護できる。
　　③　IPsecは、データを送信する際にデータに認証情報を付加して送信することにより、受信側では通信経路途中でのデータの改ざんの有無を確認することができる。
　　④　IPsecは、SSL／TLSと同様にトランスポート層のプロトコルであり、クライアントとサーバ間相互の通信や電子メール通信において利用されている。]

(5) 入退室管理におけるセキュリティ用語などについて述べた次の二つの記述は、 （オ） 。 (2点)
　A　一つの監視エリアにおいて、認証のためのICカードなどを用い、入室記録後の退室記録がない場合に再入室をできなくしたり、退室記録後の入室記録がない場合に再退室をできなくしたりする機能は、一般に、アンチパスバックといわれる。
　B　セキュリティレベルの違いによって幾つかのセキュリティ区画を設定することは、ハウジングといわれ、セキュリティ区画は、一般に、一般区画、業務区画、アクセス制限区画などに分類される。
　　[①　Aのみ正しい　②　Bのみ正しい　③　AもBも正しい　④　AもBも正しくない]

解 説

(1) 設問の記述は、**Bのみ正しい。**

A WindowsやMS‐DOSなどでは、ファイルの種類が拡張子で表され、実行形式(コンピュータが直ちに命令として解釈し実行できる形式)のプログラムファイルは、拡張子が.comや.exeとなっている。このようなファイルに感染するウイルスは、一般に、<u>ファイル感染型</u>のウイルスといわれる。したがって、記述は誤り。

B ウイルスの主な検出技術には、パターンマッチング方式、チェックサム方式、ヒューリスティック方式がある。このうち、ヒューリスティック方式は、ウイルス定義ファイルに頼ることなく、プログラムの構造や特徴的な挙動の有無などを解析することによりウイルスを検出する方式であり、未知のウイルスなどを検出できる可能性が高い。したがって、記述は正しい。

(2) 無線LANにおけるセキュリティ標準を定めたIEEE802.11iでは、ユーザ認証にPSK認証方式またはIEEE802.1X認証方式を使用することが規定されている。これらの認証方式のうち、IEEE802.1X方式は、RADIUSなどの認証サーバがユーザ認証を行うもので、認証プロトコルとしてPPPを拡張した**EAP**が用いられる。EAPは、PPP接続時に認証方法を指定して利用するためのフレームワークを提供するが、認証方法には、EAP‐MD5、EAP‐TLS、EAP‐TTLS、EAP‐PEAP、EAP‐Fast、Cisco LEAP、EAP‐SIMなど多くの種類があり、それぞれ認証の対象や認証キーの種類、セキュリティ強度などが異なるので、用途や管理コストなどを考慮して適宜選択する必要がある。

① NAPTは、プライベートIPアドレスとグローバルIPアドレスとを相互変換するプロトコルである。IPアドレスとポート番号の組合せ単位で変換する。

② LDAPは、ネットワーク機器や利用者などの情報を管理するディレクトリサービスにアクセスするためのプロトコルである。

④ CHAPは、PPPで利用される利用者認証プロトコルである。サーバ(認証)側から送信されたチャレンジコードと利用者のパスワードをハッシュ化(暗号化)して送信するチャレンジ・レスポンス方式により認証を行う。

⑤ SMTP AUTHは、メール転送プロトコル(SMTP)の拡張プロトコルである。SMTPは、本来は認証機能をもたないため、SMTP AUTHを利用して、メールを送信する前に、メールサーバが送信者を認証する。

(3) ICカードに対する代表的な攻撃手法には、物理攻撃、サイドチャネル攻撃、故障利用攻撃がある。

物理攻撃には、ICチップの配線パターンに針を直接当てて信号を読み取る**プロービング**、集束イオンビームを当てることにより金属を蒸着させて改造した回路を悪用するマニピュレーション、顕微鏡写真から設計や製造プロセスなどの情報を得て悪用するリバースエンジニアリングがある。

サイドチャネル攻撃は、ICチップの消費電流波形を解析・処理することにより、チップ内部の動作を推定する手法である。

故障利用攻撃は、攻撃対象に誤動作を起こさせて秘密情報を取り出す攻撃で、電源やクロック信号の電圧を変動させるグリッチ攻撃、半導体にレーザを照射して自由電子を励起し電流を発生させるレーザ照射攻撃、電磁波を照射して半導体内部の磁場を変化させ誘導起電力を発生させる電磁波照射攻撃などがある。

(4) 解答群の記述のうち、正しいのは、「**IPsecは、データを送信する際にデータに認証情報を付加して送信することにより、受信側では通信経路途中でのデータの改ざんの有無を確認することができる。**」である。

① IPsecにおける2つの動作モードの違いは、送信するIPパケットのペイロード部分だけを認証・暗号化して通信する(トランスポートモード)か、IPパケットのヘッダ部まで含めてすべてを認証・暗号化する(トンネルモード)かである。したがって、記述は誤り。

②、③ IPsecは、AH、ESP、IKE、IPCompなどのプロトコルから成る。このうち、AHは認証ヘッダといわれ、これにより、認証機能、改ざん検知機能を利用することができる。ただし、暗号化機能をもたないため、暗号化機能をもつESPと組み合わせて利用することが多い。したがって、記述③は正しいが、記述②は誤り。

④ SSL／TLSがトランスポート層とアプリケーション層の中間に位置するのに対して、IPsecは<u>インターネット層</u>に位置するプロトコルである。したがって、記述は誤り。

(5) 設問の記述は、**Aのみ正しい。**

A ICカードなどを利用して入退室管理を行い、最新の記録では入室していることになっているのにまた入室しようとしたり、未入室または退室しているはずなのに退室しようとするなど、入退室行為が記録と論理的に矛盾している場合に、そのICカードの所有者が入室または退室できないように監視することをアンチパスバックという。したがって、記述は正しい。アンチパスバック機能により、入室ゲートを通過した後にそのICカードを他の人に手渡して入室させる不正や、部外者が正規の利用者の同伴者のふりをしてすぐ後について行くことで認証を受けることなく不正に出入りしてしまうピギーバック(共連れ)の問題を抑制することができる。

B セキュリティレベルの違いによって幾つかのセキュリティ区画を設定することは、<u>セキュリティゾーニング</u>といわれる。したがって、記述は誤り。セキュリティ区画は、一般に、誰でも制限なく入室できる「一般区画」、従業員など関係者のみ入室を可能とした「業務区画」、区画の管理責任者から特別に許可された者だけが入室可能で入室者の履歴を追跡管理する「アクセス制限区画」などに分類される。

答

㋐	②
㋑	③
㋒	④
㋓	③
㋔	①

配線材料

●屋内配線用ケーブル

①難燃PEシースケーブル

電子式ボタン電話装置の主装置とボタン電話機間の配線には、従来、ポリ塩化ビニル（PVC）で被覆されたPVC屋内線が用いられていたが、近年は環境に配慮し、ポリエチレン（PE）で被覆した耐燃PEシースケーブルが多く用いられている。耐燃PEシースケーブルは、燃焼してもハロゲンガスを生じず発煙量も少ない、埋立て廃棄しても重金属による土壌汚染のおそれがないなどの特徴がある。

耐燃PEシースケーブルは、シース表面が布設時に擦れて白くなる白化現象や、経年変化によるピンキングを生じやすいが、外観上の問題であり直ちに張り替える必要はない。

②通信用フラットケーブル

心線導体を並列に並べ、ラミネートアルミテープの外被採用等により電気的に絶縁処理した電線。カーペットの下に直接配線できる構造になっており、配線方向を変えるときは折り曲げて敷設できるため、電子式ボタン電話装置の主装置とボタン電話機間の室内の配線において、美観や漏話の軽減が要求される場合に使用する。

●屋内配線用資材

①屋内線用コネクタ

ジャンクションボックス内およびフロアボックス内の隠蔽部分での屋内線相互の接続に使用する。

②フロアクリップ

アンダカーペット配線方式においてケーブルをタイルカーペットの床面から立ち上げる場合に使用する、床面との固定に用いる材料。

③ケーブルパス

アンダカーペット配線方式においてケーブルをタイルカーペットの床面から立ち上げる場合に床面から立ち上げたケーブルを保護する材料。

④フラットプロテクタ

主にフラットフロアケーブルを床面に配線するとき機械的に防護するのに用いる材料。分岐箇所にはプロテクタサポートを取り付ける。

⑤フロアダクト

ケーブルをスラブ内などに埋め込まれたダクトに収容して敷設し、ダクトに一定間隔で設けられた電線引出孔からケーブルを取り出し配線する。

⑥フリーレット

フロアアウトレットから屋内線等を床面配線する場合にフロアアウトレット部分に取り付け、これにワイヤプロテクタを取り付け屋内線を保護する。

⑦ブッシング

フロアボックスの引出口の配管の先端に取り付け、ケーブル引き出しによるケーブル損傷を防止する。

アクセス系設備のメタリック平衡対ケーブル

●ケーブル心線の太さ

設備センタからユーザまでのアクセス区間におけるメタリック平衡対ケーブルは、設備センタに近い区間では心線径が0.32mm程度の細いものを用い、ユーザに近い区間では心線径が0.65〜0.9mm程度の太いものを用いる。

●心線被覆

心線導体の被覆は、アクセス系設備のメタリック平衡対ケーブルにおいては、心線導体の被覆にポリエチレン（PE）のような誘電率の小さい絶縁材料を用いて心線間の静電容量を小さくする。地下用メタリックケーブルの心線被覆には、さらに誘電率が小さい発泡ポリエチレンを用いる。ただし、発泡ポリエチレンの発泡率が大きいほど機械的強度が低くなるので、適切な発泡率のものを使用する。一方、主配線盤（MDF）の配線に用いるジャンパ線の心線被覆などには、誘電率は大きいが耐燃性に優れたポリ塩化ビニル（PVC）を用いる。

●漏話の軽減策

メタリック平衡対ケーブルの平衡対間の静電結合および電磁結合による漏話は、心線を撚り合わせることによって軽減できる。このとき、各平衡対間で撚りピッチが異なるようにする。心線の撚り合わせ方法には、対撚りや星形カッド撚りなどがあるが、ケーブルを構成する心線の数が同一の場合、星形カッド撚りは対撚りと比較してケーブルの外径を小さくできる。

電話・情報用配線図記号

JIS C 0303構内電気設備の配線用図記号では、構内電気設備の電灯、動力、通信・情報、防災・防犯、避雷設備、屋外設備などの配線、機器およびこれらの取付位置、取付方法を示す図面に使用する図記号について規定している。

通信・情報の配線用図記号のうち、電話・情報設備に使用するものの例を表1に示す。

通信・情報としては、この他、ファクシミリ、転換器、デジタル回線終端装置、ターミナルアダプタ、本配線盤、中間配線盤、局線中継台、局線表示盤、時分割多重化装置、複合アウトレット、ルータ、集線装置（ハブ）、情報用機器収容箱が規定されているが、ここでは割愛する。

表1　配線用図記号の例（JIS C 0303より）

図記号	名称	図記号	名称
Ⓣ	内線電話機	⊠	交換機
Ⓣ	加入電話機	▭	ボタン電話主装置
▫	保安器	●	電話用アウトレット
▭	端子盤	◗	情報用アウトレット

テスタ

●デジタルテスタ

工事に必要な電流、電圧、絶縁抵抗等の測定には、従来、指針を読むアナログテスタが用いられていたが、最近は液晶パネルに数字を表示するデジタルテスタが普及している。デジタルテスタはアナログテスタに比べて確度が高く、測定値が文字で表示され読むのが簡単であるなど、多くの利点がある。

●デジタルテスタの確度計算

テスタで測定した値は、実際の値（真値）とまったく同一ではなく、ばらつきをもった誤差を生じる。このため、確度の考え方を取り入れ、測定結果から真値がどの範囲にあるのかを計算するようにしている。

デジタルテスタの取扱説明書には確度の計算式が表示されていて、一定の確度保証期間内なら真値はその計算式により求められる範囲に収まることになっている。rdgはreadingの略で読み取り値を表す。また、dgtはdigitの略で最下位桁の数字を表し、rngはrangeの略で、測定レンジ（範囲）を表す。

ボタン電話装置の工事試験

ボタン電話装置の工事試験には、大別して、基本的な機能と付加サービス的な機能の動作の確認試験がある。

付加サービス的な機能については、各機種により操作方法が異なる場合が多いので、あらかじめ操作方法を十分認識して試験する必要がある。ここでは工事試験の数例を記述する。

●基本的な機能の試験例

ボタン電話装置の機能や回路は多様であり、機能確認試験の方法は必ずしも一様ではないが、次の試験内容はどの機種にも共通した基本的なものである。

表2　外線発着信試験

試験操作	確認事項
①ボタン電話機をオフフックし、空き外線のボタンを押す。	・収容局からの発信音が聞こえる。 ・全ボタン電話機の当該外線ランプが点火する。
②ボタン電話装置に収容されている他の外線番号をダイヤルする。	・ダイヤル開始とともに発信音が停止し、ダイヤル終了後、収容局からの呼出音が聞こえる。 ・被呼外線について全ボタン電話機のランプが着信表示すること。また、トーンリンガ等の着信音が聞こえる。
③他のボタン電話機で応答の操作をする。	・発着双方のボタン電話機間で雑音のない良好な通話ができる。
④発着いずれかでオンフックする。	・オフフック側ボタン電話機では収容局からの話中音が聞こえる。
⑤双方ともオンフックする。	・ランプは減火し待機状態となる。

表3　外線共通保留の試験

試験操作	確認事項
①ボタン電話機をオフフックし、空き外線のボタンを押す。	・収容局からの発信音が聞こえる。 ・全ボタン電話機の当該外線ランプが点火する。
②同外線について保留操作をする。	・全ボタン電話機の当該外線ランプが保留状態の表示となる。
③他のボタン電話機で保留中の外線ボタンを押す。	・収容局からの発信音または話中音が聞こえ、全ボタン電話機の当該外線ランプは話中表示になる。
④オンフックする。	・全ボタン電話機の当該外線ランプは減火し待機状態となる。

(注)共通保留に対し保留した電話機のみが再応答できる保留の機能を自己保留という。

●サービス機能の試験例

表4　アッドオン機能試験

試験操作	確認事項
①Aボタン電話機からBボタン電話機を呼び出し通話する。	・正常に両者で通話できること。
②Aボタン電話機で保留操作する。	（会議ランプ点滅するものもあり） ・Bボタン電話機で保留音を聞く。
③Aボタン電話機からCボタン電話機の番号をダイヤルする。	・Aボタン電話機は内線呼出音が聞こえる。
④Cボタン電話機がオフフックする。	・AとCのボタン電話機は通話できる。
⑤Aボタン電話機でフッキングする。	・A、B、Cの3者で通話できる。

(注)　会議用ボタンを有し異なる操作を行うものもある。

PBXの工事試験

PBXの工事試験に関するこれまでの出題のうち、基本機能に関する例、サービス機能に関する例を示す。

●内線発着信試験

PBXの内線発着信試験では、発信内線電話機による呼出音、着信内線電話機のベルまたはトーンリンガの鳴動、着信内線電話機の応答による呼出音の停止および雑音の混入しない通話状態等の確認をする。

●ロックアウト試験

内線番号を途中までダイヤルして一定時間放置したとき、PBXからの話中音送出を確認することをロックアウト試験という。

●保留・再応答・転送の試験

PBXにおいて、保留・再応答・転送の機能に関する試験は、外線ランプ（またはLED）の点滅、保留音、通話および転送先電話機の信号音を確認する。

●自己保留の試験

PBXの保留・再応答の試験のうち自己保留機能の試験では、通話中に保留操作をした電話機のみが再応答できることを確認する。

次の各文章の 内に、それぞれの[　　]の解答群の中から最も適したものを選び、その番号を記せ。　　　（小計10点）

(1) アクセス系線路設備に用いられるメタリック平衡対ケーブルの特徴について述べた次の二つの記述は、　（ア）　。　　　　　　　　　　　　　　　　　　　　　　　　　　　　　　　　　　（2点）

A　CCPケーブルは、色分けによる心線識別を容易にするため着色したポリエチレンを心線被覆に用いており、一般に、架空区間に適用されている。

B　PECケーブルは、ポリエチレンと比較して誘電率が大きいポリ塩化ビニルを心線被覆に用いており、一般に、地下区間に適用されている。

[①　Aのみ正しい　　②　Bのみ正しい　　③　AもBも正しい　　④　AもBも正しくない]

(2) デジタル式テスタを用いて、直流200ボルトレンジ、分解能0.1ボルトで読取値が100.0ボルトであったとき、誤差の範囲が最も小さいテスタは、確度が　（イ）　のテスタである。ただし、rdgは読取値、dgtは最下位桁の数字を表すものとする。　　　　　　　　　　　　　　　　　　　　　　　　　　（2点）

[①　$\pm(0.1\%rdg + 8dgt)$　　②　$\pm(0.2\%rdg + 7dgt)$　　③　$\pm(0.3\%rdg + 5dgt)$
④　$\pm(0.5\%rdg + 2dgt)$　　⑤　$\pm(0.7\%rdg + 1dgt)$]

(3) 図1は、アンダーカーペット配線方式によるボタン電話装置の設置工事に用いられる対数が10Pの通信用フラットケーブルの断面の概略を示したものである。この通信用フラットケーブルの対番号10を使用して内線電話機と接続する場合は、心線の絶縁体の色が　（ウ）　の対を選定する。　　　　　　（2点）

[①　赤及び白　　②　赤及び茶　　③　紫及び白　　④　紫及び茶　　⑤　茶及び黒]

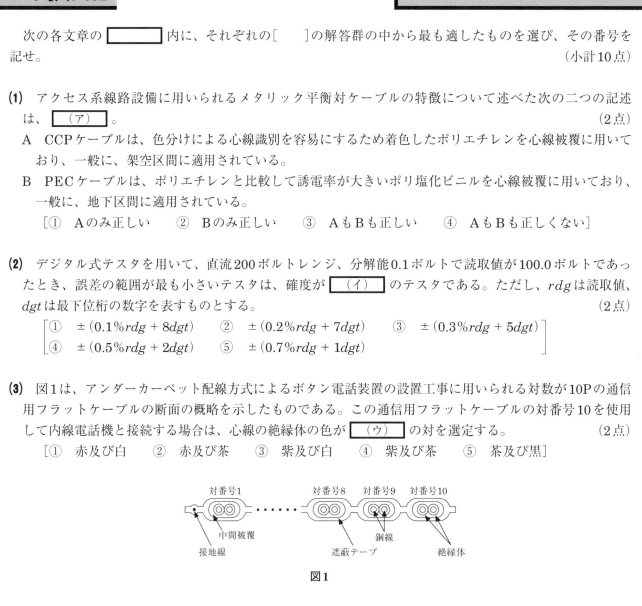

対番号1　　　　　　　　　対番号8　対番号9　対番号10

中間被覆　　　　　銅線
接地線　　　　　　遮蔽テープ　　　絶縁体

図1

(4) デジタル式PBXの主装置と内線端末であるグループ3（G3）ファクシミリ装置及びISDN端末との接続工事において、一般に、　（エ）　で主装置のそれぞれ対応する内線ユニットに接続される。　　（2点）

[①　G3ファクシミリ装置は2線式、ISDN端末は4線式
②　G3ファクシミリ装置は4線式、ISDN端末は2線式
③　G3ファクシミリ装置及びISDN端末は、いずれも2線式
④　G3ファクシミリ装置及びISDN端末は、いずれも4線式
⑤　G3ファクシミリ装置及びISDN端末は、いずれもカスケード（多段）接続]

(5) デジタル式PBXの機能確認試験のうち、　（オ）　試験では、登録されているコードレス電話機（子機）で移動しながら通信を行った場合、通信中の接続装置から最寄りの接続装置に回線を切り替えながら通信が継続できることを確認する。　　　　　　　　　　　　　　　　　　　　　　　　　　　　　　（2点）

[①　オートレリーズ　　　　　②　ページング　　　③　TCH切替
④　ダイレクトインライン　　⑤　ハンドオーバ]

解　説

(1) 設問の記述は、**Aのみ正しい**。アクセス系設備のメタリック平衡対ケーブルには、CCPケーブルおよびPECケーブルが用いられる。

A　CCPケーブル（着色識別ポリエチレン絶縁ポリエチレンシースケーブル）は、心線の絶縁と外被にポリエチレン（PE）を用いたケーブルで、架空線路に用いられている。絶縁用のPEは数種に色分けして線番を明らかにし、外被には耐候性に優れた黒色のものを使用している。したがって、記述は正しい。

B　PEC（カラーコード発泡ポリエチレン絶縁ケーブル）ケーブルは、外被構造をアルミテープとポリエチレン外被を一体化したLAP構造とし、心線絶縁材料としてPE内に気泡を含ませることにより<u>誘電率を小さくした発泡PE</u>を用いたケーブルで、地中線路に用いられている。したがって、記述は誤り。

(2) 測定確度とは、製造業者が明示した誤差の限界値のことをいう。rdg は読み取り値を表し、dgt は最下位けたの数字を表すため、①のテスタでの測定誤差の範囲は、$\pm(0.1\% \times 100.0 + 8 \times 0.1) = \pm(0.1 + 0.8) = \pm 0.9$ 〔V〕となる。

同様に、②のテスタは $\pm(0.2\% \times 100.0 + 7 \times 0.1) = \pm 0.9$〔V〕、③のテスタは $\pm(0.3\% \times 100.0 + 5 \times 0.1) = \pm 0.8$〔V〕、④のテスタは $\pm(0.5\% \times 100.0 + 2 \times 0.1) = \pm 0.7$〔V〕、⑤のテスタは $\pm(0.7\% \times 100.0 + 1 \times 0.1) = \pm 0.8$〔V〕となる。

したがって、解答群の中で測定誤差の範囲が最も小さいのは、測定確度が**$\pm(0.5\%rdg + 2dgt)$** のテスタである。

(3) 電子式ボタン電話装置の主装置とボタン電話機間の室内の配線には、通常、PVC屋内線等が使用されるが、美観や漏話の軽減が要求される場合は、タイルカーペットの下に通信用フラットケーブルを敷設する。図2に、対数が10Pの通信用フラットケーブルにおける対番号と各対における絶縁体の色の組合せを示す。図2より、対番号10を使用する場合の心線の絶縁体の色は、**紫および茶**である。

図2　10P（10対）の通信用フラットケーブルの断面

(4) デジタル式PBXには、DSUを介してISDNに接続して使用できるものがある。このようなPBXの主装置は、ISDN端末を接続するためのNT2と、非ISDN端末を接続するためのTAの機能を有し、内線ユニットとして4線式のISDNインタフェースと2線式のアナログインタフェースが搭載されている。グループ3（G3）ファクシミリ装置およびISDN端末を接続する工事の場合、アナログ電話端末である**G3ファクシミリ装置は2線式**のアナログインタフェースに、**ISDN端末は4線式**のISDNインタフェースにそれぞれ接続される。

(5) PBX設備の内線にコードレス電話機（子機）の機能をもつものがある。そのようなPBXの工事試験では、コードレス電話機（子機）が構内に設定されている範囲内で正常に動作することを確認する。この確認試験では、子機で通話しながら構内を移動し、通話状態の悪化・途切れ等がなく構内に設けてあるコードレス電話の接続装置のうちから、適正な接続装置を自動選択して切り替えられることを確認し、継続して通話が維持できることを確認する。このような機能試験を**ハンドオーバ試験またはハンドオフ試験**という。

答	
㈠	①
㈣	④
㈦	④
㈥	①
㈺	⑤

次の各文章の 内に、それぞれの[ ]の解答群の中から最も適したものを選び、その番号を記せ。 (小計10点)

(1) 保安器に用いられているサージ防護デバイス(SPD)であるPTCサーミスタは、規定の信号電流値を超える強電流が通信線から保安器に流れた場合、 (ア) により抵抗値が増加し、過電流を低減する機能を有している。 (2点)

[① 自己発熱 ② 圧電効果 ③ なだれ増倍作用 ④ 放電現象 ⑤ 電磁誘導]

(2) テスタのゼロオーム調整について述べた次の二つの記述は、 (イ) 。 (2点)
A アナログ式テスタを用いて抵抗を測定する際、最初にゼロオーム調整を行えば、その後、抵抗の測定レンジを切り替えるごとにゼロオーム調整を行わなくても、抵抗値を正しく測定できる。
B デジタル式テスタのリラティブ測定機能は、直前の測定値をテスタに記憶することができるものであり、抵抗測定レンジでは、ゼロオーム調整用として利用することができる。

[① Aのみ正しい ② Bのみ正しい ③ AもBも正しい ④ AもBも正しくない]

(3) 日本電線工業会規格(JCS)で規定されているエコケーブルの耐燃性ポリエチレンシース屋内用ボタン電話ケーブル(耐燃PEシースケーブル)を用いた、ボタン電話の配線工事などについて述べた次の二つの記述は、 (ウ) 。 (2点)
A 多湿な状況下に敷設された耐燃PEシースケーブルにおいて、その表面が白っぽくなる白化現象が生じた場合、ケーブルの電気的特性が劣化するため、早期に張り替える必要がある。
B 耐燃PEシースケーブルの許容曲げ半径は、ポリ塩化ビニル(PVC)シースケーブルと同等であり、また、耐燃PEシースケーブルのシース除去作業では、PVCシースケーブルに用いるものと同じ工具を使用することができる。

[① Aのみ正しい ② Bのみ正しい ③ AもBも正しい ④ AもBも正しくない]

(4) デジタル式PBXの設置工事において、デジタル式PBXの内線収容条件により内線数を増設できない場合や使い慣れた機能を持つデジタルボタン電話機を利用したいがデジタル式PBXにはその機能がない場合、 (エ) 方式を用いて、デジタル式PBXの内線回路にデジタルボタン電話装置の外線を接続して収容する。 (2点)

[① マルチライン ② バーチャルライン ③ クラウドPBX ④ ビハインドPBX ⑤ 内線延長]

(5) デジタル式PBXの代表着信方式の設定において、代表グループ内の (オ) 場合は、順次サーチ方式を選定する。 (2点)

[① 指定した内線1台を選択させる
② 全ての内線を選択させ一斉に呼び出す
③ 内線がおおむね均等に利用されるように内線を選択させる
④ 内線に優先順位を設け、常に優先順位が高い空いている内線を選択させる]

解 説

(1) 端末装置の一般的な保安装置は、PTCサーミスタと避雷器およびアースで構成される。PTCサーミスタは、抵抗温度係数が正特性(温度が上昇すると抵抗値が大きくなる)の素子で、保安器に用いられるものでは130mAの電流を流すと抵抗値は1MΩ程度になる。線路側に雷のような高電圧が加わり、それにより信号電流以上の強電流が通信線から保安器に流れた場合、PTCサーミスタはその電流により**自己発熱**して抵抗値が増加し、端末機器側への過電流は阻止され、避雷器を通ってアースにより大地に流れる。このため、保安装置の接地抵抗値は、高抵抗となったときのPTCサーミスタの抵抗値に比べて著しく小さいことが求められる。

(2) 設問の記述は、**Bのみ正しい**。
A アナログ式テスタでは、抵抗の測定レンジによってテスターの内部抵抗が異なるため、抵抗値を正しく測定するには、測定レンジを切り替えるごとにゼロオーム調整を行う必要がある。したがって、記述は誤り。
B デジタル式テスタのリラティブ測定機能は、相対値測定機能ともいわれ、直前の測定値を記憶し、これを基準値としてその後の測定結果については基準値との差分を表示するものである。テスタの回路やテストリード等がもつ抵抗値の影響で、測定対象物の抵抗値が正確に求められないことがあるため、このリラティブ機能を用いてゼロオーム調整を行う。したがって、記述は正しい。

(3) 設問の記述は、**Bのみ正しい**。日本電線工業会規格(JCS)のエコケーブル(環境配慮形メタル通信ケーブル)とは、日本電線工業会(JCMA)が制定した、環境に配慮した電線・ケーブルの規格である。
A 白化現象とは、ケーブル被覆の表面が白くなる現象をいう。その主なものは、配管、ラックの角などでポリエチレンシースが擦られたときなどに残る白い筋である。また、エコケーブルが多湿な環境に敷設された場合に、コンパウンドに含まれる難燃剤成分である水酸化マグネシウムと大気中の二酸化炭素が反応してケーブル表面に炭酸マグネシウムが生成される白化現象もある。しかし、いずれの白化現象も被覆の表面にのみ現れるものであるため、これにより電気的特性が劣化することはなく、直ちに張り替える必要はない。したがって、記述は誤り。ケーブル入線剤(滑剤)を利用すると、ケーブルを傷つけにくくなり、敷設作業による白化現象を防ぐことができる。
B 耐燃PEシースケーブルは、外被が硬いため施工性は良くないが、許容曲げ半径や許容張力などは、ポリ塩化ビニル(PVC)シースケーブルと同等である。また、ポリエチレン系材料はビニル系材料に比べて伸びやすく、端末端子部分の剥ぎ取りには注意が必要であるが、シース除去作業ではPVCシースケーブルに用いるものと同等の工具を使用することができる。したがって、記述は正しい。

(4) デジタル式PBXの内線回路に、小型のデジタル式PBXやデジタルボタン電話装置、またはIP−PBXなどを収容して利用することができる。このような利用形態を**ビハインドPBX**方式という。これにより、既設のPBXを有効利用して内線収容数の増設(たとえば図1の例では最大収容内線数200本のところを231本収容している)や、機能の拡張(親PBXが有していない機能をビハインドPBXが有する機能で実現する)などを可能にする。なお、ビハインドPBXに接続されている内線電話機から外線発信するときは、先頭に"0"を1つ付加しなければならないのが原則であるが、親PBXの機能により"0"付加を省略できる場合もある。

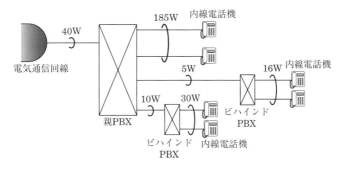

図1 ビハインドPBX方式

(5) デジタル式PBXの代表着信方式とは、複数の回線をまとめて代表群といわれるグループを形成し、あらかじめ決めておいた代表番号(親番号)に着呼した場合に、その代表群を構成する回線のうちから空いているものを探し出し、着信先として選択する方式をいう。着信回線の選択方式には、順次サーチ方式とラウンドロビン方式があるが、このうち、順次サーチ方式は、**内線に優先順位を設け、常に優先順位が高い空いている内線を選択させる**方式で、着呼があると、空き回線が見つかるまで優先順位の高い内線から低い内線へと順に探索していく。このため、優先順位の高い回線ほど使用中であることが多くなる。

技術・理論

7

接続工事の技術(Ⅰ)

答

(ア)	①
(イ)	②
(ウ)	②
(エ)	④
(オ)	④

次の各文章の[   ]内に、それぞれの[   ]の解答群の中から最も適したものを選び、その番号を記せ。 (小計10点)

(1) アクセス系線路設備として、メタリック平衡対ケーブルを電柱間の既設の吊り線にケーブルハンガなどを用いて吊架するときは、一般に、 (ア) ケーブルが用いられる。 (2点)

[① 丸 形　② 自己支持型　③ ガス隔壁付き　④ PEC　⑤ CCP－JF]

(2) 図1は、JIS C 0303：2000構内電気設備の配線用図記号における電話・情報設備の図記号である。この図記号は、容量が (イ) を示している。 (2点)

[
① 40端子であり、そのうちアナログ回線用が30端子の端子盤
② 40端子であり、そのうちアナログ回線用が30端子の本配線盤
③ 40対であり、そのうち実装が30対の端子盤
④ 40対であり、そのうち実装が30対の本配線盤
⑤ 40回線であり、そのうち内線用が30回線のボタン電話主装置
]

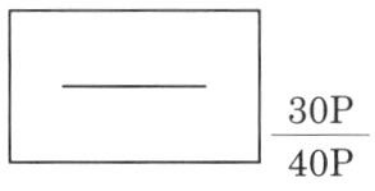

図1

(3) デジタルボタン電話装置のスター配線工事について述べた次の二つの記述は、 (ウ) 。 (2点)

A　スター配線工事では、バス配線工事と同様、端末側に終端抵抗を設置しなければならない。

B　簡易二重床配線工事において、ユニット型のボタン電話用ケーブルは多対になるほどケーブル外径が大きくなり配線の取り回しに支障が生ずるため、配線ケーブルルート上にブリッジタップを設けて心線の使用効率を向上する方法がとられる。

[① Aのみ正しい　② Bのみ正しい　③ AもBも正しい　④ AもBも正しくない]

(4) デジタル式PBXの主装置と内線端末であるグループ3（G3）ファクシミリ装置及びISDN端末との接続工事において、一般に、 (エ) で主装置のそれぞれ対応する内線ユニットに接続される。 (2点)

[
① G3ファクシミリ装置は4線式、ISDN端末は2線式
② G3ファクシミリ装置は2線式、ISDN端末は4線式
③ G3ファクシミリ装置及びISDN端末は、いずれも4線式
④ G3ファクシミリ装置及びISDN端末は、いずれも2線式
⑤ G3ファクシミリ装置及びISDN端末は、いずれもカスケード（多段）接続
]

(5) デジタル式PBXの設置工事終了後に行う内線関連の機能確認試験のうち、 (オ) 試験では、内線電話機Aと内線電話機Bが通話しているときに、内線電話機Bがフッキング操作などにより内線電話機Aとの通話を保留して内線電話機Cを呼び出した後、オンフックすることにより内線電話機Aと内線電話機Cが通話状態になることを確認する。 (2点)

[
① コールトランスファ　② コールパーク　③ コールピックアップ
④ リセットコール　⑤ コールウェイティング
]

解 説

(1) アクセス系線路設備において、メタリック平衡対ケーブルを架渉する方法には、一般に、電柱間に既に架設されている吊り線(メッセンジャーワイヤ)に**丸形**ケーブルをケーブルハンガまたはラッシングワイヤを用いて吊架する方法と、吊り線(支持線)とケーブルが一体になった自己支持形ケーブル(SSケーブル)の吊り線を吊架金物を用いて電柱に取り付ける方法がある。

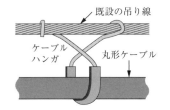
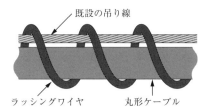
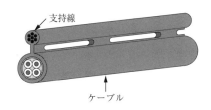

図2 ケーブルハンガによる吊架　　**図3 ラッシングワイヤによる吊架**　　**図4 自己支持形ケーブル**

(2) JIS C 0303:2000「構内電気設備の配線用図記号」の「5. 通信・情報—5.1 電話・情報設備」において規定されている電話・情報設備の図記号には、表1のようなものがある。このうち └─┘ は、端子盤を表し、これに対数(実装／容量)を傍記して用いる。したがって、図1は、容量が**40対**であり、そのうち実装が**30対の端子盤**を示している。

なお、本配線盤の図記号は MDF 、ボタン電話主装置の図記号は ▢ である。

表1 配線用図記号の例(JIS C 0303:2000より抜粋)

図記号	説明	図記号	説明	図記号	説明
Ⓣ	内線電話機(ボタン電話機の場合「BT」を傍記)	▢	保安器(集合保安器の場合「個数(実装／容量)」を傍記)	●	電話用アウトレット
Ⓣ	加入電話機	───	端子盤(「対数(実装／容量)」を傍記)	◖	情報用アウトレット
▢	転換器	▦	局線表示盤(必要に応じ「窓数」を傍記)	◈	複合アウトレット

(3) 設問の記述は、**AもBも正しくない。**

A　アナログ電話回線を利用して通信を行うデジタルボタン電話装置の配線には、バス配線方式とスター配線方式がある。バス配線方式は、主装置から送・受各1対のバスを"ひと筆書き"のように各ボタン電話機に向けて配線し、バスの途中に取り付けられたローゼット(ハブ)などといわれる分岐装置を介して各ボタン電話機を接続する。バス配線方式では、バスの終端が開放されているとインピーダンス不整合による信号の反射が生じ、送信信号と反射信号が衝突して不具合を生じるため、バス終端に指定された最適値インピーダンスの終端抵抗器を接続してパルスの反射を防止する。一方、スター配線方式では、主装置と各ボタン電話機が直接接続され、配線終端はボタン電話機に収容されるため、終端抵抗器を取り付ける必要はない。したがって、記述は誤り。

B　簡易二重床方式は、床スラブの上に支持脚付きパネルなどを敷き詰めて二重床を形成し、パネルと床スラブの間の空間を配線スペースに使用する方式である。配線容量が比較的大きく、施工時における配線の取り回しも楽に行える特徴がある。また、ブリッジタップは、1980年代以前に、アナログ電話サービスの需要の変動に柔軟に対応し電話回線の加入者宅への引き込みを容易にするために設けてあったケーブルの分岐箇所で、高周波の信号に対しては反射や干渉等が起こり、ノイズが発生することがある。デジタルボタン電話装置では高周波の制御信号を伝送するため、内線電話機をスター配線で接続する場合に心線を途中で分岐させると動作に不具合が生じることから、ブリッジタップのような分岐器具を取り付けてはならないとされている。したがって、記述は誤り。

(4) デジタル式PBXには、DSUを介してISDNに接続して使用できるものがある。このようなPBXの主装置は、ISDN端末を接続するためのNT2と、非ISDN端末を接続するためのTAの機能を有し、内線ユニットとして4線式のISDNインタフェースと2線式のアナログインタフェースが搭載されている。グループ3(G3)ファクシミリ装置およびISDN端末を接続する工事の場合、アナログ電話端末である**G3ファクシミリ装置は2線式**のアナログインタフェースに、**ISDN端末は4線式**のISDNインタフェースにそれぞれ接続される。

(5) デジタル式PBXが有するサービス機能のうち、通話中の内線電話機をフッキングなどの所定の操作をすることにより、通話中の相手を第三者に対して転送することができる機能を**コールトランスファ**という。

コールトランスファ試験では、以下のことを確認する。まず、ⓐ外線(または内線)Aから内線Bを呼び出し、AとBで通話を行う。ⓑAとBが通話状態のままBの電話機でフッキングおよび内線Cの番号をダイヤルする等所定の操作を行う。ⓒすると、Cが呼び出される。ⓓCの電話機でオフフックしてこの呼出しに応答すると、BとCの間で通話が可能になる。ⓔCの電話機をオフフック状態のまま待機し、Bの電話機でオンフックすると、Aの呼がCに接続替えされ、AとCが通話状態となる。

技術・理論

7 接続工事の技術(Ⅰ)

答	
(ア)	①
(イ)	③
(ウ)	④
(エ)	②
(オ)	①

次の各文章の 内に、それぞれの[ ]の解答群の中から最も適したものを選び、その番号を記せ。 (小計10点)

(1) アクセス系線路設備における加入者保安器には、故障箇所がアクセス系線路設備側かユーザ宅内側かを判定するために、 (ア) 機能を有するものがある。 (2点)

　[① 利得制御　② 分岐・結合　③ 遅延制御　④ 損失補償　⑤ 遠隔切り分け]

(2) JIS C 0303：2000構内電気設備の配線用図記号に規定されている、電話・情報設備のうちの通信用(電話用)アウトレットの図記号は、 (イ) である。 (2点)

　[① ● ② ▮ ③ ◇ ④ ⨀ ⑤ ◎]

(3) デジタルボタン電話装置の設置工事などについて述べた次の二つの記述は、 (ウ) 。 (2点)
　A 製造会社の異なる多機能電話機は、機能ボタンの数が同じであっても、一般に、同一のデジタルボタン電話主装置に混在収容して使用することができない。
　B TEN(Terminal Equipment Number)といわれる識別番号を持つ多機能電話機を用いるデジタルボタン電話装置では、一つの内線回路パッケージに接続される全ての多機能電話機のTENは、同一番号に設定しなければならない。

　[① Aのみ正しい　② Bのみ正しい　③ AもBも正しい　④ AもBも正しくない]

(4) デジタル式PBXの設置工事などについて述べた次の二つの記述は、 (エ) 。 (2点)
　A デジタル式PBXの代表着信方式の設定において、代表グループ内の回線に優先順位を設け、常に優先順位が高い空回線を選択させる場合は、ラウンドロビン方式を選定する。
　B 内線回路パッケージが複数ある場合、一つの内線回路パッケージが故障しても、ある部署の全ての内線が使用できなくなる状況を防ぐために、その部署の複数の内線を異なる内線回路パッケージに分散して収容することが望ましい。

　[① Aのみ正しい　② Bのみ正しい　③ AもBも正しい　④ AもBも正しくない]

(5) デジタル式PBXの設置工事終了後に行う機能確認試験において、 (オ) 試験では、着信に対して自動音声で応答すること、及び自動音声のガイダンスに従い接続先、情報案内などを選択してプッシュボタンを操作することにより所定の動作が正常に行われることを確認する。 (2点)

　[① DID　② DIL　③ ACD　④ IVR　⑤ CTI]

解 説

(1) アクセス系線路設備は、線路と加入者保安器から構成されている。加入者保安器は、雷サージや線路と電力線の混触などによって線路側から端末に異常電圧が加わることを防止するために設置するもので、一般に電気通信事業者が設置している。また、加入者保安器は、通信に不具合が生じたとき、その原因となる故障箇所が電気通信事業者の電気通信回線設備側にあるのか、利用者の端末設備側にあるのかを切り分けるための責任分界点として利用されることが一般的である。このため、電気通信事業者の試験台から遠隔操作を行って故障箇所を判定する**遠隔切り分け**機能を有する加入者保安器を設置する場合もある。

なお、①の利得制御は、電気信号の増幅度を調整することである。②の分岐・結合は、光や電気信号や心線を分けたり、合わせたりすることである。③の遅延制御は、信号が到達するまでの時間(遅延)を調整することである。④の損失補償は、伝送経路上で発生する信号の損失を補うことである。

(2) JIS C 0303:2000「構内電気設備の配線用図記号」の「5. 通信・情報―5.1 電話・情報設備」において、通信用アウトレット(電話用アウトレット)の図記号は、◉とされている。なお、②は電話・情報設備のうちの情報用アウトレット、③は電話・情報設備のうちの複合アウトレット、④は電灯・動力用のコンセント(一般形)を天井に取り付ける場合、⑤はテレビ共同受信設備の直列ユニット(75Ω)や防災・防犯用の無線通信補助設備の無線機接続端子を表している。

(3) 設問の記述は、**Aのみ正しい**。

A デジタルボタン電話装置の多機能電話機は、一般的に主装置とセットになっており、通常は同一の製造メーカの同一シリーズの機種でないと接続して使用することができないようになっている。また、異なるメーカのものを使用できるようになっていても、機能ボタン(プログラマブルキー)の再設定をしなければならなくなることが多い。したがって、記述は正しい。

B デジタルボタン電話装置では、主装置の内線回路パッケージに実装されている内線回路ごとに内線番号が設定され、管理されるのが一般的であるが、機種によっては、主装置に接続される多機能電話機1台に1つずつ固有の識別番号を設定し、その識別番号の値に従って主装置が各電話機の機能や内線番号などを管理するものもある。この電話機識別番号はTEN(Terminal Equipment Number)といわれる。TENにより電話機を管理することで、電話機の移動や故障時の交換も簡単に行うことができ、主装置に接続し直せばその電話機に設定されていた機能や内線番号をそのまま使用できるようになっている(交換の場合は故障した電話機が使用していたTENを新しい電話機に設定する必要がある)。したがって、記述は誤り。

(4) 設問の記述は、**Bのみ正しい**。

A デジタル式PBXの代表着信方式とは、複数の回線をまとめて代表群といわれるグループを形成し、あらかじめ決めておいた代表番号(親番号)に着呼した場合に、その代表群を構成する回線のうちから空いているものを探し出し、着信先として選択する方式をいう。着信回線の選択方式には、順次サーチ方式とラウンドロビン方式があるが、このうち、グループ内での着信の優先順位を固定しておき、着呼があると空き回線が見つかるまで優先順位の高い回線から低い回線へと順に探索していく方式で、優先順位の高い回線ほど使用中であることが多くなるものは、順次サーチ方式といわれる。したがって、記述は誤り。また、ラウンドロビン方式は、着呼ごとに着信の優先順位をスライドさせていく方式で、代表群内の回線がおおむね均等に利用される。

B 通信設備の高信頼化対策には、最低限必要な数以上に設備を用意して故障時に備える"設備の冗長化"と、冗長度をもたずに設備を複数に分割し、独立した設備として帰属させることで故障時に備える"設備の分散化"がある。デジタル式PBXの設置工事において、同一部署における複数の内線を複数の内線回路パッケージに分散して収容するのは、"設備の分散化対策"であり、これにより一つの内線回路パッケージが故障しても、当該部署のすべての内線が使用できなくなるのを防ぐことができる。したがって、記述は正しい。

(5) 官公庁やコールセンタのように電話による問合せ対応などが恒常的に多い事業体では、受付業務の省力化およびサービス性の維持・改善のため、電話着信呼の応答に**IVR**(Interactive Voice Response)を採用しているところが多い。

IVRは、着信に対して自動応答し自動音声により応対する方式である。一般に発呼端末機器からのPB信号送出により、端末機器側にPB信号送出機能を有するか否かを確認したのち、要求された照会内容に応じて回答すべき内容の選択処理を進め、最終的に担当者・合成音あるいはFAX等で回答する。

なお、①のDID(Direct Inward Dialing)は、1本以上の外線に対し電話番号の範囲を割り当てて着信させる方法である。②のDIL(Direct In Line)は、特定の内線電話に外線から個別に着信する方法である。③のACD(Automatic Call Distribution)は、着信を自動的に内線電話に配分する仕組みである。⑤のCTI(Computer Telephony Integration)は、コンピュータと電話システムを統合し、さまざまな機能を連携、制御する仕組みである。

答

(ア)	⑤
(イ)	①
(ウ)	①
(エ)	②
(オ)	④

次の各文章の 内に、それぞれの[ ]の解答群の中から最も適したものを選び、その番号を記せ。 (小計10点)

(1) 平衡対メタリックケーブルを用いた架空線路設備工事において、自己支持型(SS)ケーブルを敷設する場合、一般に、風によるケーブルの振動現象であるダンシングを抑えるため、 (ア) 方法が採られる。 (2点)

[
① ケーブル支持線径を細くする　　② ケーブルを架渉する電柱を太くする
③ ケーブルに捻回を入れる　　④ ケーブルの支持間隔を長くする
⑤ ケーブル接続部にスラックを挿入する
]

(2) 直流電流の測定における固有誤差が±3パーセントのアナログ式テスタを用いて、5ミリアンペアの直流電流を最大目盛値が10ミリアンペアの測定レンジで測定した場合、指針が示す測定値の範囲は (イ) ミリアンペアである。 (2点)

[① 2.0〜8.0　② 4.7〜5.3　③ 4.85〜5.15　④ 4.97〜5.03　⑤ 4.985〜5.015]

(3) 事務所内などの配線工事において、波形のデッキプレートの溝部にカバーを取り付けて配線路とする (ウ) 配線方式は、一般に、配線ルート及び配線取出し口を固定できる場合に適用される。 (2点)

[① フロアダクト　② セルラダクト　③ バスダクト　④ 簡易二重床　⑤ 電線管]

(4) デジタル式PBXの機能確認試験のうち、 (エ) 試験では、被呼内線が話中のときに発呼内線が特殊番号などを用いて所定のダイヤル操作を行うことにより、被呼内線の通話が終了後、自動的に発呼内線と被呼内線が呼び出されて通話が可能となることを確認する。 (2点)

[
① コールピックアップ　② コールパーク　③ 内線アッドオン
④ コールトランスファ　⑤ 内線キャンプオン
]

(5) デジタル式PBXの接続工事について述べた次の二つの記述は、 (オ) 。 (2点)

A　デジタル式PBXの主装置と外線との接続工事において、ISDN基本インタフェースを終端するDSUは、4線式で主装置の外線ユニットに接続される。

B　デジタル式PBXの主装置と内線端末との接続工事において、ISDN端末は、2線式で主装置の内線ユニットに接続される。

[① Aのみ正しい　② Bのみ正しい　③ AもBも正しい　④ AもBも正しくない]

解説

(1) 通信線路に用いられるCCPケーブルは、構造によりいくつかに区分され、電柱などに架設されるケーブルは、自己支持形ケーブル（SSケーブル）と丸形ケーブルに大別される。このうち、自己支持形ケーブルは、亜鉛めっき鋼撚り線などとケーブル心線がポリエチレンで共通被覆されており、架設時の作業性に優れている。しかし、自己支持形ケーブルは、断面形状が瓢箪形のため、郊外地や海岸沿いで強風に曝される場所に架設されるとダンシング（ケーブルが10〜20〔m／s〕程度の横風を受けたとき翼の原理などにより揚力が生じて上昇し、重力によって下降するため上下振動を繰り返す現象）が生じ、心線部分が金属疲労を起こしてケーブルの破断が発生することがある。ダンシング防止策としては、架渉する際に**ケーブルに捻回を入れる**方法があるが、強風地帯では、丸形ケーブルが多く用いられている。

(2) テスタ（回路計）で電圧や電流、抵抗などを測定した場合、真値がそのまま表示されることは極めてまれで、必ずといっていいほど誤差を生ずる。そこで、日本産業規格JIS C 1202：2000回路計では、テスタの指示値の許容範囲（有効測定範囲）を定めており、この範囲内で計器の誤差の限度が規定される。「固有誤差」とは、計器（附属品を含む）の標準状態での誤差をいい、標準状態における指示値の許容範囲は、（真値）±（固有誤差）で表される。

　　JIS C 1202の表1A「階級による種類（アナログ式）」において、アナログ式テスタ（回路計）の直流電流測定レンジにおける固有誤差は、最大目盛値に対する百分率〔％〕で表示されており、これに測定レンジの値を掛ければ誤差の限度が求められる。したがって、直流電流測定レンジの固有誤差が±3〔％〕（これはA級に該当する）のアナログ式テスタを用いて5〔mA〕の電流を10〔mA〕レンジ（最大目盛値が10〔mA〕となる測定レンジ）で測定したときの指示値の許容範囲は、（指示値の許容範囲）＝（電流の真値）±（誤差の限度）＝（5）±（10×0.03）＝5±0.3〔mA〕となり、指針が示す測定値の範囲は**4.7〜5.3〔mA〕**である。

(3) 多層鉄骨構造コンクリートビルの床構造の一つである鋼板製デッキプレートに工夫を加えたフロアダクト床配線方式を**セルラダクト**方式という。この方式は図1のように波形のデッキプレートの凹または凸の部分に蓋をつけた空間を主配線通路とし、これと交差するフロアダクトまたはトレンチの枝配線路を連結して高密度にフロア面に配線の引出口を設けるものである。配線の保護性が良好であり、容量が大きく、自由度に富む等の特徴がある。

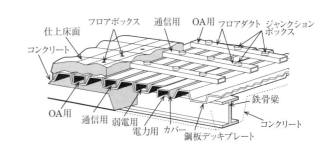

図1　セルラダクト方式

(4) デジタル式PBXの機能のうち、内線呼出しの場合、相手が話中のときに、発信者が特定番号のダイヤル等の操作を行い、呼出し状態のまま待機していれば、相手が終話した時点で自動的に呼び出す機能を**内線キャンプオン**という。

　　内線キャンプオン試験は、次のように行う。たとえば、図2において、内線Aが内線Bを呼んだところ、内線Bは内線Cと通話中であったため、内線Aの受話器からは話中音が聞こえた。そこで、内線Aは特殊番号のダイヤル等の所定の操作をボタン電話機で行い、オフフックして待機する。内線Bと内線Cの通話が完了し内線Bがオフフックすると、自動的に内線Aと内線Bに呼出しがかかり、内線Aと内線Bが通話できるようになる。

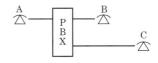

図2　内線キャンプオン

(5) 設問の記述は、**Aのみ正しい**。

A　図3に示すISDNインタフェースの参照構成（TTC標準JT－I411）において、NT1〜NT2の間のユーザ・網インタフェース規定点（T点）における物理構造は、双方向データ伝送が容易な4線式の平衡型メタリックケーブルが使用される。ISDN基本インタフェースを終端するDSUはNT1に該当し、デジタル式PBXの主装置はNT2に該当するので、DSUは4線式で外線ユニットに接続される。したがって、記述は正しい。

B　アナログ電話端末は1対を送・受信に兼用しているため2線式インタフェースとなるが、ISDN端末は送信用の対と受信用の対を別にしているため4線式インタフェースとなる。したがって、ISDN端末は4線式で内線ユニットのISDNポートに接続されるので、記述は誤り。

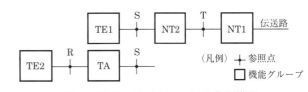

図3　ISDNインタフェースの参照構成

答	
(ア)	③
(イ)	②
(ウ)	②
(エ)	⑤
(オ)	①

技術及び理論

8 接続工事の技術（Ⅱ）

ボタン電話装置・PBX等の配線工事

●配線工事のポイント

・電子式ボタン電話装置の電話機への配線は、一般に2対PEC屋内線を用い対角線同士の心線を対として用いる。

・デジタル式ボタン電話装置のバス配線などデジタル信号を伝送する屋内配線には、PVC対形屋内線や通信用フラットケーブルを用いる。

・通信用フラットケーブルは、対ごとにアルミラミネートにより**静電遮蔽**してあるので、平行心線構造のケーブルで

はあるが漏話特性にすぐれOA装置への配線にも使用できる。また、対ごとにミシン目があり、必要対を分離して配線できる。配線工法として、**アンダカーペット工法**やフラットプロテクタを用いた床面配線等の工法がある。

・丸形の構内ケーブルと接続用の**FRコネクタ**、通信用フラットケーブル同士を接続する**FFコネクタ**などのほか、配線工法に応じた配線補助の用品も用意されている。

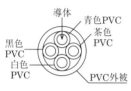

2対カッドPVC屋内線

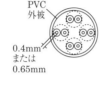

PVC対形屋内線

線番	第1種心線	第2種心線
1	青	白
2	茶	黒

図1　各種配線材料

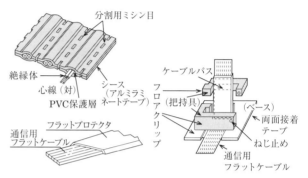

図2　通信用フラットフロアケーブル

ISDNの接続工事

●使用ケーブル

ISDNの基本ユーザ・網インタフェースでは、T点には全二重通信が可能となるよう**4線式のメタリック平衡ケーブル**を用いるが、NTから交換局までは従来の電話加入者線がそのまま使用できるよう**2線式メタリック平衡ケーブル**を用いる。

また、一次群速度ユーザ・網インタフェースでは、T点においては基本ユーザ・網インタフェースと同様に**4線式のメタリック平衡ケーブル**が使用されるが、NTから交換局までの伝送路では高速伝送に適した**光ファイバケーブル**や同軸ケーブルが用いられる。一次群速度ユーザ・網インタフェースの配線構成は**ポイント・ツー・ポイント形式のみ**となっており、バス形式の配線は提供されていない。

●基本ユーザ・網インタフェースの配線構成

NTと端末(TEまたはTA)を1対1で結ぶ**ポイント・ツー・ポイント構成**のものと、1台のNTに複数の端末を接続して使用できる**ポイント・ツー・マルチポイント構成**すなわちいわゆるバス配線のものがある。

バス配線には、100～1,000m程度の中距離用の**延長受動バス配線**と、ケーブル長が100～200m程度の**短距離受動バス配線**があり、いずれも1本の加入者線に最大8台の端末が接続可能である。また、バスに接続するコネクタに

はISO8877に準拠した**8ピン**のプラグジャックが使用されている。

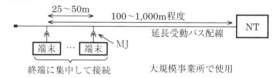

図3　基本ユーザ・網インタフェースのバス配線

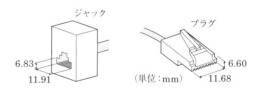

図4　プラグジャックの形式

JIS X 5150汎用情報配線設備（第1部：一般要件／第2部：オフィス施設）

●最大チャネル長さ

・水平配線の最大チャネル長さは**100m**。

・水平配線、ビル幹線、構内幹線を合わせた最大チャネル長さは**2,000m**。

●水平配線設備の一般制限事項

・チャネルの物理長さは、**100m**を超えないこと。

・水平ケーブルの物理長さは、**90m**を超えないこと。パッチコード、機器コードおよびワークエリアコードの合計

長さが10mを超える場合は、水平ケーブルの許容物理長さを減らすこと。
・分岐点(CP)は、フロア配線盤から少なくとも**15m以上**離れた位置に置くこと。
・複数利用者TO組立品を用いる場合、ワークエリアコードの長さは、**20mを超えない**ことが望ましい。

・パッチコードまたはジャンパの長さは、5mを超えないことが望ましい。
●**幹線配線(クラスD、E、E$_A$、F、F$_A$)の一般制限事項**
・チャネルの物理長さは、**100m**を超えないこと。
・チャネル内で4つの接続点がある場合には、幹線ケーブルの物理長さは少なくとも15mにすることが望ましい。

光コネクタの挿入損失測定方法

光ファイバの接続方法は、大きく永久接続とコネクタ接続に分類される。永久接続はさらに融着接続とメカニカル接続に分類される。光ファイバの接続部分では接続損失が生じるが、コネクタ接続で大きい接続損失は、コネクタ部品内で光パワーが失われる挿入損失である。

コネクタ接続における挿入損失の測定方法の代表的な規格に、JIS C 61300-3-4などがあり、光コネクタの構成別に規定されている。表1にJIS C 61300-3-4の基準測定方法を示す。

表1　JIS C 61300-3-4における基準測定方法

供試品の端子の形態	基準測定方法
光ファイバ対光ファイバ(光受動部品)	カットバック
光ファイバ対光ファイバ(融着または現場取付形光コネクタ)	挿入(A)
光ファイバ対プラグ	カットバック
プラグ対プラグ(光受動部品)	挿入(B)
プラグ対プラグ(光パッチコード)	挿入(B)
片端プラグ(ピッグテール)	挿入(B)
レセプタクル対レセプタクル(光受動部品)	挿入(C)
レセプタクル対プラグ(光受動部品)	挿入(C)

ビルディング内光配線システム(OITDA／TP 11／BW)

●**光ファイバケーブルの収納方式**
ビルにおける光ファイバの収納方式には、階高方向の縦系と、水平方向の横系がある。
・**ケーブルラック**　縦系ではケーブルシャフト内に設けて配線収納し、横系では梯子状のものを天井内に水平に吊りその上に配線を載せる。配線容量が大きく、配線変更の自由度が高い。
・**金属ダクト**　縦系ではビル壁面などに固定、横系では天井内に吊り、その中に配線収納する。配線容量、配線変更の自由度ともに中程度。
・**電線管**　縦系ではビル内の壁などに設置、横系ではスラブ内に埋設し、中に配線収納する。1本当たりの配線容量は小さく、配線変更の自由度が低い。
・**フリーアクセスフロア**　横系の配線収納に採用される方式で、床スラブ上に脚付きパネルを敷き詰めて二重床を構成し、その間の空間を配線スペースとして利用する。配線収納能力が極めて大きく、取り出しも比較的自由。
・**フロアダクト**　横系の配線収納に採用される方式で、床スラブ内に一定間隔の配線取出口が設けられた金属ダクトを埋設し、その内部に配線収納する。配線を整理しやすいが、配線収納能力が比較的小さく、取出口が固定される。
・**セルラダクト**　横系の配線収納に採用される方式で、波形デッキプレートの溝部をカバープレートで閉じて配線用ダクトとして使用する。配線収納能力が比較的大きく、配線を整理しやすいが、取出口が固定される。配線替えが面倒なので、配線ルートが固定している場合に適する。

●**幹線系光ケーブルの布設**
布設準備、ケーブルドラムの設置、耐火防護の穴あけ、連絡回線の作成、布設補助工具の設置、通線、光ケーブルけん引端の作製、より返し金物の取付け、けん引、ラックへの固定の手順で行う。

けん引端の作製は、けん引張力が小さい場合、テンションメンバが鋼線の場合は鋼線を折り曲げ巻き付けてけん引端とし、テンションメンバがないかプラスチック製の場合はロープなどをケーブルに巻き付けてけん引端を作製する。また、けん引張力が大きい場合、中心にテンションメンバが入っている光ケーブルには現場取付けプーリングアイを取り付け、テンションメンバが入っていない光ケーブルにはケーブルグリップを取り付ける。

●**配線盤の種類**
配線盤は、屋外光ケーブルとビル内光ケーブルおよびビル内光ケーブルどうしの成端、接続、配線などへの使用を目的としたものである。用途、機能、接続形態、設置方法によって次のように分類される。

・**用途による分類**
ビル内配線盤(BD)、フロア配線盤(FD)、通信アウトレット(TO)
・**機能による分類**
相互接続、交差接続、成端
・**設置方法による分類**
床置き(自立形)、壁面取付け、ラック内取付け、二重床内・装置内取付け
・**接続形態による分類**
融着接続、メカニカル接続、コネクタ接続、ジャンパ接続、変換接続

技術・理論

8 接続工事の技術(Ⅱ)

次の各文章の □□□□ 内に、それぞれの[ ]の解答群の中から最も適したものを選び、その番号を記せ。 (小計10点)

(1) ISDN基本ユーザ・網インタフェースにおけるバス配線の工事試験において、DSUから端末機器までのバス配線の送信線(TA／TB)の極性を確認するには、テスタの □（ア）□ 測定機能を用いる方法がある。 (2点)

[① 真の実効値　② 交流電圧　③ 直流電圧　④ リラティブ　⑤ キャパシタンス]

(2) ISDN基本ユーザ・網インタフェースにおいて、バス配線上の終端抵抗の数を確認するため、DSUと端末機器を全て取り外してバス配線とモジュラジャックのみとし、送信線(TA／TB)間の終端抵抗値をDSUに接続されていた側から測定したところ25オームであった。このことから、送信線には終端抵抗付きモジュラジャックが □（イ）□ 個、取り付けられていると判断できる。ただし、バス配線は正しく、測定値は終端抵抗のみの値とし、モジュラジャックには正規の終端抵抗が取り付けられているものとする。 (2点)

[① 1　② 2　③ 3　④ 4　⑤ 5]

(3) ISDN基本ユーザ・網インタフェースにおける工事試験での給電電圧の測定値として、レイヤ1停止状態で測定したDSUの端末機器側インタフェースのT線−R線間の給電電圧 □（ウ）□ ボルトは、TTC標準で要求される電圧規格値の範囲内である。 (2点)

[① 30　② 40　③ 50　④ 60　⑤ 70]

(4) 平衡ケーブルを用いたLAN配線のフィールドテストなどについて述べた次の記述のうち、正しいものは、□（エ）□ である。 (2点)

[① 挿入損失は、対の遠端を短絡させ、対の近端にケーブルテスタを接続して直流ループ抵抗を測定することにより求められる。
② 電力和近端漏話減衰量は、任意の2対間において、1対を送信回線、残りの1対を受信回線とし、送信回線の送信レベルを基準として、受信回線に漏れてくる近端側の受信レベルを測定することにより求められる。
③ 反射減衰量は、入力信号の送信レベルを基準として、反射した信号レベルを測定することにより求められる。
④ 伝搬遅延時間差は、任意の1対において、信号の周波数の違いによる伝搬遅延時間を測定することにより求められる。
⑤ ワイヤマップ試験は、高抵抗の接続を検出するために行う。]

(5) セルラダクトについて述べた次の二つの記述は、□（オ）□。 (2点)

A　セルラダクトは、建物の床型枠材として用いられる波形デッキプレートの溝の部分をカバープレートで覆い、配線用ダクトとして使用する配線収納方式である。

B　セルラダクトはフロアダクトと比較して断面積が大きく配線収容本数が多く取れるが、配線引出しのスタット径が小さいため配線に専用の工具が必要となる。

[① Aのみ正しい　② Bのみ正しい　③ AもBも正しい　④ AもBも正しくない]

解 説

(1) ISDN基本ユーザ・網インタフェースでは、バス配線を通してDSUから端末機器に直流電力を供給していることから、各配線の正負の極性を一致させる必要がある。このため、TA／TBとRA／RBの配線極性の確認には、テスタの**直流電圧**測定機能を用いる。

①、② 真の実効値測定機能および交流電圧測定機能は、極性が時間とともに変化する交流を測定するためのものであるため、配線極性の確認に利用することはできない。

④ リラティブ(相対値)測定機能は、直前の測定値を記憶し、これを基準値としてその後は基準値からの変化(差分)を表示する機能なので、配線極性の確認に利用することはできない。

⑤ キャパシタンス(静電容量)測定機能は、テスタから回路に対し電圧を印加して静電容量を測定するものであるため、配線極性の確認に利用することはできない。

(2) ISDN基本ユーザ・網インタフェースのバス配線では、インピーダンス整合をとるため、線路の終端(DSUから最も遠い箇所)のTA－TB間、RA－RB間のそれぞれに、100Ω±5%の抵抗を内蔵したモジュラジャックを1つずつ取り付ける。もし、誤って複数の終端抵抗を取り付けたとすると、T線、R線それぞれに抵抗が並列接続されることになり、線路抵抗が低くなるため、DSUや端末の出力パルスを認識できなくなって通信不能に陥るおそれがある。

設問のように、送信線(TA－TB間)の終端抵抗値が25Ωであれば、100Ωの終端抵抗は100÷25＝4〔個〕取り付けられていると判断できる。いま、TA－TB間に$R_1 = 100$〔Ω〕、$R_2 = 100$〔Ω〕、$R_3 = 100$〔Ω〕、$R_4 = 100$〔Ω〕の4個の終端抵抗が取り付けられているとすれば、各抵抗の関係は次のようになる。

$$\frac{1}{\frac{1}{R_1} + \frac{1}{R_2} + \frac{1}{R_3} + \frac{1}{R_4}} = \frac{1}{\frac{1}{100} + \frac{1}{100} + \frac{1}{100} + \frac{1}{100}} = \frac{1}{\frac{4}{100}} = \frac{100}{4} = 25〔Ω〕$$

(3) ISDN基本ユーザ・網インタフェースにおけるDSUからTEへの給電については、次のようなTTC(情報通信技術委員会)標準(JT－I430)の給電規定がある。

・給電方法は、T線、R線によるファントム給電(信号線を利用した給電であるため極性がある。直流)。

・電力供給源は、網からの給電。

・給電源の設置場所は、DSUに内蔵。

・DSUの出力電力は、最大420〔mW〕。

・給電電圧は、DSU出力が42～34〔V〕、TE入力が42～32〔V〕。

したがって、解答群に挙げられている数値のうち、この給電規定の範囲に含まれるのは、**40〔V〕**である。

(4) 解答群の記述のうち、正しいのは、「**反射減衰量は、入力信号の送信レベルを基準として、反射した信号レベルを測定することにより求められる。**」である。

① 挿入損失(IL)では、ケーブルの一方の端から信号を入力し、他方の端から出力される信号を計測して求める。したがって、記述は誤り。

② 電力和近端漏話($PS\ NEXT$)とは、ケーブルを構成するすべての対を用いて信号を伝送したときに、ある1対に他のすべての対から加わる近端漏話電力を合計したものである。したがって、記述は誤り。

④ 伝搬遅延時間差とは、ケーブルを構成する対のうち、伝搬遅延時間(ケーブルの一端から入力された信号が他端に伝わるのに要する時間)が最も大きい対と最も小さい対の伝搬遅延時間の差をいう。したがって、記述は誤り。

⑤ ワイヤマップ試験は、ケーブル両端のピンどうしが正しい組合せで接続されているかどうかを確認するための試験で、断線を検出することはできるが、高抵抗の接続は検出することができない。したがって、記述は誤り。

(5) 設問の記述は、**Aのみ正しい**。セルラダクト方式は、図1のように多層鉄骨構造コンクリートビルなどの床型枠材として用いられる鋼板製波形デッキプレートの溝の部分をカバープレートといわれる蓋(ふた)で閉鎖して密閉空間をつくり、この密閉空間を主配線通路として、これと交差するフロアダクトまたはトレンチの枝配線路を連結して高密度にフロア面に配線の引出口を設けるものである(記述A)。配線の保護性が良好で、フロアダクトに比べて断面積が大きいため収容可能な配線数が多く、配線引出しのスタット径も大きいため配線が容易である等の特徴がある(記述B)。

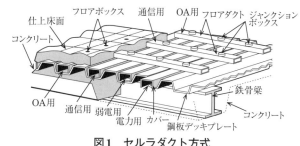

図1 セルラダクト方式

答	
(ア)	③
(イ)	④
(ウ)	②
(エ)	③
(オ)	①

次の各文章の _____ 内に、それぞれの[　　]の解答群の中から最も適したものを選び、その番号を記せ。　　　　　　　　　　　　　　　　　　　　　　　　　　　　　　　　　　　（小計10点）

(1) ISDN基本ユーザ・網インタフェースにおけるポイント・ツー・ポイント構成では、NTとTE間の線路（配線とコード）の96キロヘルツでの ___(ア)___ は、6デシベルを超えてはならないとされている。（2点）

[① 総合減衰量　② 近端漏話減衰量　③ 増幅利得　④ 雑音指数　⑤ 遠端漏話減衰量]

(2) ISDN基本ユーザ・網インタフェースにおけるポイント・ツー・マルチポイント構成などについて述べた次の二つの記述は、 ___(イ)___ 。　　　　　　　　　　　　　　　　　　　（2点）

A バス配線上にモジュラジャックが複数ある場合、全てのモジュラジャックを終端抵抗付きのものとする必要がある。

B ファントムモードの給電には、T線及びR線とは別の空き心線が用いられる。

[① Aのみ正しい　② Bのみ正しい　③ AもBも正しい　④ AもBも正しくない]

(3) ISDN基本ユーザ・網インタフェースのバス配線では、一般に、ISO8877に準拠したRJ－45のモジュラジャックが使用され、端子配置においては、 ___(ウ)___ 送信端子としてそれぞれ使用される。　（2点）

[
① 1、2番端子がDSU側の、7、8番端子が端末機器側の
② 7、8番端子がDSU側の、1、2番端子が端末機器側の
③ 3、4番端子がDSU側の、5、6番端子が端末機器側の
④ 3、6番端子がDSU側の、4、5番端子が端末機器側の
⑤ 4、5番端子がDSU側の、3、6番端子が端末機器側の
]

(4) 工事試験などで実施する光ファイバの損失に関する特性試験について述べた次の記述のうち、正しいものは、 ___(エ)___ である。　　　　　　　　　　　　　　　　　　　　　　　　（2点）

[
① OTDR法では、被測定光ファイバ内のコアの屈折率の微少な揺らぎが原因で生ずるブリルアン散乱光のうち、光ファイバの入射端に戻ってくる後方散乱光を検出して測定する。
② カットバック法は、光ファイバケーブル布設後、光コネクタが取り付けられた状態で伝送損失を簡易的に測定したい場合に有効な測定法であり、一般に、光コネクタを取り付けたままで測定するため、光コネクタの結合損失も含んだ値となる。
③ 挿入損失法は、光ファイバ伝送路の損失分布及び接続損失を測定できる。
④ 挿入損失法は、カットバック法と比較して精度は落ちるが、被測定光ファイバ及び両端に固定される端子に対して非破壊で測定できる利点がある。
]

(5) OITDA／TP 11／BW：2019ビルディング内光配線システムにおける、光ファイバケーブル収納方式のうち、ビルのフロア内の横系配線収納方式について述べた次の二つの記述は、 ___(オ)___ 。　　（2点）

A 床スラブ内の配線方式のうちの電線管方式は、配線取出し口は固定され、他の方式と比較して、配線収納能力が小さい。

B 床スラブ上の配線方式には、アンダーカーペット方式、フリーアクセスフロア方式及びフロアダクト方式がある。

[① Aのみ正しい　② Bのみ正しい　③ AもBも正しい　④ AもBも正しくない]

解説

(1) ISDN基本ユーザ・網インタフェースにおいて、TEの接続コード長は、一般的には10m未満とされている。ただし、NTとTEが1対1で接続されるポイント・ツー・ポイント配線構成の場合に限り、25m以下の長さの延長コードを使用することが可能とされている。また、この場合、インタフェース線と延長コードの**総合減衰量**は、96kHzにおいて6dBを超えてはならないとされている。

(2) 設問の記述は、**AもBも正しくない。**
A　ISDN基本ユーザ・網インタフェースにおけるポイント・ツー・マルチポイント構成のバス配線上に複数個のモジュラジャックを取り付ける場合、一般に、DSUから最遠端にあるモジュラジャックを終端抵抗付きのものとする。したがって、記述は誤り。
B　ISDN基本ユーザ・網インタフェースにおけるファントムモードの給電とは、商用電源が停止しても基本電話サービスを維持するためにDSUからT線およびR線の通信線を用いてTEへ給電する方法をいう。したがって、記述は誤り。

(3) ISDN基本ユーザ・網インタフェースにおいて、DSU（回線終端装置）とTA（端末アダプタ）などのISDN機器を接続する場合、国際標準のISO8877規格に準拠した8端子コネクタ（RJ－45型コネクタと呼ばれることがある）付きのモジュラケーブルを使用する。このモジュラケーブルのコネクタにおける端子の用途は表1のように定められている。表より、**4、5番端子がDSU側の送信端子および端末機器（TE）側の受信端子であり、3、6番端子が端末機器側の送信端子およびDSU側の受信端子である。**

表1　各端子の用途

端子番号	端子名称	機能 TE	機能 DSU	極性	DSUの端子名
1	a	給電部3	—	⊕	
2	b	給電部3	—	⊖	
3	c	送信	受信	⊕	TA
4	f	受信	送信	⊕	RA
5	e	受信	送信	⊖	RB
6	d	送信	受信	⊖	TB
7	g	受電部2	給電部2	⊖	
8	h	受電部2	給電部2	⊕	

(4) 解答群の記述のうち、正しいのは、「**挿入損失法は、カットバック法と比較して精度は落ちるが、被測定光ファイバ及び両端に固定される端子に対して非破壊で測定できる利点がある。**」である。
① OTDR法では、被測定光ファイバ内のコアの屈折率の微少な揺らぎが原因で生ずるレイリー散乱光のうち、光ファイバの入射端に戻ってくる後方散乱光を検出して測定する。したがって、記述は誤り。
② カットバック法は、被測定光ファイバの2つの地点で放射される光パワーを同一の入射条件で測定し、その差を評価する方法である。すべての種類の光ファイバについて最も正確に伝送損失を測定することができるが、光ファイバを切断しなければならないため、光コネクタが取り付けられた状態での試験には適用できない。したがって、記述は誤り。
③ 挿入損失法は、布設・コネクタ取付け工事後などの被測定光ファイバを切断できない場合に適用される。光ファイバを伝搬する光の入出力パワーを直接測定する透過光法であるため、OTDR法のような後方散乱光を利用した光ファイバ伝送路の損失分布や接続損失の測定はできない。したがって、記述は誤り。
④ 挿入損失法は、カットバック法よりも精度は落ちるが、被測定光ファイバおよび両端に固定される端子に対して非破壊でできる利点がある。このため、現場での使用に特に適しているとされ、主に両端にコネクタが取り付けられている光ファイバケーブルの試験に用いられる。したがって、記述は正しい。

(5) 設問の記述は、**Aのみ正しい。**OITDA／TP 11／BW：2019ビルディング内光配線システム「5 光ファイバケーブル収納方式—5.3 横系配線収納方式」において、横系の配線収納は床スラブ上、床スラブ内または天井内のどれかを利用して、アンダーカーペット方式、簡易二重床方式、フリーアクセスフロア方式、フロアダクト方式、セルラダクト方式、電線管方式、ケーブルラック方式または金属ダクト方式のどれかを採用するとされ、「表2—横系配線収納方式の比較」に、各方式の特徴（概要、長所、短所、適用）が示されている。
A　同表により、床スラブ内の配線方式には、フロアダクト方式、セルラダクト方式、電線管方式がある。このうち、電線管方式は、スラブ内に電線管を埋設する方式で、会議室など配線量が少なく配線が固定している場合に適用する。電線管方式は、費用が安い一方で、収納能力が小さい、配線取出し口が固定される、管内の腐食などが発生すると修理が困難になるといった短所がある。したがって、記述は正しい。
B　同表により、床スラブ上の配線方式には、アンダーカーペット方式、フリーアクセスフロア方式、簡易二重床方式がある。したがって、記述は誤り。フロアダクト方式は、床スラブ内の配線方式である。

答

(ア)	①
(イ)	④
(ウ)	⑤
(エ)	④
(オ)	①

次の各文章の 　　　　 内に、それぞれの[　　]の解答群の中から最も適したものを選び、その番号を記せ。 (小計10点)

(1) ISDN基本ユーザ・網インタフェースにおいて、ポイント・ツー・ポイント構成でのNTとTEとの間の最大線路長は、TTC標準では 　(ア)　 メートル程度とされている。 (2点)

[① 100　② 200　③ 500　④ 1,000　⑤ 2,000]

(2) ISDN基本ユーザ・網インタフェースでのバス配線では、一般に、ISO8877に準拠した8端子のモジュラジャックが使用されるが、端子番号の使用に関する規格について述べた次の二つの記述は、 　(イ)　 。 (2点)

A　T線(1対)とR線(1対)には、3番〜6番の四つの端子が使用される。

B　ファントムモードの給電には、3番〜6番以外の四つの端子が使用される。

[① Aのみ正しい　② Bのみ正しい　③ AもBも正しい　④ AもBも正しくない]

(3) ISDN基本ユーザ・網インタフェースにおける、ポイント・ツー・マルチポイント構成について述べた次の記述のうち、正しいものは、 　(ウ)　 である。 (2点)

① ポイント・ツー・マルチポイント構成におけるバス配線上の1台のTAに接続できるアナログ電話機数は1台のみである。

② 短距離受動バス配線構成におけるNTからの最大線路長は、線路の特性インピーダンスの値に関係なく、100メートルである。

③ 短距離受動バス配線構成に接続可能なTAの最大数は、延長受動バス配線構成に接続可能なTAの最大数より大きい。

④ バス配線上の接続用ジャックとTEとの間に用いられる接続コードのモジュラプラグは、挿抜が容易でなければならないため、引っ張っても抜けにくいラッチ機構を有していないものが用いられる。

⑤ バス配線に多対カッド形ケーブルを用いてアナログ電話回線の配線と混在利用する場合、アナログ電話回線からのインパルス性雑音を考慮し、基本インタフェース線のT線(1対)及びR線(1対)は、アナログ電話回線と同じカッド内に混在収容しないで同一カッド内収容とする。

(4) OITDA／TP 11／BW：2019ビルディング内光配線システムにおいて、幹線系光ケーブルの布設工事では、垂直ラック上でのケーブル固定は、 　(エ)　 メートル以下の間隔でケーブルしばりひもなどで固定するとされている。

なお、OITDA／TP 11／BW：2019は、JIS TS C 0017の有効期限切れに伴い同規格を受け継いで光産業技術振興協会(OITDA)が技術資料として策定、公表しているものである。 (2点)

[① 1　② 2　③ 3　④ 4　⑤ 5]

(5) JIS X 5150－2：2021のオフィス施設の平衡配線設備における水平配線設備の規格について述べた次の二つの記述は、 　(オ)　 。 (2点)

A　チャネルの物理長さは、100メートルを超えてはならない。また、水平ケーブルの物理長さは、90メートルを超えてはならない。

B　複数利用者通信アウトレット組立品を用いる場合には、ワークエリアコードの長さは、15メートルを超えてはならない。

[① Aのみ正しい　② Bのみ正しい　③ AもBも正しい　④ AもBも正しくない]

解説

(1) TTC標準JT－I430では、ISDN基本ユーザ・網インタフェースにおける配線構成として、NT（DSU）とTE（端末）を1対1で接続するポイント・ツー・ポイント構成と、1つのNTに複数のTEを接続できるポイント・ツー・マルチポイント（受動バス配線）構成が規定されている。さらに、ポイント・ツー・マルチポイント構成には、一般家庭や小規模事務所などで使用される短距離受動バスと、大規模事業所でフロアをまたがってケーブルを延ばす必要がある場合などに使用される延長受動バスの2種類がある。

　ポイント・ツー・ポイント構成はNT～TE間の配線を最も長くとることができ、その距離は最長**1,000**m程度である。次に長いのが延長受動バスで、実用上おおむね500m程度まで延長可能である。短距離受動バスのケーブル長は、低インピーダンス線路（75Ω）で100m程度まで、高インピーダンス線路（150Ω）で200m程度までと短い。

(2) 設問の記述は、**Aのみ正しい。**
　A　ISDN基本ユーザ・網インタフェースにおいて、DSUと端末アダプタ（TA）などのISDN機器を接続する場合、国際標準のIS8877規格に準拠した8端子のモジュラコネクタ（RJ－45型コネクタと呼ばれることもある）を使用する。このモジュラコネクタにおいては、送信線と受信線に3～6番の端子が使用される。したがって、記述は正しい。
　B　ファントムモードの給電とは、DSUから配線ケーブルの信号線に直流電圧を加えて端末に給電する方式である。基本ユーザ・網インタフェースのコネクタ端子のうち、通信（送信・受信）用の端子として使用しているのは、3～6番の端子であるため、ファントムモードで給電する端子もこれと同じになる。したがって、記述は誤り。

(3) 解答群の記述のうち、正しいのは、「バス配線に多対カッド形ケーブルを用いてアナログ電話回線の配線と混在利用する場合、アナログ電話回線からのインパルス性雑音を考慮し、基本インタフェース線のT線（1対）及びR線（1対）は、アナログ電話回線と同じカッド内に混在収容しないで同一カッド内収容とする。」である。
　① TAは一般に複数個のアナログポートを備えており、それぞれのアナログポートにアナログ電話機やファクシミリを接続することができる。さらに、機種によるが、1つのアナログポートに複数台のアナログ電話機などを接続するブランチ接続が可能な場合もある。したがって、記述は誤り。
　② 短距離受動バス配線構成におけるNTからの最大線路長は、特性インピーダンスが75Ωの低インピーダンス線路では100m、150Ωの高インピーダンス線路では200mとなっている。したがって、記述は誤り。
　③ 短距離受動バス配線構成でも、延長受動バス配線構成でも、接続可能なTAの台数は同じで、デジタル電話機、G4ファクシミリなどと合わせて8台までとなっている。したがって、記述は誤り。
　④ RJ－11規格やRJ－45規格などの通信ケーブル用コネクタには、ジャックからプラグが自然に脱落してしまうのを防ぐために、ラッチ機構を備えている。これはいわゆる「ツメ」のことで、プラグを挿すときはカチッと音がするまで押し込み、抜くときは「ツメ」を指で押しながら引き抜くようにする。したがって、記述は誤り。
　⑤ ISDNのインタフェース線がアナログ電話回線と同じカッド内に混在収容されていると、電話交換機の動作や加入者線の電磁誘導などによって生じるインパルス性雑音の影響により、バースト的な符号誤りを生じることがあるので、配線設計はこのような混在がないように行う必要がある。したがって、記述は正しい。

(4) OITDA／TP 11／BW：2019「ビルディング内光配線システム」の「6. 光ケーブルの布設及び配線盤設置—6.2 幹線系光ケーブル布設—6.2.1 実装形光ケーブル布設—m）光ケーブルの固定—2）垂直ラック」の規定では、光ファイバケーブルの固定は、許容曲率半径を確保し、垂直ラック上では**3**m以下の間隔で、ケーブルしばりひも（ケーブルの固定に用いる繊維またはプラスチック製のひも）などで固定する。このとき、ケーブルしばりひもなどは、ケーブルに食い込むほどきつくしばってはならない。

(5) 設問の記述は、**Aのみ正しい。** JIS X 5150－2：2021汎用情報配線設備—第2部：オフィス施設の「8 基本配線構成—8.2 平衡配線設備—8.2.2 水平配線設備—8.2.2.2 範囲」に、水平配線設備に適用される一般制限事項が次のように規定されている。
　ⓐチャネルの物理長さは、100mを超えてはならない。
　ⓑ水平ケーブルの物理長さは、90mを超えてはならない。パッチコード、機器コードおよびワークエリアコードの合計長さが10mを超える場合、規定された水平リンク長さの式に従って水平ケーブルの許容物理長さを減らさなければならない。
　ⓒ分岐点（CP）は、フロア配線盤から少なくとも15m離れた位置におかなければならない。
　ⓓ複数利用者TO組立品を用いる場合には、ワークエリアコードの長さは、20mを超えないことが望ましい。
　ⓔパッチコードまたはジャンパの長さは、5mを超えないことが望ましい。
　ⓐおよびⓑより記述Aは正しく、ⓓより記述Bは誤りである。

技術・理論

8 接続工事の技術（Ⅱ）

答	
(ア)	④
(イ)	①
(ウ)	⑤
(エ)	③
(オ)	①

次の各文章の ┌─────┐ 内に、それぞれの[   ]の解答群の中から最も適したものを選び、その番号を記せ。　　　　　　　　　　　　　　　　　　　　　　　　　　　　　　　　　　　　（小計10点）

(1) ISDN基本ユーザ・網インタフェースのバス配線では、一般に、ISO8877に準拠したRJ－45のモジュラジャックが使用され、端子配置においては、　(ア)　送信端子としてそれぞれ使用される。　　（2点）

> ① 1、2番端子がDSU側の、7、8番端子が端末機器側の
> ② 3、4番端子がDSU側の、5、6番端子が端末機器側の
> ③ 3、6番端子がDSU側の、4、5番端子が端末機器側の
> ④ 4、5番端子がDSU側の、3、6番端子が端末機器側の
> ⑤ 7、8番端子がDSU側の、1、2番端子が端末機器側の

(2) ISDN基本ユーザ・網インタフェースにおいて、バス配線上の終端抵抗の数を確認するため、DSUと端末を全て取り外してバス配線とモジュラジャックのみとし、送信線（TA－TB間）の終端抵抗値をDSUに接続されていた側から測定したところ20オームであった。このことから、送信線には終端抵抗付きモジュラジャックが　(イ)　個、取り付けられていると判断できる。ただし、バス配線は正しく、測定値は終端抵抗のみの値とし、モジュラジャックには正規の終端抵抗が取り付けられているものとする。　　（2点）

> [① 1　② 2　③ 3　④ 4　⑤ 5]

(3) ISDN基本ユーザ・網インタフェースにおけるバス配線工事の配線長について述べた次の二つの記述は、　(ウ)　。　　（2点）
A　短距離受動バス配線において、NTとNTから一番遠いTEとの間の配線長は、250メートルであった。この値は当該区間の最大配線長の規格内である。
B　延長受動バス配線において、TE相互間（NTに一番近いTEと一番遠いTEとの間）の配線長は、20メートルであった。この値は当該区間の最大配線長の規格内である。

> [① Aのみ正しい　② Bのみ正しい　③ AもBも正しい　④ AもBも正しくない]

改題 (4) 光ファイバの接続に光コネクタを使用したときの挿入損失を測定する方法は、供試品の端子の形態別にJISで規定されており、光ファイバ対プラグのときの基準測定方法は、　(エ)　である。　　（2点）

> [① OTDR法　② 置換え法　③ 挿入法(A)　④ カットバック法]

(5) セルラダクトについて述べた次の二つの記述は、　(オ)　。　　（2点）
A　セルラダクトは、建物の床型枠材として用いられる波形デッキプレートの溝の部分をカバープレートで覆い配線用ダクトとして使用する配線収納方式である。
B　セルラダクトは、一般に、フロアダクトと比較して、断面積が大きく、収容できる配線数が多い。

> [① Aのみ正しい　② Bのみ正しい　③ AもBも正しい　④ AもBも正しくない]

解 説

(1) ISDN基本ユーザ・網インタフェースにおいて、DSU（回線終端装置）とTA（端末アダプタ）などのISDN機器を接続する場合、国際標準のISO8877規格（RJ－45型コネクタと呼ばれることがある）に準拠した8端子コネクタ付きのモジュラケーブルを使用する。このモジュラケーブルのコネクタにおける端子の用途は表1のように定められている。表より、**4、5番端子がDSU側の送信端子および端末機器（TE）側の受信端子であり、3、6番端子が端末機器側の送信端子およびDSU側の受信端子である。**

表1　各端子の用途

端子番号	端子名称	機能		極性	DSUの端子名
		TE	DSU		
1	a	給電部3	—	⊕	
2	b	給電部3	—	⊖	
3	c	送信	受信	⊕	TA
4	f	受信	送信	⊕	RA
5	e	受信	送信	⊖	RB
6	d	送信	受信	⊖	TB
7	g	受電部2	給電部2	⊖	
8	h	受電部2	給電部2	⊕	

(2) ISDN基本ユーザ・網インタフェースのバス配線では、インピーダンス整合をとるため、線路の終端（DSUから最も遠い箇所）のTA－TB間、RA－RB間のそれぞれに、100Ω±5%の抵抗を内蔵したモジュラジャックを1つずつ取り付ける。もし、誤って複数の終端抵抗を取り付けたとすると、T線、R線それぞれに抵抗が並列接続されることになり、線路抵抗が低くなるため、DSUや端末の出力パルスを認識できなくなって通信不能に陥るおそれがある。

設問のように、送信線（TA－TB間）の終端抵抗値が20Ωであれは、100Ωの終端抵抗は100÷20=**5**〔個〕取り付けられていると判断できる。いま、TA－TB間に$R_1 = 100$〔Ω〕、$R_2 = 100$〔Ω〕、$R_3 = 100$〔Ω〕、$R_4 = 100$〔Ω〕、$R_5 = 100$〔Ω〕の5個の終端抵抗が取り付けられているとすれば、

$$\frac{1}{\frac{1}{R_1}+\frac{1}{R_2}+\frac{1}{R_3}+\frac{1}{R_4}+\frac{1}{R_5}} = \frac{1}{\frac{1}{100}+\frac{1}{100}+\frac{1}{100}+\frac{1}{100}+\frac{1}{100}} = \frac{1}{\frac{5}{100}} = \frac{100}{5} = 20〔Ω〕$$

となる。

(3) 設問の記述は、**Bのみ正しい**。ISDN基本ユーザ・網インタフェースのポイント・ツー・マルチポイント配線構成では、NTから配線された1本のバスケーブル（幹線）に複数のモジュラジャック（ソケット）を取り付けて分岐配線する受動バス配線方式により提供される。受動バス配線方式は、さらに短距離受動バス配線と延長受動バス配線に分類される。

A　短距離受動バス配線は、バス上の任意の箇所にTEを接続できる配線構成であり、NTとNTから一番遠いTEとの間の配線長は、低インピーダンス（75Ω）線路で100mまで、高インピーダンス（150Ω）線路で200mまでの範囲と規定されている。したがって、記述は誤り。

B　延長受動バス配線は、バス上のNTから離れた側に集中して複数のTEを接続する配線構成であり、TE相互間（NTに一番近いTEと一番遠いTEとの間）の最大配線長は25～50mまでの範囲と規定されている。したがって、記述は正しい。

(4) 光ファイバの接続に光コネクタを使用したときの挿入損失を測定する方法は、供試品の端子の形態別にJIS C 61300－3－4：2017などで規定されている。JIS C 61300－3－4：2017における測定方法は表2のようになっており、光ファイバ対プラグのときの基準測定方法は**カットバック法**である。

表2　供試品の端子の形態に対する測定方法（JIS C 61300－3－4より抜粋）

供試品の端子の形態	基準測定方法
光ファイバ対光ファイバ（光受動部品）	カットバック
光ファイバ対光ファイバ（融着または現場取付形光コネクタ）	挿入(A)
光ファイバ対プラグ	カットバック
プラグ対プラグ（光受動部品）	挿入(B)
プラグ対プラグ（光パッチコード）	挿入(B)
片端プラグ（ピッグテール）	挿入(B)
レセプタクル対レセプタクル（光受動部品）	挿入(C)
レセプタクル対プラグ（光受動部品）	挿入(C)

(5) 設問の記述は、**AもBも正しい**。セルラダクト方式は、多層鉄骨構造コンクリートビルなどの床型枠材として用いられる鋼板製波形デッキプレートの溝の部分をカバープレートといわれる蓋で覆って密閉空間をつくり、この密閉空間を主配線通路として、これと交差するフロアダクトまたはトレンチの枝配線路を連結して高密度にフロア面に配線の引出口を設けるものである(A)。配線の保護性が良好で、フロアダクトに比べて断面積が大きいため収容可能な配線数が多く、配線を引き出すスタットの径も大きいため配線が容易である等の特徴がある(B)。

技術・理論

8 接続工事の技術（Ⅱ）

答

㈠	④
㈡	⑤
㈤	②
㈣	④
㈥	③

次の各文章の ____ 内に、それぞれの[ ]の解答群の中から最も適したものを選び、その番号を記せ。 (小計10点)

(1) ISDN基本ユーザ・網インタフェースにおける工事試験での給電電圧の測定値として、レイヤ1停止状態で測定したDSUの端末機器側インタフェースのT線－R線間の給電電圧 (ア) ボルトは、TTC標準で要求される電圧規格値の範囲内である。 (2点)

〔① 15　② 25　③ 35　④ 45　⑤ 55〕

(2) ISDN基本ユーザ・網インタフェースにおけるポイント・ツー・マルチポイント構成の特徴などについて述べた次の二つの記述は、 (イ) 。 (2点)

A　バス配線上にモジュラジャックが複数ある場合、全てのモジュラジャックを終端抵抗付きのものとする必要がある。

B　ファントムモードの給電には、T線及びR線とは別の空き心線が用いられる。

〔① Aのみ正しい　② Bのみ正しい　③ AもBも正しい　④ AもBも正しくない〕

(3) 図1～図4は、ISDN基本ユーザ・網インタフェースにおいて、短距離受動バス配線工事でのDSU～終端抵抗(TR)間のバス配線長及びバス配線～ISDN標準端末(TE)間の接続コード長を示した配線構成図である。バス配線長及び接続コード長の両方の規定値を満足する配線構成図は、 (ウ) である。ただし、バス配線は高インピーダンス線路とする。 (2点)

〔① 図1　② 図2　③ 図3　④ 図4〕

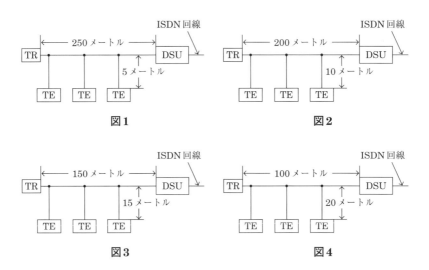

図1　　　　図2
図3　　　　図4

改題 (4) 光ファイバの接続に光コネクタを使用したときの挿入損失を測定する方法は、供試品の端子の形態別にJISで規定されており、プラグ対プラグ(光パッチコード)のときの基準試験方法は、 (エ) である。 (2点)

〔① ワイヤメッシュ法　② 挿入法(B)　③ カットバック法
④ 置換え法　⑤ 伸長ドラム法〕

改題 (5) JIS X 5150－2：2021のオフィス施設の平衡配線設備における水平配線設備の規格について述べた次の二つの記述は、 (オ) 。 (2点)

A　チャネルの物理長さは、100メートルを超えてはならない。また、水平ケーブルの物理長さは、90メートルを超えてはならない。

B　分岐点は、フロア配線盤から少なくとも15メートル以上離れた位置におかなければならない。

〔① Aのみ正しい　② Bのみ正しい　③ AもBも正しい　④ AもBも正しくない〕

解 説

(1) ISDN基本ユーザ・網インタフェースにおけるDSUからTEへの給電について、次のようなTTC（情報通信技術委員会）標準（JT – I430）の給電規定がある。

・給電方法は、T線、R線によるファントム給電（信号線を利用した給電であるため極性がある。直流）。

・電力供給源は、網からの給電。

・給電源の設置場所は、DSUに内蔵。

・DSUの出力電力は、最大420〔mW〕。

・給電電圧は、DSU出力が42～34〔V〕、TE入力が42～32〔V〕。

したがって、解答群に挙げられている数値のうち、この給電規定の範囲に含まれるのは、**35〔V〕**である。

(2) 設問の記述は、**AもBも正しくない。**

A ISDN基本ユーザ・網インタフェースにおけるポイント・ツー・マルチポイント構成のバス配線上に複数個のモジュラジャックを取り付ける場合、一般に、<u>DSUから最遠端にあるモジュラジャック</u>を終端抵抗付きのものとする。したがって、記述は誤り。

B ISDN基本ユーザ・網インタフェースにおけるファントムモードの給電とは、商用電源が停止しても基本電話サービスを維持するためにDSUから<u>T線およびR線の通信線を用いて</u>TEへ給電する方法をいう。したがって、記述は誤り。

(3) ISDN基本ユーザ・網インタフェースにおける配線構成は、TTC標準JT – I430において、ポイント・ツー・マルチポイント配線と、ポイント・ツー・ポイント配線の2つがモデル化されている。

ポイント・ツー・マルチポイント配線は、DSUに接続された1本のバス配線に最大8台のTEを接続して使用できる配線構成である。この配線構成は、さらに、一般家庭や小規模事業所に適した短距離受動バス配線と、大規模なビル内での使用に対応可能な延長受動バス配線の2種類に分類できる。短距離受動バス配線は、低インピーダンス（75Ω）線路で100mまで、高インピーダンス（150Ω）線路で200mまでの線路長となり、線路上の任意の点にTEを接続できる。一方、延長受動バス配線は、100～1,000m程度まで線路を延長することが可能であるが、線路の終端側25～50mの範囲に集中してTEを接続する必要がある。また、短距離受動バス配線、延長受動バス配線とも、TEをバス配線に接続するには、10m以内の接続コードを用いる。したがって、バス配線長と接続コード長の両方の規定値を満足する配線構成図は、**図2**である。

ポイント・ツー・ポイント配線では、1台のDSUに接続できるTEは1台だけである。ISDN基本ユーザ・網インタフェースの中でケーブル長を最も長くとることができ、動作距離は一般的な目標として1,000mとされている。接続コードの長さは原則としてポイント・ツー・マルチポイント配線と同じ10m以下であるが、配線とコードの総合減衰量が96kHzにおいて6dB以下であるときは、25mまでの長さの接続コードを使用することもできる。

(4) 光ファイバの接続に光コネクタを使用したときの挿入損失を測定する方法は、供試品の端子の形態別にJIS C 61300 – 3 – 4：2017などで規定されている。JIS C 61300 – 3 – 4ではその基準測定方法を「重点整理」の表1のように規定しており、プラグ対プラグ（光パッチコード）のときの基準試験方法は**挿入法（B）**となっている。

(5) 設問の記述は、**AもBも正しい。**JIS X 5150 – 2：2021汎用情報配線設備—第2部：オフィス施設の「8 基本配線構成—8.2 平衡配線設備—8.2.2 水平配線設備—8.2.2.2 範囲」に、水平配線設備に適用される一般制限事項が次のように規定されている。

・チャネルの物理長さは、100〔m〕を超えてはならない。

・水平ケーブルの物理長さは、90〔m〕を超えてはならない。パッチコード、機器コードおよびワークエリアコードの合計長さが10〔m〕を超える場合、規定された水平リンク長さの式に従って水平ケーブルの許容物理長さを減らさなければならない。

・分岐点（CP）は、フロア配線盤から少なくとも15〔m〕以上離れた位置におかなければならない。

・複数利用者TO組立品を用いる場合には、ワークエリアコードの長さは、20〔m〕を超えないことが望ましい。

・パッチコードまたはジャンパの長さは、5〔m〕を超えないことが望ましい。

技術・理論

8 接続工事の技術（Ⅱ）

答	
㈠	③
㈡	④
㈢	②
㈣	②
㈤	③

平衡ケーブル配線工事

●UTPケーブル

UTPケーブル（Unshielded Twisted Pair cable）はシールド（遮蔽）を持たない撚り対線ケーブルであり、現在のLAN配線部材としては最も普及しているケーブルである。光ファイバケーブルや**STPケーブル**（Shielded Twisted Pair cable シールド撚り対線ケーブル）と比較して、拡張性、施工性、柔軟性、コストの面で優れている。撚り対線部の導体には軟銅線が利用されており4対のツイストペアで構成されている。両端のコネクタには8極8心の**RJ-45**モジュラジャックが使われる（図1）。

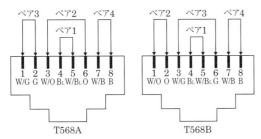

図1　RJ-45のピン配列

●配線設備の伝送性能クラスと部材のカテゴリ

平衡配線設備の伝送性能は、表1のように**クラス**分けさ

れている。また、ケーブル、コネクタ、パッチコード・ジャンパなどの平衡配線設備を構成する部材は伝送性能別に**カテゴリ**という名称の後に付く数字によって区分され、それぞれ対応するクラスの平衡配線性能をサポートする。

表1　平衡配線設備の伝送性能クラスと部材のカテゴリ

クラス	伝送性能（周波数）	部材のカテゴリ
D	100MHzまで	カテゴリ5
E	250MHzまで	カテゴリ6
E_A	500MHzまで	カテゴリ6_Aまたは8.1
F	600MHzまで	カテゴリ7
F_A	1,000MHzまで	カテゴリ7_Aまたは8.2

部材はカテゴリ別に挿入損失、漏話減衰量、反射減衰量、伝搬遅延などの値が定められており、また、その他の仕様として、特性インピーダンスが**100Ω**に統一されている。

1つのチャネルに異なるカテゴリの部材が混在する場合の配線性能は、**性能が最も低い部材**のカテゴリによって決まる。

●ケーブル端の長さ

ケーブル終端から接続器具までのケーブル要素の撚り戻し長さが可能な限り**短く**なるよう設計するのが望ましい。

イーサネットLANの種類

イーサネットLANは、現在企業内ネットワークにおいて最も普及しているLANの形態である。当初、イーサネットLANは、その伝送帯域が10Mbit/sであった。その後1990年代に入り、より高速なイーサネットLANとして、伝送帯域が100Mbit/sのファストイーサネットが開発された。さらに、1Gbit/sのギガビットイーサネット、および10Gbit/sイーサネットが登場している。

●イーサネット

イーサネット（Ethernet）は10Mbit/sの通信帯域を提供するLANである。近年ではより高速なLANに移行されており、あまり利用されていない。

10BASE2と10BASE5は**バス型**の接続形態であったが、10BASE-Tと10BASE-FL、さらに以降に述べる高速化されたLANでは**スター型**の接続形態が基本となる。

表2　イーサネットの種類

LANの種類	使用ケーブル
10BASE2	5mm径の同軸ケーブル
10BASE5	12mm径の同軸ケーブル
10BASE-T	UTPカテゴリ3ケーブル
10BASE-FL	マルチモード光ファイバ（MMF）

●ファストイーサネット

ファストイーサネットは、IEEE 802.3uとして標準化された、100Mbit/sの伝送帯域を提供するLANであり、使用するケーブルにより、表3のような種類がある。

これらはすべて**スター型**の接続形態であり、LANの中

心には**LANスイッチ（スイッチングハブ）**などの集線装置が使用される。

表3　ファストイーサネットの種類

LANの種類	使用ケーブル
100BASE-T4	UTPカテゴリ3、4、5eケーブル
100BASE-TX	UTPカテゴリ5e、あるいはSTPケーブル
100BASE-FX	マルチモード光ファイバ（MMF）

●ギガビットイーサネット

ギガビットイーサネットは1Gbit/s（1000Mbit/s）の伝送帯域を提供するLANで、IEEE 802.3zとIEEE 802.3abとして標準化されている。

ギガビットイーサネットは、使用するケーブルにより、表4のような種類がある。表のうち、1000BASE-LXと1000BASE－SXはともに光ファイバケーブルを使用するが、光波長が異なることにより区別されている。1000BASE-LXでは1310nmの長波長が使用され、1000BASE-SXでは850nmの短波長が使用されている。

表4　ギガビットイーサネットの種類

LANの種類	使用ケーブル
1000BASE-CX	2心平衡型同軸ケーブル
1000BASE-LX	マルチモード光ファイバ（MMF）、あるいはシングルモード光ファイバ（SMF）
1000BASE-SX	マルチモード光ファイバ（MMF）
1000BASE-T	UTPカテゴリ5eのケーブル

平衡配線設備

●水平配線の設計に用いられる配線モデル

JIS X 5150-2：2021汎用情報配線設備－第2部：オフィス施設では、水平配線設備範囲をインタコネクト－TOモデル、クロスコネクト－TOモデル、インタコネクト－CP－TOモデル、クロスコネクト－CP－TOモデルの4つのモデルで表している。また、それぞれの水平配線設備モデルにおける水平ケーブルの最大長さI_hの算出方法も規定されている。

ここで、I_aはパッチコードまたはジャンパ、機器コードおよびワークエリアコードの長さの総和、Xは水平ケーブルの挿入損失に対するコードケーブルの挿入損失の比、I_cはCPケーブルの長さ、Yは水平ケーブルの挿入損失に対するCPケーブルの挿入損失の比である。

表5　水平配線設備モデルと水平リンク長さの式（JIS X 5150-2：2021より）

モデル		式	
		クラスEおよびクラスE_A	クラスFおよびクラスF_A
インタコネクト－TO	（チャネル＝最大100m、水平ケーブル、FD、EQP、C、C、C、C、TE、機器コード、TO、ワークエリアコード）	$I_h = 104 - I_a \times X$	$I_h = 105 - I_a \times X$
クロスコネクト－TO	（チャネル＝最大100m、水平ケーブル、FD、EQP、C、C、C、C、TE、機器コード、パッチコードまたはジャンパ、TO、ワークエリアコード）	$I_h = 103 - I_a \times X$	$I_h = 103 - I_a \times X$
インタコネクト－CP－TO	（チャネル＝最大100m、水平ケーブル、FD、EQP、C、C、C、C、C、TE、機器コード、CP、CPケーブル、TO、ワークエリアコード）	$I_h = 103 - I_a \times X - I_c \times Y$	$I_h = 103 - I_a \times X - I_c \times Y$
クロスコネクト－CP－TO	（チャネル＝最大100m、水平ケーブル、FD、EQP、C、C、C、C、C、C、TE、機器コード、パッチコードまたはジャンパ、CP、CPケーブル、TO、ワークエリアコード）	$I_h = 102 - I_a \times X - I_c \times Y$	$I_h = 102 - I_a \times X - I_c \times Y$

●幹線チャネル長公式

JIS X 5150-1：2021汎用情報配線設備－第1部：一般要件に規定されている平衡配線設備の範囲において、幹線ケーブルの最大長I_bは、コンポーネントの性能と配線システムとしての性能の組合せにより決まり、表6のような公式によって算出する。

ここで、I_aはパッチコードまたはジャンパ、および機器コードの長さの総和、Xは幹線ケーブルの挿入損失に対するコードケーブルの挿入損失の比である。

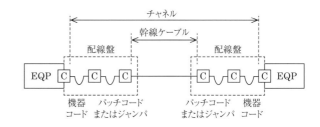

図2　幹線配線モデル

表6　幹線リンク長の式（JIS X 5150-1：2021より）

部材カテゴリ	クラス							
	A	B	C	D	E	E_A	F	F_A
5	2,000	$I_b = 250 - I_a \times X$	$I_b = 170 - I_a \times X$	$I_b = 105 - I_a \times X$	–	–	–	–
6	2,000	$I_b = 260 - I_a \times X$	$I_b = 185 - I_a \times X$	$I_b = 111 - I_a \times X$	$I_b = 102 - I_a \times X$	–	–	–
6_Aまたは8.1	2,000	$I_b = 260 - I_a \times X$	$I_b = 189 - I_a \times X$	$I_b = 114 - I_a \times X$	$I_b = 105 - I_a \times X$	$I_b = 102 - I_a \times X$	–	–
7	2,000	$I_b = 260 - I_a \times X$	$I_b = 190 - I_a \times X$	$I_b = 115 - I_a \times X$	$I_b = 106 - I_a \times X$	$I_b = 104 - I_a \times X$	$I_b = 102 - I_a \times X$	–
7_Aまたは8.2	2,000	$I_b = 260 - I_a \times X$	$I_b = 192 - I_a \times X$	$I_b = 117 - I_a \times X$	$I_b = 108 - I_a \times X$	$I_b = 107 - I_a \times X$	$I_b = 102 - I_a \times X$	$I_b = 107 - I_a \times X$

技術・理論

9　接続工事の技術（Ⅲ）

次の各文章の ☐☐☐ 内に、それぞれの[ ]の解答群の中から最も適したものを選び、その番号を記せ。 (小計10点)

(1) IPv4、クラスBのIPアドレス体系でのLANシステムの設計において、サブネットマスクの値として ☐(ア)☐ を指定すると、1サブネットワーク当たり最大1,022個のホストアドレスが付与できる。 (2点)

[① 255.255.252.0 ② 255.255.254.0 ③ 255.255.255.192 ④ 255.255.255.248]

(2) OITDA／TP 11／BW：2019ビルディング内光配線システムにおける、幹線系光ファイバケーブル施工時のけん引について述べた次の記述のうち、正しいものは、☐(イ)☐ である。 (2点)

① 光ファイバケーブルのけん引張力が大きい場合、中心にテンションメンバが入っている光ファイバケーブルは、ケーブルグリップを取り付ける。

② 光ファイバケーブルのけん引張力が大きい場合、中心にテンションメンバが入っていない光ファイバケーブルは、ロープなどをケーブルに巻き付け、けん引端を作製する。

③ 光ファイバケーブルのけん引張力が小さい場合、中心にテンションメンバが入っていない光ファイバケーブルは、現場付けプーリングアイを取り付け、けん引端を作製する。

④ 光ファイバケーブルのけん引張力が小さい場合、テンションメンバが鋼線のときは、その鋼線を折り曲げ、ケーブルに3回以上巻き付け、けん引端を作製する。

⑤ 光ファイバケーブルをけん引する場合で強い張力がかかるときには、光ファイバケーブルけん引端とけん引用ロープとの接続に撚り返し金物を取り付け、光ファイバケーブルのねじれ防止を図る。

(3) JIS X 5150－2：2021では、図1に示す水平配線設備モデルにおいて、インタコネクト－TOモデル、クラスFのチャネルの場合、機器コード及びワークエリアコードの長さの総和が15メートルのとき、水平ケーブルの最大長さは ☐(ウ)☐ メートルとなる。ただし、運用温度は20〔℃〕、コードの挿入損失〔dB／m〕は水平ケーブルの挿入損失〔dB／m〕に対して50パーセント増とする。 (2点)

[① 81.5 ② 82.0 ③ 82.5 ④ 83.0 ⑤ 83.5]

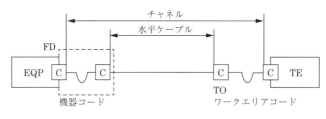

図1

(4) 宅内光配線において、屋内壁面や床面に露出設置され、屋内に入線されたドロップ光ファイバケーブル又はインドア光ファイバケーブルと宅内光配線コードとの接続に使用される部材は、一般に、☐(エ)☐ といわれ、固定する際には木ねじ、マグネットなどが用いられる。 (2点)

[① 光アウトレット ② 光クロージャ ③ 光アイソレータ
④ 光ローゼット ⑤ 光キャビネット]

(5) UTPケーブルの配線は、一般に、ケーブルルートの変更などに伴うケーブル終端部の多少の延長や移動を想定して施工されるが、機器やパッチパネルが高密度で収納されるラック内での余長処理においては、小さな径のループや過剰なループ回数による施工を行うと、ケーブル間の同色対どうしにおいて ☐(オ)☐ が発生し、漏話特性が劣化するおそれがある。 (2点)

[① グランドループ ② エイリアンクロストーク ③ スプリットペア
④ リバースペア ⑤ パーマネントリンク]

解　説

(1) サブネットマスクはIPアドレスの前半の組織を表すネットワーク部と後半の端末を表すホスト部を識別するためのマスク列で、ネットワーク部のビットの値を1、ホスト部のビットの値を0として表すことで、ネットワーク部の長さ（ビット数）とホスト部の長さを指定することができる。ホスト部の長さは、付与できるホストアドレスの個数1,022に、そのネットワーク自身のアドレス（ホスト部のビット値がすべて0）と、ブロードキャストアドレス（ホスト部のビット値がすべて1）を加えた1,024通りを表すことのできるビット数である。ここで、$2^{10} = 1,024$だから、ホスト部の長さは10ビットであり、サブネットマスクは32ビットのうち下位の10ビットの値が0、上位の22ビットの値が1、すなわち、11111111 11111111 11111100 00000000のビット列となる。さらに、IPv4アドレスの表記ルールに従い、8ビットずつに区切って4つの8桁の2進数とし、それぞれを10進数に変換してピリオド（.）で区切って表示すると、サブネットマスクの値は**255.255.252.0**になる。

(2) 解答群の記述のうち、正しいのは、「**光ファイバケーブルをけん引する場合で強い張力がかかるときには、光ファイバケーブルけん引端とけん引用ロープとの接続に撚り返し金物を取り付け、光ファイバケーブルのねじれ防止を図る。**」である。これは、OITDA／TP 11／BW：2019ビルディング内光配線システム第2版の「6.光ケーブルの布設及び配線盤設置―6.2 幹線系光ケーブル布設―6.2.1 実装形光ケーブル布設」に関連した出題である。

① ～ ④ 「g）光ケーブルけん引端の作製」により、光ケーブルにけん引端がついていない場合には、けん引張力および光ケーブルの構造に応じて、けん引端を作製する。「1）けん引張力が小さい場合」は、（④）テンションメンバが鋼線の場合には、鋼線を折り曲げて5回以上巻き付け、けん引端を作製する。また、（③）中心にテンションメンバが入っていないか、またはプラスチックの場合には、ロープなどをケーブルに巻き付け、けん引端を作製する。「2）けん引張力が大きい場合」は、（①）中心にテンションメンバが入っている光ケーブルは現場付けプーリングアイを取り付ける。また、（②）中心にテンションメンバが入っていない光ケーブルはケーブルグリップを取り付け、けん引端を作製する。よって、これらの記述は誤り。

⑤ 「h）より返し金物の取付け」に規定する内容と一致しているので、記述は正しい。

(3) JIS X 5150 - 2：2021汎用情報配線設備―第2部：オフィス施設の「8 基本配線構成―8.2 平衡配線設備―8.2.2 水平配線設備―8.2.2.2 範囲」において、チャネル内で使用するケーブルの長さは、その表3に示す式によって決定しなければならないとされている。同表により、図1のインタコネクト－TOモデル（1つのインタコネクトと1つのTO（通信アウトレット）だけを含むチャネル）でクラスFおよびクラスF_Aのチャネルの場合、水平ケーブルの最大長さをI_h〔m〕、機器コードおよびワークエリアコードの長さの総和をI_a〔m〕、水平ケーブルの挿入損失〔dB／m〕に対するコードケーブルの挿入損失〔dB／m〕の比をXとすれば、水平ケーブルの最大長さは、$I_h = 105 - I_a \times X$の式で求めることができる。

ここで、機器コードおよびワークエリアコードの長さの総和が15〔m〕だから$I_a = 15$、コードケーブルの挿入損失が水平ケーブルの挿入損失に対して50%増（1.5倍）だから$X = 1.5$となり、運用温度が20〔℃〕で温度による長さの調整（減少）は必要ないため、水平ケーブルの最大長さは、

$$I_h = 105 - I_a \times X = 105 - 15 \times 1.5 = 105 - 22.5 = 82.5〔m〕$$

である。

なお、2021年5月のJIS改正により、従来の主流であったCat.5eケーブルが規定（8.2.2.1 部材の選択）から削除された。今後は、オフィス施設での配線部材にはCat.6以上を使用する必要がある。

(4) 屋外からユーザ宅内に引き込まれた光ドロップ光ファイバケーブルまたはインドア光ファイバケーブルと宅内光配線コードとの接続に使用される部材は、光コンセントいわれる。光コンセントは、さらに宅内壁面に埋込設置される光アウトレットと、室内に露出設置される箱型の光ローゼットに分類される。**光ローゼット**を固定して使用する場合、一般に、木製の柱などに木ねじで留めたり、スチール製の机やキャビネットなどに磁石で貼り付けたりする。

(5) 機器やパッチパネルが高密度で収納されるラック内などにおいて、小さな径のループや過剰なループ回数の余長処理を行うと、長距離の並行敷設と同じになり、**エイリアンクロストーク**が発生しやすくなる。エイリアンクロストークとは、複数のUTPケーブルを長距離に並行敷設したとき、隣り合ったケーブルどうしの同色対間で漏れ伝わるノイズのことである。このエイリアンクロストークは、ビットエラーなどのトラブルが発生する原因になることがあるといわれている。

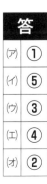

答	
㈠	①
㈡	⑤
㈢	③
㈣	④
㈤	②

次の各文章の 内に、それぞれの[ ]の解答群の中から最も適したものを選び、その番号を記せ。 (小計10点)

(1) JIS X 5150 − 2：2021オフィス施設の汎用配線設備の構造における分岐点について述べた次の記述のうち、誤っているものは、 (ア) である。 (2点)

① 分岐点は、アクセスしやすい場所に配置することが望ましい。

② 分岐点は、受動的な接続器具だけで構成しなければならず、クロスコネクト接続として使ってはならない。

③ 分岐点は、最大で10のワークエリアに対する対応に制限することが望ましい。

④ 分岐点は、各ワークエリアグループが少なくとも一つの分岐点によって提供されるように配置しなければならない。

(2) JIS C 0303：2000構内電気設備の配線用図記号に規定されている、電話・情報設備のうちの複合アウトレットの図記号は、 (イ) である。 (2点)

(3) JIS X 5150 − 2：2021では、図1に示す水平配線設備モデルにおいて、クロスコネクト − TO モデル、クラスEのチャネルの場合、パッチコード又はジャンパ、機器コード及びワークエリアコードの長さの総和が15メートルのとき、水平ケーブルの最大長さは (ウ) メートルとなる。ただし、運用温度は20〔℃〕、コードの挿入損失〔dB／m〕は水平ケーブルの挿入損失〔dB／m〕に対して50パーセント増とする。 (2点)

[① 79.5 ② 80.0 ③ 80.5 ④ 81.0 ⑤ 81.5]

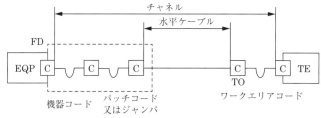

図1

(4) 図2は、LANケーブル両端のコネクタ結線が配線規格T568Bの場合において、ワイヤマップ試験の結果判明した配線誤りの結線図例である。この結線図例の配線誤りは (エ) といわれる。 (2点)

[① クロスワイヤ ② クロスペア ③ リバースペア
④ スプリットペア ⑤ ショート]

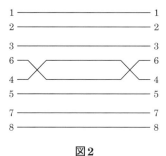

図2

(5) 現場取付け可能な単心接続用の光コネクタであって、コネクタプラグとコネクタソケットの2種類があり、架空光ファイバケーブルの光ファイバ心線とドロップ光ファイバケーブルに取り付け、架空用クロージャ内での心線接続に用いられる光コネクタは、　(オ)　コネクタといわれる。　　　　　　　　(2点)

① DS（Optical fiber connector for Digital System equipment）
② FAS（Field Assembly Small-sized）
③ MPO（Multifiber Push-On）
④ MU（Miniature Universal-coupling）
⑤ ST（Straight Tip）

技術・理論

9　接続工事の技術（Ⅲ）

(1) 設問の記述のうち、誤っているのは、「**分岐点は、最大で10のワークエリアに対する対応に制限することが望ましい。**」である。JIS X 5150－2：2021汎用情報配線設備－第2部：オフィス施設の「5 汎用配線設備の構造―5.6 範囲及び構成―5.6.6 分岐点」の規定により、FD（フロア配線盤）と任意のTO（通信アウトレット）の間に、一つの分岐点を設けてもよいとされている。この分岐点は、受動的な接続器具だけで構成しなければならず、クロスコネクト接続として使ってはならない（記述②）。

また、分岐点を用いる場合は、次のa～dの追加要件に適合しなければならないとされている。

a. 分岐点は、各ワークエリアグループが少なくとも一つの分岐点によって提供されるように配置しなければならない。（記述④）

b. 分岐点は、最大で12のワークエリアに対する対応に制限することが望ましい。（記述③）

c. 分岐点は、アクセスしやすい場所に配置することが望ましい。（記述①）

d. 分岐点は、管理システムの一部でなけれなならない。

(2) JIS C 0303：2000構内電気設備の配線用図記号の「5.　通信・情報―5.1 電話・情報設備」において、電話・情報設備のうちの複合アウトレットの図記号は、◇とされている。

なお、②は端子盤、③は電話用アウトレット、④は局線表示盤、⑤は情報用アウトレットをそれぞれ表している。

表1　配線用図記号の例（JIS C 0303：2000より抜粋）

図記号	説明	図記号	説明	図記号	説明
Ⓣ	内線電話機（ボタン電話機の場合「BT」を傍記）	⬚a	保安器（集合保安器の場合「個数（実装／容量）」を傍記）	●	電話用アウトレット
Ⓣ	加入電話機	───	端子盤（「対数（実装／容量）」を傍記）	◗	情報用アウトレット
Ⓞ	転換器	▦	局線表示盤（必要に応じ「窓数」を傍記）	◆	複合アウトレット

(3) JIS X 5150－2：2021汎用情報配線設備－第2部：オフィス施設の「8 基本配線構成―8.2 平衡配線設備―8.2.2 水平配線設備―8.2.2.2 範囲」において、チャネル内で使用するケーブルの長さは、表2に示す式によって決定しなければならないとされている。同表により、図1のクロスコネクト－TOモデル（1つのインタコネクトと1つのTO（通信アウトレット）だけを含むチャネルを示すインタコネクト－TOモデルにクロスコネクトとして追加の接続点を含んでいるもの）でクラスEチャネルおよびクラスE_Aチャネルの場合、パッチコードまたはジャンパ、機器コードおよびワークエリアコードの長さの総和をI_a〔m〕、水平ケーブルの挿入損失〔dB／m〕に対するコードケーブルの挿入損失〔dB／m〕の比をXとすれば、水平ケーブルの最大長さI_h〔m〕は、$I_h = 103 - I_a \times X$の式で求められる。

ここで、機器コード、パッチコードまたはジャンパおよびワークエリアコードの長さの総和が15〔m〕だから$I_a = 15$、コードケーブルの挿入損失が水平ケーブルの挿入損失に対して50％増（1.5倍）だから$X = 1.5$となり、さらに、運用温度が20〔℃〕以下だから温度による長さの調整（減少）は不要なため、水平ケーブルの最大長さは、

$$I_h = 103 - I_a \times X = 103 - 15 \times 1.5 = 103 - 22.5 = \mathbf{80.5}〔m〕$$

となる。

表2　水平リンク長さの式（JIS X 5150－2：2021より抜粋）

モデル	式	
	クラスEおよびE_Aチャネル	クラスFおよびF_Aチャネル
インタコネクト－TO	$I_h = 104 - I_a \times X$	$I_h = 105 - I_a \times X$
クロスコネクト－TO	$I_h = 103 - I_a \times X$	$I_h = 103 - I_a \times X$
インタコネクト－CP－TO	$I_h = 103 - I_a \times X - I_c \times Y$	$I_h = 103 - I_a \times X - I_c \times Y$
クロスコネクト－CP－TO	$I_h = 102 - I_a \times X - I_c \times Y$	$I_h = 102 - I_a \times X - I_c \times Y$

【記号説明】I_h：水平ケーブルの最大長さ、I_a：パッチコードまたはジャンパ、機器コードおよびワークエリアコードの長さの総和〔m〕、I_c：CPケーブルの長さ〔m〕、X：水平ケーブルの挿入損失〔dB／m〕に対するコードケーブルの挿入損失〔dB／m〕の比、Y：水平ケーブルの挿入損失〔dB／m〕に対するCPケーブルの挿入損失〔dB／m〕の比
20℃を超える運用温度では、I_hの値は次のとおり減じる。
a）スクリーン付平衡ケーブルでは、20℃～60℃で1℃当たり0.2％減じる。
b）非スクリーン平衡ケーブルでは、20℃～40℃で1℃当たり0.4％減じる。
c）非スクリーン平衡ケーブルでは、40℃～60℃で1℃当たり0.6％減じる。
これらはデフォルト値であり、ケーブルの実際の特性が不明な場合に用いることが望ましい。

(4) UTPケーブルをコネクタで成端した後は、断線していないか、ショート（短絡）していないか、結線の配列違いはないかなど、両端が正しく結線されていることを確認するために、ケーブルテスタなどによりワイヤマップ試験を行う必要がある。結線の配列違いには、図3のようなクロスワイヤ、図4のようなクロスペア（対交差）、図5のようなリバースペア（対反転）、図6のような**スプリットペア**（対分割）などがある。これらの配列違いにより、漏話特性が劣化したり、PoE機能が使えなくなったりするなどの原因となることがある。

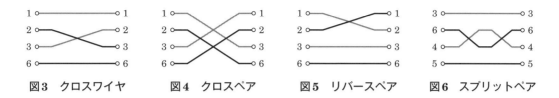

| 図3　クロスワイヤ | 図4　クロスペア | 図5　リバースペア | 図6　スプリットペア |

(5) 利用者宅への光ファイバ引込みおよび屋内光ファイバ配線において、現場での組立て作業や余長収納作業が容易な外被把持型現場組立光コネクタを使用することが多くなっている。外被把持型現場組立光コネクタは、プラグとソケットからなり、これらはアダプタを用いることなく直接接続することができる。プラグおよびソケットには、それぞれ研磨された光ファイバやメカニカルスプライスなどが内蔵されている。メカニカルスプライスは、光ファイバを融着することなく機械的構造で固定接続するため、専用の工具が不要である。外被把持型現場組立光コネクタには、一般に、架空クロージャ内での接続に使用される**FAS（Field Assembly Small-sized）**コネクタ、ドロップ光ファイバケーブルとインドア光ファイバケーブルの接続や屋内配線におけるインドア光ファイバケーブルの心線接続に使用されるFA（Field Assembly）コネクタなどがある。

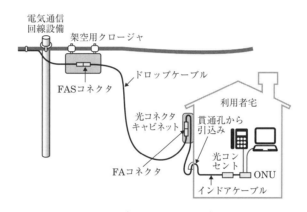

図7　FAコネクタとFASコネクタ

答	
㈠	③
㈣	①
㈥	③
㈧	④
㈩	②

次の各文章の 内に、それぞれの[ ]の解答群の中から最も適したものを選び、その番号を記せ。 （小計10点）

(1) JIS C 6823：2010光ファイバ損失試験方法に規定するOTDR法について述べた次の二つの記述は、 （ア） 。 （2点）

A OTDRは、測定分解能及び測定距離のトレードオフを最適化するため、幾つかのパルス幅と繰返し周波数とを選択できる制御器を備えていてもよい。

B 信号処理装置は、必要に応じて長時間の平均化処理を使用することによって、信号対雑音比を向上することができる。

[① Aのみ正しい ② Bのみ正しい ③ AもBも正しい ④ AもBも正しくない]

(2) IPv4、クラスCのIPアドレス体系でのLANシステムの設計において、サブネットマスクの値として （イ） を指定すると、1サブネットワーク当たり最大62個のホストアドレスが付与できる。 （2点）

[① 255.255.255.192 ② 255.255.255.224 ③ 255.255.255.240 ④ 255.255.255.248]

(3) JIS X 5150－2：2021では、図1に示す水平配線設備モデルにおいて、インタコネクト－TOモデル、クラスEのチャネルの場合、機器コード及びワークエリアコードの長さの総和が12メートルのとき、水平ケーブルの最大長さは （ウ） メートルとなる。ただし、運用温度は20〔℃〕、コードの挿入損失〔dB／m〕は水平ケーブルの挿入損失〔dB／m〕に対して50パーセント増とする。 （2点）

[① 80.0 ② 81.5 ③ 83.0 ④ 84.5 ⑤ 86.0]

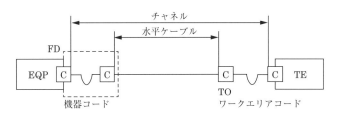

図1

(4) UTPケーブルへのコネクタ成端時に発生するトラブルなどについて述べた次の二つの記述は、 （エ） 。 （2点）

A コネクタ成端時における結線の配列誤りには、ショートリンク、パーマネントリンク、スプリットペアなどがあり、これらは漏話特性の劣化、PoE機能が使えないなどの原因となることがある。

B 対の撚り戻しでは、長く撚りを戻すと、ツイストペアケーブルの基本性能である電磁誘導を打ち消しあう機能の低下による漏話特性の劣化、特性インピーダンスの変化による反射減衰量の規格値外れなどの原因となることがある。

[① Aのみ正しい ② Bのみ正しい ③ AもBも正しい ④ AもBも正しくない]

(5) Windowsコマンドプロンプトを使った （オ） コマンドは、ホストコンピュータの構成情報であるIPアドレス、サブネットマスク、デフォルトゲートウェイを確認する場合などに用いられる。 （2点）

[① ipconfig ② ping ③ host ④ dig ⑤ tracert]

解　説

(1) 設問の記述は、**A**も**B**も正しい。

A　JIS C 6823：2010光ファイバ損失試験方法の「附属書C（規定）損失試験：方法C－OTDR法—C.2装置—C.2.5パルス幅及び繰返し周波数」において、OTDR法は、測定分解能および測定距離のトレードオフを最適化するため、いくつかのパルス幅と繰返し周波数とを選択できる制御器を備えていてもよい（場合によっては、距離制御と連動することもある）と規定されている。したがって、記述は正しい。

B　また、「附属書C（規定）損失試験：方法C－OTDR法—C.2装置—C.2.6信号処理装置」において、信号処理装置は、必要に応じて長時間の平均化処理を使用することによって、信号対雑音比を向上することができるとしている。したがって、記述は正しい。

(2) サブネットマスクはIPアドレスの前半の組織を表すネットワーク部と後半の端末を表すホスト部を識別するためのマスク列で、ネットワーク部のビットの値を1、ホスト部のビットの値を0として表すことで、ネットワーク部の長さ（ビット数）とホスト部の長さを指定することができる。ホスト部の長さは、付与できるホストアドレスの個数62に、そのネットワーク自身のアドレス（ホスト部のビット値がすべて"0"）と、ブロードキャストアドレス（ホスト部のビット数がすべて"1"）を加えた64通りを表すことのできるビット数である。ここで、$2^6 = 64$だから、ホスト部の長さは6ビットであり、サブネットマスクは32ビットのうち下位の6ビットの値が"0"、上位の26ビットの値が"1"、すなわち、11111111 11111111 11111111 11000000のビット列となる。さらに、IPv4アドレスの表記ルールに従い、8ビットずつに区切って4つの8桁の2進数とし、それぞれを10進数に変換してピリオド（.）で区切って表示すると、サブネットマスクの値は**255.255.255.192**になる。

(3) JIS X 5150－2：2021汎用情報配線設備—第2部：オフィス施設の「8 基本配線構成—8.2 平衡配線設備—8.2.2 水平配線設備—8.2.2.2 範囲」において、チャネル内で使用するケーブルの長さは、その表3に示す式によって決定しなければならないとされている。同表により、図1のインタコネクト－TOモデル（1つのインタコネクトと1つのTO（通信アウトレット）だけを含むチャネル）でクラスEチャネルの場合、水平ケーブルの最大長さをI_h〔m〕、機器コードおよびワークエリアコードの長さの総和をI_a〔m〕、水平ケーブルの挿入損失〔dB／m〕に対するコードケーブルの挿入損失〔dB／m〕の比をXとすれば、水平ケーブルの最大長さは、$I_h = 104 - I_a \times X$の式で求めることができる。

　ここで、機器コードおよびワークエリアコードの長さの総和が12〔m〕だから$I_a = 12$、コードケーブルの挿入損失が水平ケーブルの挿入損失に対して50％増（1.5倍）だから$X = 1.5$となり、運用温度が20〔℃〕だから運用温度による長さの調整（減少）は必要ないため、水平ケーブルの最大長さは、

$$I_h = 104 - I_a \times X = 104 - 12 \times 1.5 = 104 - 18.0 = 86.0 〔m〕$$

である。

(4) 設問の記述は、**B**のみ正しい。

A　UTPケーブルへのコネクタ成端時の結線の配列違いには、リバースペア、クロスペア、スプリットペアなどがある。したがって、記述は誤り。リバースペアとは、たとえば1-2ペアを相手側で2-1と結線することをいう。クロスペアとは、1-2ペアを異なる3-6ペアに結線することをいう。スプリットペアとは、1-2,3-6,4-5,7-8の結線を1-2,3-4,5-6,7-8のように結線することをいう。これらの配列違いにより、漏話特性が劣化したり、PoE（Power over Ethernet）機能が使えなくなったりするなどの原因となることがある。

B　UTPケーブルの撚り戻しが長過ぎると、撚りによる電磁誘導を打ち消し合う機能が低下して対間近端漏話（NEXT）などの漏話特性が劣化したり、長手方向に対して特性インピーダンスが変化するため反射減衰量（RL）が規格外れになったりすることがある。したがって、記述は正しい。

(5) Windowsコマンドプロンプト上のネットワークコマンドのうち、**ipconfig**コマンドは、IPアドレス、サブネットマスク、デフォルトゲートウェイなど、ホストコンピュータのネットワーク構成情報を確認する場合に用いるコマンドで、実行するとそのコマンドラインレポートを出力する。また、オプションを指定することにより、DHCPおよびDNSの設定を変更することも可能である。

　pingコマンドは、指定したIPアドレスを持つホストコンピュータがネットワークに正常に接続されているかどうかを確認する場合などに用いるコマンドである。hostコマンドは、UnixやLinuxで用意されている名前解決のためのコマンドで、ホスト名を元にIPアドレスを、またはIPアドレスを元にホストを調べることができる。digコマンドは、UnixやLinux、macOSで用意されている名前解決のためのコマンドで、ドメインやホスト名に関連する情報をDNSサーバに問い合わせるのに用いる。tracertコマンドは、経路状況を確認する場合などに用いるコマンドで、実行すると通過する各ルータおよび各ホップのRTTに関するコマンドラインレポートを出力する。

答	
(ア)	③
(イ)	①
(ウ)	⑤
(エ)	②
(オ)	①

次の各文章の 内に、それぞれの[ ]の解答群の中から最も適したものを選び、その番号を記せ。 (小計10点)

(1) IPv4、クラスBのIPアドレス体系でのLANシステムの設計において、サブネットマスクの値として (ア) を指定すると、1サブネットワーク当たり最大1,022個のホストアドレスが付与できる。(2点)

[① 255.255.240.0 ② 255.255.248.0 ③ 255.255.252.0 ④ 255.255.254.0]

(2) JIS X 5150－2：2021オフィス施設の汎用配線設備の構造における複数利用者通信アウトレット組立品について述べた次の二つの記述は、 (イ) 。 (2点)

A 複数利用者通信アウトレット組立品は、各ワークエリアグループが少なくとも一つの複数利用者通信アウトレット組立品によって機能を提供するように開放型ワークエリアに配置しなければならない。

B 複数利用者通信アウトレット組立品は、最大で12のワークエリアに対応するように制限することが望ましい。

[① Aのみ正しい ② Bのみ正しい ③ AもBも正しい ④ AもBも正しくない]

(3) JIS X 5150－2：2021では、図1に示す水平配線設備モデルにおいて、クロスコネクト－TOモデル、クラスEのチャネルの場合、パッチコード又はジャンパ、機器コード及びワークエリアコードの長さの総和が11メートルのとき、水平ケーブルの最大長さは (ウ) メートルとなる。ただし、使用温度は20〔℃〕、コードの挿入損失〔dB／m〕は水平ケーブルの挿入損失〔dB／m〕に対して50パーセント増とする。 (2点)

[① 86.5 ② 87.0 ③ 87.5 ④ 88.0 ⑤ 88.5]

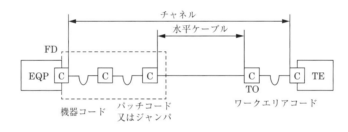

図1

(4) LAN配線工事で使用するツイストペアケーブルのうち、ケーブル外被の内側をシールドしてケーブル心線を保護することにより、外部からの電磁波やノイズの影響を受けにくくしているケーブルは、一般に、 (エ) ケーブルといわれる。 (2点)

[① CV ② IV ③ UTP ④ STP ⑤ 5C－FB]

(5) プッシュオン機能を持つSCコネクタを用いて光ファイバを接続する場合、接続後のコネクタの半差しによる抜け落ちやぐらつきを防止するため、 (オ) ことを確認する。 (2点)

[① ネジに緩みがない ② ガイドピンが奥まで挿入されている
③ 白線などの表示が隠れている ④ バヨネットが締結されている
⑤ コネクタクリップで密着固定されている]

解説

(1) サブネットマスクはIPアドレスの前半の組織を表すネットワーク部と後半の端末を表すホスト部を識別するためのマスク列で、ネットワーク部のビットの値を1、ホスト部のビットの値を0として表すことで、ネットワーク部の長さ（ビット数）とホスト部の長さを指定することができる。ホスト部の長さは、付与できるホストアドレスの個数1,022に、そのネットワーク自身のアドレス（ホスト部のビット値がすべて"0"）と、ブロードキャストアドレス（ホスト部のビット数がすべて"1"）を加えた1,024通りを表すことのできるビット数である。ここで、$2^{10} = 1,024$だから、ホスト部の長さは10ビットであり、サブネットマスクは32ビットのうち下位の10ビットの値が"0"、上位の22ビットの値が"1"、すなわち、11111111 11111111 11111100 00000000のビット列となる。さらに、IPv4アドレスの表記ルールに従い、8ビットずつに区切って4つの8桁の2進数とし、それぞれを10進数に変換してピリオド（.）で区切って表示すると、サブネットマスクの値は**255.255.252.0**になる。

(2) 情報配線設備の規格は、従来のJIS X 5150：2016から、ISO／IEC11801－1：2017をもとにしたJIS X 5150－1：2021「汎用情報配線設備—第1部：一般要件」と、ISO／IEC11801－2：2017をもとにしたJIS X 5150－2：2021「汎用情報配線設備—第2部：オフィス施設」の2つの規格に置き換えられている。

JIS X 5150－2：2021の「3 用語及び定義並びに略語—3.1 用語及び定義」において、複数利用者通信アウトレット組立品とは、「いくつかの通信アウトレットを1ヵ所にまとめたもの」と定義されている。複数利用者通信アウトレット組立品を複数利用者TO組立品またはMUTO組立品と表記することもある。また、同規格の「5 汎用配線設備の構造—5.6 範囲及び構成—5.6.5 通信アウトレット—5.6.5.3 複数利用者TO組立品（MUTO組立品）」の規定により、複数利用者TO組立品（MUTO組立品）を用いる場合、次の追加要件を満たさなければならないとされている。

    ⓐ 複数利用者TO組立品は、各ワークエリアグループが少なくとも一つの複数利用者TO組立品によって機能を提供するように開放型ワークエリアに配置しなければならない。（A）

    ⓑ 複数利用者TO組立品は、最大で12のワークエリアに対応するよう制限することが望ましい。（B）

    ⓒ 複数利用者TO組立品は、建物の柱または恒久的な壁面のような恒久的で利用者がアクセスしやすい場所に配置することが望ましい。

    ⓓ 複数利用者TO組立品は、閉塞した場所に取り付けてはならない。

    ⓔ ワークエリアコードの長さは、ワークエリアでのケーブルの管理を確実にするために制限することが望ましい。

    よって、ⓐおよびⓑより、設問の記述は、**AもBも正しい**。

(3) JIS X 5150－2：2021の「8 基本配線構成—8.2 平衡配線設備—8.2.2 水平配線設備—8.2.2.2 範囲」において、チャネル内で使用するケーブルの長さは、その表3—水平リンク長さの式（「重点整理」参照）に示されている式によって決定することとされている。図1のクロスコネクト－TOモデルでクラスEチャネルの場合、パッチコードまたはジャンパ、機器コードおよびワークエリアコードの長さの総和をI_a〔m〕、水平ケーブルの挿入損失〔dB／m〕に対するコードケーブルの挿入損失〔dB／m〕の比をXとすれば、水平ケーブルの最大長さI_h〔m〕は、$I_h = 103 - I_a \times X$の式で求めることができる。

ここで、パッチコードまたはジャンパ、機器コードおよびワークエリアコードの長さの総和が11mだから$I_a = 11$、コードケーブルの挿入損失が水平ケーブルの挿入損失に対して50％増（1.5倍）だから$X = 1.5$となり、使用温度（運用温度）が20〔℃〕だから運用温度による長さの調整（減少）は必要ないため、水平ケーブルの最大長さI_h〔m〕は、

$$I_h = 103 - I_a \times X = 103 - 11 \times 1.5 = 103 - 16.5 = \textbf{86.5}〔\text{m}〕$$

である。

(4) 1対（2本）のメタリック心線を撚り合わせると、相互誘導の方向が反転し、回線全体の電磁誘導が打ち消されるため、漏話を軽減できる。LANの配線では、一般にこの撚り対線を4組束ねて1つの保護物（外被）内に収めたツイストペアケーブルが用いられる。ツイストペアケーブルには、ケーブル外被の内側に薄い金属箔を施して心線全体をシールドすることで外からのノイズの影響を受けにくくした**STP**（Shielded Twist Pair）ケーブルと、シールドのないUTP（Unshielded Twist Pair）ケーブルがある。

(5) SCコネクタは、光プラグを光アダプタまたは光レセプタクルに挿すだけで、光アダプタまたは光レセプタクルと光プラグが嵌合するプッシュオン機能を有している。光プラグを挿入するときは、光アダプタまたは光レセプタクルのキー溝といわれるガイド溝と、光プラグの側面にあるキーリングといわれる凸になっているガイド部分を合わせ、カチッと音がするまでしっかり差し込む。このとき、キーリングと同じ面に引いてある**白線などの表示が完全に隠れている**と正しく嵌合できたことになる。一方、白線がまだ見えていると、プラグの差し込みが不十分であることがわかる。差し込みが不十分な場合、プラグが抜け落ちたりぐらついたりしやすくなるので、注意が必要がある。

答	
(ア)	③
(イ)	③
(ウ)	①
(エ)	④
(オ)	③

次の各文章の 内に、それぞれの[ ]の解答群の中から最も適したものを選び、その番号を記せ。 (小計10点)

(1) JIS C 6823：2010光ファイバ損失試験方法に規定するOTDR法について述べた次の二つの記述は、 (ア) 。 (2点)

A 短距離測定の場合、最適な分解能を与えるために、短いパルス幅が必要となる。長距離測定の場合、非線形現象の影響のない範囲内で光ピークパワーを大きくすることによってダイナミックレンジを大きくすることができる。

B 信号処理装置は、必要に応じて長時間の平均化処理を使用することによって、信号対雑音比を向上することができる。

[① Aのみ正しい ② Bのみ正しい ③ AもBも正しい ④ AもBも正しくない]

(2) OITDA／TP 11／BW：2019ビルディング内光配線システムにおいて、配線盤の種類は、用途、機能、接続形態及び設置方法によって分類されている。機能による分類の一つである (イ) 接続は、ケーブルとケーブル又はケーブルとコードなどをジャンパコードで自由に選択できる接続で、需要の変動、支障移転、移動などによる心線間の切替えに容易に対応できる。

なお、OITDA／TP 11／BW：2019は、JIS TS C 0017の有効期限切れに伴い同規格を受け継いで光産業技術振興協会(OITDA)が技術資料として策定、公表しているものである。 (2点)

[① 相 互 ② 変 換 ③ 融 着 ④ 交 差 ⑤ コネクタ]

廃止 **(3)** JIS X 5150：2016では、図1に示す水平配線の設計において、インタコネクト－TOモデル、クラスDのチャネルの場合、機器コード及びワークエリアコードの長さの総和が20メートルのとき、固定水平ケーブルの最大長は (ウ) メートルとなる。ただし、使用温度は20〔℃〕、コードの挿入損失〔dB／m〕は水平ケーブルの挿入損失〔dB／m〕に対して50パーセント増とする。 (2点)

[① 78.0 ② 78.5 ③ 79.0 ④ 79.5 ⑤ 80.0]

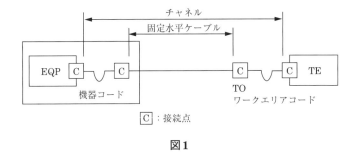

図1

(4) ツイストペアケーブルを使用したイーサネットによるLANにおいて、対向する二つの機器のオートネゴシエーション機能が共に有効化されている場合、双方の機器が (エ) 信号を送受信することで互いのサポートする通信速度と通信モードを検出し、決められた優先順位から適切な通信速度と通信モードを自動的に決定する。 (2点)

[① ACM ② FLP ③ SETUP ④ CTS ⑤ RBT]

改題 **(5)** JIS X 5150－1：2021の平衡配線設備の伝送性能において、挿入損失が3.0〔dB〕未満の周波数における (オ) の値は、参考とすると規定されている。 (2点)

[① 伝搬遅延時間差 ② 近端漏話減衰量 ③ 遠端漏話減衰量
④ 反射減衰量 ⑤ 不平衡減衰量]

解　説

(1) 設問の記述は、**AもBも正しい**。JIS C 6823：2010光ファイバ損失試験方法では、各種の光ファイバおよびケーブルの損失、光導通、光損失変動、マイクロベンド損失、曲げ損失などの実用的試験方法について規定している。

　A 「附属書C（規定）損失試験：方法C－OTDR法―C.2 装置―C.2.5 パルス幅及び繰返し周波数」の注記において、短距離測定の場合は、最適な分解能を与えるために、短いパルス幅が必要となり、長距離測定の場合は、非線形現象の影響のない範囲内で光ピークパワーを大きくすることによってダイナミックレンジを大きくすることができるとされている。したがって、記述は正しい。

　B 「附属書C（規定）損失試験：方法C－OTDR法―C.2 装置―C.2.6 信号処理装置」において、信号処理装置は、必要に応じて長時間の平均化処理を使用することによって、信号対雑音比を向上することができるとしている。したがって、記述は正しい。

(2) 配線盤は、その中で光ケーブルを接続し、その接続部を収容することを目的とするものである。OITDA／TP 11／BW：2019ビルディング内光配線システムの附属書C（参考）配線盤の「C.1 概要」により、配線盤は、用途、機能、接続形態および設置場所によって分類される。そして、「C.2 配線盤の分類―C.2.2 機能による分類」では、配線盤を機能により相互接続、交差接続および成端を目的とするものの3つに分類している。

　相互接続は、ケーブルとケーブルを相互に直線接続または分岐接続するもので、配線盤内で心線は、融着接続またはメカニカル接続によって永久接続とする。

　交差接続は、ケーブルとケーブルまたはケーブルとコードなどをジャンパコードで自由に選択できる接続で、需要の変動、支障移転、移動などによる心線間の切替えに容易に対応できるように、ケーブル間をジャンパコードで接続する。配線盤内でケーブルは光コネクタで終端されており、光コネクタアダプタとジャンパコードを介して自由に心線接続を選択変更できる。

　成端は、ケーブル末端での接続処理で最終ユーザ（機器など）への接続端となるもので、配線盤内でケーブルは光コネクタで終端されている。

(3) 2021年5月のJIS改正により、JIS X 5150：2016を引き継いだ汎用情報配線システム規格では、クラスDのチャネルが水平配線設備の規定の対象外となりました。よって、答なしとさせていただきます。

(4) イーサネットLANには、伝送速度が10Mbit／sの10BASE－Tや100Mbit／sの100BASE－TX、1Gbit／sの1000BASE－Tなどといった異なる標準規格が存在する。また、半二重、全二重の通信モードも存在する。これらの標準規格の違いを自動的に最適化し、伝送速度や通信モードを決定する機能をオートネゴシエーション機能という。オートネゴシエーション機能は、IEEE 802.3のclause 28およびclause 40で規定されている。

　オートネゴシエーション機能は、対向するLANアダプタ（NIC）とLANスイッチ間で機能するものである。オートネゴシエーション機能を実装し、有効化の設定がされているLANアダプタとLANスイッチを接続すると、双方の機器が互いに**FLP**（Fast Link Pulse）信号を送信する。このFLP信号には、それぞれの機器がサポートするイーサネットの種類の情報が含まれており、双方が共通してサポートするイーサネットのうち、最も優先度の高いものを使用するようポートを設定する。

(5) JIS X 5150－1：2021汎用情報配線設備－第1部：一般要件の「6 チャネルの性能要件―6.3 平衡配線設備の伝送性能」により、挿入損失（IL）が3.0〔dB〕未満の周波数における**反射減衰量**（RL）の値は参考とする、挿入損失が4.0〔dB〕未満となる周波数における対間近端漏話（NEXT）および電力和近端漏話（PS NEXT）の値は参考とする、などと規定されている。

答	
(ア)	③
(イ)	④
(ウ)	―
(エ)	②
(オ)	④

平衡配線施工と試験

●UTPケーブルなどの成端
・コネクタ成端の誤りにより発生するトラブル

コネクタによる成端時の結線の配列違いには、リバースペア、クロスペア、スプリットペアなどがあり、**漏話特性が劣化したり、PoE機能が使えない**などの原因となる。

対の撚り戻しにおいては、**長く撚りを戻すと**、ツイストペアケーブルの基本性能である**電磁誘導を打ち消しあう機能**が低下し、漏話特性の劣化や、特性インピーダンスの変化による**反射減衰量の規格値外れ**などの原因となる。

・余長処理の誤りにより発生するトラブル

機器、パッチパネルが高密度で収納されるラック内などでは、小さな径のループや過剰なループ回数の余長処理を行うと、ケーブル間の同色対どうしにおいて**エイリアンクロストーク**が発生するおそれがある。

●配線施工後に行う性能試験

配線施工後に、チャネルおよびパーマネントリンクの性能試験を行う。性能試験は、受入れ試験、適合性試験、基準試験の3つに分類される。

●フィールドテスト

実際の使用環境において行う試験をいい、**フィールドテスタ**などといわれる専用のテスタが使用される。フィールドテスタの測定値には誤差があるため、測定量から真値を特定することはできないが、測定値mを平均とすれば真値tは正規分布に従うと考えられ、標準偏差をσとしたときtは約95％の確率で$m \pm 2\sigma$の範囲に存在する。

測定値mが規格限界値付近にあると、合否判定を誤る可能性がある。このような場合、フィールドテスタは試験者に注意を促すため試験結果に＊を付して表示する。

●チャネルの性能パラメータ

JIS X 5150-1：2021では、チャネルの性能パラメータとして、反射減衰量、挿入損失（減衰量）、近端漏話、減衰対近端漏話比、減衰対遠端漏話比、直流ループ抵抗（DCループ抵抗）、直流抵抗不平衡（DC抵抗不平衡）、直流電流容量、耐電圧、伝搬遅延、伝搬遅延時間差、不平衡減衰量およびカップリングアッテネーション、エイリアンクロストークが規定されている。

なお、挿入損失が3.0未満となる周波数における反射減衰量の値および挿入損失が4.0未満となる周波数における近端漏話（対間近端漏話、電力和近端漏話）の値は参考とすることになっている。これは**3dB／4dBルール**といわれる。

光配線施工と試験

●光ファイバの分類

通信用の光ファイバは、石英系光ファイバ（SOF）とプラスチック系光ファイバ（POF）に大別できる。

プラスチック系光ファイバは、さらに、アクリル系POFとフッ素樹脂系POFに大別される。アクリル系POFは、石英系光ファイバよりも口径が大きいため、伝送距離は短いが端面処理が容易であることから、住戸内の配線に適している。また、フッ素樹脂系POFは、アクリル系POFよりも口径が小さいため光源との結合や端面処理が難しくなるが、伝送損失が小さいことから、ビル内幹線に適している。

●光ファイバケーブルの成端

ピグテール光ファイバを用いた成端方法では、現場で融着接続機やメカニカルスプライス工具を用いてピグテール光ファイバコードを接続することにより成端を行う。また、現場コネクタ組立てによる成端方法では、現場組立て可能な光コネクタを用いて成端を行うが、このとき、特殊な工具は不要である。

●光ファイバケーブルの布設

金属ダクトなどに収納する場合、金属ダクトに収める電線の断面積の総和を原則としてダクト内部**断面積の20％以下**としなければならない。ただし、電光サイン装置、出退表示灯その他これらに類する装置または制御回路などの配線のみを収容する場合は**50％**まで許容される。

●光ケーブル布設後の性能試験
・光ファイバ損失試験

カットバック法、挿入損失法、OTDR法、損失波長モデルの4種類がある。

カットバック法は、入射条件を変えずに光ファイバの2つの地点でのパワーを測定する方法である。

挿入損失法は、カットバック法よりも精度は落ちるが、被測定光ファイバおよび両端に固定される端子に対して非破壊で測定できる。光ファイバ長手方向での損失の解析には使用できないが、入射条件を変化させながら連続的な損失変動を測定することができる。

OTDR法は、光ファイバの単一方向の測定であり、光ファイバの異なる箇所から光ファイバの先端まで後方散乱光パワーを測定する方法である。

損失波長モデルでは、3〜5程度の波長で測定した値をもとに計算し、損失波長特性全体の損失係数を予測する。

・光導通試験

光ファイバが導通していること、あるいは有意の損失増加がないことを示すことを目的とした試験である。光導通試験の装置は、光源、光検出器、光ファイバ位置合わせ装置、基準光ファイバ、増幅器、分圧器、しきい値検出器、表示器からなる。

・光ファイバ配線設備の適合性

試験項目として、JIS規格により、減衰量、伝搬遅延、極性、長さの4つの伝送パラメータが挙げられている。

安全管理技術

●安全意識の高揚
・安全朝礼、安全週間、ポスター掲示、バッジ着用、映画上映会、TBM、KYTなどを利用する。
・KY活動の**4ラウンド法**は、全メンバーが話し合って危険事例を列挙する**現状把握**(第1ラウンド)、危険因子を重要度や緊急性の高い2〜3項目に絞り込む**本質追究**(第2ラウンド)、具体的で実行可能な対策について意見を出し合う**対策樹立**(第3ラウンド)、重点実施項目を絞り込み行動目標を設定する**目標設定**(第4ラウンド)の順で行う。

●安全管理者
・現場を巡回して危険要因や危険ポイントがないかどうかチェックする。
・作業標準や安全管理要領などが遵守されているかどうかをチェックする。

●災害調査
実際に災害が起こった場合、その種の災害が再び起こるのを防止するために原因の調査を行う。
①事実の確認
災害に関係する人・物・管理について確認する。
②災害原因の分析
災害原因(問題点)検出のカギとなるのは5W1H。
→特性要因図、FTA法等による分析を行う。
③再発防止対策の検討
災害原因の調査・分析の結果を受けて、具体的な対策を立て、実施する。対策の優先度や実施時期もあわせて検討する。

施工管理

●施工速度とコスト・品質
施工計画を立案する際には、適切な**施工速度**を策定するめやすとして、採算速度と経済速度を考慮する必要がある。**採算速度**とは、常に損益分岐点の施工出来高を上回る出来高をあげる施工速度をいう。また、**経済速度**とは、工事原価が最小となる経済的な施工速度をいう。一般に、**施工速度を速めるほど**、時間当たりの**直接費が高くなる**が、工期が短くなる分**間接費は減少する**。総費用(直接費と間接費の合計)が最小となるように工期を決定する。**品質は、施工速度を速めるほど悪くなり**、良くしようとすると施工速度が遅くなる。また、品質を高めようとするほど原価が高くなり、原価を低く抑えようとすると品質が低下する。

●PDCAサイクル
Plan(計画)→Do(実施)→Check(評価)→Act(改善)の手順を継続的に繰り返すことによって品質を高めていく方法である。JIS規格に、問題解決および課題達成のプロセスにおいて**PDCAサイクル**を回す手順が規定されている。

●継続的改善のための技法
継続的な改善の実施に当たって、正確な状態を把握するため、データの収集、解析に次のような技法が利用される。
・**チェックシート**
計数データを収集する際に、分類項目のどこに集中しているかを見やすくした図表で、①データ分類項目の決定→②記録ヒストグラム用紙形式の決定→③定められた期間におけるデータ収集→④データ用紙へのマーキング→⑤必要事項の記入、の手順で作成する。
・**パレート図**
項目別に層別して、**出現頻度の大きさの順に並べる**とともに、**累積和**を示した図で、改善すべき事項(問題)の全体に及ぼす影響の確認などに使用する。
・**ヒストグラム**
データの存在する範囲をいくつかの区間に分け、各区間を底辺とし、その区間に属するデータの**出現度数に比例する面積を持つ柱(長方形)**を並べたもので、平均値、メジアン、モードなどの中心傾向、出現頻度の幅、範囲、および形状を把握するためなどに用いられる。
・**散布図**
2つの特性を横軸と縦軸とし、**観測値を打点して作る**グラフであり、2つの特性の**相関関係**を見るために使用する。
・**連関図**
複雑な原因の絡み合う問題について、その因果関係を論理的につないだ図であり、問題の因果関係を解明し、解決の糸口を見いだすことに使用する。

●工程管理図表
・**アローダイアグラム**
全体作業の中で各作業がどのような相互関係にあるかを、結合点や矢線などによって表すとともに、作業内容、手順、日程などを表示する。一般に、①結合点を書き、矢印を引き、結合点番号(イベント番号)を記入→②最早結合点日程の計算→③余裕時間の計算→④**クリティカルパス**の表示、の手順で作成される。
・**バーチャート**
縦軸に工事を構成する作業を列記し、各作業の日数を横軸にとって、各作業の工期を開始日から完了日まで横棒で記入した図表である。一般に、**各作業の所要日数や作業の順序がわかりやすい**。
・**ガントチャート**
縦軸に工事を構成する作業を列記し、横軸に作業の完了時点を100%として達成度をとったもので、**各作業の進行度合いはよくわかる**が、工期に影響を及ぼす作業がどれであるかは明確でない。
・**曲線式工程表**
斜線式工程表、グラフ式工程表、バナナ曲線などがあり、各作業の計画工程と実施工程の差異を視覚的に対比できる。**バナナ曲線**は、時間の経過と出来高工程の上下変域を示す工程管理曲線であり、実施工程曲線が**上方許容限界**曲線を超えているときまたは**下方許容限界**曲線を下回っているときは、計画が不適切であることを示している。

次の各文章の 内に、それぞれの[ ]の解答群の中から最も適したものを選び、その番号を記せ。ただし、 内の同じ記号は、同じ解答を示す。 (小計10点)

(1) 図1に示すドロップ光ファイバケーブルを戸建て住宅の宅内まで引き通す配線構成において、大型車両などによるドロップ光ファイバケーブル引っかけ事故が発生した場合であっても家屋内部におけるケーブル固定部材や壁面などの損傷を回避するために、ドロップ光ファイバケーブル引留め点下部側の第1固定箇所に使用される部材は、一般に、 (ア) といわれる。 (2点)

[① PD盤 ② 保安器 ③ 引込み用牽引端 ④ PT盤 ⑤ 切断配線クリート]

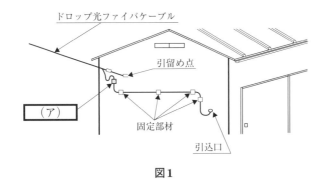

ドロップ光ファイバケーブル

引留め点

(ア)

固定部材

引込口

図1

(2) JIS C 6823:2010光ファイバ損失試験方法に規定する測定方法のうち、入射条件を変えずに、光ファイバ末端から放射される光パワーと、入射地点近くで切断した光ファイバから放射される光パワーを測定し、計算式を用いて光ファイバの損失を求める方法は (イ) である。 (2点)

[① OTDR法 ② 損失波長モデル ③ 挿入損失法 ④ カットバック法]

(3) JIS Z 8141:2022生産管理用語の作業の維持・管理において、5Sとして定義されている事項の一部について述べた次の二つの記述は、 (ウ) 。 (2点)

A 整理とは、必要なものを必要なときにすぐに使用できるように、決められた場所に準備しておくことをいう。

B 清潔とは、整理・整頓・清掃が繰り返され、汚れのない状態を維持していることをいう。

[① Aのみ正しい ② Bのみ正しい ③ AもBも正しい ④ AもBも正しくない]

(4) JIS Q 9024:2003マネジメントシステムのパフォーマンス改善継続的改善の手順及び技法の指針に規定されている、数値データを使用して継続的改善を実施するために利用される技法について述べた次の二つの記述は、 (エ) 。 (2点)

A チェックシートは、作業の点検漏れを防止することに使用でき、また、層別データの記録用紙として用いて、パレート図及び特性要因図のような技法に使用できるデータを提供することもできる。

B 計測値の存在する範囲を幾つかの区間に分けた場合、各区間を底辺とし、その区間に属する測定値の度数に比例する面積を持つ長方形を並べた図は、帯グラフといわれる。

[① Aのみ正しい ② Bのみ正しい ③ AもBも正しい ④ AもBも正しくない]

(5) 図2に示すアローダイアグラムにおいて、作業Cを1日、作業Hを2日、作業Jを2日、それぞれ短縮できるとき、クリティカルパスの所要日数は (オ) 日短縮できる。　　　　　　　　　　(2点)

　　　[① 1　② 2　③ 3　④ 4　⑤ 5]

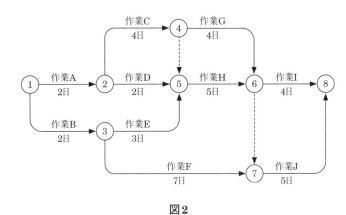

図2

技術・理論

10

接続工事の技術（Ⅳ）及び施工管理

(1) 光ファイバケーブルのユーザへの配線では、ユーザの住居が戸建ての場合、ドロップ光ファイバケーブルを架空光クロージャから建物壁面まで引き込み、そこからさらに壁面の配管を経てユーザ設備まで引き通す方法が一般的である。このため、ケーブルの架空部分が大型車両に引っかけられ、強く引っ張られることによる引っかけ事故が起きることがある。このとき、何も対策していないと、ユーザの家屋内部の固定部材や壁面が損傷したり、棚や机の上に置いてあったONUや光ルータなどの機材が落下して破壊されるなど、思わぬ損害を被ることがある。この対策として、図1のように**切断配線クリート**をドロップ光ファイバケーブル引留め点下部側の第1固定箇所に取り付ける。ケーブルに強い張力がかかるとこの切断配線クリートで切断されることで、引っかけ事故の影響がユーザ家屋内部にまで及ばないようにしている。

(2) JIS C 6823：2010光ファイバ損失試験方法では、光ファイバの損失試験方法として、シングルモード光ファイバおよびマルチモード光ファイバの損失試験に適用される**カットバック法**、挿入損失法、OTDR法、シングルモード光ファイバの損失試験のみに適用される損失波長モデルの4つを規定している。

　このうち、**カットバック法**は、光ファイバ損失から直接測定できる唯一の試験方法で、入射地点近くで切断した光ファイバから放射される光パワー$P_1(\lambda)$と光ファイバ末端から放射される光パワー$P_2(\lambda)$を入射条件を変えずに光ファイバの2つの地点で直接測定し、計算により損失を求める方法である。この方法は、入力条件が変化する状態で損失の変化を測定することは困難である。

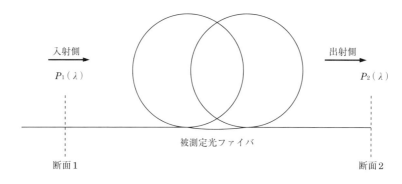

$$A(\lambda) = 10 log_{10} \left| \frac{P_1(\lambda)}{P_2(\lambda)} \right|$$

　　$A(\lambda)$：断面1と断面2との間の波長λでの損失〔dB〕
　　$P_1(\lambda)$：光ファイバ入射側断面1を通過する光パワー〔mW〕
　　$P_2(\lambda)$：光ファイバ出射側断面2を通過する光パワー〔mW〕

図3

(3) 製造業やサービス業などを営む会社で行われる品質改善運動として、従業員に職場の整理、整頓、清掃の3Sを徹底させることにより、無駄やミスをなくしていこうという活動があり、これを3S活動(運動)という。この3Sに清潔を加え、4S活動(運動)とするのが一般的である。さらに、しつけを加えて5S活動(運動)とする場合もある。

　JIS Z 8141：2022生産管理用語の「4 用語及び定義―e) 作業管理―6) 作業の維持・管理―5603 5S(ごえす)」では、5Sを職場の管理の前提となる整理、整頓、清掃、清潔、しつけ(躾)について、日本語ローマ字表記で頭文字をとったものと定義している。そして、それぞれ次のように説明している。

　・整理(Seiri)：必要なものと不必要なものを区分し、不必要なものを捨てること。
　・整頓(Seiton)：必要なものを必要なときにすぐに使用できるように、決められた場所に準備しておくこと。
　・清掃(Seisou)：必要なものについた異物を除去し、きれいな状態にすること。
　・清潔(Seiketsu)：整理・整頓・清掃が繰り返され、汚れのない状態を維持していること。
　・しつけ(Shitsuke)：決めたことを必ず守り習慣づけること。

　よって、設問の記述は、**A**は誤りであり、**Bのみ正しい**。

(4) 設問の記述は、**Aのみ正しい**。JIS Q 9024：2003マネジメントシステムのパフォーマンス改善—継続的改善の手順及び技法の指針「7.継続的改善のための技法—7.1 数値データに関する技法」に関する問題である。

A 「7.1.4 チェックシート」の規定内容と一定しているので、記述は正しい。

B 「7.1.5 ヒストグラム」の規定により、計測値の存在する範囲を幾つかの区間に分けた場合、各区間を底辺とし、その区間に属する測定値の度数に比例する面積を持つ長方形を並べた図は、<u>ヒストグラム</u>といわれる。したがって、記述は誤り。「7.1.3 グラフ」の規程により、帯グラフは、データの大きさを図形で表し、視覚に訴えたり、データの大きさの変化を示したりして理解しやすくした図であるグラフのうち、内訳を表すものの一つである。

(5) アローダイアグラムは、プロジェクトの日程計画や作業の工程管理に使われる図である。矢線（アクティビティ）で作業を、丸印（ノード）で作業と作業の結合点（開始／完了ポイント）を表す。なお、破線の矢（ダミー）は所要日数が0で作業相互間の関係のみを示したもので、この始点のノードまでの作業の完了を待って、終点のノード以降の作業を開始することを表す。ここで、アローダイアグラムで示される作業工程の流れのうち、作業日数の合計が最も長いものをクリティカルパスと呼び、作業工程全体の最短作業日数となる。

本問題では、まず、図2のアローダイアグラムのクリティカルパスを求める。クリティカルパスは、アローダイアグラムで示される作業の流れのうち、作業日数の合計が最も長いものをいい、これが作業工程全体の最短作業時間（日数）となる。図2の工程では、①→②→④→⑥→⑧、①→②→④→⑥→⑦→⑧、①→②→④→⑤→⑥→⑧、①→②→④→⑤→⑥→⑦→⑧、①→②→⑤→⑥→⑧、①→②→⑤→⑥→⑦→⑧、①→③→⑤→⑥→⑧、①→③→⑤→⑥→⑦→⑧、①→③→⑦→⑧の9通りの作業経路があり、それぞれの所要日数を比較すると、

①→(A)→②→(C)→④→(G)→⑥→(I)→⑧	：2＋4＋4＋4 ＝ 14〔日〕
①→(A)→②→(C)→④→(G)→⑥→（ダミー）→⑦→(J)→⑧	：2＋4＋4＋0＋5 ＝ 15〔日〕
①→(A)→②→(C)→④→（ダミー）→⑤→(H)→⑥→(I)→⑧	：2＋4＋0＋5＋4 ＝ 15〔日〕
①→(A)→②→(C)→④→（ダミー）→⑤→(H)→⑥→（ダミー）→⑦→(J)→⑧	：2＋4＋0＋5＋0＋5 ＝ 16〔日〕
①→(A)→②→(D)→⑤→(H)→⑥→(I)→⑧	：2＋2＋5＋4 ＝ 13〔日〕
①→(A)→②→(D)→⑤→(H)→⑥→（ダミー）→⑦→(J)→⑧	：2＋2＋5＋0＋5 ＝ 14〔日〕
①→(B)→③→(E)→⑤→(H)→⑥→(I)→⑧	：2＋3＋5＋4 ＝ 14〔日〕
①→(B)→③→(E)→⑤→(H)→⑥→（ダミー）→⑦→(J)→⑧	：2＋3＋5＋0＋5 ＝ 15〔日〕
①→(B)→③→(F)→⑦→(J)→⑧	：2＋7＋5 ＝ 14〔日〕

である。これらのうち所要時間（日数）が最も大きい経路①→②→④→⑤→⑥→⑦→⑧がクリティカルパスであり、全体の作業日数は16日となる。

ここで、作業Cを1日、作業Hを2日、作業Jを2日それぞれ短縮すると、各作業経路における所要日数は、

①→(A)→②→(C)→④→(G)→⑥→(I)→⑧	：2＋3＋4＋4 ＝ 13〔日〕
①→(A)→②→(C)→④→(G)→⑥→（ダミー）→⑦→(J)→⑧	：2＋3＋4＋0＋3 ＝ 12〔日〕
①→(A)→②→(C)→④→（ダミー）→⑤→(H)→⑥→(I)→⑧	：2＋3＋0＋3＋4 ＝ 12〔日〕
①→(A)→②→(C)→④→（ダミー）→⑤→(H)→⑥→（ダミー）→⑦→(J)→⑧	：2＋3＋0＋3＋0＋3 ＝ 11〔日〕
①→(A)→②→(D)→⑤→(H)→⑥→(I)→⑧	：2＋2＋3＋4 ＝ 11〔日〕
①→(A)→②→(D)→⑤→(H)→⑥→（ダミー）→⑦→(J)→⑧	：2＋2＋3＋0＋3 ＝ 10〔日〕
①→(B)→③→(E)→⑤→(H)→⑥→(I)→⑧	：2＋3＋3＋4 ＝ 12〔日〕
①→(B)→③→(E)→⑤→(H)→⑥→（ダミー）→⑦→(J)→⑧	：2＋3＋3＋0＋3 ＝ 11〔日〕
①→(B)→③→(F)→⑦→(J)→⑧	：2＋7＋3 ＝ 12〔日〕

のように変化する。この結果、9つの作業経路のうち所要日数が13日で最も多い①→②→④→⑥→⑧の作業経路が新たなクリティカルパスとなる。

よって、図2のアローダイアグラムにおいて、作業Cを1日、作業Hを2日、作業Jを2日それぞれ短縮すると、全体工期は13日となり、当初の16日よりも**3日**短縮されることになる。

答	
㋐	⑤
㋑	④
㋒	②
㋓	①
㋔	③

技術・理論

10

接続工事の技術（Ⅳ）及び施工管理

次の各文章の ▢ 内に、それぞれの [ ] の解答群の中から最も適したものを選び、その番号を記せ。ただし、▢ 内の同じ記号は、同じ解答を示す。 （小計10点）

(1) 防火区画の壁をケーブルが貫通する場合の防火措置において、ケーブル防災設備協議会による代表的な国土交通大臣認定工法例として、図1（横配線片側工法断面図）に示すとおり、開口部より小さく、ケーブル外径より大きい穴を開けた ▢（ア）▢ で開口部を覆いアンカーボルトで壁に固定し、隙間を耐熱シール材で埋める工法がある。 （2点）

[① 不燃断熱マット ② 耐火セメント ③ 耐火ブロック
④ 耐火パテ ⑤ 耐火仕切板]

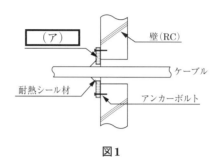

図1

(2) JIS X 5150－1：2021の平衡配線設備の伝送性能について述べた次の二つの記述は、 ▢（イ）▢ 。（2点）
A 挿入損失が3.0〔dB〕未満の周波数における反射減衰量の値は、参考とすると規定されている。
B 挿入損失が4.0〔dB〕未満となる周波数における対間近端漏話の値は、参考とすると規定されている。
[① Aのみ正しい ② Bのみ正しい ③ AもBも正しい ④ AもBも正しくない]

(3) 労働安全衛生規則に規定されている墜落等による危険の防止などについて述べた次の記述のうち、正しいものは、 ▢（ウ）▢ である。 （2点）
[① 脚立を用いる場合、脚と水平面との角度を80度以下とし、折りたたみ式のものでは、その角度を確実に保つための金具等を備えたものを使用しなければならないとされている。
② 天板にすべり止めを施した脚立を用いて作業を行う場合、脚立の天板の上に立って作業を行ってよいとされている。
③ 踏み面が作業を行うために必要な面積を有している脚立を用いて作業を行う場合、脚立をまたいで作業を行ってよいとされている。
④ 高さが2メートル以上の箇所で作業を行う場合において、大雨等の悪天候のため、当該作業の実施について危険が予想されるときは、事前に危険予知ミーティング等で十分注意喚起したうえで作業を行うこととされている。
⑤ 高さが2メートル以上の箇所で作業を行うときは、当該作業を安全に行うため必要な照度を保持しなければならないとされている。]

(4) 図2は、施工出来高(X)と工事総原価(Y)の一般的な関係などを示したものである。図2について述べた次の記述のうち、誤っているものは、 （エ） である。ただし、P点は$Y=X$と$Y=F+aX$（aは係数）との交点を示し、X_pはP点での施工出来高を示す。 (2点)

① 工事総原価のうち、Fは固定原価を示し、aXは変動原価を示している。

② P点は損益分岐点といわれ、$Y=F+aX$の線上において工事総原価と施工出来高が等しく、収支の差が0となる点である。

③ 施工出来高がX_pにおける施工速度は、最低採算速度といわれ、採算のとれる状態にするためには、施工出来高をX_p以上に上げる必要がある。

④ 工事総原価のうち、Fを下げると損益分岐点を下げることができる。

⑤ 工事総原価のうち、aXのaの値を小さくするほど、施工出来高を上げたときの工事の採算性は低下する。

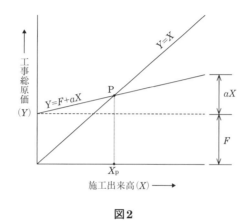

図2

(5) 工程管理などに用いられるアローダイアグラムについて述べた次の記述のうち、誤っているものは、 （オ） である。 (2点)

① アクティビティ（作業）は、実線の矢線で表され、矢線の長さはその作業の所要日数とは無関係である。

② ダミー（擬似作業）は、破線の矢線で表され、作業の相互関係を結び付けるのに用いられ、その所要日数はゼロである。

③ クリティカルパス上の各作業のフリーフロートはゼロであるが、同じクリティカルパス上のトータルフロートはゼロとは限らない。

④ ある作業がトータルフロートを使い切るとその経路上の後続の作業のトータルフロートに影響を及ぼす場合がある。

⑤ 任意の作業のフリーフロートは、その作業のトータルフロートと比較して小さいか又は等しい。

(1) 建築基準法施行令により、ケーブルが防火区画の壁などを貫通する場合は、国土交通大臣の認定を受けた工法（大臣認定工法）によるものであることとされ、ケーブル防災協議会（CFAJ）がその代表的な工法を示している。大臣認定工法にはさまざまなものがあるが、基本的な構造により、耐火仕切板工法、充填工法、ユニット工法に分類される。耐火仕切板工法は、けい酸カルシウムなどでつくられた板に開口部よりも小さくケーブル外径よりも大きいを穴を開けて**耐火仕切板**として開口部を覆い、耐火仕切板をアンカーボルトで固定し、ケーブルと耐火仕切板の穴との隙間に耐熱シール材を充填して密閉する工法である。充填工法は、開口部にロックウールなどの耐火充填材、耐熱シール材、大きさの異なる耐火ブロックなどを詰める工法である。ユニット工法は、耐火性の壁貫通スリーブユニットをケーブル周りに取り付ける工法である。

(2) 設問の記述は、**AもBも正しい**。JIS X 5150－1：2021汎用情報配線設備—第1部：一般要件の「6 チャネルの性能要件—6.3 平衡配線設備の伝送性能」により、挿入損失（*IL*）が3.0〔dB〕未満の周波数における反射減衰量（*RL*）の値は参考とする（記述A）、挿入損失が4.0〔dB〕未満となる周波数における対間近端漏話（*NEXT*）および電力和近端漏話（*PS NEXT*）の値は参考とする（記述B）、などと規定されている。

　これらの判定方法は一般に「3dB／4dBルール」といわれるもので、反射減衰量に関する特性については3dBルールが適用され、挿入損失の測定結果が3.0〔dB〕未満の周波数においては、実測結果にかかわらずその周波数範囲での性能試験に合格したものとみなされる。また、対間近端漏話および電力和近端漏話に関する特性については4dBルールが適用され、挿入損失の測定結果が4.0〔dB〕未満となる周波数においては、実測結果にかかわらずその周波数範囲での性能試験に合格したとみなされる。なお、平衡配線設備における挿入損失の値は配線長や周囲温度に影響され、配線長が長くなるほど大きくなるため、挿入損失の測定結果はより短い配線長の方が、広い周波数範囲で規定値以下となる。

(3) 解答群の記述のうち、正しいのは、「**高さが2メートル以上の箇所で作業を行うときは、当該作業を安全に行うため必要な照度を保持しなければならないとされている。**」である。労働安全衛生規則は、職場における労働者の安全と健康を確保するとともに快適な職場環境の形成を促進することを目的とする労働安全衛生法の実施について定めた厚生労働省令である。

① 同規則第526条の規定により、事業者は、高さまたは深さが1.5mをこえる箇所で作業を行うときは、当該作業に従事する労働者が安全に昇降するための設備等を設けなければならないとされている。安全に昇降するための設備等には、移動はしご（527条）や脚立（第528条）等がある。脚立については、事業者は、次に定めるところに適合したものでなければ使用してはならないとされている。したがって、記述は誤り。

　一　丈夫な構造とすること。
　二　材料は、著しい損傷、腐食等がないものとすること。
　三　脚と水平面との角度を75°以下とし、かつ、折りたたみ式のものにあっては、脚と水平面との角度を確実に保つための金具等を備えること。
　四　踏み面は、作業を安全に行なうため必要な面積を有すること。

②、③ これらの規定は労働安全衛生規則には定められていないので、記述は誤り。なお、厚生労働省の安全衛生関係リーフレット「はしごや脚立からの墜落・転落災害をなくしましょう！」（平成29年）によれば、脚立の天板に乗って作業を行うとバランスを崩しやすいのでこれを禁止し安全な代替策を検討すること、脚立をまたいで作業を行うとバランスを崩したとき身体を戻すのが困難なため脚立の片側を使って作業を行うこととされている。

④ 同規則第522条の規定により、事業者は、高さが2m以上の箇所で作業を行なう場合において、強風、大雨、大雪等の悪天候のため、当該作業の実施について危険が予想されるときは、当該作業に労働者を従事させてはならないとされている。したがって、記述は誤り。なお、強風とは10分間の平均風速が10m／s以上の風をいい、大雨とは1回の降雨量が50mm以上の降雨をいい、大雪とは1回の降雪量が25cm以上の降雪をいうとされる。

⑤ 同規則第523条の規定により、事業者は、高さが2m以上の箇所で作業を行なうときは、当該作業を安全に行なうため必要な照度を保持しなければならないとされている。したがって、記述は正しい。必要な照度を保持できない場合は、たとえ手すりなどを設けていても、高さが2m以上の箇所での作業をさせることはできない。

(4) 解答群の記述のうち、<u>誤っている</u>のは、「**工事総原価のうち、aX の a の値を小さくするほど、施工出来高を上げたときの工事の採算性は低下する。**」である。図2を利益図表といい、損益分岐点を表すために用いられる。損益分岐点は、一期間の売上高と総原価が等しく、事業・製品の損益が均衡する売上高あるいは営業量であり、売上高や営業量がこの値を超えれば利益が発生し、達しなければ損失が発生する。

① 工事総原価 Y のうち、F は施工出来高に無関係に固定的に発生するので、固定原価である。また、aX は施工出来高に比例して変動するので、変動原価である。したがって、記述は正しい。なお、aX の係数 a は施工出来高に対する変動原価の割合であり、変動費率という。これには、一般に、材料や消耗品の単価などが該当する。

② P点では、$Y = F + aX$ の線上において工事総原価 (Y) と施工出来高 (X) が等しく $(Y = X)$ なり、収支(収入と支出)の差が $0(X - Y = 0)$ になる。この点は、損益分岐点といわれる。したがって、記述は正しい。

③ 工事を常に採算のとれる状態とするためには、実際の施工出来高 (X) を損益分岐点における施工出来高 (X_p) 以上 $(X \geqq X_p)$ にする必要がある。このような施工出来高を上げるときの施工速度を採算速度という。損益分岐点において、工事は最低採算速度の状態にあり、常に最低採算速度以上の施工速度を保持できるよう、工程を計画・管理する必要がある。したがって、記述は正しい。

④ 図3に示すように、変動費率 (a) が変わらない場合、固定原価を F_0 から F_1 に下げると、損益分岐点は P_0 から P_1 に下がり、損益分岐点における施工出来高は X_{p0} から X_{p1} になる。つまり、一般に、固定原価を下げるほど損益分岐点を下げることができる。したがって、記述は正しい。

⑤ 施工出来高 (X) を上げたとき、変動費率 (a) が小さいほど変動費 (aX) の増加は緩やかになり、変動費率を $a'(a' < a)$ とした場合は損益分岐点が P_0 から P_0' に移動するので、工事の<u>採算性は向上</u>する。したがって、記述は誤り。ただし、変動費率を小さくするほど施工品質は一般に低下するので、注意する必要がある。

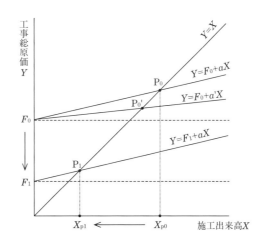

図3 損益分岐点の移動

(5) 解答群中の記述のうち、<u>誤っている</u>のは、「**クリティカルパス上の各作業のフリーフロートはゼロであるが、同じクリティカルパス上のトータルフロートはゼロとは限らない。**」である。

① アローダイアグラムでは、アクティビティ(作業)は実線の矢線で表されるが、その長さと所要日数は無関係である。もし、矢線の長さで所要日数を表すとすれば、作図も読取りも困難になってしまう。このため、所要日数は、矢線の脇に記入して表す。したがって、記述は正しい。

② ダミー(疑似作業)は、補助的に用いる仮想作業であり、破線の矢線で表す。これは作業間の依存関係のみを表し、実際の作業ではないので、所要日数は0である。したがって、記述は正しい。

③ クリティカルパスは、その経路上にあるどの作業に遅れが生じても工程に影響が出る作業時間に余裕のない経路であり、<u>経路上のフロートは必ず0</u>である。したがって、記述は誤り。

④ トータルフロート(全余裕)は、その作業の完了が遅れても全工程に遅延が生じないような遅れの限度を示したものである。作業の完了が遅れてトータルフロートを使い切るとその経路上の後続の作業のトータルフロートに影響を及ぼす場合がある。したがって、記述は正しい。

⑤ フリーフロートはその作業の終点における最早結合点時刻からその作業の始点における最早結合点時刻とその作業の所要日数を引いたものであり、トータルフロートはその作業の終点における最遅結合点時刻からその作業の始点における最早結合点時刻とその作業の所要日数を引いたものである。作業の終点における最早結合点時刻は同じ作業の終点における最遅結合点時刻より早いか同じなので、任意の作業のフリーフロートは、その作業のトータルフロートと比較して小さいまたは等しいといえる。したがって、記述は正しい。

答	
㈦	⑤
㈡	③
㈣	⑤
㈢	⑤
㈤	③

次の各文章の 内に、それぞれの[ ]の解答群の中から最も適したものを選び、その番号を記せ。 (小計10点)

(1) ユーザ宅内で用いられる光ケーブルには、光エレメント部の両側に保護部を持つ構造を有し、壁面に固定ピンを用いて固定することやカーペット下に配線することができる露出配線用 (ア) インドア光ケーブルといわれるものがある。 (2点)

[① フラット型 ② 透明 ③ 隙間配線 ④ 細径低摩擦 ⑤ 集合]

(2) 光コネクタのうち、テープ心線相互の接続に用いられる (イ) コネクタは、専用のコネクタかん合ピン及び専用のコネクタクリップを使用して接続する光コネクタであり、コネクタの着脱には専用の着脱用工具を使用する。 (2点)

[① FA ② FC ③ MPO ④ MT ⑤ DS]

(3) 職場の安全活動の一つである危険予知活動におけるKYT基礎4ラウンド法は、第1ラウンドで現状把握、第2ラウンドで (ウ) 、第3ラウンドで対策樹立、第4ラウンドで目標設定の手順で進められる。 (2点)

[① 効果検証 ② 本質追究 ③ 計画策定 ④ 仮説立案 ⑤ ギャップ分析]

(4) JIS Z 9020-2:2016管理図-第2部:シューハート管理図に基づく工程管理などについて述べた次の二つの記述は、 (エ) 。 (2点)

A シューハート管理図において、一般に、打点された特性値が、中心線の上側にある場合は特に対策を必要としないが、中心線の下側にある場合は特性値が中心線の上側になるように速やかに対策をとる必要がある。

B シューハート管理図上の管理限界線は、中心線からの両側へ3シグマの距離にある。シグマは、母集団の既知の、又は推定された標準偏差である。

[① Aのみ正しい ② Bのみ正しい ③ AもBも正しい ④ AもBも正しくない]

(5) 図1に示すアローダイアグラムにおいて、クリティカルパスの所要日数に影響を及ぼさないことを条件とした場合、作業Gの作業遅れは、最大 (オ) 日許容することができる。 (2点)

[① 1 ② 2 ③ 3 ④ 4 ⑤ 5]

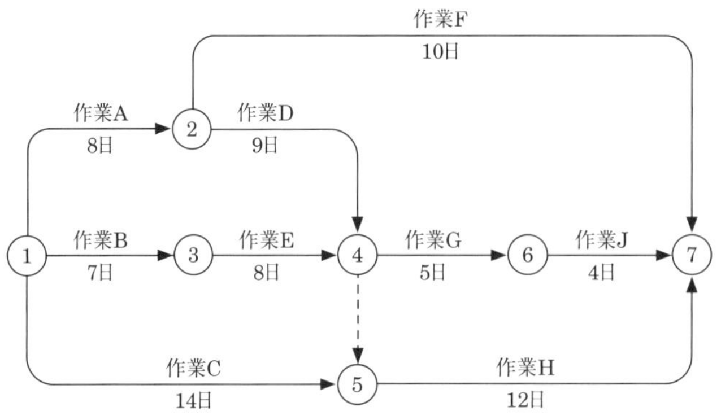

図1

解 説

(1) ユーザ宅内における光ケーブルの敷設では、従来はまずモールを設備し、その中に細径低摩擦インドア光ケーブルを配線するのが一般的であった。しかし、モールの設備には手間とコストがかかることから、モールが不要な露出配線用**フラット型**インドア光ケーブルが開発された。このケーブルは、細径低摩擦インドア光ケーブルをベースとし、その両側に保護部を持つ構造になっており、固定ピンを用いた壁面への固定やカーペット下の配線も可能になっている。

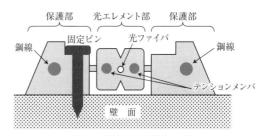

図2 壁面への固定の例

(2) 光コネクタのうち、**MT**コネクタは、図3のようなピンかん合方式のプラスチック製多心光コネクタで、4心、8心などのテープ光ファイバを一括して接続することができる。その規格は、JIS C 5981：2012で標準化されている。MTコネクタのプラグは、コネクタに専用のかん合ピン（ガイドピン）を挿入後、専用のコネクタクリップ（クランプスプリング）により押圧力を印加して締結する構造を有し、光ファイバの両側にある2本のガイドピンによって1対のフェルールが高精度に位置決めされる。コネクタクリップを着脱する際には、専用の着脱用工具が必要となる。

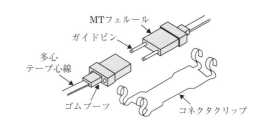

図3 MTコネクタ

(3) 端末設備等の工事における事故の発生を防止するために行う危険予知訓練（KYT）の基本手法に、KYT基礎4ラウンド法がある。これは、5名ないし6名程度の訓練受講者が、現状把握（第1ラウンド）、**本質追究**（求）（第2ラウンド）、対策樹立（第3ラウンド）、目標設定（第4ラウンド）の4つの段階（ラウンド）を経て作業現場に潜む危険の発見や把握、解決方法について学習する手法である。

(4) 設問の記述は、**Bのみ正しい**。JIS Z 9020－2：2016管理図—第2部：シューハート管理図では、統計的工程管理の手法としてシューハート管理図の使い方および理解のための指針を示している。

A　シューハート管理図は、打点が上側・下側のいずれかの管理限界を外れるか、管理限界を外れることがなくても一連の打点が規定されたルールに基づく異常なパターンを示している場合には、管理外れになったとみなすことにしている。すなわち、対策をとるかどうかの判断は、打点が中心線の上側にあるか下側にあるかで行うわけではないので、記述は誤り。

B　シューハート管理図には、打点する特性に対する参照として用いる中心線（CL）があり、さらにその両側に、統計的に求められた上側管理限界（UCL）および下側管理限界（LCL）の2つの管理限界が存在する。これらの管理限界線は、中心線から両側へ3シグマ（3σ）の距離にあることから、3シグマ限界ともいわれる。このときのシグマ（σ）は、母集団の既知の、または推定された標準偏差である。したがって、記述は正しい。

(5) 図1では、①→②→⑦、①→②→④→⑥→⑦、①→②→④→⑤→⑦、①→③→④→⑥→⑦、①→③→④→⑤→⑦、①→⑤→⑦の6通りの作業経路がある。そして、それぞれの所要日数を比較すると、

①→（作業A）→②→（作業F）→⑦ ：8＋10＝18〔日〕

①→（作業A）→②→（作業D）→④→（作業G）→⑥→（作業J）→⑦：8＋9＋5＋4＝26〔日〕

①→（作業A）→②→（作業D）→④→（ダミー）→⑤→（作業H）→⑦：8＋9＋0＋12＝29〔日〕

①→（作業B）→③→（作業E）→④→（作業G）→⑥→（作業J）→⑦ ：7＋8＋5＋4＝24〔日〕

①→（作業B）→③→（作業E）→④→（ダミー）→⑤→（作業H）→⑦：7＋8＋0＋12＝27〔日〕

①→（作業C）→⑤→（作業H）→⑦ ：14＋12＝26〔日〕

になり、所要時間（日数）が最も大きい①→②→④→⑤→⑦の経路がクリティカルパスで、所要日数は29日である。

ここで、作業Gを含む作業経路は2通りあり、上記から①→②→④→⑥→⑦の所要日数が26日、①→③→④→⑥→⑦の所要日数が24日である。作業Gの作業遅れがクリティカルパスに影響を及ぼさないようにするためには、2つの作業経路の所要日数のいずれもがクリティカルパスの所要日数である29日を上回らなければよいので、作業Gの遅れの許容日数は、クリティカルパスの29日から①→②→④→⑥→⑦の26日を引いた3日と、クリティカルパスの29日から①→③→④→⑥→⑦の24日を引いた5日のうち、少ない方の日数になる。

よって、作業Gの作業遅れは、最大**3日**許容することができる。

答	
(ア)	①
(イ)	④
(ウ)	②
(エ)	②
(オ)	③

次の各文章の ☐☐☐ 内に、それぞれの［　］の解答群の中から最も適したものを選び、その番号を記せ。　　　　　　　　　　　　　　　　　　　　　　　　　　　　　　　（小計10点）

(1) 宅内光配線において、壁面内側の埋込スイッチボックスなどを用いて設置され、壁の内側配管に通されたドロップ光ファイバケーブル又はインドア光ファイバケーブルと室内の光配線コードとの接続に使用される部材は、一般に、 (ア) といわれる。　　　　　　　　　　　　　　　　　（2点）

- ① 光キャビネット　　② 光ローゼット　　③ 光コネクタ
- ④ 光アウトレット　　⑤ 光ステップル

(2) UTPケーブルの配線は、一般に、ケーブルルートの変更などに伴うケーブル終端部の多少の延長や移動を想定して施工されるが、機器やパッチパネルが高密度で収納されるラック内での余長処理において、小さな径のループや過剰なループ回数による施工を行うと、ケーブル間の同色対どうしにおいて (イ) が発生し、漏話特性が劣化するおそれがある。　　　　　　　　　　　　　　　　　　（2点）

- ① エイリアンクロストーク　　② リバースペア　　③ パーマネントリンク
- ④ グランドループ　　⑤ スプリットペア

(3) 職場の安全活動などについて述べた次の記述のうち、正しいものは、 (ウ) である。　　（2点）

- ① ほう・れん・そう運動は、職場の小単位で現場の作業、設備及び環境をみながら、あるいはイラストを使用しながら、作業の中に潜む危険要因の摘出と対策について話し合いをする活動とされている。
- ② 指差呼称は、人の不注意や錯覚を無くし、安全意識（感受性）を高めるために、作業者どうしが互いに不安全行動を指差し、不安全点を声に出して指摘し合うこととされている。
- ③ フールプルーフによる安全対策は、OJT又はOFF－JTを活用して作業者による不適切な行為又は過失が生じないようにするものである。
- ④ 作業者から報告されたヒヤリハットの事例は、事故の未然防止を図るために活用され、また、リスクアセスメントを実施する場合の危険性又は有害性を特定するための情報源としても有効であるとされている。
- ⑤ ツールボックスミーティング（TBM）では、1日の作業終了後に職場の小単位のグループで工具類などの作業用機材の再点検が行われる。

(4) 図1〜図5は、JIS Q 9024：2003マネジメントシステムのパフォーマンス改善―継続的改善の手順及び技法の指針に規定されている技法の概念図を示したものである。数値データに対する技法の一つであるヒストグラムを示す概念図は、図1〜図5のうち、 (エ) である。　　　　　　　　　（2点）

［① 図1　② 図2　③ 図3　④ 図4　⑤ 図5］

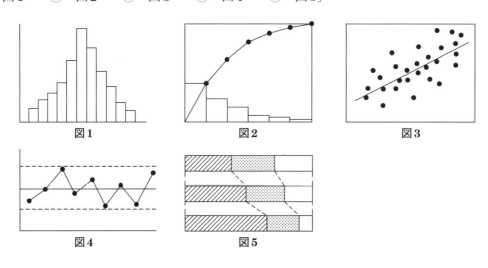

図1　　　　　図2　　　　　図3

図4　　　　　図5

(5) 図6に示すアローダイアグラムにおいて、クリティカルパスの所要日数に影響を及ぼさないことを条件
とした場合、作業Eの作業遅れは、最大 （オ） 日許容することができる。　　　　　　　　（2点）

　　〔① 1　② 2　③ 3　④ 4　⑤ 5〕

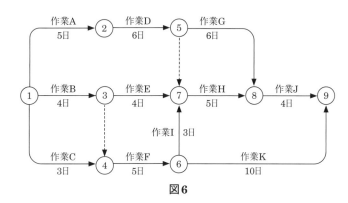

図6

技術・理論

10

接続工事の技術（Ⅳ）及び施工管理

(1) 一般財団法人光産業技術振興協会が公表している技術資料OITDA／TP 01／BW：2016「FTTH対応戸建住宅用光配線システム」の規定により、屋内へ引き込まれた光ドロップケーブルまたは光インドアケーブルと住宅内光配線コードとの接続に使用するインタフェースを光コンセントという。光コンセントは光アウトレットと光ローゼットの総称で、住宅内壁に埋込設置されるものを**光アウトレット**といい、住宅内に露出設置されるものを光ローゼットというとされている。

　また、同技術資料の規定によると、光キャビネットは、住宅の外壁に設置し、外壁に引き留めた通信事業者の光ドロップケーブルと住宅内に配線する光インドアケーブルとを接続するための箱をいうとされている。光ステップルは、主に居室内壁に露出配線する場合に、光ドロップケーブルまたは光インドアケーブルを固定するために用いられる部材であるとされている。

　なお、光コネクタ（光ファイバコネクタ）は、JIS C 5962：2018光ファイバコネクタ通則に定義があり、光ファイバどうし、または光ファイバと光ファイバ部品などとを接続および切り離すための部品をいうとされている。

(2) 機器やパッチパネルが高密度で収納されるラック内などにおいて、小さな径のループや過剰なループ回数の余長処理を行うと、長距離の並行敷設と同じになり、**エイリアンクロストーク**が発生しやすくなる。エイリアンクロストークとは、複数のUTPケーブルを長距離に並行敷設したとき、隣り合ったケーブルどうしの同色対間で漏れ伝わるノイズのことである。このエイリアンクロストークは、ビットエラーなどのトラブルが発生する原因になることがあるといわれている。

② リバースペア：対反転、リンクの両端で1対の極性が反転している状態。チップ／リング反転とも呼ばれる。

③ パーマネントリンク：配線盤間または配線盤と端末機器アウトレット間のケーブル等、永久的に変更がない伝送路。

④ グランドループ：ネットワークに接続されている多くのデバイスのグランド（アース）が相互に接続されて作られるループ回路によって発生する雑音。

⑤ スプリットペア：対分割ピン間の接続は正しいものの、物理的には対の心線が離れている状態。

(3) 解答群の記述のうち、正しいのは、「**作業者から報告されたヒヤリハットの事例は、事故の未然防止を図るために活用され、また、リスクアセスメントを実施する場合の危険性又は有害性を特定するための情報源としても有効であるとされている。**」である。

① 職場の小単位で現場の作業、設備および環境をみながら、あるいはイラストを使用しながら、作業の中に潜む危険要因の摘出と対策について話し合いをする活動は、危険予知（KY）活動といわれる。したがって、記述は誤り。なお、ほう・れん・そう運動とは、組織を強化していくために、報告・連絡・相談を徹底し、人間関係の良好な働きやすい職場環境を構築していく活動をいう。

② 指差呼称活動は、作業者の錯覚、誤判断、誤操作などを防止し、作業の正確性を高めるために行うもので、対象物の名称および現在の状態をきちんと指さしながらはっきり声に出して言う方法がとられる。したがって、記述は誤り。

③ フールプルーフによる安全対策は、人為的に不適切な行為または過失などが起きないように装置やシステムを設計し、万が一それが起きても事故につながらないようにするものである。したがって、記述は誤り。

④ ヒヤリハット事例とは、作業者が、事故には至らなかったものの、危うく事故になるところだったと感じた体験をいう。ヒヤリハット報告制度は、現場の作業者にこのようなヒヤリハット事例を報告してもらい、情報を全員で共有したり、作業環境や作業手順などを改善するといった対策をとることで、重大事故の発生を未然に防ぐためのものである。また、リスクアセスメントには、リスク特定、リスク分析およびリスク評価のプロセスがあるが、このうちリスク特定のプロセスでは、ヒヤリハット事例などが情報源として活用される。したがって、記述は正しい。

⑤ ツールボックスミーティング（TBM）活動は、1日の作業開始前に職場の小単位のグループが短時間で仕事の範囲、段取り、各人ごとの作業の安全のポイントなどについて打合せを行うものである。したがって、記述は誤り。

(4) 数値データを使用して継続的改善を実施するために利用される技法の定義文は、JIS Q 9024：2003「マネジメントシステムのパフォーマンス改善—継続的改善の手順及び技法の指針」の「7. 継続的改善のための技法—7.1 数値データに対する技法」に記載されている。「7.1.5 ヒストグラム」の規定により、ヒストグラムは、計測値の存在する範囲を幾つかの区間に分けた場合、各区間を底辺とし、その区間に属する測定値の度数に比例する面積をもつ長方形を並べた図であるとされている。したがって、図1〜図5のうち、**図1**が該当する。

　図2は、項目別に層別して、出現頻度の大きさの順に並べるとともに、累積和を示した図であり、「パレート図」といわれる（7.1.2）。

　図3は、二つの特性を横軸と縦軸とし、観測値を打点して作るグラフで、「散布図」といわれる（7.1.6）。

　図4は、連続した観測値または群にある統計量の値を、通常は時間順またはサンプル番号順に打点した、上側管理

限界線、および／または、下側管理限界線をもつ図であり、「管理図」といわれる(7.1.7)。

図5は、データの大きさを図形で表し、視覚に訴えたり、データの大きさの変化を示したりして理解しやすくした図で、「グラフ」といわれる(7.1.3)。また、このような内訳を表すことを使用目的とするグラフは、特に「帯グラフ」といわれる。

(5) 本問題は、図6のアローダイアグラムにおいて、作業Eの完了が遅れても全工程に遅延が生じないような遅れの限度、すなわち作業Eのトータルフロート(全余裕)を求める問題である。

まず、図6のアローダイアグラムのクリティカルパスを求める。クリティカルパスは、アローダイアグラムで示される作業の流れのうち、作業日数の合計が最も長いものをいい、これが作業工程全体の最短作業時間(日数)となる。図6では、①→②→⑤→⑧→⑨、①→②→⑤→⑦→⑧→⑨、①→③→⑦→⑧→⑨、①→③→④→⑥→⑦→⑧→⑨、①→③→④→⑥→⑨、①→④→⑥→⑦→⑧→⑨、①→④→⑥→⑨の7通りの作業経路がある。そして、それぞれの所要日数を比較すると、

①→(A)→②→(D)→⑤→(G)→⑧→(J)→⑨	：5＋6＋6＋4＝21〔日〕
①→(A)→②→(D)→⑤→(ダミー)→⑦→(H)→⑧→(J)→⑨	：5＋6＋0＋5＋4＝20〔日〕
①→(B)→③→(E)→⑦→(H)→⑧→(J)→⑨	：4＋4＋5＋4＝17〔日〕
①→(B)→③→(ダミー)→④→(F)→⑥→(I)→⑦→(H)→⑧→(J)→⑨	：4＋0＋5＋3＋5＋4＝21〔日〕
①→(B)→③→(ダミー)→④→(F)→⑥→(K)→⑨	：4＋0＋5＋10＝19〔日〕
①→(C)→④→(F)→⑥→(I)→⑦→(H)→⑧→(J)→⑨	：3＋5＋3＋5＋4＝20〔日〕
①→(C)→④→(F)→⑥→(K)→⑨	：3＋5＋10＝18〔日〕

になり、これらのうち所要時間(日数)が最も大きい①→②→⑤→⑧→⑨と①→③→④→⑥→⑦→⑧→⑨の2つの経路がクリティカルパスで、所要日数は21日である。

次に、作業Eの終点である結合点(イベント)⑦における最遅結合点時刻(日数)を求める。最遅結合点時刻(日数)とは、遅くてもこれまでには作業が完了していなければならない時刻(日数)をいい、ある結合点における最遅結合点時刻(日数)は、その結合点以降の作業の所要日数をクリティカルパスの所要時間(日数)から引けば求められる。図6において、結合点⑦以降の工程は、⑦→(H)→⑧→(J)→⑨のみで、その所要時間(日数)は、

作業Hの所要時間(日数)＋作業Jの所要時間(日数)＝5＋4＝9〔日〕

である。これをクリティカルパスの所要時間(日数)から引くと、結合点⑦における最遅結合点時刻(日数)は、

クリティカルパスの所要時間(日数)－結合点⑦以降の所要時間(日数)＝21－9＝12〔日〕

となる。さらに、作業Eの始点である結合点③における最早結合点時刻(日数)を求める。最早結合点時刻(日数)とは、全工程の開始からその結合点に先行する作業が終了する(その結合点以降の作業を開始するのに必要な条件が出揃う)までに要する最短の時間(日数)をいう。図6において、結合点③に至る作業経路は①→(作業B)→③のみなので、結合点③における最早結合点時刻(日数)は、作業Bの所要時間(日数)の4日である。

トータルフロートは、その作業の終点における最遅結合点時刻から始点における最早結合点時刻と作業自体の所要時間を引くことで求められる。したがって、作業Eのトータルフロートは、

結合点⑦の最遅結合点時刻(日数)－結合点③の最早結合点時刻(日数)－作業Eの所要時間(日数)
＝12－4－4＝4〔日〕

となり、作業Eの作業遅れは、最大4日許容することができる。

答	
㈎	④
㈏	①
㈐	④
㈑	①
㈒	④

次の各文章の _____ 内に、それぞれの[   ]の解答群の中から最も適したものを選び、その番号を記せ。ただし、_____ 内の同じ記号は、同じ解答を示す。　　　　　　　　　　　　　　　　　　（小計10点）

(1) 図1に示すドロップ光ファイバケーブルを戸建て住宅の宅内まで引き通す配線構成において、大型車両などによるドロップ光ファイバケーブル引っかけ事故が発生した場合であっても家屋内部におけるケーブル固定部材や壁面などの損傷を回避するために、ドロップ光ファイバケーブル引留め点下部側の第1固定箇所に使用される部材は、一般に、 (ア) といわれる。　　　　　　　　　（2点）

[① アレスタ　　② 光アウトレット　　③ 切断配線クリート
④ 保安器　　⑤ 引込み用牽引端]

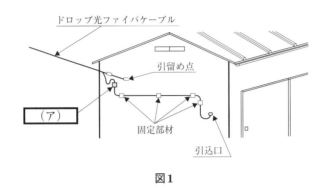

図1

(2) JIS C 6823：2010光ファイバ損失試験方法に規定する測定方法のうち、光ファイバの単一方向の測定であり、光ファイバの異なる箇所から光ファイバの先端まで後方散乱光パワーを測定する方法は (イ) である。　　　　　　　　　　　　　　　（2点）

[① 挿入損失法　　② カットバック法　　③ 損失波長モデル　　④ NFP法　　⑤ OTDR法]

(3) 労働環境において、作業者が受ける暑熱環境による熱ストレスの評価を行うための指標の一つであり、気温、湿度及び日射・輻射熱の要素を取り入れて蒸し暑さを一つの単位で総合的に表した指数は、 (ウ) といわれ、この値が作業内容に応じて設定された基準値を超える場合には、熱中症の予防措置を徹底することが重要である。　　　　　　　　　　　　　　　　　　　　（2点）

[① 予測平均温冷感申告（PMV）　　② 雑音指数（NF）　　③ 暑さ指数（WBGT）
④ 平均放射温度（MRT）　　⑤ 性能指数（FOM）]

(4) 図2は、建設工事における一般的な施工出来高(X)と工事総原価(Y)の関係などを示したものである。図2について述べた次の記述のうち、正しいものは、 [(エ)] である。ただし、P点は $Y = F + aX$（a は係数）と $Y = X$ との交点を示し、X_p はP点での施工出来高を示す。　　　　　　　　　　　　　　　　　　（2点）

① 図中の F は直接費を示し、aX は間接費を示している。

② 三角形OPR内の領域 α は、経済的な施工速度で工事が実施され、利益が発生している範囲を示している。

③ 三角形PQS内の領域 β は、突貫工事により工事の施工品質が低下し、損失が発生している範囲を示している。

④ 施工出来高が X_p における施工速度は、最低採算速度といわれ、採算のとれる状態にするためには、施工出来高を X_p より小さくする必要がある。

⑤ P点は損益分岐点といわれ、$Y = F + aX$ の線上において工事総原価と施工出来高が等しく、収支の差が0となる点である。

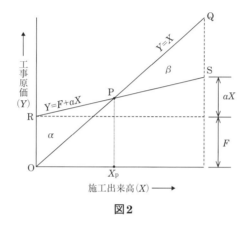

図2

(5) 図3に示す、工程管理などに用いられるアローダイアグラムにおいて、作業D、作業E、作業F、作業J及び作業Kをそれぞれ1日短縮できるとき、これらの作業のうち、短縮してもクリティカルパスの所要日数を2日短縮するのに関係しない作業は、作業 [(オ)] である。　　　　　　　（2点）

　〔① D　② E　③ F　④ J　⑤ K〕

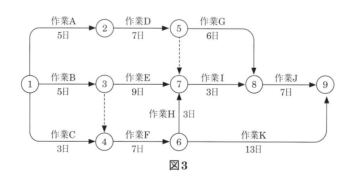

図3

(1) 光ファイバケーブルのユーザへの配線では、ユーザの住居が戸建ての場合、ドロップ光ファイバケーブルを架空光クロージャから建物壁面まで引き込み、そこからさらに壁面の配管を経てユーザ設備まで引き通す方法が一般的である。このため、ケーブルの架空部分が大型車両に引っかけられ、強く引っ張られることによる引っかけ事故が起きることがある。このとき、何も対策していないと、ユーザの家屋内部の固定部材や壁面が損傷したり、棚や机の上に置いてあったONUや光ルータなどの機材が落下して破壊されるなど、思わぬ損害を被ることがある。この対策として、図1のように**切断配線クリート**をドロップ光ファイバケーブル引留め金具下部側の第1固定箇所に取り付ける。ケーブルに強い張力がかかるとこの切断配線クリートで切断されることで、引っかけ事故の影響がユーザ家屋内部にまで及ばないようにしている。

(2) JIS C 6823：2010光ファイバ損失試験方法では、各種の光ファイバおよびケーブルの損失、光導通、光損失変動、マイクロベンド損失、曲げ損失などの実用的試験方法について規定している。このうち、光ファイバの単一方向の測定であり、光ファイバの異なる箇所から光ファイバの先端まで後方散乱光パワーを測定する方法は、「附属書C（規定）損失試験：方法C」で規定されている**OTDR法**である。OTDR法では、光ファイバ長手方向の部分的な解析および接続などの不連続点の確認が可能である。また、光ファイバの条長を計算することもできる。

(3) 高温・多湿な環境下で作業を続けていると、体内の水分と塩分のバランスが悪くなったり、体内の調整機能が破綻したりすることにより、めまいや失神、筋肉痛や筋肉の硬直、大量の発汗、頭痛や不快感、吐き気、嘔吐、倦怠感、虚脱感、意識障害、痙攣、手足の運動障害、高体温などの症状が現れることがある。これらの症状を総称して、熱中症という。

　職場における熱中症の予防策については、2009（平成21）年6月19日に厚生労働省労働基準局長名による通知（基発第0619001号）がなされているが、その骨子は、熱中症を予防するために、**暑さ指数（WBGT）**を活用し、作業環境管理、作業管理、健康管理、労働衛生教育、救急処置を通じて暑さ指数（WBGT）を低減することとなっている。暑さ指数（WBGT：Wet-Bulb Globe Temperature 湿球黒球温度〔℃〕）とは、作業者が受ける暑熱環境による熱ストレスの評価を行うための指標の一つで、次のⓐ式またはⓑ式により算出される。

ⓐ　屋内の場合および屋外で太陽照射のない場合　　$WBGT = 0.7 \times$自然湿球温度 $+ 0.3 \times$黒球温度
ⓑ　屋外で太陽照射のある場合　　　　　　　　　　$WBGT = 0.7 \times$自然湿球温度 $+ 0.2 \times$黒球温度 $+ 0.1 \times$乾球温度

また、作業の際に着用する衣類によっては、算出された暑さ指数（WBGT）の値を補正（加算）する場合もある。

　作業環境において遵守すべき暑さ指数（WBGT）の基準値は、既往症がない健康な成年男子を基準に曝露されてもほとんどの者が有害な影響を受けないレベルに相当するものとして設定されたもので、身体作業強度（5段階の代謝率レベル）および作業者の熱への順化（作業の前週に毎日熱に曝露されていたこと）の有無によって決めており、暑さ指数（WBGT）がこの基準値を超えるかまたは超えるおそれがある場合には、冷房等の熱中症予防対策を作業の状況に応じて実施するよう努めなければならない。

(4) 解答群の記述のうち、正しいのは、「**P点は損益分岐点といわれ、$Y = F + aX$の線上において工事総原価と施工出来高が等しく、収支の差が0となる点である。**」である。図2を利益図表といい、損益分岐点を表すために用いられる。損益分岐点は、一期間の売上高と総原価が等しく、事業・製品の損益が均衡する売上高あるいは営業量水準であり、売上高や営業量がこの値を超えれば利益が発生し、達しなければ損失が発生する。

① Fは施工出来高に無関係に固定的に発生するので、<u>固定原価</u>である。また、aXは施工出来高に比例して変動するので、<u>変動原価</u>である。したがって、記述は誤り。

② 領域αは、工事原価が施工出来高を上回って（$Y > X$）おり、<u>施工速度が経済的でないため損失が発生している範囲</u>を示している。したがって、記述は誤り。

③ 領域βは、施工出来高が工事原価を上回って（$Y < X$）おり、<u>経済的な施工速度で工事が実施され利益が発生している範囲</u>を示している。したがって、記述は誤り。

④ 工事を常に採算のとれる状態とするためには、<u>損益分岐点の施工出来高以上の施工出来高を上げる（$X > X_P$とする）</u>必要がある。このような施工出来高を上げるときの施工速度を採算速度という。損益分岐点において、工事は最低採算速度の状態にあり、常に最低採算速度以上の施工速度を保持できるよう、工程を計画・管理する必要がある。したがって、記述は誤り。

⑤ P点では、$Y = F + aX$の線上において工事原価（Y）と施工出来高（X）が等しく（$Y = X$）なり、収支（収入と支出）の差が0（$X - Y = 0$）になる。この点は、損益分岐点といわれる。したがって、記述は正しい。

(5) アローダイアグラム作成上のルールとして、あるノードから始まる作業は、そのノードが終端となる作業（先行作業）がすべて完了していなければ開始することができない。また、破線矢印（ダミー）は始点のノード通過を待って、終点

のノード以降の作業を開始することを表している。

このルールに基づいて、ここでは、図3の各作業の作業順序に対応するバーチャートを作成していくことにする。

まず、作業A、作業B、作業Cについては、先行する作業がないので、各作業の所要日数(作業Aが5日、作業Bが5日、作業Cが3日)に応じた長さの横線をチャートの左端から右に向かって引く。

次に、作業Dは、先行する作業が作業Aのみなので、作業Aの横線の右端となる日(5日)の翌日から作業Dの所要日数(7日)に応じた長さの横線を右に向かって引く。

作業Eは、先行する作業が作業Bのみなので、作業Bの横線の右端となる日(5日)の翌日から作業Eの所要日数(9日)に応じた長さの横線を右に向かって引く。

作業Fは、先行する作業が作業B(③→④の破線矢印に注意)と作業Cなので、作業Bの横線の右端と作業Cの横線の右端のうち右にある方の日(5日)の翌日から作業Fの所要日数(7日)に応じた長さの横線を右に向かって引く。

作業Gは、先行する作業が作業Dのみなので、作業Dの横線の右端となる日(12日)の翌日から作業Gの所要日数(6日)に応じた長さの横線を右に向かって引く。

作業Hは、先行する作業が作業Fのみなので、作業Fの横線の右端となる日(12日)の翌日から作業Hの所要日数(3日)に応じた長さの横線を右に向かって引く。

作業Iは、先行する作業が作業D(⑤→⑦の破線矢印に注意)と作業Eと作業Hなので、作業Dの横線の右端と作業Eの横線の右端と作業Hの横線の右端のうち最も右にある日(15日)の翌日から作業Iの所要日数(3日)に応じた長さの横線を右に向かって引く。

作業Jは、先行する作業が作業Gと作業Iなので、作業Gの横線の右端および作業Iの横線の右端となる日(18日)の翌日から作業Jの所要日数(7日)に応じた長さの横線を右に向かって引く。

作業Kは、先行する作業が作業Fのみなので、作業Fの横線の右端となる日(12日)の翌日から作業Kの所要日数(13日)に応じた長さの横線を右に向かって引く。

以上の手順でバーチャートを作成すると、図4のようになり、チャートに記入した各横線の右端を見て最も右にあるものの日を見ると、全体工期が25日になることがわかる。

さらに、作業D、作業E、作業F、作業Jおよび作業Kをそれぞれ1日短縮したときのバーチャートを図4と同様の手順で作成していくと、図5のようになり、この図から、全体工期を2日短縮できることがわかる。

ここで、図5を見ると、作業Eは後続する作業Iの開始日までに1日の余裕があり、作業Eの所要日数を当初の日数から短縮できなくても作業Iの開始日には影響しないことがわかる。また、作業Eに後続する作業は作業Iだけである。これらのことから、短縮できても全体工期を2日短縮するのに関係しない作業は、作業Eである。

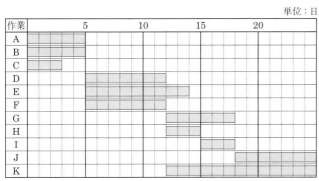

図4　バーチャート(各作業の短縮前)

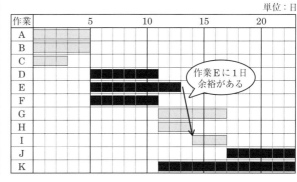

図5　バーチャート(各作業の短縮後)

〈参考〉簡易な求め方

作業日数を1日ずつ短縮した各作業D、E、F、J、Kのうち、作業Eのみがクリティカルパスに関係していないことに注目すると、この問題は簡単に解くことができる。

作業経路	短縮前の所要日数	短縮後の所要日数
①→(A)→②→(D)→⑤→(G)→⑧→(J)→⑨	5 + 7 + 6 + 7 = 25	5 + 6 + 6 + 6 = 23
①→(A)→②→(D)→⑤→(ダミー)→⑦→(I)→⑧→(J)→⑨	5 + 7 + 0 + 3 + 7 = 22	5 + 6 + 0 + 3 + 6 = 20
①→(B)→③→(E)→⑦→(I)→⑧→(J)→⑨	5 + 9 + 3 + 7 = 24	5 + 8 + 3 + 6 = 22
①→(B)→③→(ダミー)→④→(F)→⑥→(H)→⑦→(I)→⑧→(J)→⑨	5 + 0 + 7 + 3 + 3 + 7 = 25	5 + 0 + 6 + 3 + 3 + 6 = 23
①→(B)→③→(ダミー)→④→(F)→⑥→(K)→⑨	5 + 0 + 7 + 13 = 25	5 + 0 + 6 + 12 = 23
①→(C)→④→(F)→⑥→(H)→⑦→(I)→⑧→(J)→⑨	3 + 7 + 3 + 3 + 7 = 23	3 + 6 + 3 + 3 + 6 = 21
①→(C)→④→(F)→⑥→(K)→⑨	3 + 7 + 13 = 23	3 + 6 + 12 = 21
クリティカルパスの所要日数	25	23

答	
(ア)	③
(イ)	⑤
(ウ)	③
(エ)	⑤
(オ)	②

端末設備の接続に関する
法規

端末設備の接続に関する法規

出題分析と対策の指針

　総合通信における「法規科目」は、第1問から第5問まであり、各問は配点が20点で、解答数は5つ、解答1つの配点が4点となる。

　第1問は、電気通信事業法または電気通信事業法施行規則から、工事担任者に関係する条文が出題される。

　第2問は、工事担任者規則、端末機器の技術基準適合認定等に関する規則、有線電気通信法から出題される。

　第3問は、端末設備等規則（端末設備の接続の技術基準）

のうち、第1条～第9条が出題範囲となっている。

　第4問は、主として端末設備等規則の第10条以降が出題範囲となっている。第9条までの条文からの出題も一部みられる。

　第5問は、有線電気通信設備の技術基準を定めた有線電気通信設備令または有線電気通信設備令施行規則、不正アクセス行為の禁止等に関する法律、電子署名及び認証業務に関する法律が出題対象になっている。

●出題分析表

　次の表は、3年分の出題実績を示したものである。試験傾向をみるうえでの参考資料として是非活用していただきたい。

表　「端末設備の接続に関する法規」科目の出題分析

出題項目		出題実績						学習のポイント
		23秋	23春	22秋	22春	21秋	21春	
第1問	利用の公平（法6条）				○			電気通信役務の提供、不当な差別的取扱い
	基礎的電気通信役務の提供（法7条）				○	○		公平かつ安定的な提供
	重要通信の確保（法8条）、緊急に行うことを要する通信（規55条）	○	○	○	○	○	○	人命に係る事態、治安の維持、選挙の執行又は結果、気象・水象・地象・地動の観測の報告・警報など
	電気通信事業の登録（法9条）	○						総務大臣の登録、電気通信回線設備
	業務の改善命令（法29条）		○		○	○		通信の秘密の確保、不当な差別的取扱い、適切に配慮、修理その他の措置
	技術基準適合命令（法43条）						○	修理若しくは改造、使用を制限
	管理規程（法44条）	○			○			事業の開始前、確実かつ安定的な提供
	端末設備の接続の技術基準（法52条）		○	○			○	同一の構内又は同一の建物内、損傷又はその機能に障害、他の利用者に迷惑、責任の分界が明確
	端末機器技術基準適合認定（法53条）				○			総務省で定める技術基準に適合
	表示が付されていないものとみなす場合（法55条）	○		○				他の利用者の通信への妨害の発生を防止
	端末設備の接続の検査（法69条）	○	○	○	○	○		電気通信事業者の検査、身分を示す証明書
	自営電気通信設備の接続（法70条）			○	○			経営上困難
	工事担任者資格者証（法72条）	○	○				○	端末設備等の接続、返納を命ぜられた日から1年
	利用者からの端末設備の接続請求を拒める場合（規31条）			○	○		○	電波を使用するもの、利用者による接続が著しく不適当なもの
第2問	工事担任者を要しない工事（担3条）			○			○	専用設備、船舶又は航空機、適合表示端末機器等、総務大臣が告示する方式
	資格者証の種類及び工事の範囲（担4条）	○	○	○	○	○		第1級アナログ通信、第2級アナログ通信、第1級デジタル通信、第2級デジタル通信、総合通信
	資格者証の交付（担38条）	○		○				知識及び技術の向上
	資格者証の再交付（担40条）	○	○		○	○	○	資格者証、写真1枚、変更の事実を証明する書類
	資格者証の返納（担41条）		○			○	○	10日以内
	表示（認10条）	○	○	○	○	○	○	技術基準適合認定番号の最初の文字、電磁的方法
	目的（有1条）				○			設置及び使用を規律、秩序を確立
	有線電気通信設備の届出（有3条）	○	○	○			○	設備の設置の場所、工事の開始の日の2週間前
	本邦外にわたる有線電気通信設備（有4条）		○					事業に供する設備として設置、特定の事由がある場合において総務大臣の許可
	技術基準（有5条）	○				○		妨害、人体に危害、物件に損傷
	設備の検査等（有6条）			○				報告、帳簿書類、身分を示す証明書
	設備の改善等の措置（有7条）			○	○		○	技術基準に適合しない、使用の停止又は改造、修理
	非常事態における通信の確保（有8条）				○		○	電力の供給の確保

表　「端末設備の接続に関する法規」科目の出題分析(続き)

出題項目		出題実績						学習のポイント
		23秋	23春	22秋	22春	21秋	21春	
第3問・第4問	定義(端2条)	○	○	○	○	○	○	
	責任の分界(端3条)	○	○	○	○	○	○	分界点、分界点における接続の方式
	漏えいする通信の識別禁止(端4条)		○	○	○	○		事業用電気通信設備から漏えい、意図的に識別
	鳴音の発生防止(端5条)	○	○		○	○		事業用電気通信設備との間、発振状態
	絶縁抵抗等(端6条)		○	○	○	○	○	接地抵抗、絶縁耐力、金属製の台及び筐体
	過大音響衝撃の発生防止(端7条)	○	○		○		○	通話中に受話器から、過大な音響衝撃
	配線設備等(端8条)	○	○	○	○	○	○	絶縁抵抗、評価雑音電力、強電流電線との関係
	端末設備内において電波を使用する端末設備(端9条)	○	○	○	○	○	○	識別符号、空き状態の判定、一の筐体
	アナログ電話端末(端10~16条)	○	○	○	○	○	○	選択信号の条件、緊急通報機能
	移動電話端末(端17~32条)			○			○	基本的機能、発信の機能、送信タイミング
	インターネットプロトコル電話端末(端32条の2~9)	○			○	○	○	基本的機能、発信の機能
	インターネットプロトコル移動電話端末(端32条の10~25)		○	○				発信の機能
	総合デジタル通信用設備に接続される端末設備(端34条の2~7)	○		○	○	○	○	呼設定用メッセージ、呼切断用メッセージ、送出電力、平均レベル
	専用通信回線設備等端末(端34条の8~10)	○	○	○	○	○		電気的条件、光学的条件、漏話減衰量、インターネットプロトコルを使用する専用通信回線設備等端末
第5問	定義(有令1条)	○		○	○		○	
	使用可能な電線の種類(有令2条の2、有規1条の2)		○	○		○		絶縁電線又はケーブル、人体に危害、物件に損傷
	通信回線の平衡度(有令3条)		○			○		通信回線の平衡度
	線路の電圧及び通信回線の電力(有令4条)		○			○		線路の電圧、通信回線の電力、音声周波、高周波
	架空電線の支持物(有令5~7条の2、有規4条)		○	○	○	○		安全係数、挟み、間を通る、足場金具、架空強電流電線の使用電圧が特別高圧
	架空電線の高さ(有令8条)	○	○			○	○	道路上、鉄道又は軌道を横断、河川を横断
	架空電線と他人の設置した架空電線等との関係(有令9~12条)	○		○	○			離隔距離、水平距離、同一の支持物への架設
	強電流電線に重畳される通信回線(有令13条)						○	安全に分離、開閉できる、異常電圧、保安装置
	屋内電線(有令18条)、屋内電線と屋内強電流電線との交差又は接近(有規18条)				○			離隔距離、絶縁性のある隔壁、絶縁管、耐火性のある堅ろうな隔壁、耐火性のある堅ろうな管
	有線電気通信設備の保安(有令19条)				○			絶縁機能、避雷機能その他の保安機能
	目的(ア1条)			○	○			援助措置等、犯罪の防止、秩序の維持
	定義(ア2条)	○	○	○	○	○	○	アクセス管理者、不正アクセス行為
	アクセス管理者による防御措置(ア8条)					○		アクセス管理者、有効性を検証、機能の高度化
	目的(署1条)	○			○	○		情報の電磁的方式による流通及び情報処理の促進
	定義(署2条)		○	○			○	電子署名、電磁的記録、認証業務、特定認証業務
	電磁的記録の真正な成立の推定(署3条)				○			本人、電子署名

(凡例)各項目の括弧内の「法」は電気通信事業法、「規」は電気通信事業法施行規則、「担」は工事担任者規則、「認」は端末機器の技術基準適合認定等に関する規則、「有」は有線電気通信法、「端」は端末設備等規則、「有令」は有線電気通信設備令、「有規」は有線電気通信設備令施行規則、「ア」は不正アクセス行為の禁止等に関する法律、「署」は電子署名及び認証業務に関する法律をそれぞれ表しています。

また、「出題実績」欄の○印は、当該項目がいつ出題されたかを示しています。

23秋：2023年秋(11月)試験に出題　　23春：2023年春(5月)試験に出題
22秋：2022年秋(11月)試験に出題　　22春：2022年春(5月)試験に出題
21秋：2021年秋(11月)試験に出題　　21春：2021年春(5月)試験に出題

法規

総則、電気通信事業

●電気通信事業法の目的(第1条)
電気通信事業の運営を適正かつ合理的なものとするとともに、その公正な競争を促進することにより、電気通信役務の円滑な提供を確保するとともにその利用者等の利益を保護し、もって電気通信の健全な発達及び国民の利便の確保を図り、公共の福祉を増進すること。

●用語の定義(第2条、施行規則第2条)

電気通信	有線、無線その他の電磁的方式により、符号、音響、又は影像を送り、伝え、又は受けること
電気通信設備	電気通信を行うための機械、器具、線路その他の電気的設備
電気通信役務	電気通信設備を用いて他人の通信を媒介し、その他電気通信設備を他人の通信の用に供すること
電気通信事業	電気通信役務を他人の需要に応ずるために提供する事業(放送法第118条第1項に規定する放送局設備供給役務に係る事業を除く。)
電気通信事業者	電気通信事業を営むことについて第9条の登録を受けた者及び第16条第1項(同条第2項の規定により読み替えて適用する場合を含む。)の規定による届出をした者
電気通信業務	電気通信事業者の行う電気通信役務の提供の業務
利用者	次の①又は②に掲げる者をいう。 ①電気通信事業又は第164条第1項第三号に掲げる電気通信事業(以下「第三号事業」という。)を営む者との間に電気通信役務の提供を受ける契約を締結する者その他これに準ずる者として総務省令で定める者 ②電気通信事業者又は第三号事業を営む者から電気通信役務(これらの者が営む電気通信事業に係るものに限る。)の提供を受ける者(①に掲げる者を除く。)
音声伝送役務	おおむね4kHz帯域の音声その他の音響を伝送交換する機能を有する電気通信設備を他人の通信の用に供する電気通信役務であってデータ伝送役務以外のもの
データ伝送役務	専ら符号又は影像を伝送交換するための電気通信設備を他人の通信の用に供する電気通信役務
専用役務	特定の者に電気通信設備を専用させる電気通信役務

●通信の秘密の保護(第4条)
電気通信事業者の取扱中に係る通信の秘密は、侵してはならない。また、電気通信事業に従事する者は、在職中電気通信事業者の取扱中に係る通信に関して知り得た他人の秘密を守らなければならない。その職を退いた後においても、同様とする。

●利用の公平(第6条)
電気通信事業者は、電気通信役務の提供について不当な差別的取扱いをしてはならない。

●基礎的電気通信役務の提供(第7条)
基礎的電気通信役務を提供する電気通信事業者は、その適切、公平かつ安定的な提供に努めなければならない。

●重要通信の確保(第8条)
電気通信事業者は、天災、事変その他の非常事態が発生し、又は発生するおそれがあるときは、災害の予防若しくは救援、交通、通信若しくは電力の供給の確保又は秩序の維持のために必要な事項を内容とする通信を優先的に取り扱わなければならない。公共の利益のため緊急に行うことを要するその他の通信であって総務省令で定めるものについても同様とする。

●電気通信事業の登録(第9条)
電気通信事業を営もうとする者は、総務大臣の登録を受けなければならない。

ただし、その者が設置する電気通信回線設備の規模及び設置区域の範囲が総務省令で定める基準を超えない等の場合は、総務大臣への届出(第16条)を行う。

●業務の改善命令(第29条)
総務大臣は、通信の秘密の確保に支障があるとき、特定の者に対し不当な差別的取扱いを行っているとき、重要通信に関する事項について適切に配慮していないとき、料金の算出方法や工事費用の負担の方法が適正かつ明確でないため利用者の利益を阻害しているとき、提供条件が電気通信回線設備の使用の態様を不当に制限するものであるとき等の場合は、電気通信事業者に対し、業務の方法の改善その他の措置をとるべきことを命ずることができる。

電気通信設備

●技術基準適合命令(第43条)
総務大臣は、電気通信事業法第41条〔電気通信設備の維持〕第1項に規定する電気通信設備が総務省令で定める技術基準に適合していないと認めるときは、当該電気通信設備を設置する電気通信事業者に対し、その技術基準に適合するように当該設備を修理し、若しくは改造することを命じ、又はその使用を制限することができる。

●端末設備の接続の請求(第52条第1項、施行規則第31条)
電気通信事業者は、利用者から端末設備の接続の請求を受けたときは、その請求を拒むことができない。ただし、その接続が総務省令で定める技術基準に適合しない場合や、利用者から、端末設備であって電波を使用するもの(別に告示で定めるものを除く。)及び公衆電話機その他利用者による接続が著しく不適当なものの接続の請求を受けた場合は拒否できる。

●端末設備の接続の技術基準(第52条第2項)
端末設備の接続の技術基準は、これにより次の事項が確保されるものとして定められなければならない。
①電気通信回線設備を損傷し、又はその機能に障害を与えないようにすること。
②電気通信回線設備を利用する他の利用者に迷惑を及ぼさないようにすること。
③電気通信事業者の設置する電気通信回線設備と利用者の接続する端末設備との責任の分界が明確であるようにすること。

●端末設備の定義
電気通信回線設備の一端に接続される電気通信設備であって、一の部分の設置の場所が他の部分の設置の場所と同一の構内又は同一の建物内であるものをいう。一方、電気通信回線設備を設置する電気通信事業者以外の者が設置

する電気通信設備であって端末設備以外のものは、自営電気通信設備に該当する。

● **技術基準と技術的条件**

・端末設備の接続の技術基準……総務省令で定める

・端末設備の接続に関する技術的条件……当該電気通信回線設備を設置する電気通信事業者又は当該電気通信事業者とその電気通信設備を接続する他の電気通信事業者であって総務省令で定めるものが総務大臣の認可を受けて定める

● **端末機器技術基準適合認定（第53条）**

登録認定機関は、その登録に係る技術基準適合認定を受けようとする者から求めがあった場合、総務省令で定めるところにより審査を行い、当該求めに係る端末機器（総務省令で定める種類の端末設備の機器をいう。）が端末設備の接続の技術基準に適合していると認めるときに限り、技術基準適合認定を行う。登録認定機関は技術基準適合認定をしたときは、総務省令で定めるところにより当該端末機器に技術基準適合認定をした旨の表示を付さなければならない。

● **表示が付されていないものとみなす場合（第55条）**

登録認定機関による技術基準適合認定を受けた端末機器であって、電気通信事業法の規定により表示が付されているものが総務省令で定める技術基準に適合していない場合において、総務大臣が電気通信回線設備を利用する他の利用者の通信への妨害の発生を防止するため特に必要があると認めるときは、当該端末機器は、同法の規定による表示が付されていないものとみなす。

総務大臣は、端末機器について表示が付されていないものとみなされたときは、その旨を公示しなければならない。

● **端末設備の接続の検査（第69条）**

利用者は、電気通信事業者の電気通信回線設備に端末設備を接続したときは、その使用の開始前に当該電気通信事業者の検査を受け、その接続が総務省令で定める技術基準に適合していると認められた後でなければ、これを使用してはならない。ただし、適合表示端末機器を接続する場合その他総務省令で定める場合は、この限りでない。

また、接続後に端末設備に異常がある場合その他電気通信役務の円滑な提供に支障がある場合において必要と認めるときは、電気通信回線設備を設置する電気通信事業者は、利用者に対して検査を受けるべきことを求めることができる。

なお、これらの検査に従事する者は、端末設備の設置の場所に立ち入るときは、その身分を示す証明書を携帯し、関係人に提示しなければならない。

● **検査を受ける必要がない場合等（施行規則第32条）**

①利用者が端末設備の使用を開始するに当たって電気通信事業者の検査を受ける必要のない場合

・端末設備を同一の構内において移動するとき。

・通話の用に供しない端末設備又は網制御に関する機能を有しない端末設備を増設し、取り替え、又は改造するとき。

・防衛省が、電気通信事業者の検査に係る端末設備の接続について、端末設備の接続の技術基準に適合するかどうかを判断するために必要な資料を提出したとき。

・電気通信事業者が、その端末設備の接続につき検査を省略しても端末設備の接続の技術基準に適合しないお

それがないと認められる場合であって、検査を省略することが適当であるとしてその旨を定め公示したものを接続するとき。

・電気通信事業者が、総務大臣の認可を受けて定める技術的条件に適合していることについて、登録認定機関又は承認認定機関が認定をした端末機器を接続したとき。

・専らその全部又は一部を電気通信事業を営む者が提供する電気通信役務を利用して行う放送の受信のために使用される端末設備であるとき。

・本邦に入国する者が、自ら持ち込む端末設備（総務大臣が別に告示する技術基準に適合しているものに限る。）であって、当該者の入国の日から同日以後90日を経過する日までの間に限り使用するものを接続するとき。

・電波法の規定による届出に係る無線設備である端末設備（総務大臣が別に告示する技術基準に適合しているものに限る。）であって、当該届出の日から同日以後180日を経過する日までの間に限り使用するものを接続するとき。

②利用者が電気通信事業者から接続の検査を受けるべきことを求められたとき、その請求を拒める場合

・電気通信事業者が、利用者の営業時間外及び日没から日出までの間において検査を受けるべきことを求めるとき。

・防衛省が、電気通信事業者の検査に係る端末設備の接続について、端末設備の接続の技術基準に適合するかどうかを判断するために必要な資料を提出したとき。

● **自営電気通信設備の接続（第70条）**

自営電気通信設備の接続の請求及び検査に関しては、基本的に端末設備の場合と扱いは同じであるが、自営電気通信設備のみ、それを接続することにより電気通信事業者が電気通信回線設備を保持することが経営上困難となることについて総務大臣の認定を受けたときは接続を拒否できる。

● **工事担任者による工事の実施及び監督（第71条）**

利用者は、端末設備又は自営電気通信設備を接続するときは、工事担任者資格者証の交付を受けている者（「工事担任者」という。）に、当該工事担任者資格者証の種類に応じ、これに係る工事を行わせ、又は実地に監督させなければならない。ただし、総務省令で定める場合は、この限りでない。

工事担任者は、その工事の実施又は監督の職務を誠実に行わなければならない。

● **工事担任者資格者証（第72条）**

①交付を受けることができる者

・工事担任者試験に合格した者

・総務大臣が認定した養成課程を修了した者

・総務大臣が、試験合格者等と同等以上の知識及び技能を有すると認定した者

②交付を受けられないことがある者

・資格者証の返納を命ぜられ、1年を経過しない者

・電気通信事業法の規定により罰金以上の刑に処せられ、その執行が終わってから2年を経過しない者

③返納

総務大臣は、工事担任者が電気通信事業法又は同法に基づく命令の規定に違反したときは、資格者証の返納を命ずることができる。

次の各文章の 内に、それぞれの[ ]の解答群の中から、「電気通信事業法」又は「電気通信事業法施行規則」に規定する内容に照らして最も適したものを選び、その番号を記せ。　　　　　(小計20点)

(1) 電気通信事業法に規定する「工事担任者資格者証」について述べた次の文章のうち、正しいものは、 (ア) である。　　　　　(4点)
　　① 総務大臣は、工事担任者試験に合格した者と同等以上の知識及び技能を有すると電気通信事業者が認定した者に対し、工事担任者資格者証を交付する。
　　② 総務大臣は、工事担任者資格者証の交付を受けようとする者の養成課程で、指定試験機関が総務省令で定める基準に適合するものであることの認定をしたものを修了した者に対し、工事担任者資格者証を交付する。
　　③ 総務大臣は、電気通信事業法の規定により工事担任者資格者証の返納を命ぜられ、その日から2年を経過しない者に対しては、工事担任者資格者証の交付を行わないことができる。
　　④ 総務大臣は、電気通信事業法の規定により罰金以上の刑に処せられ、その執行を終わり、又はその執行を受けることがなくなった日から2年を経過しない者に対しては、工事担任者資格者証の交付を行わないことができる。

(2) 電気通信事業法に規定する「電気通信事業の登録」及び「管理規程」について述べた次の二つの文章は、 (イ) 。　　　　　(4点)
　　A 電気通信事業を営もうとする者は、総務大臣の登録を受けなければならない。ただし、その者の設置する電気通信回線設備の規模及び当該電気通信回線設備を設置する区域の範囲が総務省令で定める基準を超えない場合は、この限りでない。
　　B 電気通信事業者は、総務省令で定めるところにより、事業用電気通信設備の管理規程を定め、電気通信事業の開始前に、総務大臣の認可を受けなければならない。
　　[① Aのみ正しい　　② Bのみ正しい　　③ AもBも正しい　　④ AもBも正しくない]

(3) 電気通信事業法の「表示が付されていないものとみなす場合」において、登録認定機関による技術基準適合認定を受けた端末機器であって電気通信事業法の規定により表示が付されているものが総務省令で定める技術基準に適合していない場合において、総務大臣が電気通信回線設備を利用する (ウ) の通信への妨害の発生を防止するため特に必要があると認めるときは、当該端末機器は、同法の規定による表示が付されていないものとみなすと規定されている。　　　　　(4点)
　　[① 重要通信を行う公共機関　　② 特定の端末設備　　③ 他の利用者
　　④ 特定の自営電気通信設備　　⑤ 他の電気通信事業者]

(4) 電気通信事業法施行規則に規定する緊急に行うことを要する通信について述べた次の二つの文章は、 (エ) 。　　　　　(4点)
　　A 治安の維持のため緊急を要する事項を内容とする通信であって、警察機関と海上保安機関との間において行われるものは規定に該当する通信である。
　　B 国会議員又は地方公共団体の長若しくはその議会の議員の選挙の執行又はその結果に関し、緊急を要する事項を内容とする通信であって、選挙管理機関相互間において行われるものは規定に該当する通信である。
　　[① Aのみ正しい　　② Bのみ正しい　　③ AもBも正しい　　④ AもBも正しくない]

(5) 電気通信回線設備を設置する電気通信事業者は、 (オ) 場合その他電気通信役務の円滑な提供に支障がある場合において必要と認めるときは、利用者に対し、その端末設備の接続が電気通信事業法の規定に基づく総務省令で定める技術基準に適合するかどうかの検査を受けるべきことを求めることができる。この場合において、当該利用者は、正当な理由がある場合その他総務省令で定める場合を除き、その請求を拒んではならない。　　　　　(4点)

①	端末設備に異常がある	②	端末設備の接続により経営が困難になる
③	端末系伝送路設備が端末設備に障害を及ぼす	④	端末設備に緊急通報機能を備えていない
⑤	端末設備の使用により不当な差別的取扱いを行うおそれがある		

解説

(1) 電気通信事業法第72条〔工事担任者資格者証〕第2項で準用する第46条〔電気通信主任技術者資格者証〕に関する問題である。

①、②：同条第3項の規定により、総務大臣は、次の各号のいずれかに該当する者に対し、工事担任者資格者証を交付するとされている。①の文章は「三」、②の文章は「二」の規定により、いずれも誤りである。

　一　工事担任者試験に合格した者

　二　工事担任者資格者証の交付を受けようとする者の養成課程で、総務大臣が総務省令で定める基準に適合するものであることの認定をしたものを修了した者

　三　前2号に掲げる者と同等以上の知識及び技能を有すると総務大臣が認定した者

③、④：同条第4項の規定により、総務大臣は、次の各号のいずれかに該当する者に対しては、工事担任者資格者証の交付を行わないことができるとされている。③の文章は、「一」の規定により誤りである。一方、④の文章は、「二」に規定する内容と一致しているので正しい。

　一　電気通信事業法又は同法に基づく命令の規定に違反して、工事担任者資格者証の返納を命ぜられ、その日から1年を経過しない者

　二　電気通信事業法の規定により罰金以上の刑に処せられ、その執行を終わり、又はその執行を受けることがなくなった日から2年を経過しない者

よって、解答群の文章のうち、正しいものは、「**総務大臣は、電気通信事業法の規定により罰金以上の刑に処せられ、その執行を終わり、又はその執行を受けることがなくなった日から2年を経過しない者に対しては、工事担任者資格者証の交付を行わないことができる。**」である。

(2) 電気通信事業法第9条〔電気通信事業の登録〕及び第44条〔管理規程〕に関する問題である。

A　第9条第一号に規定する内容と一致しているので、文章は正しい。

B　第44条第1項の規定により、電気通信事業者は、総務省令で定めるところにより、第41条〔電気通信設備の維持〕第1項から第5項まで（第4項を除く。）又は第41条の2のいずれかに規定する電気通信設備（以下「事業用電気通信設備」という。）の管理規程を定め、電気通信事業の開始前に、総務大臣に届け出なければならないとされている。したがって、文章は誤り。

よって、設問の文章は、**Aのみ正しい。**

(3) 電気通信事業法第55条〔表示が付されていないものとみなす場合〕第1項の規定により、登録認定機関による技術基準適合認定を受けた端末機器であって第53条〔端末機器技術基準適合認定〕第2項又は第68条の8〔表示〕第3項の規定により表示が付されているものが第52条〔端末設備の接続の技術基準〕第1項の総務省令で定める技術基準に適合していない場合において、総務大臣が電気通信回線設備を利用する**他の利用者**の通信への妨害の発生を防止するため特に必要があると認めるときは、当該端末機器は、第53条第2項又は第68条の8第3項の規定による表示が付されていないものとみなすとされている。

(4) 電気通信事業法第8条〔重要通信の確保〕第1項の規定により、電気通信事業者は、天災、事変その他の非常事態が発生し、又は発生するおそれがあるときは、災害の予防若しくは救援、交通、通信若しくは電力の供給の確保又は秩序の維持のために必要な事項を内容とする通信を優先的に取り扱わなければならない。公共の利益のため緊急に行うことを要するその他の通信であって総務省令で定めるものについても、同様とするとされている。この「総務省令で定めるもの」とは、電気通信事業法施行規則第55条〔緊急に行うことを要する通信〕で規定されている通信を指す。

A　同条の表の「二」に規定する内容と一致しているので、文章は正しい。

B　同条の表の「三」に規定する内容と一致しているので、文章は正しい。

よって、設問の文章は、**AもBも正しい。**

(5) 電気通信事業法第69条〔端末設備の接続の検査〕第2項の規定により、電気通信回線設備を設置する電気通信事業者は、**端末設備に異常がある**場合その他電気通信役務の円滑な提供に支障がある場合において必要と認めるときは、利用者に対し、その端末設備の接続が第52条〔端末設備の接続の技術基準〕第1項の総務省令で定める技術基準に適合するかどうかの検査を受けるべきことを求めることができる。この場合において、当該利用者は、正当な理由がある場合その他総務省令で定める場合を除き、その請求を拒んではならないとされている。

法規

1 電気通信事業法

答	
(ア)	④
(イ)	①
(ウ)	③
(エ)	③
(オ)	①

次の各文章の _____ 内に、それぞれの[　　]の解答群の中から、「電気通信事業法」又は「電気通信事業法施行規則」に規定する内容に照らして最も適したものを選び、その番号を記せ。 （小計20点）

(1) 総務大臣が、該当すると認めるとき、電気通信事業者に対し、利用者の利益又は公共の利益を確保するために必要な限度において、業務の方法の改善その他の措置をとるべきことを命ずることができる場合について述べた次の文章のうち、誤っているものは、 (ア) である。 （4点）

> ① 電気通信事業者が特定の者に対し不当な差別的取扱いを行っているとき。
> ② 電気通信事業者の業務の方法に関し通信の秘密の確保に支障があるとき。
> ③ 電気通信事業者が提供する電気通信役務に関する提供条件（料金を除く。）が電気通信回線設備の使用の態様を不当に制限するものであるとき。
> ④ 電気通信事業者が重要通信に関する事項について管理規程の届出を行わないとき。
> ⑤ 事故により電気通信役務の提供に支障が生じている場合に電気通信事業者がその支障を除去するために必要な修理その他の措置を速やかに行わないとき。

(2) 電気通信事業法の「端末設備の接続の技術基準」に基づき総務省令で定める技術基準により確保されなければならない事項の一つとして、電気通信回線設備を損傷し、又はその (イ) を与えないようにすることがある。 （4点）

[① 機能に障害　② 通信に妨害　③ 接続に制限　④ 運用に支障　⑤ 使用に制約]

(3) 利用者は、適合表示端末機器を接続する場合その他総務省令で定める場合を除き、電気通信事業者の電気通信回線設備に端末設備を接続したときは、当該電気通信事業者の (ウ) を受け、その接続が電気通信事業法の規定に基づく総務省令で定める技術基準に適合していると認められた後でなければ、これを使用してはならない。これを変更したときも、同様とする。 （4点）

[① 登　録　② 審　査　③ 査　察　④ 認　可　⑤ 検　査]

(4) 電気通信事業法に規定する「工事担任者資格者証」について述べた次の二つの文章は、 (エ) 。（4点）
A 総務大臣は、工事担任者資格者証の交付を受けようとする者の養成課程で、総務大臣が総務省令で定める基準に適合するものであることの認定をしたものを修了した者に対し、工事担任者資格者証を交付する。
B 総務大臣は、電気通信事業法の規定により工事担任者資格者証の返納を命ぜられ、その日から2年を経過しない者に対しては、工事担任者資格者証の交付を行わないことができる。

[① Aのみ正しい　② Bのみ正しい　③ AもBも正しい　④ AもBも正しくない]

(5) 電気通信事業法に基づき、公共の利益のため緊急に行うことを要する通信として総務省令で定めるものに該当する通信について述べた次の二つの文章は、 (オ) 。 （4点）
A 天災、事変その他の災害に際し、災害状況の報道を内容とする通信であって、新聞社等の機関相互間において行われるものは該当する通信である。
B 気象、水象、地象若しくは地動の観測の報告又は警報に関する事項であって、緊急に通報することを要する事項を内容とする通信で、気象機関相互間において行われるものは該当する通信である。

[① Aのみ正しい　② Bのみ正しい　③ AもBも正しい　④ AもBも正しくない]

解　説 ▶

(1) 電気通信事業法第29条〔業務の改善命令〕第1項に関する問題である。
①～③、⑤：①は同項第二号、②は同項第一号、③は同項第七号、⑤は同項第八号に規定する内容と一致しているので、いずれも文章は正しい。
④：同項第三号の規定により、電気通信事業者が重要通信に関する事項について適切に配慮していないときとされているので、文章は誤り。

よって、解答群の文章のうち、誤っているものは、「電気通信事業者が重要通信に関する事項について管理規程の届出を行わないとき。」である。

(2) 電気通信事業法第52条〔端末設備の接続の技術基準〕第2項の規定により、端末設備の接続の技術基準は、これにより次の事項が確保されるものとして定められなければならないとされている。端末設備の接続の技術基準は、電気通信回線設備及び利用者の保護を目的としており、通信品質や端末設備の性能については対象外となっている。
　一　電気通信回線設備を損傷し、又はその**機能に障害**を与えないようにすること。
　二　電気通信回線設備を利用する他の利用者に迷惑を及ぼさないようにすること。
　三　電気通信事業者の設置する電気通信回線設備と利用者の接続する端末設備との責任の分界が明確であるようにすること。

(3) 電気通信事業法第69条〔端末設備の接続の検査〕第1項の規定により、利用者は、適合表示端末機器を接続する場合その他総務省令で定める場合を除き、電気通信事業者の電気通信回線設備に端末設備を接続したときは、当該電気通信事業者の**検査**を受け、その接続が第52条〔端末設備の接続の技術基準〕第1項の総務省令で定める技術基準に適合していると認められた後でなければ、これを使用してはならない。これを変更したときも、同様とするとされている。
　条文中の「適合表示端末機器」とは、登録認定機関等が端末機器技術基準適合認定をした旨の表示が付されており、その表示が有効である端末機器のことをいう。

(4) 電気通信事業法第72条〔工事担任者資格者証〕第2項で準用する第46条〔電気通信主任技術者資格者証〕に関する問題である。
A　同条第3項第二号に規定する内容と一致しているので、文章は正しい。
B　同条第4項の規定により、総務大臣は、次の各号のいずれかに該当する者に対しては、工事担任者資格者証の交付を行わないことができるとされている。設問の文章は、「一」の規定により誤りである。
　一　電気通信事業法又は同法に基づく命令の規定に違反して、工事担任者資格者証の返納を命ぜられ、その日から1年を経過しない者
　二　電気通信事業法の規定により罰金以上の刑に処せられ、その執行を終わり、又はその執行を受けることがなくなった日から2年を経過しない者
よって、設問の文章は、**Aのみ正しい**。

(5) 電気通信事業法第8条〔重要通信の確保〕第1項の規定により、電気通信事業者は、天災、事変その他の非常事態が発生し、又は発生するおそれがあるときは、災害の予防若しくは救援、交通、通信若しくは電力の供給の確保又は秩序の維持のために必要な事項を内容とする通信を優先的に取り扱わなければならない。公共の利益のため緊急に行うことを要するその他の通信であって総務省令で定めるものについても、同様とするとされている。
　この総務省令で定める通信とは、電気通信事業法施行規則第55条〔緊急に行うことを要する通信〕の規定により、次の表1の左欄に掲げる事項を内容とする通信であって、同表の右欄に掲げる機関等において行われるものとするとされている。設問のAは表1の「四」、Bは「五」に規定する内容と一致しているので、いずれも文章は正しい。よって、設問の文章は、**AもBも正しい**。

表1　緊急に行うことを要する通信

通信の内容	機関等
一．火災、集団的疫病、交通機関の重大な事故その他人命の安全に係る事態が発生し、又は発生するおそれがある場合において、その予防、救援、復旧等に関し、緊急を要する事項	(1) 予防、救援、復旧等に直接関係がある機関相互間 (2) 左記の事態が発生し、又は発生するおそれがあることを知った者と(1)の機関との間
二．治安の維持のため緊急を要する事項	(1) 警察機関相互間 (2) 海上保安機関相互間 (3) 警察機関と海上保安機関との間 (4) 犯罪が発生し、又は発生するおそれがあることを知った者と警察機関又は海上保安機関との間
三．国会議員又は地方公共団体の長若しくはその議会の議員の選挙の執行又はその結果に関し、緊急を要する事項	選挙管理機関相互間
四．天災、事変その他の災害に際し、災害状況の報道を内容とするもの	新聞社等の機関相互間
五．気象、水象、地象若しくは地動の観測の報告又は警報に関する事項であって、緊急に通報することを要する事項	気象機関相互間
六．水道、ガス等の国民の日常生活に必要不可欠な役務の提供その他生活基盤を維持するため緊急を要する事項	左記の通信を行う者相互間

答
(ア) 4
(イ) 1
(ウ) 5
(エ) 1
(オ) 3

法規
1 電気通信事業法

次の各文章の [　　　] 内に、それぞれの [　　] の解答群の中から、「電気通信事業法」又は「電気通信事業法施行規則」に規定する内容に照らして最も適したものを選び、その番号を記せ。　　　　　（小計20点）

(1) 電気通信事業法に規定する「端末設備の接続の技術基準」又は電気通信事業法施行規則に規定する「利用者からの端末設備の接続請求を拒める場合」について述べた次の文章のうち、誤っているものは、[　(ア)　] である。　　　　　　　　　　　　　　　　　　　　　　　　　　　　　　　　　　　　　　　（4点）

　　① 端末設備とは、電気通信回線設備の一端に接続される電気通信設備であって、一の部分の設置の場所が他の部分の設置の場所と同一の構内（これに準ずる区域内を含む。）又は同一の建物内であるものをいう。

　　② 電気通信事業者は、利用者から、端末設備であって電波を使用するもの（別に告示で定めるものを除く。）及び公衆電話機その他電気通信事業者による接続の検査が著しく困難であるものの接続の請求を受けた場合は、その請求を拒むことができる。

　　③ 端末設備の接続の技術基準は、電気通信事業者の設置する電気通信回線設備と利用者の接続する端末設備との責任の分界が明確であるようにすることが確保されるものとして定められなければならない。

　　④ 端末設備の接続の技術基準は、電気通信回線設備を損傷し、又はその機能に障害を与えないようにすることが確保されるものとして定められなければならない。

　　⑤ 端末設備の接続の技術基準は、電気通信回線設備を利用する他の利用者に迷惑を及ぼさないようにすることが確保されるものとして定められなければならない。

(2) 端末機器の技術基準適合認定番号の表示が付されていないものとみなす場合について述べた次の二つの文章は、[　(イ)　]。　　　　　　　　　　　　　　　　　　　　　　　　　　　　　　　　　　　　（4点）

　A　登録認定機関による技術基準適合認定を受けた端末機器であって電気通信事業法の規定により表示が付されているものが総務省令で定める技術基準に適合していない場合において、総務大臣が電気通信回線設備を利用する他の利用者の通信への妨害の発生を防止するため特に必要があると認めるときは、当該端末機器は、同法の規定による表示が付されていないものとみなす。

　B　登録認定機関は、電気通信事業法の規定により端末機器について表示が付されていないものとみなされたときは、その旨を公示しなければならない。

　　［① Aのみ正しい　　② Bのみ正しい　　③ AもBも正しい　　④ AもBも正しくない］

(3) 電気通信回線設備を設置する電気通信事業者は、端末設備に異常がある場合その他 [　(ウ)　] に支障がある場合において必要と認めるときは、利用者に対し、その端末設備の接続が電気通信事業法の規定に基づく総務省令で定める技術基準に適合するかどうかの検査を受けるべきことを求めることができる。（4点）

　　［① 電気通信事業の適切な運営　　　② 電気通信業務の的確な遂行
　　③ 電気通信設備の適正な維持　　　④ 電気通信役務の円滑な提供
　　⑤ 電気通信回線設備の効率的な運用］

(4) 電気通信事業法に基づき、公共の利益のため緊急に行うことを要するその他の通信として総務省令で定める通信には、水道、ガス等の国民の日常生活に必要不可欠な役務の提供その他 [　(エ)　] するため緊急を要する事項を内容とする通信であって、これらの通信を行う者相互間において行われるものがある。（4点）

　　［① 生活基盤を維持　　② 社会の秩序を回復　　③ 国民の財産を保全
　　④ 電力の供給を確保　　⑤ 電気通信業務を継続］

(5) 電気通信事業者が、自営電気通信設備をその電気通信回線設備に接続すべき旨の請求を受けた場合について述べた次の二つの文章は、[　(オ)　]。　　　　　　　　　　　　　　　　　　　　　　　（4点）

　A　その自営電気通信設備を接続することにより当該電気通信事業者の電気通信回線設備の保持が経営上困難となることについて当該電気通信事業者が総務大臣の認定を受けたときは、その請求を拒むことができる。

B　その自営電気通信設備の接続が、総務省令で定める技術基準(当該電気通信事業者又は当該電気通信事業者とその電気通信設備を接続する他の電気通信事業者であって総務省令で定めるものが総務大臣の認可を受けて定める技術的条件を含む。)に適合しないときは、その請求を拒むことができる。

　　[①　Aのみ正しい　　②　Bのみ正しい　　③　AもBも正しい　　④　AもBも正しくない]

解　説

(1)　電気通信事業法第52条〔端末設備の接続の技術基準〕第1項及び同項の規定に基づく電気通信事業法施行規則第31条〔利用者からの端末設備の接続請求を拒める場合〕に関する問題である。

①：電気通信事業法第52条第1項に規定する内容と一致しているので、文章は正しい。

②：電気通信事業法施行規則第31条の規定により、電気通信事業者は、利用者から、端末設備であって電波を使用するもの(別に告示で定めるものを除く。)及び公衆電話機その他<u>利用者による接続</u>が<u>著しく不適当なもの</u>の接続の請求を受けた場合は、その請求を拒むことができるとされているので、文章は誤り。

③〜⑤：電気通信事業法第52条第2項の規定により、端末設備の接続の技術基準は、これにより次の事項が確保されるものとして定められなければならないとされている。③は「三」、④は「一」、⑤は「二」に規定する内容と一致しているので、いずれも文章は正しい。

　　一　電気通信回線設備を損傷し、又はその機能に障害を与えないようにすること。
　　二　電気通信回線設備を利用する他の利用者に迷惑を及ぼさないようにすること。
　　三　電気通信事業者の設置する電気通信回線設備と利用者の接続する端末設備との責任の分界が明確であるようにすること。

　よって、解答群の文章のうち、<u>誤っているもの</u>は、「**電気通信事業者は、利用者から、端末設備であって電波を使用するもの(別に告示で定めるものを除く。)及び公衆電話機その他電気通信事業者による接続の検査が著しく困難であるものの接続の請求を受けた場合は、その請求を拒むことができる。**」である。

(2)　電気通信事業法第55条〔表示が付されていないものとみなす場合〕に関する問題である。

A　同条第1項に規定する内容と一致しているので、文章は正しい。

B　同条第2項の規定により、<u>総務大臣</u>は、第1項の規定により端末機器について表示が付されていないものとみなされたときは、その旨を公示しなければならないとされているので、文章は誤り。

　よって、設問の文章は、**Aのみ正しい**。

(3)　電気通信事業法第69条〔端末設備の接続の検査〕第2項の規定により、電気通信回線設備を設置する電気通信事業者は、端末設備に異常がある場合その他**電気通信役務の円滑な提供**に支障がある場合において必要と認めるときは、利用者に対し、その端末設備の接続が第52条〔端末設備の接続の技術基準〕第1項の総務省令で定める技術基準に適合するかどうかの検査を受けるべきことを求めることができる。この場合において、当該利用者は、正当な理由がある場合その他総務省令で定める場合を除き、その請求を拒んではならないとされている。

(4)　電気通信事業法第8条〔重要通信の確保〕第1項の規定により、電気通信事業者は、天災、事変その他の非常事態が発生し、又は発生するおそれがあるときは、災害の予防若しくは救援、交通、通信若しくは電力の供給の確保又は秩序の維持のために必要な事項を内容とする通信を優先的に取り扱わなければならない。公共の利益のため緊急に行うことを要するその他の通信であって総務省令で定めるものについても、同様とするとされている。この総務省令(電気通信事業法施行規則第55条〔緊急に行うことを要する通信〕)で定めるものに、水道、ガス等の国民の日常生活に必要不可欠な役務の提供その他**生活基盤を維持**するため緊急を要する事項を内容とする通信であって、これらの通信を行う者相互間において行われるものがある。

(5)　電気通信事業法第70条〔自営電気通信設備の接続〕第1項の規定により、電気通信事業者は、電気通信回線設備を設置する電気通信事業者以外の者からその電気通信設備(端末設備以外のものに限る。以下「自営電気通信設備」という。)をその電気通信回線設備に接続すべき旨の請求を受けたときは、次に掲げる場合を除き、その請求を拒むことができないとされている。つまり、以下の「一」又は「二」の場合は請求を拒むことができる。

　　一　その自営電気通信設備の接続が、総務省令で定める技術基準(当該電気通信事業者又は当該電気通信事業者とその電気通信設備を接続する他の電気通信事業者であって総務省令で定めるものが総務大臣の認可を受けて定める技術的条件を含む。)に適合しないとき。

　　二　その自営電気通信設備を接続することにより当該電気通信事業者の電気通信回線設備の保持が経営上困難となることについて当該電気通信事業者が総務大臣の認定を受けたとき。

　設問のAは「二」、Bは「一」に規定する内容とそれぞれ一致している。したがって、設問の文章は、**AもBも正しい**。電気通信事業者以外の者が設置する電気通信設備であって、同一の構内又は同一の建物内で完結しない場合は、端末設備ではなく「自営電気通信設備」に分類される。自営電気通信設備については、利用者による接続の自由が認められているが、上記「一」又は「二」の場合、電気通信事業者は接続の請求を拒否することができる。

法規

1
電気通信事業法

答	
㈠	②
㈣	①
㈦	④
㈪	①
㈺	③

次の各文章の 内に、それぞれの[ ]の解答群の中から、「電気通信事業法」又は「電気通信事業法施行規則」に規定する内容に照らして最も適したものを選び、その番号を記せ。 (小計20点)

(1) 電気通信事業法に規定する「重要通信の確保」又は「業務の改善命令」について述べた次の文章のうち、誤っているものは、 (ア) である。 (4点)

① 電気通信事業者は、天災、事変その他の非常事態が発生し、又は発生するおそれがあるときは、災害の予防若しくは救援、交通、通信若しくは電力の供給の確保又は秩序の維持のために必要な事項を内容とする通信を優先的に取り扱わなければならない。

② 重要通信を優先的に取り扱わなければならない場合において、電気通信事業者は、必要があるときは、総務省令で定める基準に従い、電気通信業務の一部を停止することができる。

③ 電気通信事業者は、重要通信の円滑な実施を他の電気通信事業者と相互に連携を図りつつ確保するため、他の電気通信事業者と電気通信設備を相互に接続する場合には、総務大臣に届け出た業務規程に基づき、重要通信の優先的な取扱いについて取り決めることその他の必要な措置を講じなければならない。

④ 総務大臣は、電気通信事業者の業務の方法に関し通信の秘密の確保に支障があると認めるときは、当該電気通信事業者に対し、利用者の利益又は公共の利益を確保するために必要な限度において、業務の方法の改善その他の措置をとるべきことを命ずることができる。

(2) 電気通信事業法に規定する「利用の公平」及び「基礎的電気通信役務の提供」について述べた次の二つの文章は、 (イ) 。 (4点)

A 電気通信事業者は、端末設備の技術基準適合認定審査の実施について、不当な差別的取扱いをしてはならない。

B 基礎的電気通信役務を提供する電気通信事業者は、その適切、公平かつ安定的な提供に努めなければならない。

[① Aのみ正しい ② Bのみ正しい ③ AもBも正しい ④ AもBも正しくない]

(3) 電気通信事業法に規定する「端末設備の接続の検査」について述べた次の二つの文章は、 (ウ) 。 (4点)

A 電気通信事業者の電気通信回線設備と端末設備との接続の検査に従事する者は、端末設備の設置の場所に立ち入るときは、その身分を示す証明書を携帯し、関係人に提示しなければならない。

B 電気通信回線設備を設置する電気通信事業者は、端末設備に異常がある場合その他電気通信役務の円滑な提供に支障がある場合において必要と認めるときは、総務大臣に対し、その端末設備の接続が電気通信事業法の規定に基づく総務省令で定める技術基準に適合するかどうかの検査を求めることができる。

[① Aのみ正しい ② Bのみ正しい ③ AもBも正しい ④ AもBも正しくない]

(4) 電気通信事業法の「自営電気通信設備の接続」において、電気通信事業者は、自営電気通信設備をその電気通信回線設備に接続すべき旨の請求を受けたとき、その自営電気通信設備を接続することにより当該電気通信事業者の電気通信回線設備の (エ) が経営上困難となることについて当該電気通信事業者が総務大臣の認定を受けたときは、その請求を拒むことができると規定されている。 (4点)

[① 管 理 ② 調 整 ③ 提 供 ④ 保 持 ⑤ 運 用]

(5) 電気通信事業法施行規則において、電気通信事業者が利用者からの端末設備の接続請求を拒める場合は、利用者から、端末設備であって電波を使用するもの(別に告示で定めるものを除く。)及び公衆電話機その他 (オ) が著しく不適当なものの接続の請求を受けた場合と規定されている。 (4点)

[① 電気通信事業者の管理 ② 利用者による接続 ③ 分界点の設置の場所
④ 端末設備の制御機能 ⑤ 有線による接続]

解　説

(1) 電気通信事業法第8条〔重要通信の確保〕及び第29条〔業務の改善命令〕に関する問題である。

①：第8条第1項に規定する内容と一致しているので、文章は正しい。

②：第8条第2項に規定する内容と一致しているので、文章は正しい。

③：第8条第3項の規定により、電気通信事業者は、重要通信の円滑な実施を他の電気通信事業者と相互に連携を図りつつ確保するため、他の電気通信事業者と電気通信設備を相互に接続する場合には、<u>総務省令で定めるところにより</u>、重要通信の優先的な取扱いについて取り決めることその他の必要な措置を講じなければならないとされている。したがって、文章は誤り。電気通信は、国民生活および社会経済の中枢的役割を担っており、非常事態においては特にその役割が重要となるため、警察・防災機関などへの優先的使用を確保している。

④：第29条第1項第一号に規定する内容と一致しているので、文章は正しい。

よって、解答群の文章のうち、<u>誤っているもの</u>は、「**電気通信事業者は、重要通信の円滑な実施を他の電気通信事業者と相互に連携を図りつつ確保するため、他の電気通信事業者と電気通信設備を相互に接続する場合には、総務大臣に届け出た業務規程に基づき、重要通信の優先的な取扱いについて取り決めることその他の必要な措置を講じなければならない。**」である。

(2) 電気通信事業法第6条〔利用の公平〕及び第7条〔基礎的電気通信役務の提供〕に関する問題である。

A　第6条の規定により、電気通信事業者は、<u>電気通信役務の提供</u>について、不当な差別的取扱いをしてはならないとされているので、文章は誤り。

B　第7条に規定する内容と一致しているので、文章は正しい。基礎的電気通信役務とは、警察機関などへの緊急通報や、公衆電話サービスなど、日本全国に提供が確保されるべき基礎的な電気通信サービスのことを指す。

よって、設問の文章は、**Bのみ正しい**。

(3) 電気通信事業法第69条〔端末設備の接続の検査〕に関する問題である。

A　同条第4項に規定する内容と一致しているので、文章は正しい。端末設備の接続の検査を行う者は、当該端末設備が設置されている場所に立ち入る際に身分を明確に示すことが義務づけられている。

B　同条第2項の規定により、電気通信回線設備を設置する電気通信事業者は、端末設備に異常がある場合その他電気通信役務の円滑な提供に支障がある場合において必要と認めるときは、<u>利用者</u>に対し、その端末設備の接続が第52条〔端末設備の接続の技術基準〕第1項の総務省令で定める技術基準に適合するかどうかの検査を<u>受けるべきこと</u>を求めることができる。この場合において、当該利用者は、正当な理由がある場合その他総務省令で定める場合を除き、その請求を拒んではならないとされている。したがって、文章は誤り。条文中の「総務省令で定める場合」とは、「電気通信事業者が、利用者の営業時間外及び日没から日出までの間において検査を受けるべきことを求めるとき」または「防衛省が、電気通信事業者の検査に係る端末設備の接続について、電気通信事業法第52条第1項の技術基準に適合するかどうかを判断するために必要な資料を提出したとき」とされている（電気通信事業法施行規則第32条〔端末設備の接続の検査〕第2項）。

よって、設問の文章は、**Aのみ正しい**。

(4) 電気通信事業法第70条〔自営電気通信設備の接続〕第1項の規定により、電気通信事業者は、電気通信回線設備を設置する電気通信事業者以外の者からその電気通信設備（端末設備以外のものに限る。以下「自営電気通信設備」という。）をその電気通信回線設備に接続すべき旨の請求を受けたときは、次に掲げる場合を除き、その請求を拒むことができないとされている。つまり、以下の「一」又は「二」の場合は請求を拒むことができる。

一　その自営電気通信設備の接続が、総務省令で定める技術基準（当該電気通信事業者又は当該電気通信事業者とその電気通信設備を接続する他の電気通信事業者であって総務省令で定めるものが総務大臣の認可を受けて定める技術的条件を含む。）に適合しないとき。

二　その自営電気通信設備を接続することにより当該電気通信事業者の電気通信回線設備の**保持**が経営上困難となることについて当該電気通信事業者が総務大臣の認定を受けたとき。

(5) 電気通信事業法第52条〔端末設備の接続の技術基準〕第1項の規定により、電気通信事業者は、利用者から端末設備をその電気通信回線設備（その損壊又は故障等による利用者の利益に及ぼす影響が軽微なものとして総務省令で定めるものを除く。）に接続すべき旨の請求を受けたときは、その接続が総務省令で定める技術基準に適合しない場合その他総務省令で定める場合を除き、その請求を拒むことができないとされている。また、電気通信事業法施行規則第31条〔利用者からの端末設備の接続請求を拒める場合〕の規定により、電気通信事業法第52条第1項の総務省令で定める場合とは、利用者から、端末設備であって電波を使用するもの（別に告示で定めるものを除く。）及び公衆電話機その他**利用者による接続**が著しく不適当なものの接続の請求を受けた場合とするとされている。

答	
(ア)	③
(イ)	②
(ウ)	①
(エ)	④
(オ)	②

次の各文章の 内に、それぞれの[ ]の解答群の中から、「電気通信事業法」又は「電気通信事業法施行規則」に規定する内容に照らして最も適したものを選び、その番号を記せ。　(小計20点)

(1) 電気通信事業法に規定する「業務の改善命令」又は「重要通信の確保」について述べた次の文章のうち、誤っているものは、　(ア)　である。　(4点)

　① 総務大臣は、電気通信事業者が特定の者に対し不当な差別的取扱いを行っていると認めるときは、当該電気通信事業者に対し、利用者の利益又は公共の利益を確保するために必要な限度において、業務の方法の改善その他の措置をとるべきことを命ずることができる。

　② 総務大臣は、電気通信事業者が提供する電気通信役務に関する提供条件(料金を除く。)が電気通信回線設備の使用の態様を不当に制限するものであると認めるときは、当該電気通信事業者に対し、利用者の利益又は公共の利益を確保するために必要な限度において、業務の方法の改善その他の措置をとるべきことを命ずることができる。

　③ 電気通信事業者は、重要通信の円滑な実施を他の電気通信事業者と相互に連携を図りつつ確保するため、他の電気通信事業者と電気通信設備を相互に接続する場合には、総務大臣に届け出た業務規程に基づき、重要通信の優先的な取扱いについて取り決めることその他の必要な措置を講じなければならない。

　④ 重要通信を優先的に取り扱わなければならない場合において、電気通信事業者は、必要があるときは、総務省令で定める基準に従い、電気通信業務の一部を停止することができる。

(2) 電気通信事業法に規定する「管理規程」及び「基礎的電気通信役務の提供」について述べた次の二つの文章は、　(イ)　。　(4点)

A　電気通信事業者は、総務省令で定めるところにより、事業用電気通信設備の管理規程を定め、電気通信事業の開始前に、総務大臣の許可を受けなければならない。

B　基礎的電気通信役務を提供する電気通信事業者は、その適切、公平かつ安定的な提供に努めなければならない。

　[① Aのみ正しい　② Bのみ正しい　③ AもBも正しい　④ AもBも正しくない]

(3) 電気通信事業法に規定する「端末機器技術基準適合認定」について述べた次の二つの文章は、　(ウ)　。　(4点)

A　登録認定機関は、その登録に係る技術基準適合認定をしたときは、総務省令で定めるところにより、その端末機器に技術基準適合認定をした旨の表示を付さなければならない。

B　何人も、電気通信事業法の規定により端末機器に技術基準適合認定をした旨の表示を付する場合を除くほか、国内において端末機器又は端末機器を組み込んだ製品にこれらの表示又はこれらと紛らわしい表示を付してはならない。

　[① Aのみ正しい　② Bのみ正しい　③ AもBも正しい　④ AもBも正しくない]

(4) 電気通信回線設備を設置する電気通信事業者は、　(エ)　場合その他電気通信役務の円滑な提供に支障がある場合において必要と認めるときは、利用者に対し、その端末設備の接続が電気通信事業法の規定に基づく総務省令で定める技術基準に適合するかどうかの検査を受けるべきことを求めることができる。この場合において、当該利用者は、正当な理由がある場合その他総務省令で定める場合を除き、その請求を拒んではならない。　(4点)

　[① 端末設備の接続により経営が困難になる　② 端末系伝送路設備に障害を及ぼす
　③ 端末設備に緊急通報機能を備えていない　④ 端末設備に異常がある
　⑤ 端末設備の使用により不当な競争を引き起こすものである]

(5) 電気通信事業法に基づき、　(オ)　のため緊急に行うことを要するその他の通信として総務省令で定める通信には、火災、集団的疫病、交通機関の重大な事故その他人命の安全に係る事態が発生し、又は発生す

るおそれがある場合において、その予防、救援、復旧等に関し、緊急を要する事項を内容とする通信であって、予防、救援、復旧等に直接関係がある機関相互間において行われるものがある。　　　　　　　　　（4点）
　　〔①　秩序の回復　　②　治安の維持　　③　安全の確保　　④　危険の排除　　⑤　公共の利益〕

解　説

(1) 電気通信事業法第8条〔重要通信の確保〕及び第29条〔業務の改善命令〕に関する問題である。
　①：第29条第1項第二号に規定する内容と一致しているので、文章は正しい。
　②：第29条第1項第七号に規定する内容と一致しているので、文章は正しい。
　③：第8条第3項の規定により、電気通信事業者は、重要通信の円滑な実施を他の電気通信事業者と相互に連携を図りつつ確保するため、他の電気通信事業者と電気通信設備を相互に接続する場合には、<u>総務省令で定めるところにより</u>、重要通信の優先的な取扱いについて取り決めることその他の必要な措置を講じなければならないとされている。したがって、文章は誤り。
　④：第8条第2項に規定する内容と一致しているので、文章は正しい。
　　よって、解答群の文章のうち、誤っているものは、「**電気通信事業者は、重要通信の円滑な実施を他の電気通信事業者と相互に連携を図りつつ確保するため、他の電気通信事業者と電気通信設備を相互に接続する場合には、総務大臣に届け出た業務規程に基づき、重要通信の優先的な取扱いについて取り決めることその他の必要な措置を講じなければならない。**」である。

(2) 電気通信事業法第7条〔基礎的電気通信役務の提供〕及び第44条〔管理規程〕に関する問題である。
　A　第44条第1項の規定により、電気通信事業者は、総務省令で定めるところにより、第41条〔電気通信設備の維持〕第1項から第5項まで（第4項を除く。）又は第41条の2〔電気通信設備の維持〕のいずれかに規定する電気通信設備（以下「事業用電気通信設備」という。）の管理規程を定め、電気通信事業の開始前に、総務大臣に<u>届け出</u>なければならないとされているので、文章は誤り。管理規程は、事業用電気通信設備の管理の方針・体制・方法などについて総務省令に従って必要な内容を定めたものである。
　B　第7条に規定する内容と一致しているので、文章は正しい。
　　よって、設問の文章は、**Bのみ正しい**。

(3) 電気通信事業法第53条〔端末機器技術基準適合認定〕に関する問題である。
　A　同条第2項に規定する内容と一致しているので、文章は正しい。端末機器について技術基準適合認定の事業を行う者は、申請により、総務省令で定める事業の区分ごとに総務大臣の登録を受けることができる。この登録を受けた者を登録認定機関という。
　B　同条第3項に規定する内容と一致しているので、文章は正しい。
　　よって、設問の文章は、**AもBも正しい**。

(4)　電気通信事業法第69条〔端末設備の接続の検査〕第2項の規定により、電気通信回線設備を設置する電気通信事業者は、**端末設備に異常がある**場合その他電気通信役務の円滑な提供に支障がある場合において必要と認めるときは、利用者に対し、その端末設備の接続が第52条〔端末設備の接続の技術基準〕第1項の総務省令で定める技術基準に適合するかどうかの検査を受けるべきことを求めることができる。この場合において、当該利用者は、正当な理由がある場合その他総務省令で定める場合を除き、その請求を拒んではならないとされている。

(5)　電気通信事業法第8条〔重要通信の確保〕第1項の規定により、電気通信事業者は、天災、事変その他の非常事態が発生し、又は発生するおそれがあるときは、災害の予防若しくは救援、交通、通信若しくは電力の供給の確保又は秩序の維持のために必要な事項を内容とする通信を優先的に取り扱わなければならない。**公共の利益**のため緊急に行うことを要するその他の通信であって総務省令で定めるものについても、同様とするとされている。
　　この総務省令（電気通信事業法施行規則第55条〔緊急に行うことを要する通信〕）で定めるものに、火災、集団的疫病、交通機関の重大な事故その他人命の安全に係る事態が発生し、又は発生するおそれがある場合において、その予防、救援、復旧等に関し、緊急を要する事項を内容とする通信であって、予防、救援、復旧等に直接関係がある機関相互間において行われるものがある。

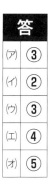

答
㈠	③
㈡	②
㈢	③
㈣	④
㈤	⑤

工事担任者規則

●工事担任者を要しない工事（第3条）
①専用設備に端末設備等を接続するとき
②船舶又は航空機に設置する端末設備のうち総務大臣が告示する次のものを接続するとき
　・海事衛星通信（インマルサット）の船舶地球局設備又は航空機地球局設備に接続する端末設備
　・岸壁に係留する船舶に、臨時に設置する端末設備
③適合表示端末機器等を総務大臣が別に告示する次の方式により接続するとき
　・プラグジャック方式により接続する接続の方式
　・アダプタ式ジャック方式により接続する接続の方式
　・音響結合方式により接続する接続の方式
　・電波により接続する接続の方式

●資格者証の種類及び工事の範囲（第4条）
　工事担任者資格者証の種類は表1のように5種類に分類され、端末設備等の接続に係る工事の範囲がそれぞれ規定されている。なお、第2級アナログ通信については、端末設備の接続工事はできるが、自営電気通信設備の接続は工事の範囲に含まれない。

●資格者証の交付（第38条）
　工事担任者資格者証の交付を受けた者は、端末設備等の接続に関する知識及び技術の向上を図るように努めなければならない。

●再交付（第40条）
　氏名に変更を生じたとき、又は資格者証を汚し、破り若しくは失ったために資格者証の再交付の申請をするときは、所定の様式の申請書に次に掲げる書類を添えて、総務大臣に提出しなければならない。
　・資格者証（資格者証を失った場合を除く。）
　・写真1枚
　・氏名の変更の事実を証する書類（氏名に変更を生じたときに限る。）

●返納（第41条）
　電気通信事業法又は同法に基づく命令の規定に違反して資格者証の返納を命ぜられた者は、その処分を受けた日から10日以内にその資格者証を総務大臣に返納しなければならない。資格者証の再交付を受けた後失った資格者証を発見したときも同様とする。

表1　工事担任者資格者証の種類及び工事の範囲

資格者証の種類	工　事　の　範　囲
第1級アナログ通信	アナログ伝送路設備（アナログ信号を入出力とする電気通信回線設備をいう。以下同じ。）に端末設備等を接続するための工事及び総合デジタル通信用設備に端末設備等を接続するための工事
第2級アナログ通信	アナログ伝送路設備に端末設備を接続するための工事（端末設備に収容される電気通信回線の数が1のものに限る。）及び総合デジタル通信用設備に端末設備を接続するための工事（総合デジタル通信回線の数が基本インタフェースで1のものに限る。）
第1級デジタル通信	デジタル伝送路設備（デジタル信号を入出力とする電気通信回線設備をいう。以下同じ。）に端末設備等を接続するための工事。ただし、総合デジタル通信用設備に端末設備等を接続するための工事を除く。
第2級デジタル通信	デジタル伝送路設備に端末設備等を接続するための工事（接続点におけるデジタル信号の入出力速度が1Gbit/s以下であって、主としてインターネットに接続するための回線に係るものに限る。）。ただし、総合デジタル通信用設備に端末設備等を接続するための工事を除く。
総合通信	アナログ伝送路設備又はデジタル伝送路設備に端末設備等を接続するための工事

端末機器の技術基準適合認定等に関する規則

●対象とする端末機器（第3条）
　端末機器技術基準適合認定又は設計についての認証の対象となる端末機器は、次のとおりである。
①アナログ電話用設備又は移動電話用設備に接続される端末機器（電話機、構内交換設備、ボタン電話装置、変復調装置、ファクシミリ、その他総務大臣が別に告示する端末機器（③に掲げるものを除く））

表2　告示されている端末機器

1．監視通知装置	6．網制御装置
2．画像蓄積処理装置	7．信号受信表示装置
3．音声蓄積装置	8．集中処理装置
4．音声補助装置	9．通信管理装置
5．データ端末装置（1〜4を除く）	

②インターネットプロトコル電話用設備に接続される端末機器(電話機、構内交換設備、ボタン電話装置、符号変換装置、ファクシミリその他呼制御を行うもの)

③インターネットプロトコル移動電話用設備に接続される端末機器

④無線呼出用設備に接続される端末機器

⑤総合デジタル通信用設備に接続される端末機器

⑥専用通信回線設備又はデジタルデータ伝送用設備に接続される端末機器

●表示(第10条)

技術基準適合認定をした旨の表示は、図1のマークに Ⓐ の記号及び技術基準適合認定番号を、設計についての認証を受けた旨の表示は、図1のマークに Ⓣ の記号及び設計認証番号を付加して行う。

なお、表示の方法は、次のいずれかとする。

・表示を、技術基準適合認定を受けた端末機器の見やすい箇所に付す方法(表示を付すことが困難又は不合理である端末機器にあっては、当該端末機器に付属する取扱説明書及び包装又は容器の見やすい箇所に付す方法)

・表示を、技術基準適合認定を受けた端末機器に電磁的方法により記録し、当該端末機器の映像面に直ちに明瞭な状態で表示することができるようにする方法

・表示を、技術基準適合認定を受けた端末機器に電磁的方法により記録し、特定の操作によって当該端末機器に接続した製品の映像面に直ちに明瞭な状態で表示することができるようにする方法

図1

表3　技術基準適合認定番号等の最初の文字

端末機器の種類	記号
(1) アナログ電話用設備又は移動電話用設備に接続される電話機、構内交換設備、ボタン電話装置、変復調装置、ファクシミリその他総務大臣が別に告示する端末機器(インターネットプロトコル移動電話用設備に接続される端末機器を除く)	A
(2) インターネットプロトコル電話用設備に接続される電話機、構内交換設備、ボタン電話装置、符号変換装置、ファクシミリその他呼の制御を行う端末機器	E
(3) インターネットプロトコル移動電話用設備に接続される端末機器	F
(4) 無線呼出用設備に接続される端末機器	B
(5) 総合デジタル通信用設備に接続される端末機器	C
(6) 専用通信回線設備又はデジタルデータ伝送用設備に接続される端末機器	D

有線電気通信法

●有線電気通信法の目的(第1条)

有線電気通信設備の設置及び使用を規律し、有線電気通信に関する秩序を確立することによって公共の福祉の増進に寄与すること。

●用語の定義(第2条)

有線電気通信	送信の場所と受信の場所との間の線条その他の導体を利用して、電磁的方式により、符号、音響又は影像を送り、伝え、又は受けること
有線電気通信設備	有線電気通信を行うための機械、器具、線路その他の電気的設備

●有線電気通信設備の届出(第3条)

有線電気通信設備を設置しようとする者は、設置の工事の開始の日の2週間前までに、その旨を総務大臣に届け出なければならない。工事を要しないときは、設置の日から2週間以内に届け出なければならない。

●本邦外にわたる有線電気通信設備(第4条)

本邦内の場所と本邦外の場所との間の有線電気通信設備は、電気通信事業者がその事業の用に供する設備として設置する場合を除き、設置してはならない。ただし、特別の事由がある場合において総務大臣の許可を受けたときは、この限りでない。

●有線電気通信設備の技術基準(第5条)

政令で定める有線電気通信設備の技術基準は、これにより、次の事項が確保されるものでなければならない。

①他人の有線電気通信設備に妨害を与えないようにすること。

②人体に危害を及ぼし、又は物件に損傷を与えないようにすること。

●設備の検査等(第6条)

総務大臣は、この法律の施行に必要な限度において、有線電気通信設備を設置した者からその設備に関する報告を徴し、又はその職員に、その事務所、営業所、工場若しくは事業場に立ち入り、その設備若しくは帳簿書類を検査させることができる。この規定により立入検査をする職員は、その身分を示す証明書を携帯し、関係人に提示しなければならない。

●設備の改善等の措置(第7条)

総務大臣は、有線電気通信設備を設置した者に対し、その設備が技術基準に適合しないため他人の設置する有線電気通信設備に妨害を与え、又は人体に危害を及ぼし、若しくは物件に損傷を与えると認めるときは、その妨害、危害又は損傷の防止又は除去のため必要な限度において、その設備の使用の停止又は改造、修理その他の措置を命ずることができる。

●非常事態における通信の確保(第8条)

総務大臣は、天災、事変その他の非常事態が発生し、又は発生するおそれがあるときは、有線電気通信設備を設置した者に対し、災害の予防若しくは救援、交通、通信若しくは電力の供給の確保若しくは秩序の維持のために必要な通信を行い、又はこれらの通信を行うためその有線電気通信設備を他の者に使用させ、若しくはこれを他の有線電気通信設備に接続すべきことを命ずることができる。

法規

2

工担者規則、認定等規則、有線電気通信法

次の各文章の ____ 内に、それぞれの[ ]の解答群の中から、「工事担任者規則」、「端末機器の技術基準適合認定等に関する規則」又は「有線電気通信法」に規定する内容に照らして最も適したものを選び、その番号を記せ。 (小計20点)

(1) 工事担任者規則に規定する「資格者証の種類及び工事の範囲」について述べた次の文章のうち、正しいものは、 (ア) である。 (4点)

① 第一級デジタル通信の工事担任者は、デジタル伝送路設備に端末設備等を接続するための工事及び総合デジタル通信用設備に端末設備等を接続するための工事を行い、又は監督することができる。

② 第二級デジタル通信の工事担任者は、デジタル伝送路設備に端末設備等を接続するための工事のうち、接続点におけるデジタル信号の入出力速度が毎秒64キロビット以下であって、主としてインターネットに接続するための回線に係るものに限る工事を行い、又は監督することができる。ただし、総合デジタル通信用設備に端末設備等を接続するための工事を除く。

③ 第一級アナログ通信の工事担任者は、アナログ伝送路設備に端末設備等を接続するための工事及び総合デジタル通信用設備に端末設備等を接続するための工事を行い、又は監督することができる。

④ 第二級アナログ通信の工事担任者は、アナログ伝送路設備に端末設備等を接続するための工事のうち、端末設備等に収容される電気通信回線の数が10以下のものに限る工事を行い、又は監督することができる。また、総合デジタル通信用設備に端末設備等を接続するための工事のうち、総合デジタル通信回線の数が基本インタフェースで10以下のものに限る工事を行い、又は監督することができる。

(2) 工事担任者規則に規定する「資格者証の交付」及び「資格者証の再交付」について述べた次の二つの文章は、 (イ) 。 (4点)

A 工事担任者資格者証の交付を受けた者は、事業用電気通信設備の接続に関する知識及び技術の向上を図るように努めなければならない。

B 工事担任者は、氏名に変更を生じたときは、別に定める様式の申請書に、資格者証、写真1枚及び氏名の変更の事実を証する書類を添えて、総務大臣に提出しなければならない。

[① Aのみ正しい ② Bのみ正しい ③ AもBも正しい ④ AもBも正しくない]

(3) 端末機器の技術基準適合認定等に関する規則に規定する、端末機器の技術基準適合認定番号について述べた次の文章のうち、誤っているものは、 (ウ) である。 (4点)

① 移動電話用設備(インターネットプロトコル移動電話用設備を除く。)に接続される端末機器に表示される技術基準適合認定番号の最初の文字は、Aである。

② 専用通信回線設備に接続される端末機器に表示される技術基準適合認定番号の最初の文字は、Bである。

③ 総合デジタル通信用設備に接続される端末機器に表示される技術基準適合認定番号の最初の文字は、Cである。

④ デジタルデータ伝送用設備に接続される端末機器に表示される技術基準適合認定番号の最初の文字は、Dである。

⑤ インターネットプロトコル移動電話用設備に接続される端末機器に表示される技術基準適合認定番号の最初の文字は、Fである。

(4) 有線電気通信法の「技術基準」において、有線電気通信設備(政令で定めるものを除く。)の技術基準により確保されなければならない事項の一つとして、有線電気通信設備は、 (エ) ようにすることが規定されている。 (4点)

① 重要通信に妨害を与えないよう、他の通信の一部を制限し、又は停止できる

② 重要通信に付される識別符号を認識できる

③ 電気通信事業者の設置する電気通信回線設備と利用者の接続する端末設備との責任の分界が明確である

④ 他人の設置する有線電気通信設備に妨害を与えない

⑤ 通信の秘密の確保に支障を与えない

(5) 有線電気通信設備(その設置について総務大臣に届け出る必要のないものを除く。)を設置した者は、有線電気通信の方式の別、設備の設置の場所又は　(オ)　に係る事項を変更しようとするときは、変更の工事の開始の日の2週間前まで(工事を要しないときは、変更の日から2週間以内)に、その旨を総務大臣に届け出なければならない。　　　　　　　　　　　　　　　　　　　　　　　　　　　　　　　　(4点)

```
① 設備の概要　　② 役務の提供条件　　③ 工事の実施体制
④ 設置の目的　　⑤ 接続の技術基準
```

解 説

(1) 工事担任者規則第4条〔資格者証の種類及び工事の範囲〕に関する問題である。

①：同条の表の規定により、第1級デジタル通信の工事担任者は、デジタル伝送路設備に端末設備等を接続するための工事を行い、又は監督することができる。ただし、総合デジタル通信用設備に端末設備等を接続するための工事を除くとされている。したがって、文章は誤り。

②：同条の表の規定により、第2級デジタル通信の工事担任者は、デジタル伝送路設備に端末設備等を接続するための工事(接続点におけるデジタル信号の入出力速度が1Gbit/s以下であって、主としてインターネットに接続するための回線に係るものに限る。)を行い、又は監督することができる。ただし、総合デジタル通信用設備に端末設備等を接続するための工事を除くとされている。したがって、文章は誤り。

③：同条の表に規定する内容と一致しているので、文章は正しい。

④：同条の表の規定により、第2級アナログ通信の工事担任者は、アナログ伝送路設備に端末設備を接続するための工事(端末設備に収容される電気通信回線の数が1のものに限る。)及び総合デジタル通信用設備に端末設備を接続するための工事(総合デジタル通信回線の数が基本インタフェースで1のものに限る。)を行い、又は監督することができるとされている。したがって、文章は誤り。第2級アナログ通信の工事担任者は、自営電気通信設備を接続するための工事を行うことができない。第4条の表に規定されている工事の範囲において、第2級アナログ通信の工事の範囲の文中では「端末設備」と記されており、その他の資格種では「端末設備等」となっている点に注意する必要がある。

よって、解答群の文章のうち、正しいものは、「**第一級アナログ通信の工事担任者は、アナログ伝送路設備に端末設備等を接続するための工事及び総合デジタル通信用設備に端末設備等を接続するための工事を行い、又は監督することができる。**」である。

(2) 工事担任者規則第38条〔資格者証の交付〕及び第40条〔資格者証の再交付〕に関する問題である。

A　第38条第2項の規定により、工事担任者資格者証の交付を受けた者は、端末設備等の接続に関する知識及び技術の向上を図るように努めなければならないとされている。したがって、文章は誤り。

B　第40条第1項に規定する内容と一致しているので、文章は正しい。

よって、設問の文章は、**Bのみ正しい**。

(3) 端末機器の技術基準適合認定等に関する規則第10条〔表示〕第1項に基づく様式第7号の注4の規定により、技術基準適合認定番号の最初の文字は、端末機器の種類に従い表1に定めるとおりとされている。

この表1より、移動電話用設備(インターネットプロトコル移動電話用設備を除く。)の場合はA、総合デジタル通信用設備の場合はC、デジタルデータ伝送用設備の場合はD、インターネットプロトコル移動電話用設備の場合はFとされているので、①、③、④、⑤の文章はいずれも正しい。一方、専用通信回線設備の場合はDとされているので、②の文章は誤りである。

よって、解答群の文章のうち、誤っているものは、「**専用通信回線設備に接続される端末機器に表示される技術基準適合認定番号の最初の文字は、Bである。**」である。

表1　技術基準適合認定番号の最初の文字

端末機器の種類	記号
(1) アナログ電話用設備又は移動電話用設備に接続される電話機、構内交換設備、ボタン電話装置、変復調装置、ファクシミリその他総務大臣が別に告示する端末機器(インターネットプロトコル移動電話用設備に接続される端末機器を除く)	A
(2) インターネットプロトコル電話用設備に接続される電話機、構内交換設備、ボタン電話装置、符号変換装置、ファクシミリその他呼の制御を行う端末機器	E
(3) インターネットプロトコル移動電話用設備に接続される端末機器	F
(4) 無線呼出用設備に接続される端末機器	B
(5) 総合デジタル通信用設備に接続される端末機器	C
(6) 専用通信回線設備又はデジタルデータ伝送用設備に接続される端末機器	D

(4) 有線電気通信法第5条〔技術基準〕第2項の規定により、有線電気通信設備(政令で定めるものを除く。)の技術基準は、これにより次の事項が確保されるものとして定められなければならないとされている。

一　有線電気通信設備は、**他人の設置する有線電気通信設備に妨害を与えないようにすること**。

二　有線電気通信設備は、人体に危害を及ぼし、又は物件に損傷を与えないようにすること。

(5) 有線電気通信法第3条〔有線電気通信設備の届出〕第3項の規定により、有線電気通信設備(その設置について総務大臣に届け出る必要のないものを除く。)を設置した者は、有線電気通信の方式の別、設備の設置の場所又は**設備の概要**に係る事項を変更しようとするときは、変更の工事の開始の日の2週間前まで(工事を要しないときは、変更の日から2週間以内)に、その旨を総務大臣に届け出なければならないとされている。

答

(ア)	③
(イ)	②
(ウ)	②
(エ)	④
(オ)	①

法規

2 工担者規則、認定等規則、有線電気通信法

次の各文章の _____ 内に、それぞれの[　]の解答群の中から、「工事担任者規則」、「端末機器の技術基準適合認定等に関する規則」又は「有線電気通信法」に規定する内容に照らして最も適したものを選び、その番号を記せ。　　　　　　　　　　　　　　　　　　　　　　　　　　　　　　　　（小計20点）

(1) 工事担任者規則に規定する「資格者証の種類及び工事の範囲」について述べた次の文章のうち、<u>誤っているもの</u>は、　(ア)　である。　　　　　　　　　　　　　　　　　　　　　　　　　　（4点）

　① 第一級アナログ通信の工事担任者は、アナログ伝送路設備に端末設備等を接続するための工事及び総合デジタル通信用設備に端末設備等を接続するための工事を行い、又は監督することができる。

　② 第一級デジタル通信の工事担任者は、デジタル伝送路設備に端末設備等を接続するための工事を行い、又は監督することができる。ただし、総合デジタル通信用設備に端末設備等を接続するための工事を除く。

　③ 第二級アナログ通信の工事担任者は、アナログ伝送路設備に端末設備等を接続するための工事のうち、端末設備に収容される電気通信回線の数が50以下のものに限る工事を行い、又は監督することができる。また、総合デジタル通信用設備に端末設備等を接続するための工事のうち、総合デジタル通信回線の数が基本インタフェースで50以下のものに限る工事を行い、又は監督することができる。

　④ 第二級デジタル通信の工事担任者は、デジタル伝送路設備に端末設備等を接続するための工事のうち、接続点におけるデジタル信号の入出力速度が毎秒1ギガビット以下であって、主としてインターネットに接続するための回線に係るものに限る工事を行い、又は監督することができる。ただし、総合デジタル通信用設備に端末設備等を接続するための工事を除く。

　⑤ 総合通信の工事担任者は、アナログ伝送路設備又はデジタル伝送路設備に端末設備等を接続するための工事を行い、又は監督することができる。

(2) 工事担任者規則に規定する「資格者証の返納」及び「資格者証の再交付」について述べた次の二つの文章は、　(イ)　。　　　　　　　　　　　　　　　　　　　　　　　　　　　　　（4点）

　A 工事担任者資格者証の返納を命ぜられた者は、その処分を受けた日から2週間以内にその資格者証を総務大臣に返納しなければならない。資格者証の再交付を受けた後失った資格者証を発見したときも同様とする。

　B 工事担任者は、資格者証を汚したことが理由で資格者証の再交付の申請をしようとするときは、別に定める様式の申請書に資格者証並びに氏名及び住所を証明する書類を添えて、総務大臣に提出しなければならない。

　　[① Aのみ正しい　② Bのみ正しい　③ AもBも正しい　④ AもBも正しくない]

(3) 端末機器の技術基準適合認定等に関する規則に規定する、端末機器の技術基準適合認定番号について述べた次の二つの文章は、　(ウ)　。　　　　　　　　　　　　　　　　　　　　　　（4点）

　A インターネットプロトコル電話用設備に接続される端末機器に表示される技術基準適合認定番号の最初の文字は、Fである。

　B アナログ電話用設備に接続される端末機器に表示される技術基準適合認定番号の最初の文字は、Aである。

　　[① Aのみ正しい　② Bのみ正しい　③ AもBも正しい　④ AもBも正しくない]

(4) 有線電気通信法の「有線電気通信設備の届出」において、有線電気通信設備（その設置について総務大臣に届け出る必要のないものを除く。）を設置しようとする者は、　(エ)　、設備の設置の場所及び設備の概要を記載した書類を添えて、設置の工事の開始の日の2週間前まで（工事を要しないときは、設置の日から2週間以内）に、その旨を総務大臣に届け出なければならないと規定されている。　　　　　　（4点）

　　[① 設備の接続の方法　② 有線電気通信の技術的条件　③ 設備の工事の方法]
　　[④ 有線電気通信の方式の別　⑤ 電気通信回線設備の使用の態様]

(5) 本邦内の場所と本邦外の場所との間の有線電気通信設備は、電気通信事業者が ［ (オ) ］ 設備として設置する場合を除き、設置してはならない。ただし、特別の事由がある場合において、総務大臣の許可を受けたときは、この限りでない。 (4点)

① その事業の用に供する　　　　② 国際基準に適合した
③ 重要通信を確保するための　　④ 当該２国間協定に基づく
⑤ 基礎的電気通信役務を提供するための

解　説

(1) 工事担任者規則第４条〔資格者証の種類及び工事の範囲〕に関する問題である。

①、②、④、⑤：同条の表に規定する内容と一致しているので、文章は正しい。

③：同条の表の規定により、第２級アナログ通信の工事担任者は、アナログ伝送路設備に端末設備を接続するための工事（端末設備に収容される電気通信回線の数が１のものに限る。）及び総合デジタル通信用設備に端末設備を接続するための工事（総合デジタル通信回線の数が基本インタフェースで１のものに限る。）を行い、又は監督することができるとされている。したがって、文章は誤り。

よって、解答群の文章のうち、**誤っているものは**、「**第二級アナログ通信の工事担任者は、アナログ伝送路設備に端末設備等を接続するための工事のうち、端末設備に収容される電気通信回線の数が50以下のものに限る工事を行い、又は監督することができる。また、総合デジタル通信用設備に端末設備等を接続するための工事のうち、総合デジタル通信回線の数が基本インタフェースで50以下のものに限る工事を行い、又は監督することができる。**」である。

(2) 工事担任者規則第40条〔資格者証の再交付〕及び第41条〔資格者証の返納〕に関する問題である。

A 第41条の規定により、工事担任者資格者証の交付を受けている者が電気通信事業法又は同法に基づく命令の規定に違反して、総務大臣から資格者証の返納を命ぜられたときは、その処分を受けた日から10日以内にその資格者証を総務大臣に返納しなければならない。資格者証の再交付を受けた後失った資格者証を発見したときも同様とするとされている。したがって、文章は誤り。

B 第40条第１項の規定により、工事担任者は、氏名に変更を生じたとき又は資格者証を汚し、破り若しくは失ったために資格者証の再交付の申請をしようとするときは、別表第12号に定める様式の申請書に次に掲げる書類を添えて、総務大臣に提出しなければならないとされている。したがって、資格者証を汚したことが理由で資格者証の再交付の申請をしようとするときは、別に定める様式の申請書に、資格者証及び写真１枚を添えて、総務大臣に提出しなければならないので、文章は誤り。

一　資格者証（資格者証を失った場合を除く。）
二　写真１枚
三　氏名の変更の事実を証する書類（氏名に変更を生じたときに限る。）

よって、設問の文章は、**AもBも正しくない**。

(3) 端末機器の技術基準適合認定等に関する規則第10条〔表示〕第１項に基づく様式第７号の注４の規定により、インターネットプロトコル電話用設備に接続される端末機器に表示される技術基準適合認定番号の最初の文字は<u>E</u>、アナログ電話用設備に接続される端末機器に表示される技術基準適合認定番号の最初の文字はAとされている。よって、設問の文章は、**Bのみ正しい**。

(4) 有線電気通信法第３条〔有線電気通信設備の届出〕第１項の規定により、有線電気通信設備（その設置について総務大臣に届け出る必要のないものを除く。）を設置しようとする者は、**有線電気通信の方式の別**、設備の設置の場所及び設備の概要を記載した書類を添えて、設置の工事の開始の日の２週間前まで（工事を要しないときは、設置の日から２週間以内に）に、その旨を総務大臣に届け出なければならないとされている。本項は、設置される設備が有線電気通信法で規定した技術基準に適合しているかどうかを、総務大臣があらかじめ確認することを目的としている（工事を要しない場合は、設置後に確認）。

(5) 有線電気通信法第４条〔本邦外にわたる有線電気通信設備〕の規定により、本邦内の場所と本邦外の場所との間の有線電気通信設備は、電気通信事業者が**その事業の用に供する**設備として設置する場合を除き、設置してはならない。ただし、特別の事由がある場合において、総務大臣の許可を受けたときは、この限りでないとされている。

国際通信に用いる有線電気通信設備の設置は、原則として禁止されている。ただし、電気通信事業者が事業用の設備として設置する場合や、特定の事由により総務大臣の許可を受けたときは、設置が認められている。

答

(ア)	③
(イ)	④
(ウ)	②
(エ)	④
(オ)	①

次の各文章の □□□□ 内に、それぞれの〔　　〕の解答群の中から、「工事担任者規則」、「端末機器の技術基準適合認定等に関する規則」又は「有線電気通信法」に規定する内容に照らして最も適したものを選び、その番号を記せ。 (小計20点)

(1) 工事担任者規則に規定する「資格者証の種類及び工事の範囲」について述べた次の文章のうち、正しいものは、 □(ア)□ である。 (4点)

〔
① 第一級アナログ通信の工事担任者は、アナログ伝送路設備又はデジタル伝送路設備に端末設備等を接続するための工事を行い、又は監督することができる。

② 第二級アナログ通信の工事担任者は、アナログ伝送路設備に端末設備を接続するための工事のうち、端末設備に収容される電気通信回線の数が1のものに限る工事を行い、又は監督することができる。また、総合デジタル通信用設備に端末設備を接続するための工事のうち、総合デジタル通信回線の数が基本インタフェースで1のものに限る工事を行い、又は監督することができる。

③ 第一級デジタル通信の工事担任者は、デジタル伝送路設備に端末設備等を接続するための工事及び総合デジタル通信用設備に端末設備等を接続するための工事を行い、又は監督することができる。

④ 第二級デジタル通信の工事担任者は、デジタル伝送路設備に端末設備等を接続するための工事のうち、接続点におけるデジタル信号の入出力速度が毎秒64キロビット以下であって、主としてインターネットに接続するための回線に係るものに限る工事を行い、又は監督することができる。ただし、総合デジタル通信用設備に端末設備等を接続するための工事を除く。
〕

(2) 工事担任者規則に規定する「資格者証の交付」及び「工事担任者を要しない工事」について述べた次の二つの文章は、 □(イ)□ 。 (4点)

A 工事担任者資格者証の交付を受けた者は、端末設備等の接続に関する知識及び技術の向上を図るように努めなければならない。

B 専用設備(特定の者に電気通信設備を専用させる電気通信役務に係る電気通信設備をいう。)に端末設備等を接続するときは、工事担任者を要しない。

〔① Aのみ正しい　② Bのみ正しい　③ AもBも正しい　④ AもBも正しくない〕

(3) 端末機器の技術基準適合認定等に関する規則に規定する、端末機器の技術基準適合認定番号について述べた次の文章のうち、誤っているものは、 □(ウ)□ である。 (4点)

〔
① 移動電話用設備(インターネットプロトコル移動電話用設備を除く。)に接続される端末機器に表示される技術基準適合認定番号の最初の文字は、Aである。

② 総合デジタル通信用設備に接続される端末機器に表示される技術基準適合認定番号の最初の文字は、Cである。

③ 専用通信回線設備に接続される端末機器に表示される技術基準適合認定番号の最初の文字は、Dである。

④ デジタルデータ伝送用設備に接続される端末機器に表示される技術基準適合認定番号の最初の文字は、Dである。

⑤ インターネットプロトコル移動電話用設備に接続される端末機器に表示される技術基準適合認定番号の最初の文字は、Eである。
〕

(4) 有線電気通信法に規定する「有線電気通信設備の届出」及び「設備の改善等の措置」について述べた次の二つの文章は、 □(エ)□ 。 (4点)

A 有線電気通信設備(その設置について総務大臣に届け出る必要のないものを除く。)を設置しようとする者は、有線電気通信の方式の別、設備の工事の体制及び設備の概要を記載した書類を添えて、設置の工事の開始の日の2週間前まで(工事を要しないときは、設置の日から2週間以内)に、その旨を総務大臣に届け出なければならない。

B 総務大臣は、有線電気通信設備(政令で定めるものを除く。)を設置した者に対し、その設備が有線電気通信法の規定に基づく政令で定める技術基準に適合しないため他人の設置する有線電気通信設備に妨害を与え、又は人体に危害を及ぼし、若しくは物件に損傷を与えると認めるときは、その妨害、危害又は損傷の防止又は除去のため必要な限度において、その設備の使用の停止又は改造、修理その他の措置

を命ずることができる。

[① Aのみ正しい ② Bのみ正しい ③ AもBも正しい ④ AもBも正しくない]

(5) 総務大臣は、有線電気通信法の施行に必要な限度において、有線電気通信設備を設置した者からその設備に関する報告を徴し、又はその職員に、その事務所、営業所、工場若しくは事業場に立ち入り、その (オ) させることができる。 (4点)

[① 設備若しくは帳簿書類を検査 ② 装置及び附属設備を点検 ③ 業務の内容を分析し改善
④ 運用の状況を確認し変更 ⑤ 設備の修理又は改造の効果を確認]

解 説 ▶

(1) 工事担任者規則第4条〔資格者証の種類及び工事の範囲〕に関する問題である。

①：同条の表の規定により、第1級アナログ通信の工事担任者は、アナログ伝送路設備に端末設備等を接続するための工事及び総合デジタル通信用設備に端末設備等を接続するための工事を行い、又は監督することができるとされている。したがって、文章は誤り。

②：同条の表に規定する内容と一致しているので、文章は正しい。

③：同条の表の規定により、第1級デジタル通信の工事担任者は、デジタル伝送路設備に端末設備等を接続するための工事を行い、又は監督することができる。ただし、総合デジタル通信用設備に端末設備等を接続するための工事を除くとされている。したがって、文章は誤り。

④：同条の表の規定により、第2級デジタル通信の工事担任者は、デジタル伝送路設備に端末設備等を接続するための工事(接続点におけるデジタル信号の入出力速度が1Gbit/s以下であって、主としてインターネットに接続するための回線に係るものに限る。)を行い、又は監督することができる。ただし、総合デジタル通信用設備に端末設備等を接続するための工事を除くとされている。したがって、文章は誤り。

よって、解答群の文章のうち、正しいものは、「**第二級アナログ通信の工事担任者は、アナログ伝送路設備に端末設備を接続するための工事のうち、端末設備に収容される電気通信回線の数が1のものに限る工事を行い、又は監督することができる。また、総合デジタル通信用設備に端末設備を接続するための工事のうち、総合デジタル通信回線の数が基本インタフェースで1のものに限る工事を行い、又は監督することができる。**」である。

(2) 工事担任者規則第3条〔工事担任者を要しない工事〕及び第38条〔資格者証の交付〕に関する問題である。

A 第38条第2項に規定する内容と一致しているので、文章は正しい。

B 第3条第一号に規定する内容と一致しているので、文章は正しい。

よって、設問の文章は、**AもBも正しい**。

(3) 端末機器の技術基準適合認定等に関する規則第10条〔表示〕第1項に基づく様式第7号の注4の規定により、技術基準適合認定番号の最初の文字は、端末機器の種類に従い表1に定めるとおりとされている。

この表1より、移動電話用設備(インターネットプロトコル移動電話用設備を除く。)の場合はA、総合デジタル通信用設備の場合はC、専用通信回線設備又はデジタルデータ伝送用設備の場合はDとされているので、①、②、③、④の文章はいずれも正しい。一方、インターネットプロトコル移動電話用設備の場合はFとされているので、⑤の文章は誤りである。

よって、解答群の文章のうち、誤っているものは、「**インターネットプロトコル移動電話用設備に接続される端末機器に表示される技術基準適合認定番号の最初の文字は、Eである。**」である。

(4) 有線電気通信法第3条〔有線電気通信設備の届出〕及び第7条〔設備の改善等の措置〕に関する問題である。

A 第3条第1項の規定により、有線電気通信設備(その設置について総務大臣に届け出る必要のないものを除く。)を設置しようとする者は、有線電気通信の方式の別、設備の設置の場所及び設備の概要を記載した書類を添えて、設置の工事の開始の日の2週間前まで(工事を要しないときは、設置の日から2週間以内)に、その旨を総務大臣に届け出なければならないとされている。したがって、文章は誤り。

B 第7条第1項に規定する内容と一致しているので、文章は正しい。

よって、設問の文章は、**Bのみ正しい**。

(5) 有線電気通信法第6条〔設備の検査等〕第1項の規定により、総務大臣は、有線電気通信法の施行に必要な限度において、有線電気通信設備を設置した者からその設備に関する報告を徴し、又はその職員に、その事務所、営業所、工場若しくは事業場に立ち入り、その**設備若しくは帳簿書類を検査**させることができるとされている。

表1 技術基準適合認定番号の最初の文字

端末機器の種類	記号
(1) アナログ電話用設備又は移動電話用設備に接続される電話機、構内交換設備、ボタン電話装置、変復調装置、ファクシミリその他総務大臣が別に告示する端末機器(インターネットプロトコル移動電話用設備に接続される端末機器を除く)	A
(2) インターネットプロトコル電話用設備に接続される電話機、構内交換設備、ボタン電話装置、符号変換装置、ファクシミリその他の呼の制御を行う端末機器	E
(3) インターネットプロトコル移動電話用設備に接続される端末機器	F
(4) 無線呼出用設備に接続される端末機器	B
(5) 総合デジタル通信用設備に接続される端末機器	C
(6) 専用通信回線設備又はデジタルデータ伝送用設備に接続される端末機器	D

答

(ア)	②
(イ)	③
(ウ)	⑤
(エ)	②
(オ)	①

次の各文章の　　　　　内に、それぞれの［　　］の解答群の中から、「工事担任者規則」、「端末機器の技術基準適合認定等に関する規則」又は「有線電気通信法」に規定する内容に照らして最も適したものを選び、その番号を記せ。　　　　　　　　　　　　　　　　　　　　　　　　　　　　　　　　（小計20点）

(1)　工事担任者規則に規定する「資格者証の種類及び工事の範囲」について述べた次の文章のうち、<u>誤っているもの</u>は、　(ア)　である。　　　　　　　　　　　　　　　　　　　　　　　　　（4点）

①　総合通信の工事担任者は、アナログ伝送路設備又はデジタル伝送路設備に端末設備等を接続するための工事を行い、又は監督することができる。

②　第一級アナログ通信の工事担任者は、アナログ伝送路設備に端末設備等を接続するための工事及び総合デジタル通信用設備に端末設備等を接続するための工事を行い、又は監督することができる。

③　第一級デジタル通信の工事担任者は、デジタル伝送路設備に端末設備等を接続するための工事を行い、又は監督することができる。ただし、総合デジタル通信用設備に端末設備等を接続するための工事を除く。

④　第二級アナログ通信の工事担任者は、アナログ伝送路設備に端末設備を接続するための工事のうち、端末設備に収容される電気通信回線の数が1のものに限る工事を行い、又は監督することができる。また、総合デジタル通信用設備に端末設備を接続するための工事のうち、総合デジタル通信回線の数が基本インタフェースで1のものに限る工事を行い、又は監督することができる。

⑤　第二級デジタル通信の工事担任者は、デジタル伝送路設備に端末設備等を接続するための工事のうち、接続点におけるデジタル信号の入出力速度が毎秒64キロビット以下であって、主としてインターネットに接続するための回線に係るものに限る工事を行い、又は監督することができる。ただし、総合デジタル通信用設備に端末設備等を接続するための工事を除く。

(2)　工事担任者規則に規定する「資格者証の再交付」について述べた次の二つの文章は、　(イ)　。（4点）

A　工事担任者は、資格者証を失ったことが理由で資格者証の再交付の申請をしようとするときは、別に定める様式の申請書に写真1枚を添えて、総務大臣に提出しなければならない。

B　工事担任者は、氏名に変更を生じたときは、別に定める様式の申請書に資格者証及び氏名の変更の事実を証する書類を添えて、氏名に変更を生じた日から30日以内に、総務大臣に提出しなければならない。

　　［①　Aのみ正しい　　②　Bのみ正しい　　③　AもBも正しい　　④　AもBも正しくない］

(3)　端末機器の技術基準適合認定等に関する規則に規定する、端末機器の技術基準適合認定番号について述べた次の文章のうち、正しいものは、　(ウ)　である。　　　　　　　　　　　　　　　　（4点）

①　専用通信回線設備に接続される端末機器に表示される技術基準適合認定番号の最初の文字は、Aである。

②　総合デジタル通信用設備に接続される端末機器に表示される技術基準適合認定番号の最初の文字は、Bである。

③　移動電話用設備（インターネットプロトコル移動電話用設備を除く。）に接続される端末機器に表示される技術基準適合認定番号の最初の文字は、Cである。

④　インターネットプロトコル移動電話用設備に接続される端末機器に表示される技術基準適合認定番号の最初の文字は、Dである。

⑤　インターネットプロトコル電話用設備に接続される端末機器に表示される技術基準適合認定番号の最初の文字は、Eである。

(4)　有線電気通信設備（その設置について総務大臣に届け出る必要のないものを除く。）を設置した者は、有線電気通信の方式の別、設備の設置の場所又は設備の概要に係る事項を変更しようとするときは、変更の工事の開始の日の2週間前までに、工事を要しないときは、　(エ)　に、その旨を総務大臣に届け出なければならない。　　　　　　　　　　　　　　　　　　　　　　　　　　　　　　　　　　　　（4点）

　　［①　変更の日の1週間前まで　　②　使用を開始する日の10日前まで
　　③　変更の日から2週間以内　　④　使用を開始した日から10日以内］

(5)　有線電気通信法に規定する「設備の改善等の措置」及び「非常事態における通信の確保」について述べた次の二つの文章は、　(オ)　。　　　　　　　　　　　　　　　　　　　　　　　　　　　　（4点）

A　総務大臣は、有線電気通信設備（政令で定めるものを除く。）を設置した者に対し、その設備が有線電気通信法の規定に基づく政令で定める技術基準に適合しないため他人の設置する有線電気通信設備に妨害を与え、又は人体に危害を及ぼし、若しくは物件に損傷を与えると認めるときは、その妨害、危害又は損傷の防止又は除去のため必要な限度において、その設備の使用の停止又は改造、修理その他の措置を命ずることができる。

B　総務大臣は、天災、事変その他の非常事態が発生し、又は発生するおそれがあるときは、有線電気通信設備を設置した者に対し、災害の予防若しくは救援、交通、通信若しくは電力の供給の確保若しくは秩序の維持のために必要な通信を行い、又はこれらの通信を行うためその有線電気通信設備を設置した者に検査させ、その設備の改善措置をとるべきことを命ずることができる。

　　〔①　Aのみ正しい　　②　Bのみ正しい　　③　AもBも正しい　　④　AもBも正しくない〕

解説

(1)　工事担任者規則第4条〔資格者証の種類及び工事の範囲〕に関する問題である。

①～④：同条の表に規定する内容と一致しているので、文章は正しい。

⑤：同条の表の規定により、第2級デジタル通信の工事担任者は、デジタル伝送路設備に端末設備等を接続するための工事（接続点におけるデジタル信号の入出力速度が<u>1Gbit/s以下</u>であって、主としてインターネットに接続するための回線に係るものに限る。）を行い、又は監督することができる。ただし、総合デジタル通信用設備に端末設備等を接続するための工事を除くとされている。したがって、文章は誤り。

よって、解答群の文章のうち、<u>誤っているもの</u>は、「**第二級デジタル通信の工事担任者は、デジタル伝送路設備に端末設備等を接続するための工事のうち、接続点におけるデジタル信号の入出力速度が毎秒64キロビット以下であって、主としてインターネットに接続するための回線に係るものに限る工事を行い、又は監督することができる。ただし、総合デジタル通信用設備に端末設備等を接続するための工事を除く。**」である。

(2)　工事担任者規則第40条〔資格者証の再交付〕第1項に関する問題である。

A　同項に規定する内容と一致しているので、文章は正しい。

B　同項の規定により、工事担任者は、氏名に変更を生じたときは、別表第12号に定める様式の申請書に、資格者証、<u>写真1枚</u>及び氏名の変更の事実を証する書類を添えて、総務大臣に提出しなければならないとされている。なお、総務大臣への提出は、特に期限は設けられていない。したがって、文章は誤り。

よって、設問の文章は、**Aのみ正しい**。

(3)　端末機器の技術基準適合認定等に関する規則第10条〔表示〕第1項に基づく様式第7号の注4の規定により、技術基準適合認定番号の最初の文字は、端末機器の種類に従い表1に定めるとおりとされている。

この表1より、専用通信回線設備の場合は<u>D</u>、総合デジタル通信用設備の場合は<u>C</u>、移動電話用設備（インターネットプロトコル移動電話用設備を除く。）の場合は<u>A</u>、インターネットプロトコル移動電話用設備の場合は<u>F</u>とされているので、①、②、③、④の文章はいずれも誤りである。一方、インターネットプロトコル電話用設備の場合はEとされているので、⑤の文章は正しい。

よって、解答群の文章のうち、正しいものは、「**インターネットプロトコル電話用設備に接続される端末機器に表示される技術基準適合認定番号の最初の文字は、Eである。**」である。

表1　技術基準適合認定番号の最初の文字

端末機器の種類	記号
(1)　アナログ電話用設備又は移動電話用設備に接続される電話機、構内交換設備、ボタン電話装置、変復調装置、ファクシミリその他総務大臣が別に告示する端末機器（インターネットプロトコル移動電話用設備に接続される端末機器を除く）	A
(2)　インターネットプロトコル電話用設備に接続される電話機、構内交換設備、ボタン電話装置、符号変換装置、ファクシミリその他呼の制御を行う端末機器	E
(3)　インターネットプロトコル移動電話用設備に接続される端末機器	F
(4)　無線呼出用設備に接続される端末機器	B
(5)　総合デジタル通信用設備に接続される端末機器	C
(6)　専用通信回線設備又はデジタルデータ伝送用設備に接続される端末機器	D

(4)　有線電気通信法第3条〔有線電気通信設備の届出〕第3項の規定により、有線電気通信設備（その設置について総務大臣に届け出る必要のないものを除く。）を設置した者は、有線電気通信の方式の別、設備の設置の場所又は設備の概要に係る事項を変更しようとするときは、変更の工事の開始の日の2週間前まで（工事を要しないときは、**変更の日から2週間以内**）に、その旨を総務大臣に届け出なければならないとされている。

(5)　有線電気通信法第7条〔設備の改善等の措置〕及び第8条〔非常事態における通信の確保〕に関する問題である。

A　第7条第1項に規定する内容と一致しているので、文章は正しい。

B　第8条第1項の規定により、総務大臣は、天災、事変その他の非常事態が発生し、又は発生するおそれがあるときは、有線電気通信設備を設置した者に対し、災害の予防若しくは救援、交通、通信若しくは電力の供給の確保若しくは秩序の維持のために必要な通信を行い、又はこれらの通信を行うためその有線電気通信設備を<u>他の者に使用させ、若しくはこれを他の有線電気通信設備に接続すべきこと</u>を命ずることができるとされている。したがって、文章は誤り。

よって、設問の文章は、**Aのみ正しい**。

法規

2 工担者規則、認定等規則、有線電気通信法

答	
(ア)	⑤
(イ)	①
(ウ)	⑤
(エ)	③
(オ)	①

次の各文章の 内に、それぞれの[ ]の解答群の中から、「工事担任者規則」、「端末機器の技術基準適合認定等に関する規則」又は「有線電気通信法」に規定する内容に照らして最も適したものを選び、その番号を記せ。ただし、 内の同じ記号は、同じ解答を示す。 （小計20点）

(1) 工事担任者規則に規定する「資格者証の種類及び工事の範囲」について述べた次の文章のうち、正しいものは、 (ア) である。 （4点）

> ① 第一級アナログ通信の工事担任者は、アナログ伝送路設備又はデジタル伝送路設備に端末設備等を接続するための工事を行い、又は監督することができる。
>
> ② 第二級アナログ通信の工事担任者は、アナログ伝送路設備に端末設備を接続するための工事のうち、端末設備に収容される電気通信回線の数が1のものに限る工事を行い、又は監督することができる。また、総合デジタル通信用設備に端末設備を接続するための工事のうち、総合デジタル通信回線の数が毎秒64キロビット換算で1のものに限る工事を行い、又は監督することができる。
>
> ③ 第一級デジタル通信の工事担任者は、デジタル伝送路設備に端末設備等を接続するための工事及び総合デジタル通信用設備に端末設備等を接続するための工事を行い、又は監督することができる。
>
> ④ 第二級デジタル通信の工事担任者は、デジタル伝送路設備に端末設備等を接続するための工事のうち、接続点におけるデジタル信号の入出力速度が毎秒1ギガビット以下であって、主としてインターネットに接続するための回線に係るものに限る工事を行い、又は監督することができる。ただし、総合デジタル通信用設備に端末設備等を接続するための工事を除く。

(2) 工事担任者規則に規定する「資格者証の返納」及び「資格者証の再交付」について述べた次の二つの文章は、 (イ) 。 （4点）

A 工事担任者資格者証の返納を命ぜられた者は、その処分を受けた日から30日以内にその資格者証を総務大臣に返納しなければならない。資格者証の再交付を受けた後失った資格者証を発見したときも同様とする。

B 工事担任者は、住所に変更を生じたときは、別に定める様式の申請書に、資格者証、写真1枚及び住所の変更の事実を証する書類を添えて、総務大臣に提出しなければならない。

> [① Aのみ正しい ② Bのみ正しい ③ AもBも正しい ④ AもBも正しくない]

(3) 端末機器の技術基準適合認定等に関する規則の「表示」において、技術基準適合認定をした旨の表示を付するときは、表示を技術基準適合認定を受けた端末機器の見やすい箇所に付す方法（当該表示を付すことが困難又は不合理である端末機器にあっては、当該端末機器に付属する取扱説明書及び包装又は容器の見やすい箇所に付す方法）、表示を技術基準適合認定を受けた端末機器に電磁的方法により記録し、当該端末機器の (ウ) に直ちに明瞭な状態で表示することができるようにする方法、又は表示を技術基準適合認定を受けた端末機器に電磁的方法により記録し、当該表示を特定の操作によって当該端末機器に接続した製品の (ウ) に直ちに明瞭な状態で表示することができるようにする方法のいずれかによるものとすると規定されている。 （4点）

> [① 映像面 ② 監視装置 ③ 天板面 ④ 操作卓 ⑤ 筐体カバー]

(4) 有線電気通信法は、有線電気通信設備の設置及び使用を規律し、有線電気通信に関する秩序を確立することによって、 (エ) することを目的とする。 （4点）

> ① 電気通信事業の健全な発展に寄与 ② 公共の福祉の増進に寄与
> ③ 高度情報通信社会の構築を推進 ④ 利用者の利益を保護
> ⑤ 電気通信役務の公平かつ安定的な提供を確保

(5) 有線電気通信法の「技術基準」において、政令で定める技術基準は、これにより次の事項が確保されるものとして定められなければならないと規定されている。

（ⅰ） 有線電気通信設備は、 (オ) 有線電気通信設備に妨害を与えないようにすること。

（ⅱ） 有線電気通信設備は、人体に危害を及ぼし、又は物件に損傷を与えないようにすること。 （4点）

> [① 無線設備と接続する ② 設置基準に適合した ③ 重要通信を取り扱う
> ④ 電気通信事業者が保有する ⑤ 他人の設置する]

解 説

(1) 工事担任者規則第4条〔資格者証の種類及び工事の範囲〕に関する問題である。

　①：同条の表の規定により、第1級アナログ通信の工事担任者は、<u>アナログ伝送路設備に端末設備等を接続するための工事及び総合デジタル通信用設備に端末設備等を接続するための工事</u>を行い、又は監督することができるとされている。したがって、文章は誤り。

　②：同条の表の規定により、第2級アナログ通信の工事担任者は、アナログ伝送路設備に端末設備を接続するための工事（端末設備に収容される電気通信回線の数が1のものに限る。）及び総合デジタル通信用設備に端末設備を接続するための工事（総合デジタル通信回線の数が<u>基本インタフェース</u>で1のものに限る。）を行い、又は監督することができるとされている。したがって、文章は誤り。

　③：同条の表の規定により、第1級デジタル通信の工事担任者は、デジタル伝送路設備に端末設備等を接続するための工事を行い、又は監督することができる。<u>ただし、総合デジタル通信用設備に端末設備等を接続するための工事を除く</u>とされている。したがって、文章は誤り。

　④：同条の表に規定する内容と一致しているので、文章は正しい。

　よって、解答群の文章のうち、正しいものは、「**第二級デジタル通信の工事担任者は、デジタル伝送路設備に端末設備等を接続するための工事のうち、接続点におけるデジタル信号の入出力速度が毎秒1ギガビット以下であって、主としてインターネットに接続するための回線に係るものに限る工事を行い、又は監督することができる。ただし、総合デジタル通信用設備に端末設備等を接続するための工事を除く。**」である。

(2) 工事担任者規則第40条〔資格者証の再交付〕及び第41条〔資格者証の返納〕に関する問題である。

A　第41条の規定により、工事担任者資格者証の交付を受けている者が電気通信事業法又は同法に基づく命令の規定に違反して、総務大臣から資格者証の返納を命ぜられたときは、その処分を受けた日から<u>10日以内</u>にその資格者証を総務大臣に返納しなければならない。資格者証の再交付を受けた後失った資格者証を発見したときも同様とするとされている。したがって、文章は誤り。

B　第40条第1項の規定により、工事担任者は、<u>氏名</u>に変更を生じたとき又は資格者証を汚し、破り若しくは失ったために資格者証の再交付の申請をしようとするときは、別表第12号に定める様式の申請書に次に掲げる書類を添えて、総務大臣に提出しなければならないとされている。

　　一　資格者証（資格者証を失った場合を除く。）
　　二　写真1枚
　　三　<u>氏名</u>の変更の事実を証する書類（氏名に変更を生じたときに限る。）

　上記より、住所の変更は、資格者証の再交付の要件とはならないことがわかる（そもそも、資格者証には住所を記載する欄がない）。したがって、文章は誤り。

　よって、設問の文章は、**AもBも正しくない**。

(3) 端末機器の技術基準適合認定等に関する規則第10条〔表示〕第1項の規定により、技術基準適合認定をした旨の表示を付するときは、次に掲げる方法のいずれかによるものとするとされている。

　　一　様式第7号による表示を技術基準適合認定を受けた端末機器の見やすい箇所に付す方法（当該表示を付すことが困難又は不合理である端末機器にあっては、当該端末機器に付属する取扱説明書及び包装又は容器の見やすい箇所に付す方法）

　　二　様式第7号による表示を技術基準適合認定を受けた端末機器に電磁的方法（電子的方法、磁気的方法その他の人の知覚によっては認識することができない方法をいう。以下同じ。）により記録し、当該端末機器の**映像面**に直ちに明瞭な状態で表示することができるようにする方法

　　三　様式第7号による表示を技術基準適合認定を受けた端末機器に電磁的方法により記録し、当該表示を特定の操作によって当該端末機器に接続した製品の**映像面**に直ちに明瞭な状態で表示することができるようにする方法

(4) 有線電気通信法第1条〔目的〕の規定により、有線電気通信法は、有線電気通信設備の設置及び使用を規律し、有線電気通信に関する秩序を確立することによって、**公共の福祉の増進に寄与**することを目的とするとされている。

　有線電気通信法は、他に妨害を与えない限り有線電気通信設備の設置を自由とすることを基本理念としており、総務大臣への設置の届出、技術基準への適合義務等を規定することにより秩序が保たれるよう規律されている。

(5) 有線電気通信法第5条〔技術基準〕第2項の規定により、有線電気通信設備（政令で定めるものを除く。）の技術基準は、これにより次の事項が確保されるものとして定められなければならないとされている。

　　一　有線電気通信設備は、**他人の設置する**有線電気通信設備に妨害を与えないようにすること。
　　二　有線電気通信設備は、人体に危害を及ぼし、又は物件に損傷を与えないようにすること。

答

(ｱ)	④
(ｲ)	④
(ｳ)	①
(ｴ)	②
(ｵ)	⑤

総則

●用語の定義（第2条）

電話用設備	電気通信事業の用に供する電気通信回線設備であって、主として音声の伝送交換を目的とする電気通信役務の用に供するもの
アナログ電話用設備	電話用設備であって、端末設備又は自営電気通信設備を接続する点においてアナログ信号を入出力とするもの
アナログ電話端末	端末設備であって、アナログ電話用設備に接続される点において2線式の接続形式で接続されるもの
移動電話用設備	電話用設備であって、端末設備又は自営電気通信設備との接続において電波を使用するもの
移動電話端末	端末設備であって、移動電話用設備（インターネットプロトコル移動電話用設備を除く。）に接続されるもの
インターネットプロトコル電話用設備	電話用設備（電気通信番号規則別表第一号に掲げる固定電話番号を使用して提供する音声伝送役務の用に供するものに限る。）であって、端末設備又は自営電気通信設備との接続においてインターネットプロトコルを使用するもの
インターネットプロトコル電話端末	端末設備であって、インターネットプロトコル電話用設備に接続されるもの
インターネットプロトコル移動電話用設備	移動電話用設備（電気通信番号規則別表第四号に掲げる音声伝送携帯電話番号を使用して提供する音声伝送役務の用に供するものに限る。）であって、端末設備又は自営電気通信設備との接続においてインターネットプロトコルを使用するもの
インターネットプロトコル移動電話端末	端末設備であって、インターネットプロトコル移動電話用設備に接続されるもの
無線呼出用設備	電気通信事業の用に供する電気通信回線設備であって、無線によって利用者に対する呼出し（これに付随する通報を含む。）を行うことを目的とする電気通信役務の用に供するもの
無線呼出端末	端末設備であって、無線呼出用設備に接続されるもの
総合デジタル通信用設備	電気通信事業の用に供する電気通信回線設備であって、主として64kbit/sを単位とするデジタル信号の伝送速度により、符号、音声、その他の音響又は影像を統合して伝送交換することを目的とする電気通信役務の用に供するもの

総合デジタル通信端末	端末設備であって、総合デジタル通信用設備に接続されるもの
専用通信回線設備	電気通信事業の用に供する電気通信回線設備であって、特定の利用者に当該設備を専用させる電気通信役務の用に供するもの
デジタルデータ伝送用設備	電気通信事業の用に供する電気通信回線設備であって、デジタル方式により、専ら符号又は影像の伝送交換を目的とする電気通信役務の用に供するもの
専用通信回線設備等端末	端末設備であって、専用通信回線設備又はデジタルデータ伝送用設備に接続されるもの
発信	通信を行う相手を呼び出すための動作
応答	電気通信回線からの呼出しに応ずるための動作
選択信号	主として相手の端末設備を指定するために使用する信号
直流回路	端末設備又は自営電気通信設備を接続する点において2線式の接続形式を有するアナログ電話用設備に接続して電気通信事業者の交換設備の動作の開始及び終了の制御を行うための回路
絶対レベル	一の皮相電力の1mWに対する比をデシベルで表したもの
通話チャネル	移動電話用設備と移動電話端末又はインターネットプロトコル移動電話端末の間に設定され、主として音声の伝送に使用する通信路
制御チャネル	移動電話用設備と移動電話端末又はインターネットプロトコル移動電話端末の間に設定され、主として制御信号の伝送に使用する通信路
呼設定用メッセージ	呼設定メッセージ又は応答メッセージ
呼切断用メッセージ	切断メッセージ、解放メッセージ又は解放完了メッセージ

責任の分界

●責任の分界（第3条）

利用者の接続する端末設備は、事業用電気通信設備との責任の分界を明確にするため、事業用電気通信設備との間に分界点を有しなければならない。

分界点における接続の方式は、端末設備を電気通信回線ごとに事業用電気通信設備から容易に切り離せるものでなければならない。

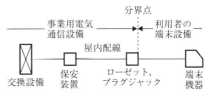

図1　分界点の位置（例）

安全性等

●漏えいする通信の識別禁止（第4条）

端末設備は、事業用電気通信設備から漏えいする通信の内容を意図的に識別する機能を有してはならない。

●鳴音の発生防止（第5条）

端末設備は、事業用電気通信設備との間で鳴音（電気的又は音響的結合により生ずる発振状態）を発生することを防止するために総務大臣が別に告示する条件を満たすものでなければならない。

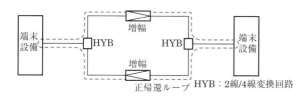

図2　鳴音の発生原理

●絶縁抵抗及び絶縁耐力、接地抵抗（第6条）

・絶縁抵抗及び絶縁耐力

端末設備の機器は、その電源回路と筐体及びその電源回路と事業用電気通信設備との間において次の絶縁抵抗と絶縁耐力を有しなければならない。

使用電圧	絶縁抵抗又は絶縁耐力
300V以下	0.2MΩ以上
300Vを超え750V以下の直流	0.4MΩ以上
300Vを超え600V以下の交流	
750Vを超える直流	使用電圧の1.5倍の電圧を連続して10分間加えても耐えること
600Vを超える交流	

・接地抵抗

端末設備の機器の金属製の台及び筐体は、接地抵抗が100Ω以下となるように接地しなければならない。ただし、安全な場所に危険のないように設置する場合を除く。

●過大音響衝撃の発生防止（第7条）

通話機能を有する端末設備は、通話中に受話器から過大な音響衝撃が発生することを防止する機能を備えなければならない。

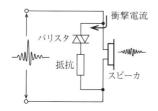

図3　受話音響衝撃防止回路

●配線設備等（第8条）

・**評価雑音電力**　通信回線が受ける妨害であって人間の聴覚率を考慮して定められる実効的雑音電力（誘導によるものを含む。）

　　－64dBm以下（定常時）
　　－58dBm以下（最大時）

・**絶縁抵抗**　直流200V以上の一の電圧で測定して1MΩ以上

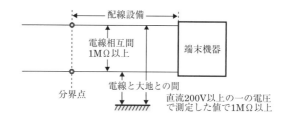

図4　配線設備の絶縁抵抗

●端末設備内において電波を使用する端末設備（第9条）

端末設備を構成する一の部分と他の部分相互間において電波を使用する端末設備は、次の条件に適合しなければならない。

①総務大臣が別に告示する条件に適合する識別符号（端末設備に使用される無線設備を識別するための符号であって、通信路の設定に当たってその照合が行われるものをいう。）を有すること。

②使用する電波の周波数が空き状態であるかどうかについて、総務大臣が別に告示するところにより判定を行い、空き状態である場合にのみ通信路を設定すること。ただし、総務大臣が別に告示するものを除く。

③使用される無線設備は、総務大臣が告示するものを除き、一の筐体に収められており、かつ、容易に開けることができないこと。一の筐体に収めることを要しない無線設備の装置には、電源装置、送話器及び受話器などがある。

法規

3　端末設備等規則（Ⅰ）

次の各文章の　　　　　内に、それぞれの[　　]の解答群の中から、「端末設備等規則」に規定する内容に照らして最も適したものを選び、その番号を記せ。　(小計20点)

(1) 用語について述べた次の文章のうち、正しいものは、　(ア)　である。　(4点)

　① アナログ電話用設備とは、電話用設備であって、端末設備又は自営電気通信設備を接続する点において音声信号を入出力とするものをいう。

　② インターネットプロトコル移動電話端末とは、端末設備であって、インターネットプロトコル移動電話用設備又はデジタルデータ伝送用設備に接続されるものをいう。

　③ 総合デジタル通信用設備とは、電気通信事業の用に供する電気通信回線設備であって、主として64キロビット毎秒を単位とするデジタル信号の伝送速度により、符号、音声その他の音響又は影像を統合して伝送交換することを目的とする電気通信役務の用に供するものをいう。

　④ デジタルデータ伝送用設備とは、電気通信事業の用に供する電気通信回線設備であって、デジタル方式により、専ら音響又は影像の伝送交換を目的とする電気通信役務の用に供するものをいう。

　⑤ 直流回路とは、端末設備又は自営電気通信設備を接続する点においてプラグジャック方式の接続形式を有するアナログ電話用設備に接続して電気通信事業者の交換設備の動作の開始及び終了の制御を行うための回路をいう。

(2) 安全性等及び責任の分界について述べた次の二つの文章は、　(イ)　。　(4点)

　A 通話機能を有する端末設備は、通話中に受話器から過大な誘導雑音が発生することを防止する機能を備えなければならない。

　B 利用者の接続する端末設備は、事業用電気通信設備との責任の分界を明確にするため、事業用電気通信設備との間に分界点を有しなければならない。

　　　[① Aのみ正しい　② Bのみ正しい　③ AもBも正しい　④ AもBも正しくない]

(3) 「配線設備等」において、配線設備等の電線相互間及び電線と大地間の絶縁抵抗は、直流　(ウ)　ボルト以上の一の電圧で測定した値で1メガオーム以上でなければならないと規定されている。　(4点)

　　　[① 100　② 150　③ 200　④ 300　⑤ 600]

(4) 「鳴音の発生防止」について述べた次の二つの文章は、　(エ)　。　(4点)

　A 端末設備は、事業用電気通信設備との間で鳴音を発生することを防止するために総務大臣が別に告示する条件を満たすものでなければならない。

　B 鳴音とは、電気的又は光学的結合により生ずる発振状態をいう。

　　　[① Aのみ正しい　② Bのみ正しい　③ AもBも正しい　④ AもBも正しくない]

(5) 端末設備を構成する一の部分と他の部分相互間において電波を使用する端末設備が有しなければならない識別符号とは、端末設備に使用される無線設備を識別するための符号であって、通信路の設定に当たってその　(オ)　が行われるものをいう。　(4点)

　　　[① 選　択　② 受　信　③ 送　信　④ 登　録　⑤ 照　合]

解 説

(1) 端末設備等規則第2条〔定義〕第2項に関する問題である。

①：同項第二号の規定により、アナログ電話用設備とは、電話用設備であって、端末設備又は自営電気通信設備を接続する点において<u>アナログ信号を入出力とするもの</u>をいうとされているので、文章は誤り。

②：同項第九号の規定により、インターネットプロトコル移動電話端末とは、端末設備であって、<u>インターネットプロトコル移動電話用設備に接続されるもの</u>をいうとされているので、文章は誤り。インターネットプロトコル移動電話端末とは、IP移動電話（VoLTE：Voice over LTE）システムに対応した電話機のことを指す。

③：同項第十二号に規定する内容と一致しているので、文章は正しい。総合デジタル通信用設備とは、ISDN（Integrated Services Digital Network）のことを指す。

④：同項第十五号の規定により、デジタルデータ伝送用設備とは、電気通信事業の用に供する電気通信回線設備であって、デジタル方式により、専ら<u>符号又は影像</u>の伝送交換を目的とする電気通信役務の用に供するものをいうとされているので、文章は誤り。

⑤：同項第二十号の規定により、直流回路とは、端末設備又は自営電気通信設備を接続する点において<u>2線式の接続</u>形式を有するアナログ電話用設備に接続して電気通信事業者の交換設備の動作の開始及び終了の制御を行うための回路をいうとされているので、文章は誤り。

よって、解答群の文章のうち、正しいものは、「**総合デジタル通信用設備とは、電気通信事業の用に供する電気通信回線設備であって、主として64キロビット毎秒を単位とするデジタル信号の伝送速度により、符号、音声その他の音響又は影像を統合して伝送交換することを目的とする電気通信役務の用に供するものをいう。**」である。

(2) 端末設備等規則第3条〔責任の分界〕及び第7条〔過大音響衝撃の発生防止〕に関する問題である。

A　第7条の規定により、通話機能を有する端末設備は、通話中に受話器から過大な<u>音響衝撃</u>が発生することを防止する機能を備えなければならないとされているので、文章は誤り。

B　第3条第1項に規定する内容と一致しているので、文章は正しい。本条は、故障時に、その原因が利用者側の設備にあるのか事業者側の設備にあるのかを判別できるようにすることを目的としている。一般的には、保安装置、ローゼット、プラグジャックなどが分界点となる（図1）。

よって、設問の文章は、**Bのみ正しい**。

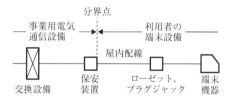

図1　分界点の例

(3) 端末設備等規則第8条〔配線設備等〕第二号の規定により、配線設備等の電線相互間及び電線と大地間の絶縁抵抗は、直流**200V**以上の一の電圧で測定した値で1MΩ以上でなければならないとされている。「配線設備等」とは、利用者が端末設備を事業用電気通信設備に接続する際に使用する線路及び保安器その他の機器のことをいう。

(4) 端末設備等規則第5条〔鳴音の発生防止〕の規定により、端末設備は、事業用電気通信設備との間で鳴音（電気的又は音響的結合により生ずる発振状態をいう。）を発生することを防止するために総務大臣が別に告示する条件を満たすものでなければならないとされている。よって、設問の文章は、**Aのみ正しい**。

鳴音（ハウリング）の発生を防止するために、総務大臣が告示で条件を定めている。具体的には、鳴音の発生原因に着目し、端末設備に入力した信号に対する反射した信号の割合（リターンロス）を規定しており、その値を原則2dB以上としている。

(5) 端末設備等規則第9条〔端末設備内において電波を使用する端末設備〕第一号の規定により、端末設備を構成する一の部分と他の部分相互間において電波を使用する端末設備が有しなければならない識別符号とは、端末設備に使用される無線設備を識別するための符号であって、通信路の設定に当たってその<u>照合</u>が行われるものをいうとされている。

本条は、コードレス電話や無線LAN端末のように親機と子機との間で電波を使用するものに適用される規定である。コードレス電話などでは、親機と子機の間で、誤接続や誤課金の発生を防ぐため、識別符号（IDコード）の照合を行ってから通信路を設定するようにしている。

答

㋐	③
㋑	②
㋒	③
㋓	①
㋔	⑤

次の各文章の 内に、それぞれの[ ]の解答群の中から、「端末設備等規則」に規定する内容に照らして最も適したものを選び、その番号を記せ。 (小計20点)

(1) 用語について述べた次の文章のうち、正しいものは、 (ア) である。 (4点)

[
① 移動電話用設備とは、電話用設備であって、端末設備又は電気通信回線設備との接続において電波を使用するものをいう。

② インターネットプロトコル電話用設備とは、電話用設備(電気通信番号規則別表に掲げる固定電話番号を使用して提供する音声伝送役務の用に供するものに限る。)であって、端末設備又は自営電気通信設備との接続においてメディアコンバータを必要とするものをいう。

③ 総合デジタル通信用設備とは、電気通信事業の用に供する電気通信回線設備であって、主として32キロビット毎秒を単位とするデジタル信号の伝送速度により、符号、音声その他の音響又は影像を統合して伝送交換することを目的とする電気通信役務の用に供するものをいう。

④ デジタルデータ伝送用設備とは、電気通信事業の用に供する電気通信回線設備であって、デジタル方式により、専ら符号又は影像の伝送交換を目的とする電気通信役務の用に供するものをいう。

⑤ 専用通信回線設備とは、電気通信事業の用に供する電気通信回線設備であって、優先順位の高い者に当該設備を専用させる電気通信役務の用に供するものをいう。
]

(2) 安全性等及び責任の分界について述べた次の二つの文章は、 (イ) 。 (4点)

A 端末設備は、事業用電気通信設備との間でエコー(電気的又は音響的結合により生ずる発振状態をいう。)を発生することを防止するために総務大臣が別に告示する条件を満たすものでなければならない。

B 分界点における接続の方式は、端末設備を電気通信回線ごとに事業用電気通信設備から容易に切り離せるものでなければならない。

[① Aのみ正しい ② Bのみ正しい ③ AもBも正しい ④ AもBも正しくない]

(3) 安全性等について述べた次の文章のうち、誤っているものは、 (ウ) である。 (4点)

[
① 端末設備は、事業用電気通信設備から漏えいする通信の内容を意図的に識別する機能を有してはならない。

② 端末設備の機器は、その電源回路と筐体及びその電源回路と事業用電気通信設備との間において、使用電圧が300ボルト以下の場合にあっては、0.2メガオーム以上であり、300ボルトを超え750ボルト以下の直流及び300ボルトを超え600ボルト以下の交流の場合にあっては、0.4メガオーム以上である絶縁抵抗を有しなければならない。

③ 端末設備の機器は、その電源回路と筐体及びその電源回路と事業用電気通信設備との間において、使用電圧が750ボルトを超える直流及び600ボルトを超える交流の場合にあっては、その使用電圧の1.5倍の電圧を連続して10分間加えたときこれに耐える絶縁耐力を有しなければならない。

④ 端末設備の機器の金属製の台及び筐体は、接地抵抗が100オーム以下となるように接地しなければならない。ただし、安全な場所に危険のないように設置する場合にあっては、この限りでない。

⑤ 通話機能を有する端末設備は、通話中に受話器から過大な誘導雑音が発生することを防止する機能を備えなければならない。
]

(4) 利用者が端末設備を事業用電気通信設備に接続する際に使用する線路及び保安器その他の機器と強電流電線との関係については、 (エ) の規定に適合するものでなければならない。 (4点)

[① 電気通信事業法施行令 ② 電気通信事業法施行規則 ③ 有線電気通信設備令
④ 事業用電気通信設備規則 ⑤ 端末機器の技術基準適合認定等に関する規則]

(5) 端末設備を構成する一の部分と他の部分相互間において電波を使用する端末設備は、使用する (オ) が空き状態であるかどうかについて、総務大臣が別に告示するところにより判定を行い、空き状態である場合にのみ通信路を設定するものでなければならない。ただし、総務大臣が別に告示するものについては、

この限りでない。 (4点)

　　［①　電波の周波数　　②　通話路　　③　電波の伝搬路　　④　親局設備　　⑤　制御回路］

解　説

(1) 端末設備等規則第2条〔定義〕第2項に関する問題である。
　①：同項第四号の規定により、移動電話用設備とは、電話用設備であって、端末設備又は<u>自営電気通信設備</u>との接続において電波を使用するものをいうとされているので、文章は誤り。移動電話用設備とは、携帯無線通信の電話網のことを指す。
　②：同項第六号の規定により、インターネットプロトコル電話用設備とは、電話用設備（電気通信番号規則別表第1号に掲げる固定電話番号を使用して提供する音声伝送役務の用に供するものに限る。）であって、端末設備又は自営電気通信設備との接続において<u>インターネットプロトコルを使用する</u>ものをいうとされているので、文章は誤り。インターネットプロトコル電話用設備とは、IP電話サービスの設備のことを指す。
　③：同項第十二号の規定により、総合デジタル通信用設備とは、電気通信事業の用に供する電気通信回線設備であって、主として<u>64kbit/s</u>を単位とするデジタル信号の伝送速度により、符号、音声その他の音響又は影像を統合して伝送交換することを目的とする電気通信役務の用に供するものをいうとされているので、文章は誤り。
　④：同項第十五号に規定する内容と一致しているので、文章は正しい。デジタルデータ伝送用設備とは、デジタルデータのみを扱う交換網や通信回線のことを指す。
　⑤：同項第十四号の規定により、専用通信回線設備とは、電気通信事業の用に供する電気通信回線設備であって、<u>特定の利用者に当該設備を専用させる</u>電気通信役務の用に供するものをいうとされているので、文章は誤り。専用通信回線設備とは、いわゆる専用線のことをいい、特定の利用者間に設置され、その利用者のみがサービスを専有する。
　よって、解答群の文章のうち、正しいものは、「**デジタルデータ伝送用設備とは、電気通信事業の用に供する電気通信回線設備であって、デジタル方式により、専ら符号又は影像の伝送交換を目的とする電気通信役務の用に供するものをいう。**」である。

(2) 端末設備等規則第3条〔責任の分界〕及び第5条〔鳴音の発生防止〕に関する問題である。
　A　第5条の規定により、端末設備は、事業用電気通信設備との間で<u>鳴音</u>（電気的又は音響的結合により生ずる発振状態をいう。）を発生することを防止するために総務大臣が別に告示する条件を満たすものでなければならないとされているので、文章は誤り。鳴音とは、ハウリングのことをいう。
　B　第3条第2項に規定する内容と一致しているので、文章は正しい。分界点の例として、保安装置、ローゼット、プラグジャックなどが挙げられる。
　よって、設問の文章は、**Bのみ正しい。**

(3) 端末設備等規則第4条〔漏えいする通信の識別禁止〕、第6条〔絶縁抵抗等〕及び第7条〔過大音響衝撃の発生防止〕に関する問題である。
　①～④：①は第4条、②は第6条第1項第一号、③は第6条第1項第二号、④は第6条第2項に規定する内容と一致しているので、いずれも文章は正しい。
　⑤：第7条の規定により、通話機能を有する端末設備は、通話中に受話器から過大な<u>音響衝撃</u>が発生することを防止する機能を備えなければならないとされているので、文章は誤り。
　よって、解答群の文章のうち、<u>誤っているもの</u>は、「**通話機能を有する端末設備は、通話中に受話器から過大な誘導雑音が発生することを防止する機能を備えなければならない。**」である。

(4) 端末設備等規則第8条〔配線設備等〕第三号の規定により、利用者が端末設備を事業用電気通信設備に接続する際に使用する線路及び保安器その他の機器（以下「配線設備等」という。）と強電流電線との関係については**有線電気通信設備令**第11条から第15条まで及び第18条に適合するものでなければならないとされている。

(5) 端末設備等規則第9条〔端末設備内において電波を使用する端末設備〕第二号の規定により、端末設備を構成する一の部分と他の部分相互間において電波を使用する端末設備は、使用する**電波の周波数**が空き状態であるかどうかについて、総務大臣が別に告示するところにより判定を行い、空き状態である場合にのみ通信路を設定するものでなければならない。ただし、総務大臣が別に告示するものについては、この限りでないとされている。
　既に使われている周波数の電波を発射すると混信が生じるので、使用する電波の周波数が空き状態であることをあらかじめ確認してから通信路を設定するようにしている。

法 規

3　端末設備等規則（Ⅰ）

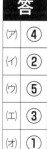

答	
㋐	④
㋑	②
㋒	⑤
㋓	③
㋔	①

次の各文章の 内に、それぞれの[ ]の解答群の中から、「端末設備等規則」に規定する内容に照らして最も適したものを選び、その番号を記せ。 (小計20点)

(1) 用語について述べた次の文章のうち、誤っているものは、 (ア) である。 (4点)

　　① アナログ電話用設備とは、電話用設備であって、端末設備又は自営電気通信設備を接続する点においてアナログ信号を入出力とするものをいう。

　　② 移動電話端末とは、端末設備であって、移動電話用設備(インターネットプロトコル移動電話用設備を除く。)に接続されるものをいう。

　　③ インターネットプロトコル移動電話端末とは、端末設備であって、インターネットプロトコル移動電話用設備に接続されるものをいう。

　　④ 制御チャネルとは、移動電話用設備と移動電話端末又はインターネットプロトコル移動電話端末の間に設定され、主として制御信号の伝送に使用する通信路をいう。

　　⑤ 直流回路とは、端末設備又は自営電気通信設備を接続する点においてプラグジャック方式の接続形式を有するアナログ電話用設備に接続して電気通信事業者の交換設備の動作の開始及び終了の制御を行うための回路をいう。

(2) 「絶縁抵抗等」において、端末設備の機器は、その電源回路と筐体及びその電源回路と事業用電気通信設備との間において、使用電圧が300ボルトを超え600ボルト以下の交流の場合にあっては、 (イ) メガオーム以上の絶縁抵抗を有しなければならないと規定されている。 (4点)

　　[① 0.1　② 0.2　③ 0.3　④ 0.4　⑤ 1]

(3) 「配線設備等」について述べた次の二つの文章は、 (ウ) 。 (4点)

　A 配線設備等の電線相互間及び電線と大地間の絶縁抵抗は、直流200ボルト以上の一の電圧で測定した値で1メガオーム以上であること。

　B 配線設備等と強電流電線との関係については、電気通信事業法施行規則の規定に適合するものであること。

　　[① Aのみ正しい　② Bのみ正しい　③ AもBも正しい　④ AもBも正しくない]

(4) 安全性等及び責任の分界について述べた次の二つの文章は、 (エ) 。 (4点)

　A 端末設備は、自営電気通信設備から漏えいする通信の内容を意図的に識別する機能を有してはならない。

　B 分界点における接続の方式は、端末設備を電気通信回線ごとに事業用電気通信設備から容易に切り離せるものでなければならない。

　　[① Aのみ正しい　② Bのみ正しい　③ AもBも正しい　④ AもBも正しくない]

(5) 端末設備を構成する一の部分と他の部分相互間において電波を使用する端末設備にあっては、使用される無線設備は、一の筐体に収められており、かつ、容易に (オ) ことができないものでなければならない。ただし、総務大臣が別に告示するものについては、この限りでない。 (4点)

　　[① 交換する　② 取り外す　③ 開ける　④ 改造する　⑤ 移動する]

解説

(1) 端末設備等規則第2条〔定義〕第2項に関する問題である。

①：同項第二号に規定する内容と一致しているので、文章は正しい。アナログ電話用設備は、従来のアナログ電話サービスを提供する回線交換方式の電話網である。

②：同項第五号に規定する内容と一致しているので、文章は正しい。移動電話端末とは、携帯無線通信の端末装置、いわゆる携帯電話機のことをいう。

③：同項第九号に規定する内容と一致しているので、文章は正しい。

④：同項第二十三号に規定する内容と一致しているので、文章は正しい。制御チャネルは、携帯無線通信の電話網と、携帯無線通信の端末装置又はIP移動電話システムに対応した電話機との間に設定される通信路であり、主に制御信号の伝送に用いられる。

⑤：同項第二十号の規定により、直流回路とは、端末設備又は自営電気通信設備を接続する点において2線式の接続形式を有するアナログ電話用設備に接続して電気通信事業者の交換設備の動作の開始及び終了の制御を行うための回路をいうとされているので、文章は誤り。端末設備の直流回路を閉じると、電気通信事業者の交換設備との間に直流電流が流れて交換設備は動作を開始する。また、直流回路を開くと、電流は流れなくなり通話が終了する。

　よって、解答群の文章のうち、誤っているものは、「直流回路とは、端末設備又は自営電気通信設備を接続する点においてプラグジャック方式の接続形式を有するアナログ電話用設備に接続して電気通信事業者の交換設備の動作の開始及び終了の制御を行うための回路をいう。」である。

(2) 端末設備等規則第6条〔絶縁抵抗等〕第1項第一号の規定により、端末設備の機器は、その電源回路と筐体及びその電源回路と事業用電気通信設備との間において、使用電圧が300V以下の場合にあっては、0.2MΩ以上、300Vを超え750V以下の直流及び300Vを超え600V以下の交流の場合にあっては、**0.4MΩ以上**の絶縁抵抗を有しなければならないとされている。

　絶縁抵抗の規定は、保守者及び運用者が機器の筐体や電気通信回線などに触れた場合の感電防止のために定められたもので、電源回路からの漏れ電流が人体の感知電流(直流約1mA、交流約4mA)以下となるように規定されている。

表1　絶縁抵抗と絶縁耐力

使用電圧	絶縁抵抗および絶縁耐力	
	直流電圧	交流電圧
300V	絶縁抵抗0.2MΩ以上	
600V	絶縁抵抗0.4MΩ以上	
750V	使用電圧の1.5倍の電圧を10分間加えても耐える絶縁耐力	

(3) 端末設備等規則第8条〔配線設備等〕に関する問題である。

A　同条第二号に規定する内容と一致しているので、文章は正しい。配線設備等の電線相互間及び電線と大地間の絶縁抵抗が不十分であると、交換機が誤作動を起こしたり、無駄な電力を消費したりすることがあるため、このように規定されている。

B　同条第三号の規定により、配線設備等と強電流電線との関係については有線電気通信設備令第11条から第15条まで及び第18条に適合するものでなければならないとされている。したがって、文章は誤り。

　よって、設問の文章は、**Aのみ正しい**。

(4) 端末設備等規則第3条〔責任の分界〕及び第4条〔漏えいする通信の識別禁止〕に関する問題である。

A　第4条の規定により、端末設備は、事業用電気通信設備から漏えいする通信の内容を意図的に識別する機能を有してはならないとされているので、文章は誤り。

B　第3条第2項に規定する内容と一致しているので、文章は正しい。端末設備を電気通信回線ごとに事業用電気通信設備から容易に切り離せる方式として、電話機のプラグジャック方式などがある。

　よって、設問の文章は、**Bのみ正しい**。

(5) 端末設備等規則第9条〔端末設備内において電波を使用する端末設備〕第三号の規定により、端末設備を構成する一の部分と他の部分相互間において電波を使用する端末設備にあっては、使用される無線設備は、一の筐体に収められており、かつ、容易に**開ける**ことができないものでなければならない。ただし、総務大臣が別に告示するものについては、この限りでないとされている。この規定は、送信機能や識別符号(IDコード)を故意に改造又は変更して他の通信に妨害を与えることがないように定められたものである。

答

(ア)	⑤
(イ)	④
(ウ)	①
(エ)	②
(オ)	③

法規

3　端末設備等規則(I)

次の各文章の   内に、それぞれの[   ]の解答群の中から、「端末設備等規則」に規定する内容に照らして最も適したものを選び、その番号を記せ。 （小計20点）

(1) 用語について述べた次の文章のうち、誤っているものは、   (ア)   である。 （4点）

- ① アナログ電話端末とは、端末設備であって、アナログ電話用設備に接続される点において2線式の接続形式で接続されるものをいう。
- ② 専用通信回線設備等端末とは、端末設備であって、専用通信回線設備又はデジタルデータ伝送用設備に接続されるものをいう。
- ③ インターネットプロトコル電話端末とは、端末設備であって、インターネットプロトコル電話用設備に接続されるものをいう。
- ④ デジタルデータ伝送用設備とは、電気通信事業の用に供する電気通信回線設備であって、デジタル方式により、専ら音響又は影像の伝送交換を目的とする電気通信役務の用に供するものをいう。
- ⑤ 通話チャネルとは、移動電話用設備と移動電話端末又はインターネットプロトコル移動電話端末の間に設定され、主として音声の伝送に使用する通信路をいう。

(2) 安全性等について述べた次の二つの文章は、   (イ)   。 （4点）

A 端末設備の機器は、その電源回路と筐体及びその電源回路と事業用電気通信設備との間において、使用電圧が300ボルトを超え750ボルト以下の直流及び300ボルトを超え600ボルト以下の交流の場合にあっては、0.4メガオーム以上の絶縁抵抗を有しなければならない。

B 配線設備等の評価雑音電力（通信回線が受ける妨害であって人間の聴覚率を考慮して定められる実効的雑音電力をいい、誘導によるものを含む。）は、絶対レベルで表した値で定常時においてマイナス68デシベル以下であり、かつ、最大時においてマイナス54デシベル以下であること。

[① Aのみ正しい　② Bのみ正しい　③ AもBも正しい　④ AもBも正しくない]

(3) 安全性等について述べた次の文章のうち、誤っているものは、   (ウ)   である。 （4点）

- ① 通話機能を有する端末設備は、通話中に受話器から過大な音響衝撃が発生することを防止する機能を備えなければならない。
- ② 端末設備は、事業用電気通信設備から漏えいする通信の内容を意図的に識別する機能を有してはならない。
- ③ 配線設備等の電線相互間及び電線と大地間の絶縁抵抗は、直流200ボルト以上の一の電圧で測定した値で0.2メガオーム以上でなければならない。
- ④ 端末設備の機器は、その電源回路と筐体及びその電源回路と事業用電気通信設備との間において、使用電圧が750ボルトを超える直流及び600ボルトを超える交流の場合にあっては、その使用電圧の1.5倍の電圧を連続して10分間加えたときこれに耐える絶縁耐力を有しなければならない。
- ⑤ 端末設備の機器の金属製の台及び筐体は、接地抵抗が100オーム以下となるように接地しなければならない。ただし、安全な場所に危険のないように設置する場合にあっては、この限りでない。

(4) 安全性等及び責任の分界について述べた次の二つの文章は、   (エ)   。 （4点）

A 端末設備は、自営電気通信設備との間で鳴音（電気的又は音響的結合により生ずる発振状態をいう。）を発生することを防止するために総務大臣が別に告示する条件を満たすものでなければならない。

B 分界点における接続の方式は、端末設備を電気通信回線ごとに事業用電気通信設備から容易に切り離せるものでなければならない。

[① Aのみ正しい　② Bのみ正しい　③ AもBも正しい　④ AもBも正しくない]

(5) 端末設備を構成する一の部分と他の部分相互間において電波を使用する端末設備は、使用する電波の周波数が空き状態であるかどうかについて、総務大臣が別に告示するところにより判定を行い、空き状態である場合にのみ   (オ)   するものでなければならない。ただし、総務大臣が別に告示するものについては、この限りでない。 （4点）

[① チャネルを選択　② 回線を認識　③ 電波を検出
④ 電源回路を接続　⑤ 通信路を設定]

解 説

(1) 端末設備等規則第2条〔定義〕第2項に関する問題である。

　①：同項第三号に規定する内容と一致しているので、文章は正しい。アナログ電話端末とは、一般電話網に接続される端末設備（電話機やファクシミリ装置など）のことを指す。

　②：同項第十六号に規定する内容と一致しているので、文章は正しい。専用通信回線設備等端末とは、専用通信回線設備（特定の利用者が専有する電気通信回線設備）又はデジタルデータ伝送用設備（デジタルデータのみを扱う電気通信回線設備）に接続される端末のことを指す。

　③：同項第七号に規定する内容と一致しているので、文章は正しい。インターネットプロトコル電話端末とは、IP電話システムに対応した電話機のことを指す。

　④：同項第十五号の規定により、デジタルデータ伝送用設備とは、電気通信事業の用に供する電気通信回線設備であって、デジタル方式により、専ら<u>符号</u>又は影像の伝送交換を目的とする電気通信役務の用に供するものをいうとされている。したがって、文章は誤り。デジタルデータ伝送用設備の例として、IP網が挙げられる。

　⑤：同項第二十二号に規定する内容と一致しているので、文章は正しい。

　　よって、解答群の文章のうち、<u>誤っているもの</u>は、「**デジタルデータ伝送用設備とは、電気通信事業の用に供する電気通信回線設備であって、デジタル方式により、専ら音響又は影像の伝送交換を目的とする電気通信役務の用に供するものをいう。**」である。

(2) 端末設備等規則第6条〔絶縁抵抗等〕及び第8条〔配線設備等〕に関する問題である。

　A　第6条第1項第一号に規定する内容と一致しているので、文章は正しい。

　B　第8条第一号の規定により、配線設備等の評価雑音電力（通信回線が受ける妨害であって人間の聴覚率を考慮して定められる実効的雑音電力をいい、誘導によるものを含む。）は、絶対レベルで表した値で定常時において<u>－64dBm以下</u>であり、かつ、最大時において<u>－58dBm以下</u>でなければならないとされている。したがって、文章は誤り。人間の聴覚は600Hzから2,000Hzまでは感度がよく、これ以外の周波数では感度が悪くなる特性を有している。この聴覚の周波数特性により雑音電力を重みづけして評価したものが、評価雑音電力である。

　　よって、設問の文章は、**Aのみ正しい**。

(3) 端末設備等規則第4条〔漏えいする通信の識別禁止〕、第6条〔絶縁抵抗等〕、第7条〔過大音響衝撃の発生防止〕及び第8条〔配線設備等〕に関する問題である。

　①：第7条に規定する内容と一致しているので、文章は正しい。誘導雷等に起因するインパルス性の信号が端末設備に入力した場合、受話器から瞬間的に過大な音響衝撃が発生し、人体の耳に衝撃を与えるおそれがある。本条は、これを防止するために定められたものである。

　②：第4条に規定する内容と一致しているので、文章は正しい。

　③：第8条第二号の規定により、利用者が端末設備を事業用電気通信設備に接続する際に使用する線路及び保安器その他の機器（「配線設備等」という。）の電線相互間及び電線と大地間の絶縁抵抗は、直流200V以上の一の電圧で測定した値で<u>1MΩ以上</u>でなければならないとされているので、文章は誤り。

　④：第6条第1項第二号に規定する内容と一致しているので、文章は正しい。絶縁耐力の規定は、事業用電気通信設備に高電圧が印加される危険を防止することを目的としている。

　⑤：第6条第2項に規定する内容と一致しているので、文章は正しい。

　　よって、解答群の文章のうち、<u>誤っているもの</u>は、「**配線設備等の電線相互間及び電線と大地間の絶縁抵抗は、直流200ボルト以上の一の電圧で測定した値で0.2メガオーム以上でなければならない。**」である。

(4) 端末設備等規則第3条〔責任の分界〕及び第5条〔鳴音の発生防止〕に関する問題である。

　A　第5条の規定により、端末設備は、<u>事業用電気通信設備</u>との間で鳴音（電気的又は音響的結合により生ずる発振状態をいう。）を発生することを防止するために総務大臣が別に告示する条件を満たすものでなければならないとされているので、文章は誤り。

　B　第3条第2項に規定する内容と一致しているので、文章は正しい。

　　よって、設問の文章は、**Bのみ正しい**。

(5) 端末設備等規則第9条〔端末設備内において電波を使用する端末設備〕第二号の規定により、端末設備を構成する一の部分と他の部分相互間において電波を使用する端末設備は、使用する電波の周波数が空き状態であるかどうかについて、総務大臣が別に告示するところにより判定を行い、空き状態である場合にのみ**通信路を設定**するものでなければならない。ただし、総務大臣が別に告示するものについては、この限りでないとされている。

答	
㈠	④
㈡	①
㈢	③
㈣	②
㈤	⑤

次の各文章の 内に、それぞれの[ ]の解答群の中から、「端末設備等規則」に規定する内容に照らして最も適したものを選び、その番号を記せ。 (小計20点)

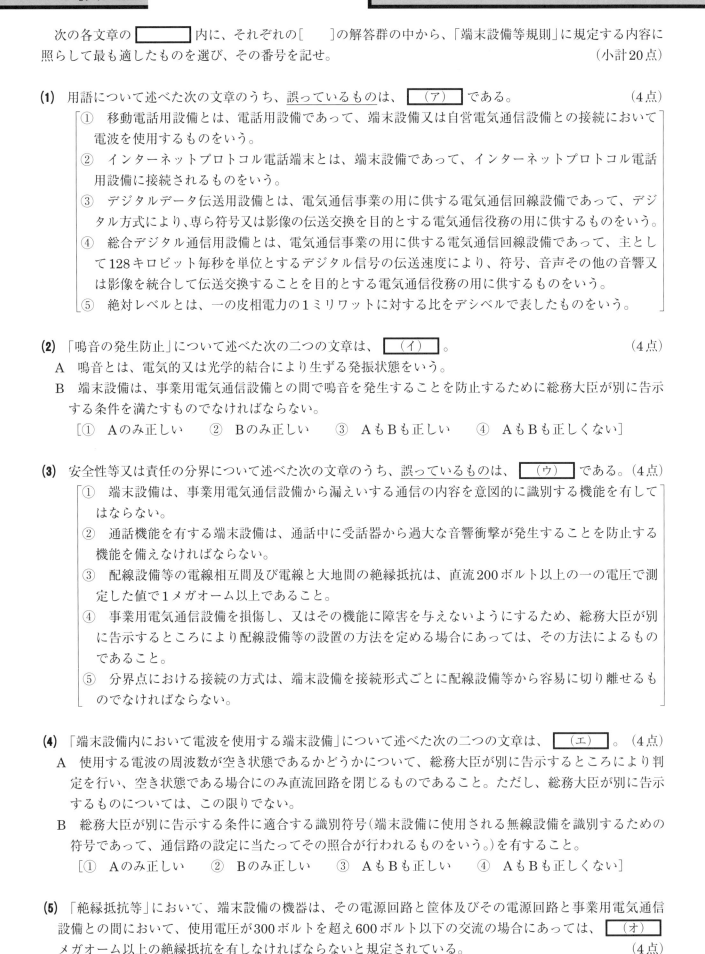

(1) 用語について述べた次の文章のうち、<u>誤っている</u>ものは、 (ア) である。 (4点)

① 移動電話用設備とは、電話用設備であって、端末設備又は自営電気通信設備との接続において電波を使用するものをいう。

② インターネットプロトコル電話端末とは、端末設備であって、インターネットプロトコル電話用設備に接続されるものをいう。

③ デジタルデータ伝送用設備とは、電気通信事業の用に供する電気通信回線設備であって、デジタル方式により、専ら符号又は影像の伝送交換を目的とする電気通信役務の用に供するものをいう。

④ 総合デジタル通信用設備とは、電気通信事業の用に供する電気通信回線設備であって、主として128キロビット毎秒を単位とするデジタル信号の伝送速度により、符号、音声その他の音響又は影像を統合して伝送交換することを目的とする電気通信役務の用に供するものをいう。

⑤ 絶対レベルとは、一の皮相電力の1ミリワットに対する比をデシベルで表したものをいう。

(2) 「鳴音の発生防止」について述べた次の二つの文章は、 (イ) 。 (4点)

A 鳴音とは、電気的又は光学的結合により生ずる発振状態をいう。

B 端末設備は、事業用電気通信設備との間で鳴音を発生することを防止するために総務大臣が別に告示する条件を満たすものでなければならない。

[① Aのみ正しい ② Bのみ正しい ③ AもBも正しい ④ AもBも正しくない]

(3) 安全性等又は責任の分界について述べた次の文章のうち、<u>誤っている</u>ものは、 (ウ) である。 (4点)

① 端末設備は、事業用電気通信設備から漏えいする通信の内容を意図的に識別する機能を有してはならない。

② 通話機能を有する端末設備は、通話中に受話器から過大な音響衝撃が発生することを防止する機能を備えなければならない。

③ 配線設備等の電線相互間及び電線と大地間の絶縁抵抗は、直流200ボルト以上の一の電圧で測定した値で1メガオーム以上であること。

④ 事業用電気通信設備を損傷し、又はその機能に障害を与えないようにするため、総務大臣が別に告示するところにより配線設備等の設置の方法を定める場合にあっては、その方法によるものであること。

⑤ 分界点における接続の方式は、端末設備を接続形式ごとに配線設備等から容易に切り離せるものでなければならない。

(4) 「端末設備内において電波を使用する端末設備」について述べた次の二つの文章は、 (エ) 。 (4点)

A 使用する電波の周波数が空き状態であるかどうかについて、総務大臣が別に告示するところにより判定を行い、空き状態である場合にのみ直流回路を閉じるものであること。ただし、総務大臣が別に告示するものについては、この限りでない。

B 総務大臣が別に告示する条件に適合する識別符号(端末設備に使用される無線設備を識別するための符号であって、通信路の設定に当たってその照合が行われるものをいう。)を有すること。

[① Aのみ正しい ② Bのみ正しい ③ AもBも正しい ④ AもBも正しくない]

(5) 「絶縁抵抗等」において、端末設備の機器は、その電源回路と筐体及びその電源回路と事業用電気通信設備との間において、使用電圧が300ボルトを超え600ボルト以下の交流の場合にあっては、 (オ) メガオーム以上の絶縁抵抗を有しなければならないと規定されている。 (4点)

[① 0.1 ② 0.2 ③ 0.3 ④ 0.4 ⑤ 1.0]

解　説

(1) 端末設備等規則第2条〔定義〕第2項に関する問題である。

①：同項第四号に規定する内容と一致しているので、文章は正しい。

②：同項第七号に規定する内容と一致しているので、文章は正しい。インターネットプロトコル電話端末の例として、IP電話機が挙げられる。

③：同項第十五号に規定する内容と一致しているので、文章は正しい。

④：同項第十二号の規定により、総合デジタル通信用設備とは、電気通信事業の用に供する電気通信回線設備であって、主として64kbit/sを単位とするデジタル信号の伝送速度により、符号、音声その他の音響又は影像を統合して伝送交換することを目的とする電気通信役務の用に供するものをいうとされているので、文章は誤り。

⑤：同項第二十一号に規定する内容と一致しているので、文章は正しい。

　　よって、解答群の文章のうち、<u>誤っているもの</u>は、「**総合デジタル通信用設備とは、電気通信事業の用に供する電気通信回線設備であって、主として128キロビット毎秒を単位とするデジタル信号の伝送速度により、符号、音声その他の音響又は影像を統合して伝送交換することを目的とする電気通信役務の用に供するものをいう。**」である。

(2) 端末設備等規則第5条〔鳴音の発生防止〕の規定により、端末設備は、事業用電気通信設備との間で鳴音(電気的又は音響的結合により生ずる発振状態をいう。)を発生することを防止するために総務大臣が別に告示する条件を満たすものでなければならないとされている。よって、設問の文章は、**Bのみ正しい**。端末設備に入力した信号が電気的に反射したり、端末設備のスピーカから出た音響が再びマイクに入力されると、相手の端末設備との間で正帰還ループが形成されて発振状態となり鳴音(ハウリング)が発生する。

(3) 端末設備等規則第3条〔責任の分界〕、第4条〔漏えいする通信の識別禁止〕、第7条〔過大音響衝撃の発生防止〕及び第8条〔配線設備等〕に関する問題である。

①：第4条に規定する内容と一致しているので、文章は正しい。通信の内容を意図的に識別する機能とは、他の電気通信回線から漏えいする通信の内容が聞き取れるように増幅する機能や、暗号化された情報を解読する機能などをいう。

②：第7条に規定する内容と一致しているので、文章は正しい。

③：第8条第二号に規定する内容と一致しているので、文章は正しい。

④：第8条第四号に規定する内容と一致しているので、文章は正しい。

⑤：第3条第2項の規定により、分界点における接続の方式は、端末設備を<u>電気通信回線</u>ごとに事業用電気通信設備から容易に切り離せるものでなければならないとされているので、文章は誤り。

　　よって、解答群の文章のうち、<u>誤っているもの</u>は、「**分界点における接続の方式は、端末設備を接続形式ごとに配線設備等から容易に切り離せるものでなければならない。**」である。

(4) 端末設備等規則第9条〔端末設備内において電波を使用する端末設備〕に関する問題である。

A　同条第二号の規定により、端末設備を構成する一の部分と他の部分相互間において電波を使用する端末設備は、使用する電波の周波数が空き状態であるかどうかについて、総務大臣が別に告示するところにより判定を行い、空き状態である場合にのみ<u>通信路を設定する</u>ものでなければならない。ただし、総務大臣が別に告示するものについては、この限りでないとされている。したがって、文章は誤り。

B　同条第一号に規定する内容と一致しているので、文章は正しい。告示により、端末設備の種類別に識別符号(IDコード)の長さが定められており、たとえば小電力セキュリティシステムの場合は48ビットとされている。

　　よって、設問の文章は、**Bのみ正しい**。

(5) 端末設備等規則第6条〔絶縁抵抗等〕第1項第一号の規定により、端末設備の機器は、その電源回路と筐体及びその電源回路と事業用電気通信設備との間において、使用電圧が300V以下の場合にあっては、0.2MΩ以上、300Vを超え750V以下の直流及び300Vを超え600V以下の交流の場合にあっては、**0.4**MΩ以上の絶縁抵抗を有しなければならないとされている。

法　規

3 端末設備等規則（I）

答	
㋐	④
㋑	②
㋒	⑤
㋓	②
㋔	④

アナログ電話端末

●アナログ電話端末の基本的機能（第10条）
アナログ電話端末の直流回路は、発信又は応答を行うとき閉じ、通信が終了したとき開くものであること。

●アナログ電話端末の発信の機能（第11条）
①**選択信号の自動送出**　選択信号の自動送出は、直流回路を閉じてから3秒以上経過後に行う。ただし、電気通信回線からの発信音又はこれに相当する可聴音を確認した後に選択信号を送出する場合は、この限りでない。

②**相手端末からの応答の自動確認**　相手端末からの応答を自動的に確認する場合は、電気通信回線からの応答が確認できない場合選択信号送出終了後2分以内に直流回路を開く。

③**自動再発信**　自動再発信を行う場合（自動再発信の回数が15回以内の場合を除く）、その回数は最初の発信から3分間に2回以内とする。この場合、最初の発信から3分を超えて行われる発信は、別の発信とみなす。なお、火災、盗難その他の非常事態の場合、この規定は適用しない。

●アナログ電話端末の選択信号の条件（第12条）

表1　ダイヤルパルスの条件

ダイヤルパルスの種類	ダイヤルパルス速度	ダイヤルパルスメーク率	ミニマムポーズ
10パルス毎秒方式	10 ± 1.0パルス毎秒以内	30%以上42%以下	600ms以上
20パルス毎秒方式	20 ± 1.6パルス毎秒以内	30%以上36%以下	450ms以上

・**ダイヤルパルス速度**　1秒間に断続するパルス数
・**ダイヤルパルスメーク率**
　　＝ |接時間÷(接時間＋断時間)| × 100%
・**ミニマムポーズ**　隣接するパルス列間の休止時間の最小値

表2　押しボタンダイヤル信号の条件

項　目	条　件	
信号周波数偏差	信号周波数の±1.5%以内	
信号送出電力の許容範囲	低群周波数	図1に示す。
	高群周波数	図2に示す。
	2周波電力差	5dB以内、かつ、低群周波数の電力が高群周波数の電力を超えないこと。
信号送出時間	50ms以上	
ミニマムポーズ	30ms以上	
周　期	120ms以上	

・**低群周波数**　697Hz、770Hz、852Hz、941Hz
・**高群周波数**　1,209Hz、1,336Hz、1,477Hz、1,633Hz
・**ミニマムポーズ**　隣接する信号間の休止時間の最小値

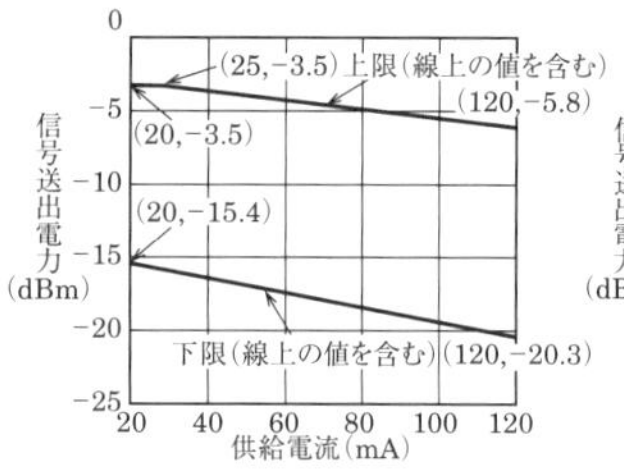

図1　信号送出電力許容範囲（低群周波数） 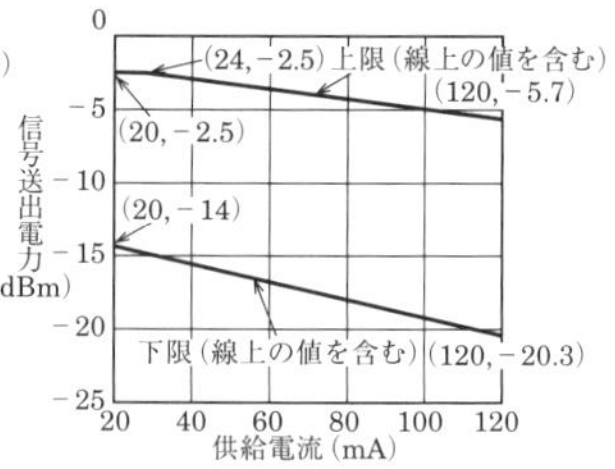　　図2　信号送出電力許容範囲（高群周波数）

●アナログ電話端末の電気的条件（第13条）
①**直流回路を閉じているとき**
・**直流抵抗**　20mA以上120mA以下の電流で測定した値で50Ω以上300Ω以下。ただし、線路を含めた全体の直流抵抗値の和が50Ω以上1,700Ω以下の場合はこの限りでない。
・**選択信号送出時の静電容量**　3μF以下

②**直流回路を開いているとき**
・**直流抵抗**　1MΩ以上
・**絶縁抵抗**　直流200V以上の一の電圧で測定して1MΩ以上
・**呼出信号受信時の静電容量**　3μF以下
・**呼出信号受信時のインピーダンス**　75V、16Hzの交流に対して2kΩ以上

③**直流電圧の印加禁止**　電気通信回線に対して直流の電圧を加えるものであってはならない。

●アナログ電話端末の送出電力（第14条）
通話の用に供しないアナログ電話端末の送出電力の許容範囲は表3のとおり。

表3　アナログ電話端末の送出電力の許容範囲

項　目		許容範囲
4kHzまでの送出電力		− 8dBm（平均レベル）以下で、かつ0dBm（最大レベル）を超えないこと。
不要送出レベル	4kHz〜8kHz	− 20dBm以下
	8kHz〜12kHz	− 40dBm以下
	12kHz以上の各4kHz帯域	− 60dBm以下

●アナログ電話端末の漏話減衰量（第15条）
複数の電気通信回線と接続されるアナログ電話端末の回線相互間の漏話減衰量は、1,500Hzにおいて70dB以上でなければならない。

移動電話端末

●移動電話端末の基本的機能（第17条）
移動電話端末は、次の機能を備えなければならない。
①**発信を行う場合**　発信を要求する信号を送出する。
②**応答を行う場合**　応答を確認する信号を送出する。
③**通信を終了する場合**　チャネルを切断する信号を送出する。

●漏話減衰量（第31条）
複数の電気通信回線と接続される移動電話端末の回線相互間の漏話減衰量は、1,500Hzにおいて70dB以上でなければならない。

インターネットプロトコル電話端末

●**インターネットプロトコル電話端末の基本的機能（第32条の2）**

インターネットプロトコル電話端末は、次の機能を備えなければならない。

①**発信又は応答を行う場合** 呼の設定を行うためのメッセージ又は当該メッセージに対応するためのメッセージを送出する。

②**通信を終了する場合** 呼の切断、解放若しくは取消しを行うためのメッセージ又は当該メッセージに対応するためのメッセージを送出する。

●**インターネットプロトコル電話端末の発信の機能（第32条の3）**

①**相手端末からの応答の自動確認** 相手端末からの応答を自動的に確認する場合は、電気通信回線からの応答が確認できない場合呼の設定を行うためのメッセージ送出終了後2分以内に通信終了メッセージを送出する。

②**自動再発信** 自動再発信を行う場合（自動再発信の回数が15回以内の場合を除く）、その回数は最初の発信から3分間に2回以内とする。ただし、最初の発信から3分を超えた場合や、火災、盗難その他の非常の場合を除く。

インターネットプロトコル移動電話端末

●**インターネットプロトコル移動電話端末の基本的機能（第32条の10）**

インターネットプロトコル移動電話端末は、次の機能を備えなければならない。

①**発信を行う場合** 発信を要求する信号を送出する。

②**応答を行う場合** 応答を確認する信号を送出する。

③**通信を終了する場合** チャネルを切断する信号を送出する。

④**発信又は応答を行う場合** 呼の設定を行うためのメッセージ又は当該メッセージに対応するためのメッセージを送出する。

⑤**通信を終了する場合** 通信終了メッセージを送出する。

●**インターネットプロトコル移動電話端末の発信の機能（第32条の11）**

①**相手端末からの応答の自動確認** 相手端末からの応答を自動的に確認する場合は、電気通信回線からの応答が確認できない場合呼の設定を行うためのメッセージ送出終了後128秒以内に通信終了メッセージを送出する。

②**自動再発信** 自動再発信を行う場合、その回数は3回以内とする。ただし、最初の発信から3分を超えた場合や、火災、盗難その他の非常の場合を除く。

総合デジタル通信端末

●**総合デジタル通信端末の基本的機能（第34条の2）**

総合デジタル通信端末（総務大臣が告示するものを除く。）は、次の機能を備えなければならない。

・**発信又は応答を行う場合** 呼設定用メッセージを送出する。

・**通信を終了する場合** 呼切断用メッセージを送出する。

●**総合デジタル通信端末の発信の機能（第34条の3）**

・発信に際して相手の端末設備からの応答を自動的に確認する場合は、電気通信回線からの応答が確認できない場合呼設定メッセージ送出終了後2分以内に呼切断用メッセージを送出する。

・自動再発信を行う場合（自動再発信の回数が15回以内の場合を除く）は、最初の発信から3分間に2回以内とする。この場合、最初の発信から3分を超えて行われる発信は、別の発信とみなす。なお、火災、盗難その他の非常事態の場合は、この規定は適用しない。

●**アナログ電話端末等と通信する場合の送出電力（第34条の6）**

通話の用に供する場合を除き、総合デジタル通信用設備とアナログ電話用設備との接続点においてデジタル信号をアナログ信号に変換した送出電力は、－3dBm（平均レベル）以下でなければならない。

専用通信回線設備等端末

●**電気的条件及び光学的条件（第34条の8）**

専用通信回線設備等端末は、総務大臣が別に告示する電気的条件及び光学的条件のいずれかの条件に適合するものでなければならない。

表4　メタリック伝送路インタフェースのインターネットプロトコル電話端末及び専用通信回線設備等端末（抜粋）

インタフェースの種類	送出電圧
TTC標準JJ－50.10	110Ωの負荷抵抗に対して6.9V（P－P）以下
ITU－T勧告G.961（TCM方式）	110Ωの負荷抵抗に対して、7.2V（0－P）以下（孤立パルス中央値（時間軸方向））

表5　光伝送路インタフェースのインターネットプロトコル電話端末及び専用通信回線設備等端末（抜粋）

伝送路速度	光出力
6.312Mb/s以下	－7dBm（平均レベル）以下
6.312Mb/sを超え155.52Mb/s以下	＋3dBm（平均レベル）以下

●**漏話減衰量（第34条の9）**

複数の電気通信回線と接続される専用通信回線設備等端末の回線相互間の漏話減衰量は、1,500Hzにおいて70dB以上でなければならない。

次の各文章の 内に、それぞれの[ ]の解答群の中から、「端末設備等規則」に規定する内容に照らして最も適したものを選び、その番号を記せ。 (小計20点)

(1) アナログ電話端末の「発信の機能」、「直流回路の電気的条件等」又は「緊急通報機能」について述べた次の文章のうち、正しいものは、 (ア) である。 (4点)

① 発信に際して相手の端末設備からの応答を自動的に確認する場合にあっては、電気通信回線からの応答が確認できない場合選択信号送出終了後3分以内に直流回路を開くものであること。

② 自動再発信を行う場合（自動再発信の回数が15回以内の場合を除く。）にあっては、その回数は最初の発信から2分間に3回以内であること。この場合において、最初の発信から2分を超えて行われる発信は、別の発信とみなす。

なお、この規定は、火災、盗難その他の非常の場合にあっては、適用しない。

③ 直流回路を開いているときのアナログ電話端末の直流回路の直流抵抗値は、1メガオーム以上でなければならない。

④ 直流回路を開いているときのアナログ電話端末の呼出信号受信時における直流回路の静電容量は、1マイクロファラド以下であり、インピーダンスは、75ボルト、16ヘルツの交流に対して2キロオーム以上でなければならない。

⑤ アナログ電話端末であって、通話の用に供するものは、電気通信番号規則別表に掲げる緊急通報番号を使用した警察機関、報道機関又は消防機関への通報を発信する機能を備えなければならない。

(2) アナログ電話端末の選択信号が押しボタンダイヤル信号である場合、信号送出電力の許容範囲として規定されている (イ) は、5デシベル以内であり、かつ、低群周波数の電力が高群周波数の電力を超えないものでなければならない。 (4点)

[① 信号減衰量 ② 雑音レベル差 ③ 反射損失
④ 2周波電力差 ⑤ 最大信号レベル]

(3) 総合デジタル通信端末の「基本的機能」及び「アナログ電話端末等と通信する場合の送出電力」について述べた次の二つの文章は、 (ウ) 。 (4点)

A 発信又は応答を行う場合にあっては、呼設定用メッセージを送出するものであること。ただし、総務大臣が別に告示する場合はこの限りでない。

B 総合デジタル通信端末がアナログ電話端末等と通信する場合にあっては、通話の用に供する場合を除き、総合デジタル通信用設備とアナログ電話用設備との接続点においてデジタル信号をアナログ信号に変換した送出電力は、平均レベル（端末設備の使用状態における平均的なレベル（実効値））で−10dBm以下で、かつ、最大レベル（端末設備の送出レベルが最も高くなる状態でのレベル（実効値））で0dBmを超えないものでなければならない。

[① Aのみ正しい ② Bのみ正しい ③ AもBも正しい ④ AもBも正しくない]

(4) インターネットプロトコル電話端末は、発信に際して相手の端末設備からの応答を自動的に確認する場合にあっては、電気通信回線からの応答が確認できない場合呼の設定を行うためのメッセージ送出終了後2分以内に (エ) を送出する機能を備えなければならない。 (4点)

[① 切断信号 ② 通信終了メッセージ ③ 発信の規制を要求する信号
④ 終話信号 ⑤ 呼切断用メッセージ]

(5) 複数の電気通信回線と接続される専用通信回線設備等端末の回線相互間の漏話減衰量は、 (オ) ヘルツにおいて70デシベル以上でなければならない。 (4点)

[① 1,000 ② 1,200 ③ 1,500 ④ 1,700 ⑤ 2,000]

解 説

(1) 端末設備等規則第11条〔発信の機能〕、第12条の2〔緊急通報機能〕及び第13条〔直流回路の電気的条件等〕に関する問題である。

①：第11条第二号の規定により、アナログ電話端末は、発信に際して相手の端末設備からの応答を自動的に確認する場合にあっては、電気通信回線からの応答が確認できない場合選択信号送出終了後2分以内に直流回路を開くものでなければならないとされているので、文章は誤り。

②：第11条第三号の規定により、アナログ電話端末は、自動再発信(応答のない相手に対し引き続いて繰り返し自動的に行う発信をいう。以下同じ。)を行う場合(自動再発信の回数が15回以内の場合を除く。)にあっては、その回数は最初の発信から3分間に2回以内でなければならない。この場合において、最初の発信から3分を超えて行われる発信は、別の発信とみなすとされている。また、同条第四号の規定により、第三号の規定は、火災、盗難その他の非常の場合にあっては、適用しないとされている。したがって、文章は誤り。

③：第13条第2項第一号に規定する内容と一致しているので、文章は正しい。

④：第13条第2項第三号の規定により、直流回路を開いているときのアナログ電話端末の呼出信号受信時における直流回路の静電容量は、3μF以下であり、インピーダンスは、75V、16Hzの交流に対して2kΩ以上でなければならないとされているので、文章は誤り。75V、16Hzの交流は、交換設備からの呼出信号の規格値である。

⑤：第12条の2の規定により、アナログ電話端末であって、通話の用に供するものは、電気通信番号規則別表第12号に掲げる緊急通報番号を使用した警察機関、海上保安機関又は消防機関への通報(以下「緊急通報」という。)を発信する機能を備えなければならないとされているので、文章は誤り。アナログ電話端末の他、移動電話端末、インターネットプロトコル電話端末、インターネットプロトコル移動電話端末、総合デジタル通信端末についても、通話の用に供するものであれば緊急通報機能を備えることが義務づけられている(第28条の2、第32条の6、第32条の23、第34条の4)。

よって、解答群の文章のうち、正しいものは、「**直流回路を開いているときのアナログ電話端末の直流回路の直流抵抗値は、1メガオーム以上でなければならない。**」である。

(2) 端末設備等規則第12条〔選択信号の条件〕第二号に基づく別表第2号「押しボタンダイヤル信号の条件」第2の規定により、アナログ電話端末の選択信号が押しボタンダイヤル信号である場合、信号送出電力の許容範囲として規定されている**2周波電力差**は、5dB以内であり、かつ、低群周波数の電力が高群周波数の電力を超えないものでなければならないとされている。

(3) 端末設備等規則第34条の2〔基本的機能〕及び第34条の6〔アナログ電話端末等と通信する場合の送出電力〕に関する問題である。

A 第34条の2第一号に規定する内容と一致しているので、文章は正しい。

B 第34条の6に基づく別表第5号「インターネットプロトコル電話端末又は総合デジタル通信端末のアナログ電話端末等と通信する場合の送出電力」の規定により、総合デジタル通信端末がアナログ電話端末等と通信する場合にあっては、通話の用に供する場合を除き、総合デジタル通信用設備とアナログ電話用設備との接続点においてデジタル信号をアナログ信号に変換した送出電力は、平均レベル(端末設備の使用状態における平均的なレベル(実効値))で−3dBm以下でなければならないとされている。したがって、文章は誤り。

よって、設問の文章は、**Aのみ正しい。**

(4) 端末設備等規則第32条の3〔発信の機能〕第一号の規定により、インターネットプロトコル電話端末は、発信に際して相手の端末設備からの応答を自動的に確認する場合にあっては、電気通信回線からの応答が確認できない場合呼の設定を行うためのメッセージ送出終了後2分以内に**通信終了メッセージ**を送出する機能を備えなければならないとされている。

(5) 端末設備等規則第34条の9〔漏話減衰量〕の規定により、複数の電気通信回線と接続される専用通信回線設備等端末の回線相互間の漏話減衰量は、**1,500Hz**において70dB以上でなければならないとされている。

答
(ア) ③
(イ) ④
(ウ) ①
(エ) ②
(オ) ③

法規

4 端末設備等規則(Ⅱ)

次の各文章の 内に、それぞれの[ ]の解答群の中から、「端末設備等規則」に規定する内容に照らして最も適したものを選び、その番号を記せ。 (小計20点)

(1) アナログ電話端末の「発信の機能」について述べた次の二つの文章は、 (ア) 。 (4点)
 A 自動的に選択信号を送出する場合にあっては、直流回路を閉じてから3秒以上経過後に選択信号の送出を開始するものであること。ただし、電気通信回線からの発信音又はこれに相当する可聴音を確認した後に選択信号を送出する場合にあっては、この限りでない。
 B 自動再発信(応答のない相手に対し引き続いて繰り返し自動的に行う発信をいう。以下同じ。)を行う場合(自動再発信の回数が15回以内の場合を除く。)にあっては、その回数は最初の発信から3分間に2回以内であること。この場合において、最初の発信から3分を超えて行われる発信は、別の発信とみなす。
 なお、この規定は、火災、盗難その他の非常の場合にあっては、適用しない。
  [① Aのみ正しい ② Bのみ正しい ③ AもBも正しい ④ AもBも正しくない]

(2) アナログ電話端末の「選択信号の条件」における押しボタンダイヤル信号について述べた次の文章のうち、誤っているものは、 (イ) である。 (4点)
  [① 低群周波数は、600ヘルツから1,000ヘルツまでの範囲内における特定の四つの周波数で規定されている。
  ② 高群周波数は、1,200ヘルツから1,700ヘルツまでの範囲内における特定の四つの周波数で規定されている。
  ③ ミニマムポーズは、30ミリ秒以上でなければならない。
  ④ 信号周波数偏差は、信号周波数の±2.5パーセント以内でなければならない。
  ⑤ 周期とは、信号送出時間とミニマムポーズの和をいう。]

(3) 総合デジタル通信端末の「電気的条件等」について述べた次の二つの文章は、 (ウ) 。 (4点)
 A 総合デジタル通信端末は、電気通信回線に対して直流の電圧を加えるものであってはならない。
 B 総合デジタル通信端末は、総務大臣が別に告示する電気的条件及び機械的条件のいずれかの条件に適合するものでなければならない。
  [① Aのみ正しい ② Bのみ正しい ③ AもBも正しい ④ AもBも正しくない]

(4) インターネットプロトコル移動電話端末は、発信に際して相手の端末設備からの応答を自動的に確認する場合にあっては、電気通信回線からの応答が確認できない場合呼の設定を行うためのメッセージ送出終了後 (エ) メッセージを送出する機能を備えなければならない。 (4点)
  [① 128秒以内に応答確認 ② 128秒以内に通信終了
  ③ 3分以内に応答確認 ④ 3分以内に通信終了]

(5) 「インターネットプロトコルを使用する専用通信回線設備等端末」において規定される専用通信回線設備等端末が適合しなければならない条件について述べた次の文章のうち、誤っているものは、 (オ) である。 (4点)
  [① 当該専用通信回線設備等端末に備えられた電気通信の機能に係る設定を変更するためのアクセス制御機能を有すること。
  ② 当該専用通信回線設備等端末が有するアクセス制御機能に係る識別符号であって、初めて当該専用通信回線設備等端末を利用するときにあらかじめ設定されているものの記録を促す機能若しくはこれに準ずるものを有すること又は当該識別符号について当該専用通信回線設備等端末の機器ごとに異なるものが付されていること若しくはこれに準ずる措置が講じられていること。
  ③ 当該専用通信回線設備等端末の電気通信の機能に係るソフトウェアを更新できること。
  ④ 当該専用通信回線設備等端末への電力の供給が停止した場合であっても、アクセス制御機能に係る設定及び更新されたソフトウェアを維持できること。]

解説

(1) 端末設備等規則第11条〔発信の機能〕に関する問題である。

　A　同条第一号に規定する内容と一致しているので、文章は正しい。

　B　同条第三号及び第四号に規定する内容と一致しているので、文章は正しい。

　よって、設問の文章は、**AもBも正しい**。

(2) 端末設備等規則第12条〔選択信号の条件〕第二号に基づく別表第2号「押しボタンダイヤル信号の条件」に関する問題である。

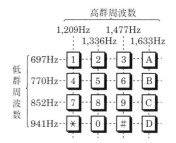

図1　押しボタンダイヤル信号の周波数

　①、②：同号第2の注1の規定により、低群周波数とは、697Hz（ヘルツ）、770Hz、852Hz及び941Hzをいい、高群周波数とは、1,209Hz、1,336Hz、1,477Hz及び1,633Hzをいうとされている（図1）。つまり、低群周波数は、600Hzから1,000Hzまでの範囲内における特定の4つの周波数で規定されており、高群周波数は、1,200Hzから1,700Hzまでの範囲内における特定の4つの周波数で規定されている。したがって、①及び②の文章は正しい。

　③：同号第2の規定により、信号送出時間は50ms以上、ミニマムポーズは30ms以上、周期は120ms以上でなければならないとされている（図2）。したがって、文章は正しい。

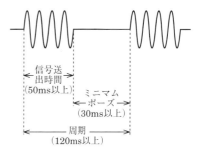

図2　押しボタンダイヤル信号の条件

　④：同号第2の規定により、信号周波数偏差は、信号周波数の±1.5%以内でなければならないとされているので、文章は誤り。

　⑤：同号第2の注3に規定する内容と一致しているので、文章は正しい。

　よって、解答群の文章のうち、<u>誤っているもの</u>は、「**信号周波数偏差は、信号周波数の±2.5パーセント以内でなければならない。**」である。

(3) 端末設備等規則第34条の5〔電気的条件等〕に関する問題である。

　A　同条第2項に規定する内容と一致しているので、文章は正しい。

　B　同条第1項の規定により、総合デジタル通信端末は、総務大臣が別に告示する電気的条件及び<u>光学的条件</u>のいずれかの条件に適合するものでなければならないとされているので、文章は誤り。

　よって、設問の文章は、**Aのみ正しい**。

(4) 端末設備等規則第32条の11〔発信の機能〕第一号の規定により、インターネットプロトコル移動電話端末は、発信に際して相手の端末設備からの応答を自動的に確認する場合にあっては、電気通信回線からの応答が確認できない場合呼の設定を行うためのメッセージ送出終了後**128秒以内**に**通信終了**メッセージを送出する機能を備えなければならないとされている。インターネットプロトコル移動電話端末とは、IP移動電話（VoLTE：Voice over LTE）システムに対応した電話機のことをいう。

(5) 第34条の10〔インターネットプロトコルを使用する専用通信回線設備等端末〕に関する問題である。

　①、③、④：①は同条第一号、③は同条第三号、④は同条第四号に規定する内容と一致しているので、いずれも文章は正しい。

　②：同条第二号の規定により、当該専用通信回線設備等端末が有するアクセス制御機能に係る識別符号（不正アクセス行為の禁止等に関する法律第2条第2項に規定する識別符号をいう。以下同じ。）であって、初めて当該専用通信回線設備等端末を利用するときにあらかじめ設定されているもの（二以上の符号の組合せによる場合は、少なくとも一の符号に係るもの。）の<u>変更</u>を促す機能若しくはこれに準ずるものを有すること又は当該識別符号について当該専用通信回線設備等端末の機器ごとに異なるものが付されていること若しくはこれに準ずる措置が講じられていることとされている。したがって、文章は誤り。

　よって、解答群の文章のうち、<u>誤っているもの</u>は、「**当該専用通信回線設備等端末が有するアクセス制御機能に係る識別符号であって、初めて当該専用通信回線設備等端末を利用するときにあらかじめ設定されているものの記録を促す機能若しくはこれに準ずるものを有すること又は当該識別符号について当該専用通信回線設備等端末の機器ごとに異なるものが付されていること若しくはこれに準ずる措置が講じられていること。**」である。

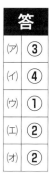

次の各文章の 内に、それぞれの[ ]の解答群の中から、「端末設備等規則」に規定する内容に照らして最も適したものを選び、その番号を記せ。　　　　(小計20点)

(1) アナログ電話端末の「基本的機能」、「発信の機能」、「直流回路の電気的条件等」、「緊急通報機能」又は「送出電力」について述べた次の文章のうち、誤っているものは、 (ア) である。　　(4点)

　① アナログ電話端末の直流回路は、発信又は応答を行うとき閉じ、通信が終了したとき開くものでなければならない。

　② 発信に際して相手の端末設備からの応答を自動的に確認する場合にあっては、電気通信回線からの応答が確認できない場合選択信号送出終了後2分以内に直流回路を開くものであること。

　③ 直流回路を開いているときのアナログ電話端末の直流回路の直流抵抗値は、1メガオーム以上でなければならない。

　④ アナログ電話端末であって、通話の用に供するものは、電気通信番号規則に掲げる緊急通報番号を使用した警察機関、海上保安機関又は消防機関への通報を発信する機能を備えなければならない。

　⑤ アナログ電話端末の4キロヘルツまでの送出電力の許容範囲は、通話の用に供する場合を除き、平均レベルで0dBm以下で、かつ、最大レベルで8dBmを超えないこと。

(2) 移動電話端末の「基本的機能」について述べた次の二つの文章は、 (イ) 。　　(4点)
　A 発信を行う場合にあっては、発信を確認する信号を送出するものであること。
　B 応答を行う場合にあっては、応答を確認する信号を送出するものであること。
　　[① Aのみ正しい　② Bのみ正しい　③ AもBも正しい　④ AもBも正しくない]

(3) 総合デジタル通信端末がアナログ電話端末等と通信する場合にあっては、通話の用に供する場合を除き、総合デジタル通信用設備とアナログ電話用設備との接続点においてデジタル信号をアナログ信号に変換した送出電力は、平均レベルでマイナス (ウ) dBm以下でなければならない。　　(4点)
　　[① 1　② 2　③ 3　④ 4　⑤ 5]

(4) インターネットプロトコル移動電話端末の「発信の機能」及び「送信タイミング」について述べた次の二つの文章は、 (エ) 。　　(4点)
　A 自動再発信を行う場合にあっては、その回数は3回以内であること。ただし、最初の発信から3分を超えた場合にあっては、別の発信とみなす。
　　なお、この規定は、火災、盗難その他の非常の場合にあっては、適用しない。
　B インターネットプロトコル移動電話端末は、総務大臣が別に告示する条件に適合する送信タイミングで送信する機能を備えなければならない。
　　[① Aのみ正しい　② Bのみ正しい　③ AもBも正しい　④ AもBも正しくない]

(5) 複数の電気通信回線と接続される専用通信回線設備等端末の回線相互間の (オ) は、1,500ヘルツにおいて70デシベル以上でなければならない。　　(4点)
　　[① 漏話減衰量　② 漏話雑音電力　③ 平衡度　④ 誘導雑音電力　⑤ 送出電力]

解 説 ▷

(1) 端末設備等規則第10条〔基本的機能〕、第11条〔発信の機能〕、第12条の2〔緊急通報機能〕、第13条〔直流回路の電気的条件等〕及び第14条〔送出電力〕に関する問題である。

　①：第10条に規定する内容と一致しているので、文章は正しい。

　②：第11条第二号に規定する内容と一致しているので、文章は正しい。

　③：第13条第2項第一号に規定する内容と一致しているので、文章は正しい。

　④：第12条の2に規定する内容と一致しているので、文章は正しい。アナログ電話端末の他、移動電話端末、インターネットプロトコル電話端末、インターネットプロトコル移動電話端末、総合デジタル通信端末についても、通話の用に供するものであれば緊急通報機能を備えることが義務づけられている（第28条の2、第32条の6、第32条の23、第34条の4）。

　⑤：第14条に基づく別表第3号「アナログ電話端末の送出電力の許容範囲」の規定により、アナログ電話端末の4kHzまでの送出電力の許容範囲は、通話の用に供する場合を除き、平均レベルで－8dBm以下で、かつ、最大レベルで0dBmを超えないこととされている。したがって、文章は誤り。なお、同号注1の規定により、平均レベルとは、端末設備の使用状態における平均的なレベル（実効値）であり、最大レベルとは、端末設備の送出レベルが最も高くなる状態でのレベル（実効値）とするとされている。

　　よって、解答群の文章のうち、**誤っているもの**は、「**アナログ電話端末の4キロヘルツまでの送出電力の許容範囲は、通話の用に供する場合を除き、平均レベルで0dBm以下で、かつ、最大レベルで8dBmを超えないこと。**」である。

(2) 端末設備等規則第17条〔基本的機能〕に関する問題である。

　A　同条第一号の規定により、移動電話端末は、発信を行う場合にあっては、発信を<u>要求</u>する信号を送出する機能を備えなければならないとされているので、文章は誤り。

　B　同条第二号に規定する内容と一致しているので、文章は正しい。

　　よって、設問の文章は、**Bのみ正しい**。本条は、移動電話端末の基本的な機能（発信、応答、通信終了）について規定している。同条第三号において、移動電話端末は、通信を終了する場合にあっては、チャネル（通話チャネル及び制御チャネルをいう。）を切断する信号を送出する機能を備えなければならないとされている。

(3) 端末設備等規則第34条の6〔アナログ電話端末等と通信する場合の送出電力〕に基づく別表第5号「インターネットプロトコル電話端末又は総合デジタル通信端末のアナログ電話端末等と通信する場合の送出電力」の規定により、総合デジタル通信端末がアナログ電話端末等と通信する場合にあっては、通話の用に供する場合を除き、総合デジタル通信用設備とアナログ電話用設備との接続点においてデジタル信号をアナログ信号に変換した送出電力は、平均レベルで－3dBm以下でなければならないとされている。

　　総合デジタル通信端末がアナログ電話端末と通信する場合、総合デジタル通信端末から送出された通話信号は、総合デジタル通信用設備を経由してアナログ電話用設備に伝送される。このとき、通話信号はデジタルからアナログに変換されるが、変換後の信号の電力レベルが高すぎるとアナログ電話用設備に悪影響を及ぼすおそれがある。このため、送出電力レベルが一定値以下になるよう規制している。

(4) 端末設備等規則第32条の11〔発信の機能〕及び第32条の12〔送信タイミング〕に関する問題である。

　A　第32条の11第二号及び第三号に規定する内容と一致しているので、文章は正しい。

　B　第32条の12に規定する内容と一致しているので、文章は正しい。

　　よって、設問の文章は、**AもBも正しい**。

(5) 端末設備等規則第34条の9〔漏話減衰量〕の規定により、複数の電気通信回線と接続される専用通信回線設備等端末の回線相互間の**漏話減衰量**は、1,500Hzにおいて70dB以上でなければならないとされている。漏話減衰量の規定値は、アナログ電話端末及び移動電話端末の場合も同じである（第15条、第31条）。

法規

4　端末設備等規則（Ⅱ）

答	
㈠	⑤
㈡	②
㈢	③
㈣	③
㈤	①

次の各文章の 内に、それぞれの[ ]の解答群の中から、「端末設備等規則」に規定する内容に照らして最も適したものを選び、その番号を記せ。　　　　　　　　　　　　　　　　(小計20点)

(1) アナログ電話端末の「基本的機能」、「発信の機能」、「直流回路の電気的条件等」又は「緊急通報機能」について述べた次の文章のうち、正しいものは、 （ア） である。　　　　　　　　　　　　　　(4点)

① アナログ電話端末の直流回路は、発信又は応答を行うとき開き、通信が終了したとき閉じるものでなければならない。

② 発信に際して相手の端末設備からの応答を自動的に確認する場合にあっては、電気通信回線からの応答が確認できない場合選択信号送出終了後3分以内に直流回路を開くものであること。

③ 自動的に選択信号を送出する場合にあっては、直流回路を閉じてから3秒以上経過後に選択信号の送出を開始するものであること。ただし、電気通信回線からの発信音又はこれに相当する可聴音を確認した後に選択信号を送出する場合にあっては、この限りでない。

④ 直流回路を閉じているときのアナログ電話端末のダイヤルパルスによる選択信号送出時における直流回路の静電容量は、30マイクロファラド以下でなければならない。

⑤ アナログ電話端末であって、通話の用に供するものは、電気通信番号規則に掲げる緊急通報番号を使用した警察機関、海上保安機関又は気象機関への通報を発信する機能を備えなければならない。

(2) アナログ電話端末の選択信号が押しボタンダイヤル信号である場合、信号送出電力の許容範囲として規定している （イ） は、5デシベル以内であり、かつ、低群周波数の電力が高群周波数の電力を超えないものでなければならない。　　　　　　　　　　　　　　　　　　　　(4点)

[① 雑音レベル差　② 反射損失　③ 最大信号レベル　④ 信号減衰量　⑤ 2周波電力差]

(3) インターネットプロトコル電話端末の「基本的機能」及び「発信の機能」について述べた次の二つの文章は、 （ウ） 。　　　　　　　　　　　　　　　　　　　　　　　　　　(4点)

A 通信を終了する場合にあっては、呼の切断、解放若しくは取消しを行うためのメッセージ又は当該メッセージに対応するためのメッセージを送出するものであること。

B 自動再発信を行う場合（自動再発信の回数が15回以内の場合を除く。）にあっては、その回数は最初の発信から2分間に3回以内であること。この場合において、最初の発信から2分を超えて行われる発信は、別の発信とみなす。

なお、この規定は、火災、盗難その他の非常の場合にあっては、適用しない。

[① Aのみ正しい　② Bのみ正しい　③ AもBも正しい　④ AもBも正しくない]

(4) 専用通信回線設備等端末（デジタルデータ伝送用設備に接続されるものに限る。以下同じ。）であって、デジタルデータ伝送用設備との接続においてインターネットプロトコルを使用するもののうち、電気通信回線設備を介して接続することにより当該専用通信回線設備等端末に備えられた電気通信の機能（送受信に係るものに限る。以下同じ。）に係る設定を変更できるものは、当該専用通信回線設備等端末に備えられた電気通信の機能に係る設定を変更するための （エ） 機能を有しなければならない。　　　　　　　　(4点)

[① アクセス制御　② 優先制御　③ 情報管理　④ 自動実行　⑤ セキュリティ管理]

(5) 総合デジタル通信端末の「基本的機能」、「電気的条件等」又は「アナログ電話端末等と通信する場合の送出電力」について述べた次の文章のうち、誤っているものは、 （オ） である。　　　　(4点)

① 発信又は応答を行う場合にあっては、呼設定用メッセージを送出するものであること。ただし、総務大臣が別に告示する場合はこの限りでない。

② 通信を終了する場合にあっては、初期設定メッセージを送出するものであること。ただし、総務大臣が別に告示する場合はこの限りでない。

③ 総合デジタル通信端末は、総務大臣が別に告示する電気的条件及び光学的条件のいずれかの条件に適合するものでなければならない。

④ 総合デジタル通信端末は、電気通信回線に対して直流の電圧を加えるものであってはならない。

⑤ 総合デジタル通信端末がアナログ電話端末等と通信する場合にあっては、通話の用に供する場合を除き、総合デジタル通信用設備とアナログ電話用設備との接続点においてデジタル信号をアナログ信号に変換した送出電力は、平均レベルで－3dBm以下でなければならない。

解説

(1) 端末設備等規則第10条〔基本的機能〕、第11条〔発信の機能〕、第12条の2〔緊急通報機能〕及び第13条〔直流回路の電気的条件等〕に関する問題である。

① ：第10条の規定により、アナログ電話端末の直流回路は、発信又は応答を行うとき<u>閉じ</u>、通信が終了したとき<u>開く</u>ものでなければならないとされているので、文章は誤り。

② ：第11条第二号の規定により、アナログ電話端末は、発信に際して相手の端末設備からの応答を自動的に確認する場合にあっては、電気通信回線からの応答が確認できない場合選択信号送出終了後<u>2分以内</u>に直流回路を開くものでなければならないとされているので、文章は誤り。

③ ：第11条第一号に規定する内容と一致しているので、文章は正しい。交換設備が受信可能となる前に選択信号を送出すると、不接続や誤接続が生じる。本号では、これを防ぐために直流回路を閉じてから3秒以上経過後に選択信号を送出するよう規定している。

④ ：第13条第1項第二号の規定により、直流回路を閉じているときのアナログ電話端末のダイヤルパルスによる選択信号送出時における直流回路の静電容量は、<u>3μF以下</u>でなければならないとされているので、文章は誤り。

⑤ ：第12条の2の規定により、アナログ電話端末であって、通話の用に供するものは、電気通信番号規則別表第12号に掲げる緊急通報番号を使用した警察機関、海上保安機関又は<u>消防機関</u>への通報(以下「緊急通報」という。)を発信する機能を備えなければならないとされているので、文章は誤り。

　よって、解答群の文章のうち、正しいものは、「**自動的に選択信号を送出する場合にあっては、直流回路を閉じてから3秒以上経過後に選択信号の送出を開始するものであること。ただし、電気通信回線からの発信音又はこれに相当する可聴音を確認した後に選択信号を送出する場合にあっては、この限りでない。**」である。

(2) 端末設備等規則第12条〔選択信号の条件〕第二号に基づく別表第2号「押しボタンダイヤル信号の条件」第2の規定により、アナログ電話端末の選択信号が押しボタンダイヤル信号である場合、信号送出電力の許容範囲として規定している**2周波電力差**は、5dB以内であり、かつ、低群周波数の電力が高群周波数の電力を超えないものでなければならないとされている。

(3) 端末設備等規則第32条の2〔基本的機能〕及び第32条の3〔発信の機能〕に関する問題である。

　A　第32条の2第二号に規定する内容と一致しているので、文章は正しい。

　B　第32条の3第二号の規定により、インターネットプロトコル電話端末は、自動再発信を行う場合(自動再発信の回数が15回以内の場合を除く。)にあっては、その回数は最初の発信から<u>3分間に2回以内</u>でなければならない。この場合において、最初の発信から<u>3分</u>を超えて行われる発信は、別の発信とみなすとされている。また、同条第三号の規定により、第二号の規定は、火災、盗難その他の非常の場合にあっては、適用しないとされている。したがって、文章は誤り。

　よって、設問の文章は、**Aのみ正しい。**

(4) 端末設備等規則第34条の10〔インターネットプロトコルを使用する専用通信回線設備等端末〕第一号の規定により、専用通信回線設備等端末(デジタルデータ伝送用設備に接続されるものに限る。以下同じ。)であって、デジタルデータ伝送用設備との接続においてインターネットプロトコルを使用するもののうち、電気通信回線設備を介して接続することにより当該専用通信回線設備等端末に備えられた電気通信の機能(送受信に係るものに限る。以下同じ。)に係る設定を変更できるものは、当該専用通信回線設備等端末に備えられた電気通信の機能に係る設定を変更するための**アクセス制御**機能(不正アクセス行為の禁止等に関する法律第2条第3項に規定するアクセス制御機能をいう。)を有しなければならないとされている。

(5) 端末設備等規則第34条の2〔基本的機能〕、第34条の5〔電気的条件等〕及び第34条の6〔アナログ電話端末等と通信する場合の送出電力〕に関する問題である。

①、③、④、⑤：①は第34条の2第一号、③は第34条の5第1項、④は第34条の5第2項、⑤は第34条の6に基づく別表第5号「インターネットプロトコル電話端末又は総合デジタル通信端末のアナログ電話端末等と通信する場合の送出電力」に規定する内容と一致しているので、いずれも文章は正しい。

② ：第34条の2第二号の規定により、総合デジタル通信端末は、通信を終了する場合にあっては、<u>呼切断用メッセージ</u>を送出する機能を備えなければならない。ただし、総務大臣が別に告示する場合はこの限りでないとされている。したがって、文章は誤り。呼切断用メッセージとは、総合デジタル通信用設備(ISDN)と総合デジタル通信端末(ISDN端末等)との間の通信路を切断又は解放するためのメッセージであり、切断メッセージ、解放メッセージ、又は解放完了メッセージをいう。

　よって、解答群の文章のうち、<u>誤っている</u>ものは、「**通信を終了する場合にあっては、初期設定メッセージを送出するものであること。ただし、総務大臣が別に告示する場合はこの限りでない。**」である。

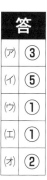

答	
(ア)	③
(イ)	⑤
(ウ)	①
(エ)	①
(オ)	②

次の各文章の[ ]内に、それぞれの[ ]の解答群の中から、「端末設備等規則」に規定する内容に照らして最も適したものを選び、その番号を記せ。 (小計20点)

(1) アナログ電話端末の「基本的機能」、「発信の機能」又は「緊急通報機能」について述べた次の文章のうち、誤っているものは、[(ア)]である。 (4点)

① アナログ電話端末の直流回路は、発信又は応答を行うとき閉じ、通信が終了したとき開くものでなければならない。

② 自動的に選択信号を送出する場合にあっては、直流回路を閉じてから3秒以上経過後に選択信号の送出を開始するものであること。ただし、電気通信回線からの発信音又はこれに相当する可聴音を確認した後に選択信号を送出する場合にあっては、この限りでない。

③ 自動再発信(応答のない相手に対し引き続いて繰り返し自動的に行う発信をいう。以下同じ。)を行う場合(自動再発信の回数が15回以内の場合を除く。)にあっては、その回数は最初の発信から2分間に3回以内であること。この場合において、最初の発信から2分を超えて行われる発信は、別の発信とみなす。
なお、この規定は、火災、盗難その他の非常の場合にあっては、適用しない。

④ アナログ電話端末であって、通話の用に供するものは、電気通信番号規則に掲げる緊急通報番号を使用した警察機関、海上保安機関又は消防機関への通報を発信する機能を備えなければならない。

(2) アナログ電話端末の「選択信号の条件」における押しボタンダイヤル信号について述べた次の文章のうち、正しいものは、[(イ)]である。 (4点)

① 低群周波数は、600ヘルツから900ヘルツまでの範囲内における特定の四つの周波数で規定されている。

② 高群周波数は、1,300ヘルツから1,700ヘルツまでの範囲内における特定の四つの周波数で規定されている。

③ ミニマムポーズとは、信号送出時間と休止時間の和の最小値をいう。

④ 信号送出時間は、40ミリ秒以上でなければならない。

⑤ 周期は、120ミリ秒以上でなければならない。

(3) 総合デジタル通信端末の「電気的条件等」について述べた次の二つの文章は、[(ウ)]。 (4点)
A 総合デジタル通信端末は、総務大臣が別に告示する電気的条件及び機械的条件のいずれかの条件に適合するものでなければならない。
B 総合デジタル通信端末は、電気通信回線に対して直流の電圧を加えるものであってはならない。
[① Aのみ正しい ② Bのみ正しい ③ AもBも正しい ④ AもBも正しくない]

(4) インターネットプロトコル電話端末は、発信に際して相手の端末設備からの応答を自動的に確認する場合にあっては、電気通信回線からの応答が確認できない場合呼の設定を行うためのメッセージ送出終了後2分以内に[(エ)]を送出する機能を備えなければならない。 (4点)
[① 通信終了メッセージ ② 切断信号 ③ 発信の規制を要求する信号
④ 呼切断用メッセージ ⑤ 選択信号]

(5) 「インターネットプロトコルを使用する専用通信回線設備等端末」において規定される専用通信回線設備等端末が適合しなければならない条件について述べた次の文章のうち、誤っているものは、[(オ)]である。 (4点)

① 当該専用通信回線設備等端末に備えられた電気通信の機能に係る設定を変更するためのアクセス制御機能を有すること。

② 当該専用通信回線設備等端末が有するアクセス制御機能に係る識別符号であって、初めて当該専用通信回線設備等端末を利用するときにあらかじめ設定されているものの記録を促す機能若し

くはこれに準ずるものを有すること又は当該識別符号について当該専用通信回線設備等端末の機器ごとに異なるものが付されていること若しくはこれに準ずる措置が講じられていること。
③　当該専用通信回線設備等端末の電気通信の機能に係るソフトウェアを更新できること。
④　当該専用通信回線設備等端末への電力の供給が停止した場合であっても、アクセス制御機能に係る設定及び更新されたソフトウェアを維持できること。

解　説

(1)　端末設備等規則第10条〔基本的機能〕、第11条〔発信の機能〕及び第12条の2〔緊急通報機能〕に関する問題である。
①、②、④：①は第10条、②は第11条第一号、④は第12条の2に規定する内容と一致しているので、いずれも文章は正しい。
③：第11条第三号及び第四号の規定により、アナログ電話端末は、自動再発信(応答のない相手に対し引き続いて繰り返し自動的に行う発信をいう。以下同じ。)を行う場合(自動再発信の回数が15回以内の場合を除く。)にあっては、その回数は最初の発信から<u>3分間に2回以内</u>でなければならない。この場合において、最初の発信から<u>3分</u>を超えて行われる発信は、別の発信とみなす。なお、この規定は、火災、盗難その他の非常の場合にあっては、適用しないとされている。したがって、文章は誤り。
　よって、解答群の文章のうち、**誤っているもの**は、「**自動再発信(応答のない相手に対し引き続いて繰り返し自動的に行う発信をいう。以下同じ。)を行う場合(自動再発信の回数が15回以内の場合を除く。)にあっては、その回数は最初の発信から2分間に3回以内であること。この場合において、最初の発信から2分を超えて行われる発信は、別の発信とみなす。なお、この規定は、火災、盗難その他の非常の場合にあっては、適用しない。**」である。

(2)　端末設備等規則第12条〔選択信号の条件〕第二号に基づく別表第2号「押しボタンダイヤル信号の条件」に関する問題である。
①、②：同号第2の注1の規定により、低群周波数とは、697Hz、770Hz、852Hz及び941Hzをいい、高群周波数とは、1,209Hz、1,336Hz、1,477Hz及び1,633Hzをいうとされている。つまり、低群周波数は、600Hzから<u>1,000Hz</u>までの範囲内における特定の4つの周波数で規定されている。また、高群周波数は、<u>1,200Hz</u>から1,700Hzまでの範囲内における特定の4つの周波数で規定されている。したがって、①及び②の文章は誤り。
③：同号第2の注2の規定により、ミニマムポーズとは、<u>隣接する信号間の休止時間</u>の最小値をいうとされているので、文章は誤り。
④、⑤：同号第2の規定により、信号送出時間は<u>50ms以上</u>、ミニマムポーズは30ms以上、周期は120ms以上でなければならないとされている。したがって、⑤の文章は正しいが、④の文章は誤りである。
　よって、解答群の文章のうち、正しいものは、「**周期は、120ミリ秒以上でなければならない。**」である。

(3)　端末設備等規則第34条の5〔電気的条件等〕に関する問題である。
A　同条第1項の規定により、総合デジタル通信端末は、総務大臣が別に告示する電気的条件及び<u>光学的条件</u>のいずれかの条件に適合するものでなければならないとされているので、文章は誤り。
B　同条第2項に規定する内容と一致しているので、文章は正しい。
　よって、設問の文章は、**Bのみ正しい。**

(4)　端末設備等規則第32条の3〔発信の機能〕第一号の規定により、インターネットプロトコル電話端末は、発信に際して相手の端末設備からの応答を自動的に確認する場合にあっては、電気通信回線からの応答が確認できない場合呼の設定を行うためのメッセージ送出終了後2分以内に**通信終了メッセージ**を送出する機能を備えなければならないとされている。

(5)　第34条の10〔インターネットプロトコルを使用する専用通信回線設備等端末〕に関する問題である。
①、③、④：①は同条第一号、③は同条第三号、④は同条第四号に規定する内容と一致しているので、いずれも文章は正しい。
②：同条第二号の規定により、当該専用通信回線設備等端末が有するアクセス制御機能に係る識別符号(不正アクセス行為の禁止等に関する法律第2条第2項に規定する識別符号をいう。以下同じ。)であって、初めて当該専用通信回線設備等端末を利用するときにあらかじめ設定されているもの(二以上の符号の組合せによる場合は、少なくとも一の符号に係るもの。)の変更を促す機能若しくはこれに準ずるものを有すること又は当該識別符号について当該専用通信回線設備等端末の機器ごとに異なるものが付されていること若しくはこれに準ずる措置が講じられていることとされている。したがって、文章は誤り。
　よって、解答群の文章のうち、**誤っているもの**は、「**当該専用通信回線設備等端末が有するアクセス制御機能に係る識別符号であって、初めて当該専用通信回線設備等端末を利用するときにあらかじめ設定されているものの記録を促す機能若しくはこれに準ずるものを有すること又は当該識別符号について当該専用通信回線設備等端末の機器ごとに異なるものが付されていること若しくはこれに準ずる措置が講じられていること。**」である。

答	
(ア)	③
(イ)	⑤
(ウ)	②
(エ)	①
(オ)	②

有線電気通信設備令

●用語の定義（第1条、施行規則第1条）

電線	有線電気通信を行うための導体（絶縁物又は保護物で被覆されている場合は、これらの物を含む。）であって、強電流電線に重畳される通信回線に係るもの以外のもの
絶縁電線	絶縁物のみで被覆されている電線
ケーブル	光ファイバ並びに光ファイバ以外の絶縁物及び保護物で被覆されている電線
強電流電線	強電流電気の伝送を行うための導体（絶縁物又は保護物で被覆されている場合は、これらの物を含む。）
強電流裸電線	絶縁物で被覆されていない強電流電線
強電流絶縁電線	絶縁物のみで被覆されている強電流電線
強電流ケーブル	絶縁物及び保護物で被覆されている強電流電線
線 路	送信の場所と受信の場所との間に設置されている電線及びこれに係る中継器その他の機器（これらを支持し、又は保蔵するための工作物を含む。）
支持物	電柱、支線、つり線その他電線又は強電流電線を支持するための工作物
離隔距離	線路と他の物体（線路を含む。）とが気象条件による位置の変化により最も接近した場合におけるこれらの物の間の距離
周 波 数	「低周波」は設備令施行規則で定義
絶対レベル	一の皮相電力の1mWに対する比をデシベルで表わしたもの
平 衡 度	通信回線の中性点と大地との間に起電力を加えた場合におけるこれらの間に生ずる電圧と通信回線の端子間に生ずる電圧との比をデシベルで表わしたもの
最大音量	通信回線に伝送される音響の電力を別に告示するところにより測定した値

周波数の区分：

0	200Hz	3,500Hz
低周波 200Hz以下の電磁波	音声周波 200Hzを超え3,500Hz以下の電磁波	高周波 3,500Hzを超える電磁波

電圧の区分：

		750V	7,000V
直流	低圧	高圧	特別高圧
交流	低圧	高圧	特別高圧
		600V	

●使用可能な電線の種類（第2条の2）

有線電気通信設備に使用される電線は、絶縁電線又はケーブルでなければならない。ただし、総務省令で定める場合は、この限りでない。

●通信回線（光ファイバを除く。）の電気的条件（第3条、第4条）

・**平衡度**　1,000Hzの交流において34dB以上（総務省令で定める場合を除く）

・**線路の電圧**　100V以下（電線としてケーブルのみを使用するとき、又は人体に危害を及ぼし、若しくは物件に損傷を与えるおそれがないときを除く）

・**通信回線の電力**　音声周波の場合は＋10dBm以下、高周波の場合は＋20dBm以下（総務省令で定める場合を除く）

●架空電線の支持物（第5条）

架空電線の支持物は、その架空電線が他人の設置した架空電線又は架空強電流電線と交差し、又は接近するときは、次の条件を満たすように設置しなければならない。

①他人の設置した架空電線又は架空強電流電線を挟み、又はこれらの間を通ることがないようにすること。

②架空強電流電線（当該架空電線の支持物に架設されるものを除く。）との間の離隔距離は、総務省令で定める値以上とすること。

●架空電線の高さ（第8条、施行規則第7条）

①道路上　……………………路面から5m以上

②横断歩道橋の上　…………路面から3m以上

③鉄道又は軌道の横断　……軌条面から6m以上

●他人の設置した架空電線等との関係（第9条～第12条）

①他人の設置した架空電線との離隔距離が30cm以下となるように設置しないこと。ただし、その他人の承諾を得たとき、又は設置しようとする架空電線（これに係る中継器その他の機器を含む。）がその他人の設置した架空電線に係る作業に支障を及ぼさず、かつ、その他人の設置した架空電線に損傷を与えない場合として総務省令で定めるときを除く。

②他人の建造物との離隔距離が30cm以下となるように設置しないこと。ただし、その他人の承諾を得たときを除く。

③架空電線は、架空強電流電線と交差するとき、又は架空強電流電線との水平距離がその架空電線若しくは架空強電流電線の支持物のうちいずれか高いものの高さに相当する距離以下となるときは、総務省令で定めるところによらなければ設置してはならない。

④架空電線は、総務省令で定めるところによらなければ、架空強電流電線と同一の支持物に架設してはならない。

●屋内電線の絶縁抵抗（第17条）

屋内電線（光ファイバを除く。）と大地との間及び屋内電線相互間の絶縁抵抗は、直流100Vの電圧で測定した値で1MΩ以上でなければならない。

●屋内電線と屋内強電流電線との交差又は接近（第18条、施行規則第18条）

屋内電線は、屋内強電流電線との離隔距離を30cm以上としなければ原則として設置できないが、次の場合はこの限りでない。

①屋内強電流電線が低圧の場合

・屋内電線と屋内強電流電線との離隔距離は原則として10cm以上。ただし、屋内強電流電線が300V以下であって、屋内電線と屋内強電流電線との間に絶縁性の隔壁を設置するとき又は屋内強電流電線が絶縁管に収めて設置されているときは10cm未満としてもよい。

・屋内強電流電線が、接地工事をした金属製の、又は絶縁度の高い管、ダクト、ボックスその他これに類するもの（「管等」という。）に収めて設置されているとき、又は強電流ケーブルであるときは、屋内電線は、屋内強電流電線を収容する管等又は強電流ケーブルに接触しないように設置する。

・次のいずれかに該当する場合を除き、屋内電線と屋内強電流電線とを同一の管等に収めて設置してはならない。

イ　屋内電線と屋内強電流電線との間に堅ろうな隔壁を設け、かつ、金属製部分に特別保安接地工事を施したダクト又はボックスの中に屋内電線と屋内強電流電線を収めて設置するとき。
ロ　屋内電線が、特別保安接地工事を施した金属製の電気的遮へい層を有するケーブルであるとき。
ハ　屋内電線が、光ファイバその他金属以外のもので構成されているとき。

②屋内強電流電線が高圧の場合
　屋内電線と屋内強電流電線との離隔距離は原則として15cm以上。ただし、屋内強電流電線が強電流ケーブルであって、屋内電線と屋内強電流電線との間に耐火性のある堅ろうな隔壁を設けるとき又は屋内強電流電線を耐火性のある堅ろうな管に収めて設置するときは15cm未満としてもよい。

●有線電気通信設備の保安（第19条）
　有線電気通信設備は、総務省令で定めるところにより、絶縁機能、避雷機能その他の保安機能を持たなければならない。

不正アクセス行為の禁止等に関する法律

●不正アクセス禁止法の目的（第1条）
　不正アクセス行為を禁止するとともに、これについての罰則及びその再発防止のための都道府県公安委員会による援助措置等を定めることにより、電気通信回線を通じて行われる電子計算機に係る犯罪の防止及びアクセス制御機能により実現される電気通信に関する秩序の維持を図り、もって高度情報通信社会の健全な発展に寄与すること。

●不正アクセス行為の定義（第2条）
　不正アクセス行為とは、次のいずれかに該当する行為をいう。
①アクセス制御機能を有する特定電子計算機に電気通信回線を通じて当該アクセス制御機能に係る他人の識別符号を入力して当該特定電子計算機を作動させ、当該アクセス制御機能により制限されている特定利用をし得る状態にさせる行為。ただし、当該アクセス制御機能を付加したアクセス管理者がするもの及び当該アクセス管理者又は当該識別符号に係る利用権者の承諾を得てするものを除く。
②アクセス制御機能を有する特定電子計算機に電気通信回線を通じて当該アクセス制御機能による特定利用の制限を免れることができる情報（識別符号であるものを除く。）又は指令を入力して当該特定電子計算機を作動させ、その制限されている特定利用をし得る状態にさせる行為。ただし、当該アクセス制御機能を付加したアクセス管理者がするもの及び当該アクセス管理者の承諾を得てするものを除く。
③電気通信回線を介して接続された他の特定電子計算機が有するアクセス制御機能によりその特定利用を制限されている特定電子計算機に電気通信回線を通じてその制限を免れることができる情報又は指令を入力して当該特定電子計算機を作動させ、その制限されている特定利用をし得る状態にさせる行為。ただし、当該アクセス制御機能を付加したアクセス管理者がするもの及び当該アクセス管理者の承諾を得てするものを除く。

●不正アクセス行為の禁止（第3条）
　何人も、不正アクセス行為をしてはならない。

●不正アクセス行為を助長する行為の禁止（第5条）
　何人も、業務その他正当な理由による場合を除き、アクセス制御機能に係る他人の識別符号を、当該アクセス制御機能に係るアクセス管理者及び当該識別符号に係る利用権者以外の者に提供してはならない。

●他人の識別符号を不正に保管する行為の禁止（第6条）
　何人も、不正アクセス行為の用に供する目的で、不正に取得されたアクセス制御機能に係る他人の識別符号を保管してはならない。

●アクセス管理者による防御措置（第8条）
　アクセス制御機能を特定電子計算機に付加したアクセス管理者は、当該アクセス制御機能に係る識別符号又はこれを当該アクセス制御機能により確認するために用いる符号の適正な管理に努めるとともに、常に当該アクセス制御機能の有効性を検証し、必要があると認めるときは速やかにその機能の高度化その他当該特定電子計算機を不正アクセス行為から防御するため必要な措置を講ずるよう努めるものとする。

電子署名及び認証業務に関する法律

●電子署名法の目的（第1条）
　電子署名に関し、電磁的記録の真正な成立の推定、特定認証業務に関する認定の制度その他必要な事項を定めることにより、電子署名の円滑な利用の確保による情報の電磁的方式による流通及び情報処理の促進を図り、もって国民生活の向上及び国民経済の健全な発展に寄与すること。

●電磁的記録の真正な成立の推定（第3条）
　電磁的記録であって情報を表すために作成されたもの（公務員が職務上作成したものを除く。）は、当該電磁的記録に記録された情報について本人による電子署名（これを行うために必要な符号及び物件を適正に管理することにより、本人だけが行うことができることとなるものに限る。）が行われているときは、真正に成立したものと推定する。

次の各文章の ▢ 内に、それぞれの[　]の解答群の中から、「有線電気通信設備令」、「有線電気通信設備令施行規則」、「不正アクセス行為の禁止等に関する法律」又は「電子署名及び認証業務に関する法律」に規定する内容に照らして最も適したものを選び、その番号を記せ。ただし、▢ 内の同じ記号は、同じ解答を示す。　　　　　　　　　　　　　　　　　　　　　　　　　　　　　　　(小計20点)

(1)　有線電気通信設備令に規定する用語について述べた次の文章のうち、正しいものは、 (ア) である。　　　　　　　　　　　　　　　　　　　　　　　　　　　　　　　　　　　　(4点)

　① 絶縁電線とは、絶縁物及び保護物で被覆されている電線をいう。
　② ケーブルとは、光ファイバ以外の絶縁物のみで被覆されている電線をいう。
　③ 音声周波とは、周波数が200ヘルツを超え、3,500ヘルツ以下の電磁波をいい、高周波とは、周波数が3,500ヘルツを超える電磁波をいう。
　④ 線路とは、送信の場所と受信の場所との間に設置されている電線及びこれに係る中継器その他の機器をいい、これらを支持し、又は保蔵するための工作物を除く。
　⑤ 平衡度とは、通信回線の中性点と大地との間の漏話電力と通信回線の端子間の漏話電力との比をデシベルで表わしたものをいう。

(2)　有線電気通信設備令に規定する「架空電線と他人の設置した架空電線等との関係」について述べた次の二つの文章は、 (イ) 。　　　　　　　　　　　　　　　　　　　　　　　　(4点)

A　架空電線は、他人の建造物との離隔距離が60センチメートル以下となるように設置してはならない。ただし、その他人の承諾を得たときは、この限りでない。
B　架空電線は、架空強電流電線と交差するとき、又は架空強電流電線との水平距離がその架空電線若しくは架空強電流電線の支持物のうちいずれか低いものの高さに相当する距離以下となるときは、総務省令で定めるところによらなければ、設置してはならない。

　[① Aのみ正しい　② Bのみ正しい　③ AもBも正しい　④ AもBも正しくない]

(3)　有線電気通信設備令施行規則の「架空電線の高さ」において、架空電線が鉄道又は軌道を横断するときは、軌条面から (ウ) メートル（車両の運行に支障を及ぼすおそれがない高さが (ウ) メートルより低い場合は、その高さ）以上でなければならないと規定されている。　　　　　　　(4点)

　[① 3.8　② 4.5　③ 5　④ 6　⑤ 7.5]

(4)　不正アクセス行為の禁止等に関する法律に規定する事項について述べた次の二つの文章は、 (エ) 。ただし、各文章中の特定電子計算機とは、電気通信回線に接続している電子計算機をいい、特定利用とは、特定電子計算機の利用（当該電気通信回線を通じて行うものに限る。）をいう。　　　　　　　　　　　　　　　　　　　　　　　　　　　　　　　　　　　　　(4点)

A　アクセス管理者とは、特定電子計算機の特定利用につき当該特定利用に係る利用権者の許諾を得た者をいう。
B　アクセス制御機能を有する特定電子計算機に電気通信回線を通じて当該アクセス制御機能による特定利用の制限を免れることができる情報（識別符号であるものを除く。）又は指令を入力して当該特定電子計算機を作動させ、その制限されている特定利用をし得る状態にさせる行為（当該アクセス制御機能を付加したアクセス管理者がするもの及び当該アクセス管理者の承諾を得てするものを除く。）は、不正アクセス行為に該当する。

　[① Aのみ正しい　② Bのみ正しい　③ AもBも正しい　④ AもBも正しくない]

(5)　電子署名及び認証業務に関する法律は、電子署名に関し、電磁的記録の真正な (オ) 、特定認証業務に関する認定の制度その他必要な事項を定めることにより、電子署名の円滑な利用の確保による情報の電磁的方式による流通及び情報処理の促進を図り、もって国民生活の向上及び国民経済の健全な発展に寄与することを目的とする。　　　　　　　　　　　　　　　　　　　　　　　　　　　　(4点)

　[① 成立の推定　② 利用の確認　③ 使用の認可　④ 基準の適用　⑤ 個人の認証]

解説

(1) 有線電気通信設備令第1条〔定義〕に関する問題である。

① : 同条第二号の規定により、絶縁電線とは、絶縁物のみで被覆されている電線をいうとされているので、文章は誤り。

② : 同条第三号の規定により、ケーブルとは、光ファイバ並びに光ファイバ以外の絶縁物及び保護物で被覆されている電線をいうとされているので、文章は誤り。

③ : 同条第八号及び第九号に規定する内容と一致しているので、文章は正しい。なお、周波数が200Hz以下の電磁波は「低周波」と規定されている。

④ : 同条第五号の規定により、線路とは、送信の場所と受信の場所との間に設置されている電線及びこれに係る中継器その他の機器(これらを支持し、又は保蔵するための工作物を含む。)をいうとされているので、文章は誤り。線路は、電線の他、電柱、支線等の支持物や、中継器、保安器も含む。ただし、強電流電線は線路には含まれない。

⑤ : 同条第十一号の規定により、平衡度とは、通信回線の中性点と大地との間に起電力を加えた場合におけるこれらの間に生ずる電圧と通信回線の端子間に生ずる電圧との比をデシベルで表わしたものをいうとされているので、文章は誤り。

よって、解答群の文章のうち、正しいものは、「音声周波とは、周波数が200ヘルツを超え、3,500ヘルツ以下の電磁波をいい、高周波とは、周波数が3,500ヘルツを超える電磁波をいう。」である。

(2) 有線電気通信設備令第10条〔架空電線と他人の設置した架空電線等との関係〕及び第11条に関する問題である。

A 第10条の規定により、架空電線は、他人の建造物との離隔距離が30cm以下となるように設置してはならない。ただし、その他人の承諾を得たときは、この限りでないとされている。したがって、文章は誤り。

B 第11条の規定により、架空電線は、架空強電流電線と交差するとき、又は架空強電流電線との水平距離がその架空電線若しくは架空強電流電線の支持物のうちいずれか高いものの高さに相当する距離以下となるときは、総務省令で定めるところによらなければ、設置してはならないとされている。したがって、文章は誤り。

よって、設問の文章は、**AもBも正しくない。**

(3) 有線電気通信設備令第8条〔架空電線の高さ〕の規定に基づく有線電気通信設備令施行規則第7条〔架空電線の高さ〕の規定により、架空電線の高さは、次の各号によらなければならないとされている。

一 架空電線が道路上にあるときは、横断歩道橋の上にあるときを除き、路面から5m(交通に支障を及ぼすおそれが少ない場合で工事上やむを得ないときは、歩道と車道との区別がある道路の歩道上においては、2.5m、その他の道路上においては、4.5m)以上であること。

二 架空電線が横断歩道橋の上にあるときは、その路面から3m以上であること。

三 架空電線が鉄道又は軌道を横断するときは、軌条面から6m(車両の運行に支障を及ぼすおそれがない高さが6mより低い場合は、その高さ)以上であること。

四 架空電線が河川を横断するときは、舟行に支障を及ぼすおそれがない高さであること。

(4) 不正アクセス行為の禁止等に関する法律第2条〔定義〕に関する問題である。

A 同条第1項の規定により、アクセス管理者とは、電気通信回線に接続している電子計算機(以下「特定電子計算機」という。)の利用(当該電気通信回線を通じて行うものに限る。以下「特定利用」という。)につき当該特定電子計算機の動作を管理する者をいうとされているので、文章は誤り。

B 同条第4項第二号に規定する内容と一致しているので、文章は正しい。セキュリティホール(OSやアプリケーションなどのセキュリティ上の脆弱な部分)を突いて識別符号(ID・パスワード)以外の情報又は指令を入力して利用の制限を解除させる行為は、不正アクセス行為として禁止されている。

よって、設問の文章は、**Bのみ正しい。**

(5) 電子署名及び認証業務に関する法律第1条〔目的〕の規定により、電子署名及び認証業務に関する法律は、電子署名に関し、電磁的記録の真正な**成立の推定**、特定認証業務に関する認定の制度その他必要な事項を定めることにより、電子署名の円滑な利用の確保による情報の電磁的方式による流通及び情報処理の促進を図り、もって国民生活の向上及び国民経済の健全な発展に寄与することを目的とするとされている。

電子商取引を普及・発展させるためには、消費者が安心して取引を行えるような制度や技術を確立することが不可欠であり、電子商取引上のトラブルを防止したり、トラブルが発生したとしても適切な救済措置がとられることが重要である。電子署名及び認証業務に関する法律は、このような認識のもとに制定された。

答	
(ア)	③
(イ)	④
(ウ)	④
(エ)	②
(オ)	①

次の各文章の 内に、それぞれの[ ]の解答群の中から、「有線電気通信設備令」、「有線電気通信設備令施行規則」、「不正アクセス行為の禁止等に関する法律」又は「電子署名及び認証業務に関する法律」に規定する内容に照らして最も適したものを選び、その番号を記せ。 (小計20点)

(1) 有線電気通信設備令に規定する「通信回線の平衡度」、「線路の電圧及び通信回線の電力」、「架空電線の支持物」又は「使用可能な電線の種類」について述べた次の文章のうち、<u>誤っているもの</u>は、 (ア) である。ただし、通信回線は導体が光ファイバであるものを除く。 (4点)

① 通信回線の平衡度は、1,000ヘルツの交流において34デシベル以上でなければならない。ただし、総務省令で定める場合は、この限りでない。

② 通信回線の線路の電圧は、200ボルト以下でなければならない。ただし、電線としてケーブルのみを使用するとき、又は人体に危害を及ぼし、若しくは物件に損傷を与えるおそれがないときは、この限りでない。

③ 通信回線の電力は、絶対レベルで表わした値で、その周波数が音声周波であるときは、プラス10デシベル以下、高周波であるときは、プラス20デシベル以下でなければならない。ただし、総務省令で定める場合は、この限りでない。

④ 架空電線の支持物は、その架空電線が他人の設置した架空電線又は架空強電流電線と交差し、又は接近するときは、他人の設置した架空電線又は架空強電流電線を挟み、又はこれらの間を通ることがないように設置しなければならない。ただし、その他人の承諾を得たとき、又は人体に危害を及ぼし、若しくは物件に損傷を与えないように必要な設備をしたときは、この限りでない。

⑤ 有線電気通信設備に使用する電線は、絶縁電線又はケーブルでなければならない。ただし、総務省令で定める場合は、この限りでない。

(2) 有線電気通信設備令に規定する「架空電線の支持物」及び「架空電線の高さ」について述べた次の二つの文章は、 (イ) 。 (4点)

A 道路上に設置する電柱、架空電線と架空強電流電線とを架設する電柱その他の総務省令で定める電柱は、総務省令で定める絶縁耐力をもたなければならない。

B 架空電線の高さは、その架空電線が道路上にあるとき、鉄道又は軌道を横断するとき、及び河川を横断するときは、総務省令で定めるところによらなければならない。

[① Aのみ正しい ② Bのみ正しい ③ AもBも正しい ④ AもBも正しくない]

(3) 有線電気通信設備令施行規則において、架空電線の支持物と架空強電流電線(当該架空電線の支持物に架設されるものを除く。以下同じ。)との間の離隔距離は、架空強電流電線の使用電圧が35,000ボルト以下の特別高圧であって、使用する電線の種別が (ウ) の場合、1メートル以上でなければならないと規定されている。 (4点)

[① 強電流絶縁電線 ② 強電流裸電線 ③ 特別高圧強電流絶縁電線
④ 強電流ケーブル ⑤ 高圧強電流絶縁電線]

(4) 不正アクセス行為の禁止等に関する法律の「定義」に規定されている、アクセス管理者において利用権者等を識別することができるように付される符号である識別符号になり得る符号の条件について述べた次の二つの文章は、 (エ) 。 (4点)

A 当該アクセス管理者によってその内容をみだりに第三者に知らせてはならないものとされている符号であること。

B 当該利用権者等の身体の全部若しくは一部の影像又は音声を用いて当該アクセス管理者が定める方法により作成される符号であること。

[① Aのみ正しい ② Bのみ正しい ③ AもBも正しい ④ AもBも正しくない]

(5) 電子署名及び認証業務に関する法律において電子署名とは、電磁的記録(電子的方式、磁気的方式その他人の知覚によっては認識することができない方式で作られる記録であって、電子計算機による情報処理の用に供されるものをいう。)に記録することができる情報について行われる措置であって、次の(ⅰ)及び(ⅱ)の要件のいずれにも該当するものをいう。

(ⅰ) 当該情報が当該措置を行った者の ［ (オ) ］ に係るものであることを示すためのものであること。

(ⅱ) 当該情報について改変が行われていないかどうかを確認することができるものであること。 (4点)

　　〔① 認 定　② 権 限　③ 証 明　④ 作 成　⑤ 責 任〕

解　説

(1) 有線電気通信設備令第2条の2〔使用可能な電線の種類〕、第3条〔通信回線の平衡度〕、第4条〔線路の電圧及び通信回線の電力〕及び第5条〔架空電線の支持物〕に関する問題である。

①、③、④、⑤：①は第3条第1項、③は第4条第2項、④は第5条第一号、⑤は第2条の2に規定する内容と一致しているので、いずれも文章は正しい。

②：第4条第1項の規定により、通信回線の線路の電圧は、100V以下でなければならない。ただし、電線としてケーブルのみを使用するとき、又は人体に危害を及ぼし、若しくは物件に損傷を与えるおそれがないときは、この限りでないとされている。したがって、文章は誤り。

よって、解答群の文章のうち、誤っているものは、「通信回線の線路の電圧は、200ボルト以下でなければならない。ただし、電線としてケーブルのみを使用するとき、又は人体に危害を及ぼし、若しくは物件に損傷を与えるおそれがないときは、この限りでない。」である。

(2) 有線電気通信設備令第6条〔架空電線の支持物〕及び第8条〔架空電線の高さ〕に関する問題である。

A 第6条第1項の規定により、道路上に設置する電柱、架空電線と架空強電流電線とを架設する電柱その他の総務省令で定める電柱は、総務省令で定める安全係数をもたなければならないとされているので、文章は誤り。安全係数は、電柱に架設する物の重量、電線の不平均張力及び総務省令で定める風圧荷重が加わるものとして計算する。たとえば、架空電線と低圧又は高圧の架空強電流電線とを架設する木製電柱の場合、安全係数の値は1.5とされている。

B 第8条に規定する内容と一致しているので、文章は正しい。架空電線の高さについては、有線電気通信設備令施行規則第7条〔架空電線の高さ〕において、たとえば、「架空電線が横断歩道橋の上にあるときは、その路面から3m以上でなければならない」というように細かく規定されている。

よって、設問の文章は、**Bのみ正しい**。

(3) 有線電気通信設備令第5条〔架空電線の支持物〕第二号の規定に基づく有線電気通信設備令施行規則第4条〔架空電線の支持物と架空強電流電線との間の離隔距離〕第二号の規定により、架空電線の支持物と架空強電流電線(当該架空電線の支持物に架設されるものを除く。以下同じ。)との間の離隔距離は、架空強電流電線の使用電圧が35,000V以下の特別高圧であって、使用する電線の種別が**特別高圧強電流絶縁電線**の場合は1m以上、強電流ケーブルの場合は50cm以上、その他の強電流電線の場合は2m以上でなければならないとされている。

(4) 不正アクセス行為の禁止等に関する法律第2条〔定義〕第2項の規定により、この法律において「識別符号」とは、特定電子計算機の特定利用をすることについて当該特定利用に係るアクセス管理者の許諾を得た者(以下「利用権者」という。)及び当該アクセス管理者(以下この項において「利用権者等」という。)に、当該アクセス管理者において当該利用権者等を他の利用権者等と区別して識別することができるように付される符号であって、次のいずれかに該当するもの又は次のいずれかに該当する符号とその他の符号を組み合わせたものをいうとされている。

一 当該アクセス管理者によってその内容をみだりに第三者に知らせてはならないものとされている符号

二 当該利用権者等の身体の全部若しくは一部の影像又は音声を用いて当該アクセス管理者が定める方法により作成される符号

三 当該利用権者等の署名を用いて当該アクセス管理者が定める方法により作成される符号

設問のAは「一」、Bは「二」に規定する内容と一致している。よって、設問の文章は、**AもBも正しい**。「一」は、パスワードのように第三者が知ることができない情報を指す。また、「二」は、指紋や虹彩、声紋などの身体的特徴を符号化したものを、「三」は、筆跡の形状や筆圧などの特徴を数値化・符号化したものをそれぞれ指す。

(5) 電子署名及び認証業務に関する法律第2条〔定義〕第1項の規定により、電子署名及び認証業務に関する法律において「電子署名」とは、電磁的記録(電子的方式、磁気的方式その他人の知覚によっては認識することができない方式で作られる記録であって、電子計算機による情報処理の用に供されるものをいう。)に記録することができる情報について行われる措置であって、次の要件のいずれにも該当するものをいうとされている。

一 当該情報が当該措置を行った者の**作成**に係るものであることを示すためのものであること。

二 当該情報について改変が行われていないかどうかを確認することができるものであること。

答	
(ア)	②
(イ)	②
(ウ)	③
(エ)	③
(オ)	④

次の各文章の 　　　 内に、それぞれの[　　]の解答群の中から、「有線電気通信設備令」、「有線電気通信設備令施行規則」、「不正アクセス行為の禁止等に関する法律」又は「電子署名及び認証業務に関する法律」に規定する内容に照らして最も適したものを選び、その番号を記せ。　　　　　(小計20点)

(1) 有線電気通信設備令に規定する用語について述べた次の文章のうち、正しいものは、　(ア)　である。
　　(4点)

[
① 線路とは、送信の場所と受信の場所との間に設置されている電線及びこれに係る中継器その他の機器をいい、これらを支持し、又は保蔵するための工作物を除く。
② 強電流電線とは、強電流電気の伝送を行うための導体(絶縁物又は保護物で被覆されている場合は、これらの物を含む。)をいう。
③ 絶縁電線とは、絶縁物及び保護物で被覆されている電線をいう。
④ 音声周波とは、周波数が300ヘルツを超え、3,000ヘルツ以下の電磁波をいう。
⑤ 平衡度とは、通信回線の中性点と大地との間の漏話電力と通信回線の端子間の漏話電力との比をデシベルで表わしたものをいう。
]

(2) 有線電気通信設備令に規定する「架空電線と他人の設置した架空電線等との関係」及び「架空電線の支持物」について述べた次の二つの文章は、　(イ)　。　　　　　　　　　　　　　　(4点)
　A 架空電線は、他人の設置した架空電線との離隔距離が60センチメートル以下となるように設置してはならない。ただし、その他人の承諾を得たとき、又は設置しようとする架空電線(これに係る中継器その他の機器を含む。以下同じ。)が、その他人の設置した架空電線に係る作業に支障を及ぼさず、かつ、その他人の設置した架空電線に損傷を与えない場合として総務省令で定めるときは、この限りでない。
　B 架空電線の支持物には、取扱者が昇降に使用する足場金具等を地表上2.5メートル未満の高さに取り付けてはならない。ただし、総務省令で定める場合は、この限りでない。
　　[① Aのみ正しい　② Bのみ正しい　③ AもBも正しい　④ AもBも正しくない]

(3) 有線電気通信設備令及び有線電気通信設備令施行規則の「使用可能な電線の種類」において、有線電気通信設備に使用する電線は、絶縁電線又はケーブルでなければならないが、絶縁電線又はケーブルを使用することが困難な場合において、他人の設置する有線電気通信設備に妨害を与えるおそれがなく、かつ、　(ウ)　、又は物件に損傷を与えるおそれのないように設置する場合は、この限りでないと規定されている。(4点)
　　[① 堅ろうな隔壁を設けている場合　② 規定の離隔距離を確保し　③ その他人が承諾し
　　④ 人体に危害を及ぼし　⑤ 絶縁管に収めて設置する場合]

(4) 不正アクセス行為の禁止等に関する法律に規定する「目的」及び「定義」について述べた次の二つの文章は、　(エ)　。　　　　　　　　　　　　　　　　　　　　　　　　　　　(4点)
　A 不正アクセス行為の禁止等に関する法律は、不正アクセス行為を禁止するとともに、これについての罰則及びその再発防止のための都道府県公安委員会による援助措置等を定めることにより、インターネットに係る犯罪の防止及びアクセス制御機能により実現される電気通信に関する秩序の維持を図り、もって電子商取引の普及に寄与することを目的とする。
　B 電気通信回線を介して接続された他の特定電子計算機が有するアクセス制御機能によりその特定利用を制限されている特定電子計算機に電気通信回線を通じてその制限を免れることができる情報又は指令を入力して当該特定電子計算機を作動させ、その制限されている特定利用をし得る状態にさせる行為(当該アクセス制御機能を付加したアクセス管理者がするもの及び当該アクセス管理者の承諾を得てするものを除く。)は、不正アクセス行為に該当する行為である。
　　[① Aのみ正しい　② Bのみ正しい　③ AもBも正しい　④ AもBも正しくない]

(5) 電子署名及び認証業務に関する法律において、認証業務とは、　(オ)　電子署名についてその業務を利用する者(以下「利用者」という。)その他の者の求めに応じ、当該利用者が電子署名を行ったものである

ことを確認するために用いられる事項が当該利用者に係るものであることを証明する業務をいう。（4点）

```
① 自らが行う        ② 公的文書に係る        ③ 不特定多数の者が行う
④ 特定の者に係る    ⑤ 公務員が職務上作成した
```

解　説

(1) 有線電気通信設備令第1条〔定義〕に関する問題である。

①：同条第五号の規定により、線路とは、送信の場所と受信の場所との間に設置されている電線及びこれに係る中継器その他の機器（これらを支持し、又は保蔵するための工作物を含む。）をいうとされているので、文章は誤り。

②：同条第四号に規定する内容と一致しているので、文章は正しい。強電流電線は、電力の送電を行う電力線である。

③：同条第二号の規定により、絶縁電線とは、絶縁物のみで被覆されている電線をいうとされているので、文章は誤り。絶縁電線とは、銅線の周囲をポリエチレン等の絶縁物で覆った電線のことを指す。アナログ電話端末用の屋内配線は、一般に絶縁電線である。

④：同条第八号の規定により、音声周波とは、周波数が200Hzを超え、3,500Hz以下の電磁波をいうとされているので、文章は誤り。

⑤：同条第十一号の規定により、平衡度とは、通信回線の中性点と大地との間に起電力を加えた場合におけるこれらの間に生ずる電圧と通信回線の端子間に生ずる電圧との比をデシベルで表わしたものをいうとされているので、文章は誤り。

よって、解答群の文章のうち、正しいものは、「**強電流電線とは、強電流電気の伝送を行うための導体（絶縁物又は保護物で被覆されている場合は、これらの物を含む。）をいう。**」である。

(2) 有線電気通信設備令第7条の2〔架空電線の支持物〕及び第9条〔架空電線と他人の設置した架空電線等との関係〕に関する問題である。

A　第9条の規定により、架空電線は、他人の設置した架空電線との離隔距離が30cm以下となるように設置してはならない。ただし、その他人の承諾を得たとき、又は設置しようとする架空電線（これに係る中継器その他の機器を含む。以下この条において同じ。）が、その他人の設置した架空電線に係る作業に支障を及ぼさず、かつ、その他人の設置した架空電線に損傷を与えない場合として総務省令で定めるときは、この限りでないとされている。したがって、文章は誤り。

B　第7条の2の規定により、架空電線の支持物には、取扱者が昇降に使用する足場金具等を地表上1.8m未満の高さに取り付けてはならない。ただし、総務省令で定める場合は、この限りでないとされている。したがって、文章は誤り。

よって、設問の文章は、**AもBも正しくない**。

(3) 有線電気通信設備令第2条の2〔使用可能な電線の種類〕及び有線電気通信設備令施行規則第1条の2〔使用可能な電線の種類〕の規定により、有線電気通信設備に使用する電線は、絶縁電線又はケーブルでなければならない。ただし、絶縁電線又はケーブルを使用することが困難な場合において、他人の設置する有線電気通信設備に妨害を与えるおそれがなく、かつ、**人体に危害を及ぼし**、又は物件に損傷を与えるおそれのないように設置する場合は、この限りでないとされている。

(4) 不正アクセス行為の禁止等に関する法律第1条〔目的〕及び第2条〔定義〕に関する問題である。

A　第1条の規定により、この法律は、不正アクセス行為を禁止するとともに、これについての罰則及びその再発防止のための都道府県公安委員会による援助措置等を定めることにより、電気通信回線を通じて行われる電子計算機に係る犯罪の防止及びアクセス制御機能により実現される電気通信に関する秩序の維持を図り、もって高度情報通信社会の健全な発展に寄与することを目的とするとされている。したがって、文章は誤り。

B　第2条第4項第三号に規定する内容と一致しているので、文章は正しい。

よって、設問の文章は、**Bのみ正しい**。

(5) 電子署名及び認証業務に関する法律第2条〔定義〕第2項の規定により、この法律において「認証業務」とは、**自らが行う**電子署名についてその業務を利用する者（以下「利用者」という。）その他の者の求めに応じ、当該利用者が電子署名を行ったものであることを確認するために用いられる事項が当該利用者に係るものであることを証明する業務をいうとされている。認証業務とは、電子署名が本人のものであることなどを証明する業務を指す。

答

(ア)	②
(イ)	④
(ウ)	④
(エ)	②
(オ)	①

法規

5 有線電気通信設備令、不正アクセス禁止法、電子署名法

次の各文章の 内に、それぞれの[ ]の解答群の中から、「有線電気通信設備令」、「有線電気通信設備令施行規則」、「不正アクセス行為の禁止等に関する法律」又は「電子署名及び認証業務に関する法律」に規定する内容に照らして最も適したものを選び、その番号を記せ。 (小計20点)

(1) 有線電気通信設備令に規定する用語について述べた次の文章のうち、正しいものは、 (ア) である。 (4点)

① 絶縁電線とは、絶縁物及び保護物で被覆されている電線をいう。

② ケーブルとは、光ファイバ以外の絶縁物のみで被覆されている電線をいう。

③ 線路とは、送信の場所と受信の場所との間に設置されている電線及びこれに係る中継器その他の機器をいい、これらを支持し、又は保蔵するための工作物を除く。

④ 音声周波とは、周波数が300ヘルツを超え、3,500ヘルツ以下の電磁波をいい、高周波とは、周波数が3,500ヘルツを超える電磁波をいう。

⑤ 平衡度とは、通信回線の中性点と大地との間に起電力を加えた場合におけるこれらの間に生ずる電圧と通信回線の端子間に生ずる電圧との比をデシベルで表わしたものをいう。

(2) 有線電気通信設備令に規定する「架空電線の支持物」及び「架空電線と他人の設置した架空電線等との関係」について述べた次の二つの文章は、 (イ) 。 (4点)

A 架空電線の支持物には、取扱者が昇降に使用する足場金具等を地表上1.8メートル未満の高さに取り付けてはならない。ただし、総務省令で定める場合は、この限りでない。

B 架空電線は、架空強電流電線と交差するとき、又は架空強電流電線との水平距離がその架空電線若しくは架空強電流電線の支持物のうちいずれか低いものの高さに相当する距離以下となるときは、総務省令で定めるところによらなければ、設置してはならない。

[① Aのみ正しい ② Bのみ正しい ③ AもBも正しい ④ AもBも正しくない]

(3) 有線電気通信設備令施行規則において、架空電線の支持物と架空強電流電線(当該架空電線の支持物に架設されるものを除く。以下同じ。)との間の離隔距離は、架空強電流電線の使用電圧が高圧で、使用する電線の種別が強電流ケーブル以外のその他の強電流電線の場合、 (ウ) 以上でなければならないと規定されている。 (4点)

[① 30センチメートル ② 50センチメートル ③ 60センチメートル
④ 1メートル ⑤ 2メートル]

(4) 不正アクセス行為の禁止等に関する法律に規定する不正アクセス行為に該当する行為の一つとして、アクセス制御機能を有する特定電子計算機に電気通信回線を通じて当該アクセス制御機能に係る他人の識別符号を入力して当該特定電子計算機を作動させ、当該アクセス制御機能により制限されている (エ) をし得る状態にさせる行為(当該アクセス制御機能を付加したアクセス管理者がするもの及び当該アクセス管理者又は当該識別符号に係る利用権者の承諾を得てするものを除く。)がある。 (4点)

[① 情報の閲覧 ② 特定利用 ③ 識別符号の変更 ④ 遠隔操作 ⑤ 権限解除]

(5) 電子署名及び認証業務に関する法律に規定する事項について述べた次の二つの文章は、 (オ) 。(4点)

A この法律は、電子署名に関し、電磁的記録に係る犯罪の防止、特定認証業務に関する認定の制度その他必要な事項を定めることにより、電子署名の円滑な利用の確保による情報の電磁的方式による流通及び情報処理の促進を図り、もって国民生活の向上及び国民経済の健全な発展に寄与することを目的とする。

B 電磁的記録であって情報を表すために作成されたもの(公務員が職務上作成したものを除く。)は、当該電磁的記録に記録された情報について暗号化によるセキュリティ対策が行われているときは、真正に成立したものと推定する。

[① Aのみ正しい ② Bのみ正しい ③ AもBも正しい ④ AもBも正しくない]

解 説

(1) 有線電気通信設備令第1条〔定義〕に関する問題である。

①：同条第二号の規定により、絶縁電線とは、絶縁物のみで被覆されている電線をいうとされているので、文章は誤り。

②：同条第三号の規定により、ケーブルとは、光ファイバ並びに光ファイバ以外の絶縁物及び保護物で被覆されている電線をいうとされているので、文章は誤り。

③：同条第五号の規定により、線路とは、送信の場所と受信の場所との間に設置されている電線及びこれに係る中継器その他の機器（これらを支持し、又は保蔵するための工作物を含む。）をいうとされているので、文章は誤り。線路は、電線の他、電柱や支線等の支持物、中継器、保安器等を含む。ただし、強電流電線は線路には含まれない。

④：同条第八号の規定により、音声周波とは、周波数が200Hzを超え、3,500Hz以下の電磁波をいうとされている。また、同条第九号の規定により、高周波とは、周波数が3,500Hzを超える電磁波をいうとされている。したがって、文章は誤り。

⑤：同条第十一号に規定する内容と一致しているので、文章は正しい。

　　よって、解答群の文章のうち、正しいものは、「**平衡度とは、通信回線の中性点と大地との間に起電力を加えた場合におけるこれらの間に生ずる電圧と通信回線の端子間に生ずる電圧との比をデシベルで表わしたものをいう。**」である。

(2) 有線電気通信設備令第7条の2〔架空電線の支持物〕及び第11条〔架空電線と他人の設置した架空電線等との関係〕に関する問題である。

A　第7条の2に規定する内容と一致しているので、文章は正しい。墜落事故や施設の損傷事故を未然に防ぐために、足場金具等を取り付ける高さが規定されている。なお、足場金具等が支持物の内部に格納できる構造になっている場合や、人が容易に立ち入るおそれがない場所に支持物を設置する場合などは、この規定は適用されない。

B　第11条の規定により、架空電線は、架空強電流電線と交差するとき、又は架空強電流電線との水平距離がその架空電線若しくは架空強電流電線の支持物のうちいずれか高いものの高さに相当する距離以下となるときは、総務省令で定めるところによらなければ、設置してはならないとされている。したがって、文章は誤り。

　　よって、設問の文章は、**Aのみ正しい**。

(3) 有線電気通信設備令第5条〔架空電線の支持物〕第二号の規定に基づく有線電気通信設備令施行規則第4条〔架空電線の支持物と架空強電流電線との間の離隔距離〕第一号の規定により、架空電線の支持物と架空強電流電線（当該架空電線の支持物に架設されるものを除く。以下同じ。）との間の離隔距離は、架空強電流電線の使用電圧が高圧で、使用する電線の種別が強電流ケーブル以外のその他の強電流電線の場合、**60cm**以上でなければならないとされている。なお、架空強電流電線の使用電圧が高圧で、使用する電線の種別が強電流ケーブルの場合は30cm以上でなければならないとされている。

(4) 不正アクセス行為の禁止等に関する法律第2条〔定義〕第4項第一号の規定により、アクセス制御機能を有する特定電子計算機に電気通信回線を通じて当該アクセス制御機能に係る他人の識別符号を入力して当該特定電子計算機を作動させ、当該アクセス制御機能により制限されている**特定利用**をし得る状態にさせる行為（当該アクセス制御機能を付加したアクセス管理者がするもの及び当該アクセス管理者又は当該識別符号に係る利用権者の承諾を得てするものを除く。）は、不正アクセス行為に該当する行為とされている。

　　ネットワークに接続されているコンピュータに他人の識別符号（ID・パスワード）を入力して、アクセス制御機能（認証機能）により制限されている機能を利用可能な状態にする行為は、不正アクセス行為として禁止されている。

(5) 電子署名及び認証業務に関する法律第1条〔目的〕及び第3条〔電磁的記録の真正な成立の推定〕に関する問題である。

A　第1条の規定により、電子署名及び認証業務に関する法律は、電子署名に関し、電磁的記録の真正な成立の推定、特定認証業務に関する認定の制度その他必要な事項を定めることにより、電子署名の円滑な利用の確保による情報の電磁的方式による流通及び情報処理の促進を図り、もって国民生活の向上及び国民経済の健全な発展に寄与することを目的とするとされている。したがって、文章は誤り。

B　第3条の規定により、電磁的記録であって情報を表すために作成されたもの（公務員が職務上作成したものを除く。）は、当該電磁的記録に記録された情報について本人による電子署名（これを行うために必要な符号及び物件を適正に管理することにより、本人だけが行うことができることとなるものに限る。）が行われているときは、真正に成立したものと推定するとされている。したがって、文章は誤り。電磁的記録による一定の電子署名がなされているときは、真正に成立したものと推定される。なお、電磁的記録が「真正に成立した」とは、その電磁的記録が作成者本人の意志に基づいて作成されたことを意味する。

　　よって、設問の文章は、**AもBも正しくない**。

答

㈠	⑤
㈡	①
㈢	③
㈣	②
㈤	④

次の各文章の 内に、それぞれの[ ]の解答群の中から、「有線電気通信設備令」、「有線電気通信設備令施行規則」、「不正アクセス行為の禁止等に関する法律」又は「電子署名及び認証業務に関する法律」に規定する内容に照らして最も適したものを選び、その番号を記せ。 (小計20点)

(1) 有線電気通信設備令に規定する「線路の電圧及び通信回線の電力」、「通信回線の平衡度」、「使用可能な電線の種類」又は「架空電線の支持物」について述べた次の文章のうち、誤っているものは、 (ア) である。ただし、通信回線は、導体が光ファイバであるものを除くものとする。 (4点)

①　通信回線の線路の電圧は、100ボルト以下でなければならない。ただし、電線としてケーブルのみを使用するとき、又は人体に危害を及ぼし、若しくは物件に損傷を与えるおそれがないときは、この限りでない。

②　通信回線の電力は、絶対レベルで表わした値で、その周波数が音声周波であるときは、プラス10デシベル以下、高周波であるときは、プラス20デシベル以下でなければならない。ただし、総務省令で定める場合は、この限りでない。

③　通信回線の平衡度は、1,000ヘルツの交流において34デシベル以上でなければならない。ただし、総務省令で定める場合は、この限りでない。

④　有線電気通信設備に使用する電線は、絶縁電線又は強電流絶縁電線でなければならない。ただし、総務省令で定める場合は、この限りでない。

⑤　架空電線の支持物は、その架空電線が他人の設置した架空電線又は架空強電流電線と交差し、又は接近するときは、他人の設置した架空電線又は架空強電流電線を挟み、又はこれらの間を通ることがないように設置しなければならない。ただし、その他人の承諾を得たとき、又は人体に危害を及ぼし、若しくは物件に損傷を与えないように必要な設備をしたときは、この限りでない。

(2) 有線電気通信設備令に規定する「有線電気通信設備の保安」及び「屋内電線」について述べた次の二つの文章は、 (イ) 。 (4点)

A　有線電気通信設備は、総務省令で定めるところにより、絶縁機能、避雷機能その他の保安機能をもたなければならない。

B　屋内電線は、屋内強電流電線との離隔距離が60センチメートル以下となるときは、総務省令で定めるところによらなければ、設置してはならない。

[① Aのみ正しい ② Bのみ正しい ③ AもBも正しい ④ AもBも正しくない]

(3) 有線電気通信設備令施行規則の「架空電線の高さ」において、架空電線が道路上にあるときは、横断歩道橋の上にあるときを除き、路面から (ウ) メートル以上であることと規定されているが、交通に支障を及ぼすおそれが少ない場合で工事上やむを得ないときは、この高さとは別の高さが規定されている。 (4点)

[① 3 ② 3.5 ③ 4 ④ 4.5 ⑤ 5]

(4) 不正アクセス行為の禁止等に関する法律に規定する「目的」、「定義」又は「アクセス管理者による防御措置」について述べた次の文章のうち、誤っているものは、 (エ) である。 (4点)

①　不正アクセス行為の禁止等に関する法律は、不正アクセス行為を禁止するとともに、これについての罰則及びその再発防止のための都道府県公安委員会による援助措置等を定めることにより、インターネットに係る犯罪の防止及びアクセス制御機能により実現される電気通信に関する秩序の維持を図り、もって電子商取引の普及に寄与することを目的とする。

②　アクセス管理者とは、電気通信回線に接続している電子計算機（以下「特定電子計算機」という。）の利用（当該電気通信回線を通じて行うものに限る。以下「特定利用」という。）につき当該特定電子計算機の動作を管理する者をいう。

③　アクセス制御機能を特定電子計算機に付加したアクセス管理者は、当該アクセス制御機能に係る識別符号又はこれを当該アクセス制御機能により確認するために用いる符号の適正な管理に努めるとともに、常に当該アクセス制御機能の有効性を検証し、必要があると認めるときは速やかにその機能の高度化その他当該特定電子計算機を不正アクセス行為から防御するため必要な措置を講ずるよう努めるものとする。

④　アクセス制御機能を有する特定電子計算機に電気通信回線を通じて当該アクセス制御機能によ

る特定利用の制限を免れることができる情報（識別符号であるものを除く。）又は指令を入力して当該特定電子計算機を作動させ、その制限されている特定利用をし得る状態にさせる行為（当該アクセス制御機能を付加したアクセス管理者がするもの及び当該アクセス管理者の承諾を得てするものを除く。）は、不正アクセス行為に該当する。

(5) 電子署名及び認証業務に関する法律は、電子署名に関し、電磁的記録の真正な ［（オ）］ 、特定認証業務に関する認定の制度その他必要な事項を定めることにより、電子署名の円滑な利用の確保による情報の電磁的方式による流通及び情報処理の促進を図り、もって国民生活の向上及び国民経済の健全な発展に寄与することを目的とする。 (4点)

　　　〔① 利用の確認　　② 成立の推定　　③ 運用の判定　　④ 基準の適用　　⑤ 個人の認証〕

解説

(1) 有線電気通信設備令第2条の2〔使用可能な電線の種類〕、第3条〔通信回線の平衡度〕、第4条〔線路の電圧及び通信回線の電力〕及び第5条〔架空電線の支持物〕に関する問題である。

　①、②、③、⑤：①は第4条第1項、②は同条第2項、③は第3条第1項、⑤は第5条第一号に規定する内容と一致しているので、いずれも文章は正しい。

　④：第2条の2の規定により、有線電気通信設備に使用する電線は、絶縁電線又は<u>ケーブル</u>でなければならない。ただし、総務省令で定める場合は、この限りでないとされている。したがって、文章は誤り。

　よって、解答群の文章のうち、<u>誤っている</u>ものは、「**有線電気通信設備に使用する電線は、絶縁電線又は強電流絶縁電線でなければならない。ただし、総務省令で定める場合は、この限りでない。**」である。

(2) 有線電気通信設備令第18条〔屋内電線〕及び第19条〔有線電気通信設備の保安〕に関する問題である。

　A　第19条に規定する内容と一致しているので、文章は正しい。

　B　第18条の規定により、屋内電線は、屋内強電流電線との離隔距離が<u>30cm以下</u>となるときは、総務省令で定めるところによらなければ、設置してはならないとされているので、文章は誤り。

　よって、設問の文章は、**Aのみ正しい。**

(3) 有線電気通信設備令第8条〔架空電線の高さ〕の規定に基づく有線電気通信設備令施行規則第7条〔架空電線の高さ〕の規定により、架空電線の高さは、次の各号によらなければならないとされている。

　　一　架空電線が道路上にあるときは、横断歩道橋の上にあるときを除き、路面から**5m**（交通に支障を及ぼすおそれが少ない場合で工事上やむを得ないときは、歩道と車道との区別がある道路の歩道上においては、2.5m、その他の道路上においては、4.5m）以上であること。

　　二　架空電線が横断歩道橋の上にあるときは、その路面から3m以上であること。

　　三　架空電線が鉄道又は軌道を横断するときは、軌条面から6m（車両の運行に支障を及ぼすおそれがない高さが6mより低い場合は、その高さ）以上であること。

　　四　架空電線が河川を横断するときは、舟行に支障を及ぼすおそれがない高さであること。

(4) 不正アクセス行為の禁止等に関する法律第1条〔目的〕、第2条〔定義〕及び第8条〔アクセス管理者による防御措置〕に関する問題である。

　①：第1条の規定により、この法律は、不正アクセス行為を禁止するとともに、これについての罰則及びその再発防止のための都道府県公安委員会による援助措置等を定めることにより、<u>電気通信回線を通じて行われる電子計算機</u>に係る犯罪の防止及びアクセス制御機能により実現される電気通信に関する秩序の維持を図り、もって<u>高度情報通信社会</u>の健全な発展に寄与することを目的とするとされている。したがって、文章は誤り。

　②、③、④：②は第2条第1項、③は第8条、④は第2条第4項第二号に規定する内容と一致しているので、いずれも文章は正しい。

　よって、解答群の文章のうち、<u>誤っている</u>ものは、「**不正アクセス行為の禁止等に関する法律は、不正アクセス行為を禁止するとともに、これについての罰則及びその再発防止のための都道府県公安委員会による援助措置等を定めることにより、インターネットに係る犯罪の防止及びアクセス制御機能により実現される電気通信に関する秩序の維持を図り、もって電子商取引の普及に寄与することを目的とする。**」である。不正アクセス行為の禁止等に関する法律は、アクセス権限のない者が他人のID・パスワードを無断で使用したりセキュリティホール（OSやソフトウェアのセキュリティ上の脆弱な部分）を攻撃したりすることによって、ネットワークを介してコンピュータに不正にアクセスする行為などを禁止している。

(5) 電子署名及び認証業務に関する法律第1条〔目的〕の規定により、電子署名及び認証業務に関する法律は、電子署名に関し、電磁的記録の真正な**成立の推定**、特定認証業務に関する認定の制度その他必要な事項を定めることにより、電子署名の円滑な利用の確保による情報の電磁的方式による流通及び情報処理の促進を図り、もって国民生活の向上及び国民経済の健全な発展に寄与することを目的とするとされている。

答	
㈠	④
㈡	①
㈢	⑤
㈣	①
㈤	②

[監修者紹介]

電気通信工事担任者の会

　工事担任者をはじめとする情報通信技術者の資質の向上を図るとともに、今後の情報通信の発展に寄与することを目的に、1995年に設立された「任意団体」です。現在は、事業目的にご賛同を頂いた国内の電気通信事業者、電気通信建設事業者及び団体、並びに電気通信関連出版事業者からのご支援を受け、運営しています。

　電気通信工事担任者の会では、前述の目的を掲げ、主に次の事業を中心に活動を行なっています。

・工事担任者、電気通信主任技術者、及び電気通信工事施工管理技士、並びに電気通信に関わる資格取得に向けた受験対策支援セミナーの実施、及び受験勉強用教材の作成・出版など、前記の国家試験受験者の学習を支援する事業を中心に、情報通信分野における人材の育成、電気通信技術知識の向上に寄与する事業を行なっています。
・受験対策支援セミナーの種類としては、個人の受験者向けの「公開セミナー」並びに、電気通信事業者、通信建設業界、及び大学等からの依頼に基づく「企業セミナー」があります。

　URL：http://www.koutankai.gr.jp/

工事担任者
2024年版 **総合通信実戦問題**

2024年2月21日　　第1版第1刷発行	監 修 者　電気通信工事担任者の会
	編　　者　株式会社リックテレコム
	発 行 人　新関 卓哉
	編集担当　塩澤　明・古川美知子
	発 行 所　株式会社リックテレコム
	〒113-0034　東京都文京区湯島3－7－7
	電話　03（3834）8380（代表）
	振替　00160－0－133646
	URL　https://www.ric.co.jp
	装丁　長久 雅行
	組版　㈱リッククリエイト
	印刷・製本　三美印刷㈱

●**訂正等**

本書の記載内容には万全を期しておりますが、万一誤りや情報内容の変更が生じた場合には、当社ホームページの正誤表サイトに掲載しますので、下記よりご確認ください。

＊正誤表サイトURL

　https://www.ric.co.jp/book/errata-list/1

●**本書の内容に関するお問い合わせ**

FAXまたは下記のWebサイトにて受け付けます。回答に万全を期すため、電話でのご質問にはお答えできませんのでご了承ください。

・FAX：03-3834-8043
・読者お問い合わせサイト：https://www.ric.co.jp/book/ のページから「書籍内容についてのお問い合わせ」をクリックしてください。

製本には細心の注意を払っておりますが、万一、乱丁・落丁（ページの乱れや抜け）がございましたら、当該書籍をお送りください。送料当社負担にてお取り替え致します。

ISBN978－4－86594－392－4